中国气象灾害年鉴

(2022)

中国气象局

内 容 简 介

本年鉴是中国气象局主要业务产品之一。全书共分为 6 章，第 1 章重点描述和分析 2021 年重大气象灾害和异常气候事件；第 2 章按灾种分析年内对我国国民经济产生较大影响的干旱、暴雨洪涝、台风、冰雹与龙卷、沙尘暴、低温冷冻害和雪灾、雾和霾、雷电、高温热浪、酸雨、农业气象灾害、森林草原火灾、病虫害等发生的特点、重大事例，并对其影响进行评估；第 3 章、第 4 章分别从月和省（区、市）的角度概述气象灾害的发生情况；第 5 章分析 2021 年全球气候特征、重大气象灾害；第 6 章介绍 2021 年中国气象局防灾减灾重大事例。本年鉴附录给出气象灾害灾情统计资料和月、季、年气候特征分布图以及港澳台地区的部分气象灾情。本书比较全面地总结分析了 2021 年我国气象灾害特点及其影响，可供从事气象、农业、水文、地质、地理、生态、环境、保险、人文、经济、社会其他行业以及灾害风险评估管理等方面的业务、科研、教学和管理决策人员参考。

图书在版编目（CIP）数据

中国气象灾害年鉴. 2022 / 中国气象局编著. -- 北京 : 气象出版社, 2023.10
ISBN 978-7-5029-8037-5

Ⅰ. ①中… Ⅱ. ①中… Ⅲ. ①气象灾害－中国－2022－年鉴 Ⅳ. ①P429-54

中国国家版本馆CIP数据核字(2023)第171800号

出版发行：气象出版社
地　　址：北京市海淀区中关村南大街 46 号　　邮政编码：100081
电　　话：010-68407112(总编室)　010-68408042(发行部)
网　　址：http://www.qxcbs.com　　E-mail：qxcbs@cma.gov.cn
责任编辑：张　斌　　终　　审：王存忠
责任校对：张硕杰　　责任技编：赵相宁
封面设计：王　伟
印　　刷：北京地大彩印有限公司
开　　本：889 mm×1194 mm　1/16　　印　　张：14.5
字　　数：464 千字
版　　次：2023 年 10 月第 1 版　　印　　次：2023 年 10 月第 1 次印刷
定　　价：200.00 元

中国气象灾害年鉴(2022)

序　言

气象灾害是指由气象原因直接或间接引起的，给人类和经济社会造成损失的灾害现象。20 世纪 90 年代以来，在全球气候变暖背景下，气象灾害呈明显上升趋势，对经济社会发展的影响日益加剧，给国家安全、经济社会、生态环境以及人类健康带来了严重威胁。随着我国社会经济发展进程的加快，气象灾害的风险越来越大，影响范围也越来越广。因此，必须把加强防灾减灾作为重要的战略任务，不断提高气象服务水平和服务手段，提升气象灾害的监测、分析、预警能力和水平，为我国经济社会可持续发展提供科技支撑。

气象灾害信息是气象服务的重要组成部分，也是气象灾害预测与评估的基础资料。中国气象局立足于经济社会发展，为适应提高防灾抗灾能力、保护人民生命财产安全和构建和谐社会的需求，发挥气象部门优势，从 2005 年开始组织国家气候中心、国家气象中心、国家卫星气象中心、中国气象局气象探测中心、中国气象科学研究院以及各省（自治区、直辖市）气象局共同编撰出版《中国气象灾害年鉴》。《中国气象灾害年鉴》为研究自然灾害的演变规律、时空分布特征和致灾机理等提供了宝贵的基础信息，为开展灾害风险综合评估、科学预测和预防气象灾害提供了有价值的参考。

2021 年，我国暴雨洪涝灾害偏重，干旱、台风、强对流、低温冷冻害和雪灾、沙尘暴等气象灾害偏轻。汛期暴雨过程强度大、极端性显著，经济损失和人员伤亡偏重；高温过程多，结束时间晚；区域性和阶段性干旱明显，但灾害损失偏轻；台风生成和登陆均偏少，灾害损失偏轻；强对流天气时空分布相对集中，损失偏轻；低温冷冻害和雪灾损失偏轻；春季北方沙

尘天气偏少，影响偏轻。全年，全国因气象灾害导致受灾人口约1.1亿人次，死亡失踪737人；农作物受灾面积1171.8万公顷，绝收面积163.1万公顷；直接经济损失3214.2亿元。2021年气象灾害造成的农作物受灾面积和死亡失踪人口少于近10年平均，直接经济损失较近10年平均略偏少。

《中国气象灾害年鉴(2022)》系统地收集、整理和分析了2021年我国所发生的干旱、暴雨洪涝、台风、冰雹和龙卷、沙尘暴、低温冷冻害和雪灾等主要气象灾害及其对国民经济、社会发展和生态系统的影响，还收录了港澳台地区的部分气象灾情及全球重大气象灾害；给出全年主要气象灾害灾情图表、主要气象要素和天气现象特征分布图。希望通过本年鉴对2021年气象灾害的总结分析，能为有关部门加强防灾减灾工作和减少气象灾害损失提供帮助。

国家气候中心主任

巢清尘

编写说明

一、资料来源

本年鉴气象资料来自我国各级气象部门的气象观测整编资料、天气气候情报分析、气候影响评估报告，灾情数据主要来源于应急管理部等部门会商核定的数据以及地方各级应急管理部门上报的数据。

二、气象灾害收录标准

1. 干旱

干旱指因一段时间内少雨或无雨，降水量较常年同期明显偏少而致灾的一种气象灾害。干旱影响到自然环境和人类社会经济活动的各个方面。干旱导致土壤缺水，影响农作物正常生长发育并造成减产；干旱造成水资源不足，人畜饮水困难，城市供水紧张，制约工农业生产发展；长期干旱还会导致生态环境恶化，甚者还会导致社会不稳定进而引发国家安全等方面的问题。

本年鉴收录整理的干旱标准为一个省（自治区、直辖市）或约5万平方千米以上的某一区域，发生持续时间20天以上，并造成农业受灾面积10万公顷以上，或造成10万以上人口生活、生产用水困难的干旱事件。

2. 暴雨洪涝

暴雨洪涝指长时间降水过多或区域性持续的大雨（日降水量25.0～49.9毫米）、暴雨（日降水量大于等于50.0毫米）以上强度降水以及局地短时强降水引起江河洪水泛滥，冲毁堤坝、房屋、道路、桥梁，淹没农田、城镇等，引发山洪、地质灾害，造成农业或其他财产损失和人员伤亡的一种灾害。

华西秋雨是我国华西地区秋季（9—11月）的特殊天气现象。秋季频繁南下的冷空气与暖湿空气在该地区相遇，使锋面活动加剧而产生较长时间的阴雨天气。华西秋雨的降水量虽然少于夏季，但持续降水也易引发秋汛。华西秋雨主要涉及的行政区域包括湖北、湖南、重庆、四川、贵州、陕西、宁夏、甘肃等6省1市1区。

本年鉴收录整理的暴雨洪涝标准为某一地区发生局地或区域暴雨过程，并造成洪水或引发泥石流、滑坡等地质灾害，使农业受灾面积超过5万公顷，或造成死亡10人以上，或造成直接经济损失1亿元以上的暴雨洪涝灾害过程。

3. 台风

台风是热带气旋的一种。热带气旋是生成于热带或副热带洋面上，具有有组织的对流和确定的气旋性环流的非锋面性涡旋的统称，分为热带低压、热带风暴、强热带风暴、台风、强台风和超强台风六个等级。热带气旋底层中心附近最大平均风速达到10.8～17.1米/秒（风力6～7级）为热带低压，达到17.2～24.4米/秒（风力8～9级）为热带风暴，达到24.5～32.6米/秒（风力10～11级）为强热带风暴，达到32.7～41.4米/秒（风力12～13级）为台风，达到

41.5～50.9 米/秒(风力14～15级)为强台风，达到或大于 51.0 米/秒(风力 16 级或以上)为超强台风。热带气旋尤其是达到台风强度的热带气旋具有很强的破坏力，狂风会掀翻船只、摧毁房屋和其他设施，巨浪能冲破海堤，暴雨能引发山洪。在我国，通常将热带风暴及以上强度的热带气旋统称为“台风”。

本年鉴收录整理的台风标准为中心附近最大风力大于等于 8 级，且对我国造成 10 人以上死亡或直接经济损失 1 亿元以上的热带气旋。

4. 冰雹和龙卷

冰雹是指从发展强盛的积雨云中降落到地面的冰球或冰块，其下降时巨大的动量常给农作物和人身安全带来严重危害。虽然冰雹出现的范围小、时间短，但来势猛、强度大，常伴有狂风骤雨，因此往往给局部地区的农牧业、工矿企业、电信、交通运输以及人民生命财产造成较大损失。龙卷是一种范围小、生消迅速，一般伴随降雨、雷电或冰雹的猛烈涡旋，是一种破坏力极强的小尺度风暴。

本年鉴收录整理的冰雹和龙卷标准为在某一地区出现的风雹过程，使农业受灾面积 1000 公顷以上或造成 3 人以上死亡的灾害过程。

5. 沙尘暴

沙尘暴指由于强风将地面大量尘沙吹起，使空气浑浊，水平能见度小于 1 千米的天气现象。水平能见度小于 500 米为强沙尘暴，水平能见度小于 50 米为特强沙尘暴。沙尘暴是干旱地区特有的一种灾害性天气。强风摧毁建筑物、树木等，甚至造成人畜伤亡；流沙埋没农田、渠道、村舍、草场等，使北方脆弱的生态环境进一步恶化；沙尘中的有害物及沙尘颗粒造成环境污染，危害人们的身体健康；恶劣的能见度影响交通运输，并间接引发交通事故。

本年鉴收录整理的沙尘暴标准是沙尘暴以上等级，并且造成 3 人及以上死亡的灾害过程。

6. 低温冷(冻)害和雪(白)灾

低温冷(冻)害包括低温冷害、霜冻害和冻害。低温冷害是指农作物生长发育期间，因气温低于作物生理下限温度，影响作物正常生长发育，引起农作物生育期延长或使生殖器官的生理活动受阻，最终导致减产的一种农业气象灾害。霜冻害指在农作物、果树等生长季节内，地面最低温度降至 0℃以下，使作物受到伤害甚至死亡的农业气象灾害。冻害一般指冬作物和果树、林木等在越冬期间遇到 0℃以下(甚至－20℃以下)或剧烈降温天气引起植株体冰冻或丧失一切生理活力，造成植株死亡或部分死亡的现象。雪灾指由于降雪量过大，使蔬菜大棚、房屋被压垮，植株、果树被压断，或对交通运输及人们出行造成影响，导致人员伤亡或经济损失的现象。白灾是草原牧区冬、春季由于降雪量过大或积雪过厚，加上持续低温，雪层维持时间长，积雪掩埋牧场，影响牲畜放牧采食或不能采食，造成牲畜饿冻或因而染病，甚至发生大量死亡的一种灾害。

本年鉴收录整理的低温冷(冻)害和雪(白)灾标准为影响范围 1 万平方千米以上并造成农业受灾面积 1000 公顷以上，或造成 2 人以上死亡，或造成死亡牲畜 1 万头(只)以上，或造成经济损失 100 万元以上的灾害过程。

7. 雾和霾

雾是指近地层空气中悬浮大量小水滴或冰晶的乳白色集合体，使水平能见度降到 1 千米以下的天气现象。雾使能见度降低会造成水、陆、空交通灾难，也会对输电、人们日常生活等造成影响。

霾是一种对视程造成障碍的天气现象，大量极细微的干尘粒等均匀地浮游在空中，使水平能见度小于10千米，造成空气普遍浑浊。由于霾发生时气团稳定，污染物不易扩散，严重威胁人体健康。

本年鉴收录整理的雾、霾标准为影响范围1万平方千米以上，持续时间2小时以上，并因雾、霾造成2人以上死亡，或造成经济损失100万元以上的灾害过程。

8. 雷电

雷电是在雷暴天气条件下发生于大气中的一种长距离放电现象，具有大电流、高电压、强电磁辐射等特征。雷电多伴随强对流天气产生，常见的积雨云内能够形成正、负电荷中心，当聚集的电量足够大时，形成足够强的空间电场，异性电荷中心之间或云中电荷区与大地之间就会发生击穿放电，这就是雷电。雷电可能导致人员伤亡，建筑物、供配电系统、通信设备、民用电器的损坏，引起森林火灾，造成计算机信息系统中断，致使仓储、炼油厂、油田等燃烧甚至爆炸，危害人民财产和人身安全，同时也严重威胁航空、航天等运载工具的安全。

本年鉴所收集整理的雷电灾害事件标准为雷击死亡3人及以上的灾害过程。

9. 高温热浪

本年鉴将日最高气温大于或等于35℃定义为高温日；连续5天以上的高温过程称为持续高温或“热浪”天气。高温热浪对人们日常生活和健康影响极大，使与热有关的疾病发病率和死亡率上升；加剧土壤水分蒸发和作物蒸腾作用，加速旱情发展；导致水、电需求量猛增，造成能源供应紧张。

本年鉴收录整理的高温热浪标准为对人体健康、社会经济等产生较大影响的高温热浪过程。

10. 酸雨

pH小于5.6的雨、冻雨、雪、露等大气降水称为酸性降水。酸雨是最常见的一种酸性降水。酸雨的形成是由于大气中发生的错综复杂的物理和化学过程，但其最主要原因是二氧化硫和氮氧化物在大气或水滴中转化为硫酸和硝酸所致。酸雨的危害包括森林退化、湖泊酸化，导致鱼类死亡、水生生物种群减少，农田土壤酸化、贫瘠，有毒重金属污染增强，粮食、蔬菜、瓜果大面积减产，建筑物和桥梁损坏，文物遭受侵蚀等。

本年鉴按照大气降水 $pH \geqslant 5.6$ 为非酸性降水、$4.5 \leqslant pH < 5.6$ 为弱酸性降水、$pH < 4.5$ 为强酸性降水的标准对酸雨基本情况进行分析和整理。

11. 农业气象灾害

农业气象灾害是指不利的气象条件给农业生产造成的危害。农业气象灾害按气象要素可分为单因子和综合因子两类。由温度要素引起的农业气象灾害包括低温造成的霜冻害、冬作物越冬冻害、冷害、热带和亚热带作物寒害以及高温造成的热害；由水分因子引起的有旱害、涝害、雪害和雹害等；由风力异常造成的农业气象灾害包括大风害、台风害、风蚀等；由综合气象要素引起的农业气象灾害有干热风、冷雨害、冻涝害等。此外，广义的农业气象灾害还包括畜牧气象灾害（如白灾、黑灾、暴风雪等）和渔业气象灾害等。

本年鉴收集整理的农业气象灾害标准为对农作物生长发育、产量造成不利影响，导致作物减产、品质降低、农田或农业设施损毁等影响较大的灾害过程或事件。

12. **森林草原火灾**

森林草原火灾指失去人为控制，并在森林内或草原上自由蔓延和扩展，对森林草原生态系统和人类带来一定危害和损失的火灾。

本年鉴收录整理的标准为造成森林草原受灾面积100公顷以上或造成人员伤亡，或造成经济损失100万元以上的森林草原火灾。

13. **病虫害**

病虫害是农业生产中的重大灾害之一，是虫害和病害的总称，它直接影响作物产量和品质。虫害指作物生长发育过程中，遭到有害昆虫的侵害，使作物生长和发育受到阻碍，甚至造成枯萎死亡；病害指植物在生长过程中，遇到不利的环境条件，或者某种寄生物侵害，而不能正常生长发育，或是器官组织遭到破坏，表现为植物器官上出现斑点、植株畸形或颜色不正常，甚至整个器官或全株死亡与腐烂等。

本年鉴收录整理的病虫害标准为与气象条件相关的，造成受灾面积100万公顷以上的病虫害。

三、港澳台地区灾情

全国气象灾情统计数据未包含香港、澳门和台湾地区，港、澳、台地区的部分灾情见附录F。

四、主要灾情指标解释

受灾人口

本行政区域内因自然灾害遭受损失的人员数量（含非常住人口）。

因灾死亡人口

以自然灾害为直接原因导致死亡的人员数量（含非常住人口）。

因灾失踪人口

以自然灾害为直接原因导致下落不明，暂时无法确认死亡的人员数量（含非常住人口）。

紧急转移安置人口

因自然灾害造成不能在现有住房中居住，需由政府进行安置并给予临时生活救助的人员数量（含非常住人口）。包括受自然灾害袭击导致房屋倒塌、严重损坏（含应急期间未经安全鉴定的其他损坏）造成无房可住的人员；或受自然灾害风险影响，由危险区域转移至安全区域，不能返回家中居住的人员。安置类型包含集中安置和分散安置。对于台风灾害，其紧急转移安置人口不含受台风灾害影响从海上回港但无需安置的避险人员。

因旱饮水困难需救助人口

因旱灾造成饮用水获取困难，需政府给予救助的人员数量（含非常住人口）。具体包括以下情形：①日常饮水水源中断，且无其他替代水源，需通过政府集中送水或出资新增水源的；②日常饮水水源中断，有替代水源，但因取水距离远取水成本增加，现有能力无法承担需政府救助的；③日常饮水水源未中断，但因旱造成供水受限，人均用水量连续15天低于35升，需政府予以救助的。因气候或其他原因导致的常年饮水困难的人口不统计在内。

农作物受灾面积

因灾减产 1 成以上的农作物播种面积，如果同一地块的当季农作物多次受灾，只计算一次。农作物包括粮食作物、经济作物和其他作物。粮食作物是稻谷、小麦、薯类、玉米、高粱、谷子、其他杂粮和大豆等作物的总称，经济作物是棉花、油料、麻类、糖料、烟叶、茶叶、水果等作物的总称，其他作物是蔬菜、青饲料、绿肥等作物的总称。

农作物成灾面积

农作物受灾面积中因灾减产 3 成以上的农作物面积。

农作物绝收面积

农作物受灾面积中因灾减产 8 成或以上的农作物面积。

倒塌房屋

因灾导致房屋整体结构塌落或承重构件多数倾倒或严重损坏，必须进行重建的房屋数量。以具有完整、独立承重结构的一户房屋整体为基本判定单元（一般含多间房屋），以自然间为计算单位；因灾遭受严重损坏无法修复的牧区帐篷，每顶按 3 间计算。

损坏房屋

包括严重损坏和一般损坏房屋两类。严重损坏房屋指因灾导致房屋多数承重构件严重破坏或部分倒塌，需采取排险措施、大修或局部拆除的房屋数量。一般损坏房屋指因灾导致房屋多数承重构件轻微裂缝，部分明显裂缝；个别非承重构件严重破坏；需一般修理，采取安全措施后可继续使用的房屋数量。以自然间为计算单位，不统计独立的厨房、牲畜棚等辅助用房、活动房、工棚、简易房和临时房屋；因灾遭受严重损坏，需进行较大规模修复的牧区帐篷，每顶按 3 间计算。

直接经济损失

受灾体遭受自然灾害后，自身价值降低或丧失所造成的损失。直接经济损失的基本计算方法是受灾体损毁前的实际价值与损毁率的乘积。

目　录

概　述

2021年，中国年平均气温10.53 ℃，较常年(9.55 ℃)偏高1 ℃，为1961年以来历史最高(图1)；四季平均气温均较常年同期偏高，其中2月和9月气温均为历史同期最高。中国平均年降水量672.1毫米，较常年(629.9毫米)偏多6.7%，较2020年(694.8毫米)偏少3.3%(图2)；冬季降水偏少、春夏秋三季均偏多。

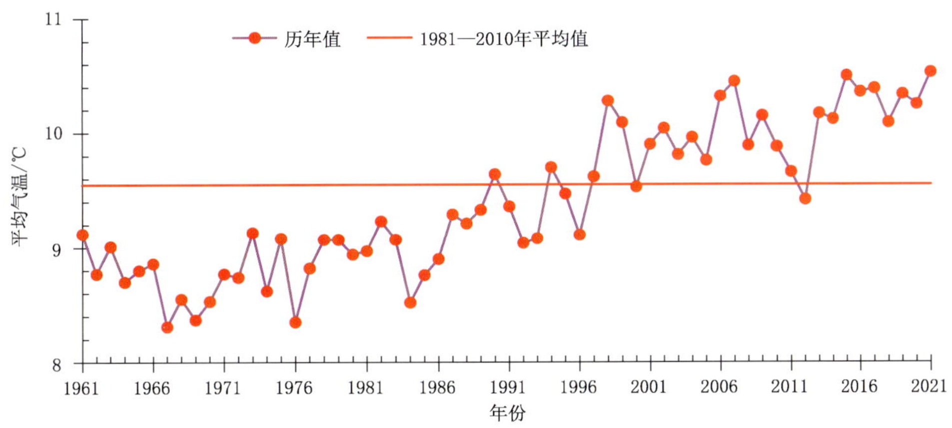

图1　1961—2021年全国年平均气温历年变化

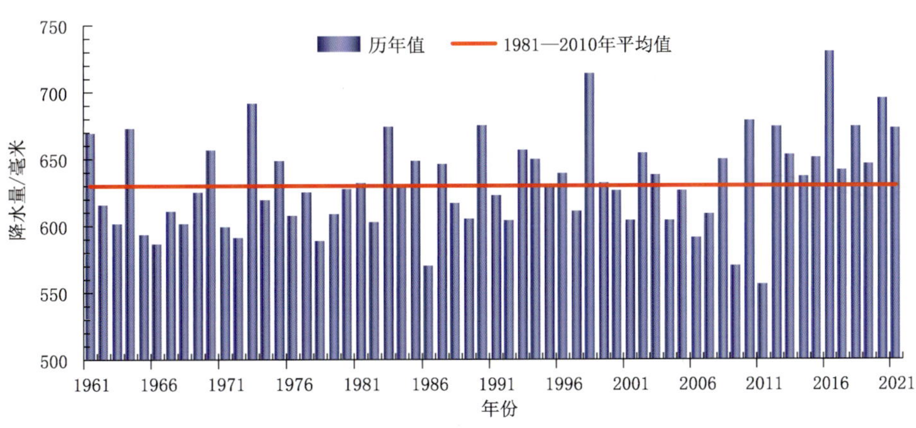

图2　1961—2021年全国平均年降水量历年变化

2021年，我国暴雨洪涝灾害偏重，干旱、台风、强对流、低温冷冻害和雪灾、沙尘暴等气象灾害偏轻。汛期暴雨过程强度大、极端性显著，经济损失和人员伤亡偏重；高温过程多，结束时间晚；区域性和阶段性干旱明显，但灾害损失偏轻；台风生成和登陆均偏少，灾害损失偏轻；强对流天气时空分布相对集中，损失偏轻；低温冷冻害和雪灾损失偏轻；春季北方沙尘天气偏少，影响偏轻。

据统计，2021年全国因气象灾害导致受灾人口约1.1亿人次，死亡(含失踪)737人；农作物受灾面积 1171.8 万公顷，绝收面积 163.1 万公顷；直接经济损失 3214.2 亿元（图 3）。总体来看，2021 年气象灾害造成的直接经济损失比 1990—2020 年平均值偏多，较近 10 年平均值略偏少，农作物受灾面积和死亡失踪人口均明显少于近 10 年平均。

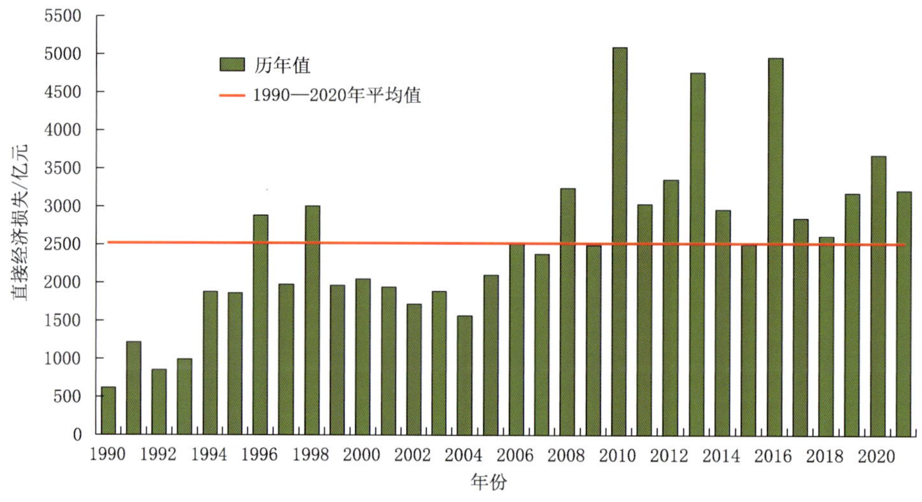

图 3　1990—2021 年全国气象灾害直接经济损失直方图

图 4 给出 2021 年全国主要气象灾害各项损失占总损失的比例。各项灾情指标中，暴雨洪涝灾害导致的各项损失所占比重均为最高，受灾人口、死亡人口、受灾面积、绝收面积、倒塌房屋、直接经济损失比例分别为 55.4％、80.1％、40.6％、53.5％、96.3％、76.5％。干旱所导致的受灾人口、受灾面积、绝收面积所占比例均为次高，分别为 19.4％、29.2％、28.5％。局地强对流导致的死亡人口、倒塌房屋和直接经济损失比例均为次高，分别为 17.5％、3.1％、8.4％。

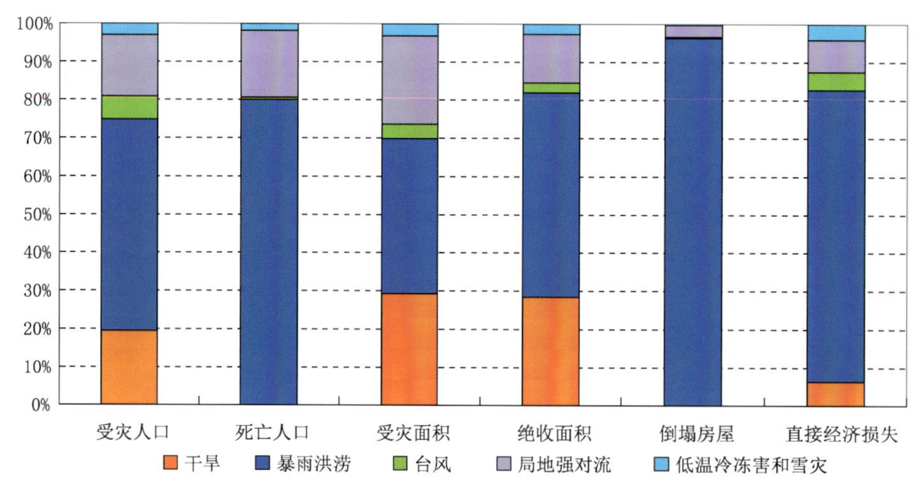

图 4　2021 年全国主要气象灾害各项损失指标比例图

与 2020 年相比，2021 年全国气象灾害造成的农作物受灾面积、受灾人口、直接经济损失偏少，死亡人口多于 2020 年。分灾种而言，与 2020 年相比，2021 年干旱、暴雨洪涝、热带气旋、局地强对流、低温冷冻害和雪灾造成的直接经济损失均偏少（图 5a）；2021 年暴雨洪涝、局地强对流、低温冷冻害和雪灾造成的死亡人数多于 2020 年，仅热带气旋少于 2020 年（图 5b）。

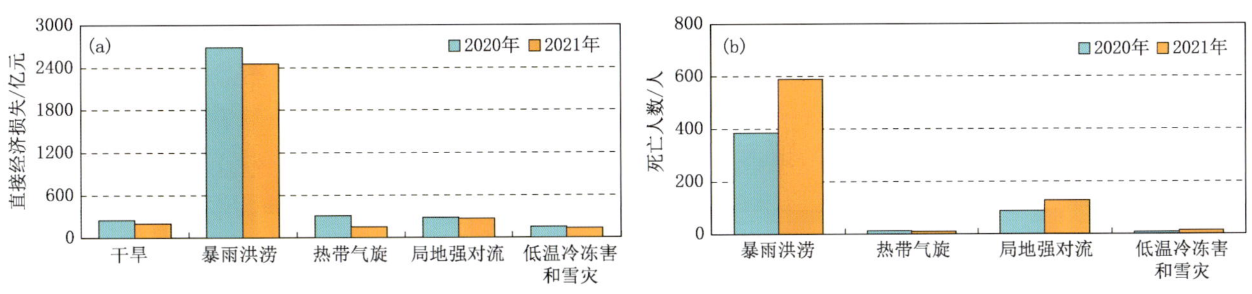

图 5　2021 年全国主要气象灾害直接经济损失(a)和死亡人数(b)与 2020 年比较

2021 年主要气象灾害概述：

干旱　2021 年，中国干旱受灾面积 342.6 万公顷，较 1990—2020 年平均值明显偏小，为 1990 年以来最少(图 6)。2021 年，我国干旱影响总体偏轻，但区域性和阶段性干旱明显。江南、华南出现秋冬连旱，云南出现冬春连旱，西北地区东部和华北西部出现夏秋连旱，华南阶段性干旱频发。

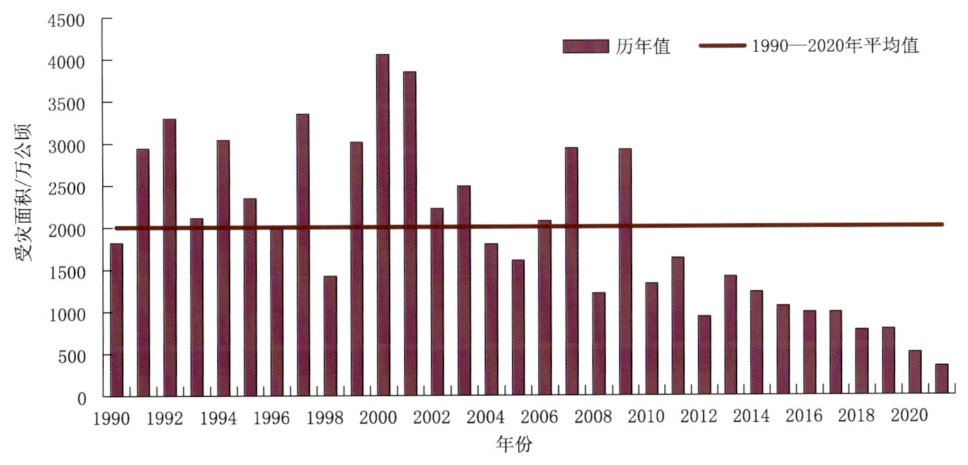

图 6　1990—2021 年全国干旱受灾面积直方图

暴雨洪涝　2021 年，我国共出现 36 次区域性暴雨过程。汛期，暴雨过程强度大、极端性显著，河南等地暴雨灾害严重；秋季北方多雨，黄河流域秋汛明显。全国暴雨洪涝受灾面积 476.0 万公顷，死亡失踪 590 人，直接经济损失 2458.9 亿元。与 1990—2020 年平均值相比，2021 年暴雨洪涝造成的受灾面积偏少(图 7)，死亡人数低于平均值、直接经济损失明显偏多。总体来看，2021 年属暴雨洪涝灾害偏重年份。

台风　2021 年，在西北太平洋和南海共有 22 个台风(中心附近最大风力≥8 级)生成，生成个数较常年平均值(25.5 个)偏少 3.5 个，其中 6 个登陆中国，登陆个数较常年(7.2 个)偏少 1.2 个。初台登陆时间、终台登陆时间较常年均偏晚，登陆强度总体偏弱。台风“烟花”两次登陆浙江，移动速度慢、陆上滞留时间长、累计雨量大；台风“狮子山”“圆规”一周内相继登陆，对海南及粤港澳地区影响较大；12 月中旬，超强台风“雷伊”正面袭击南沙群岛。2021 年，影响中国的台风共造成 4 人死亡，为 1990 年以来最少；直接经济损失 152.6 亿元，为 1990 年以来第 7 少(图 8)。总体而言，2021 年为台风灾害损失偏轻年份。

局地强对流(大风、冰雹、龙卷及雷电等)　2021 年，风雹灾害共造成我国农作物受灾 271.2 万公顷，死亡失踪 129 人，直接经济损失 268.7 亿元。2021 年全国因强对流天气造成的死亡失踪人数、

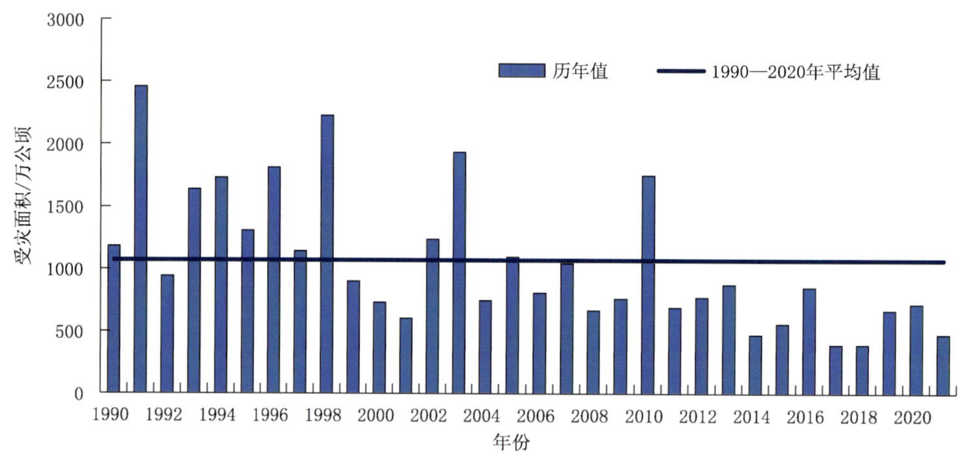

图 7　1990—2021 年全国暴雨洪涝受灾面积直方图

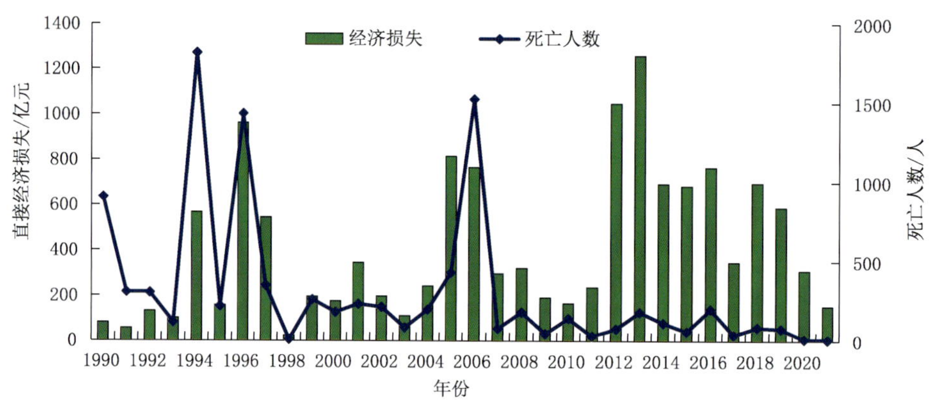

图 8　1990—2021 年全国热带气旋直接经济损失和死亡人数直方图

倒损房屋数少于近 10 年平均。总体而言，2021 年为风雹灾害损失偏轻的年份。

低温冷冻害及雪灾　2021 年，中国因低温冷冻害和雪灾共造成农作物受灾面积 37.9 万公顷，直接经济损失 133.1 亿元，为低温冷冻害及雪灾偏轻年份。1 月 6—8 日，我国中东部地区出现寒潮天气过程，降温幅度大且影响范围广。11 月 4—9 日，我国出现一次全国性寒潮天气过程，多地出现低温冷冻害和雪灾。综合强度为历史第 4 高。

沙尘暴　2021 年，我国共出现了 13 次沙尘天气过程。春季我国北方地区共出现 9 次沙尘天气过程，较 2000—2020 年历史同期平均(10.8 次)偏少。沙尘首发时间为 1 月 10 日，较 2000—2020 年(2 月 17 日)偏早 38 天。春季，北方地区平均沙尘日数为 3.8 天，较 2000—2020 年同期(3.5 天)略偏多。3 月 13—18 日的强沙尘暴过程是近 10 年影响我国最强的沙尘天气过程，持续时间长、影响范围广，波及 19 个省(区、市)。总体来看，2021 年沙尘天气的影响偏轻。

第1章 重大气象灾害和气候事件

1.1 北方降水偏多，居历史第二位

2021年我国北方平均降水量达698.1毫米，较常年偏多40.2%，为历史第二多，仅次于1964年。北京、天津、河北、山西、河南、陕西6省(市)降水量均达1961年以来历史最多。夏秋季降水多导致北方多地出现严重汛情。6月中旬，内蒙古东北部和黑龙江西部连续降雨致江河水位上涨迅速，嫩江形成2021年1号洪水；华北雨季开始早、结束晚，雨量偏多1倍。7月15—18日，北方强降水致多地河道水位持续上涨，海河流域北易水河洪峰流量达536米^3/秒，为1963年以来最大洪水。8月下旬，北京密云水库蓄水量突破了1994年以来最高纪录。秋季，黄河出现严重汛情，9月下旬至10月上旬出现3个编号洪水，支流渭河发生1935年有实测资料以来同期最大洪水，伊洛河、沁河发生1950年有实测资料以来同期最大洪水。10月2—7日，山西出现了有气象记录以来最强秋汛，37条河流发生洪水，公路、铁路运行受到影响，山西平遥古城墙局部坍塌。10月6—7日，陕西受持续降雨影响，有21条河流31站出现洪峰37次，有11条河流13站出现超警戒洪峰16次；西安全运会创下历次全运会雨日最多、累计雨量最大纪录。

1.2 “21·7”河南特大暴雨创大陆小时气象观测纪录

2021年7月17—24日，河南多地出现破纪录极端强降水事件，具有过程累计雨量大、强降水范围广、降水极端性强、短时强降水时段集中且持续时间长的特征。河南有39个县(市)累计降水量达年降水量的一半，其中郑州、辉县、淇县等10个县(市)超过常年的年降水量。累计雨量超过250毫米的覆盖面积占河南国土面积的32.8%。郑州1小时最大雨强为201.9毫米/时，超过“75·8”暴雨(河南林庄，198.5毫米)，创下中国大陆小时气象观测降雨量新纪录；郑州等19个县(市)日降水量突破历史极值；32个县(市)连续3日降水量突破历史极值。暴雨导致郑州、鹤壁、新乡、安阳等城市发生严重内涝，城市运行大面积中断，造成重大人员伤亡和巨大经济损失，给农业生产带来不利影响；8座大型水库及39座中型水库超汛限水位，郑州市常庄水库、郭家咀水库及贾鲁河、伊河等多处工程出现险情。据有关部门统计，此次灾害共造成河南省150个县(市、区)1478.6万人受灾，因灾死亡失踪398人，其中郑州市380人，占全省95.5%；直接经济损失达1200.6亿元，其中郑州市409亿元，占全省34.1%。

1.3 华南阶段性气象干旱造成严重影响

2021年华南地区降水量偏少16.9%，为2004年以来最少，阶段性气象干旱特点突出。1月至2

月上旬，华南出现中度及以上气象干旱，2月中旬至3月中旬，伴随华南地区大范围降水过程，气象干旱基本解除。3月下旬开始，中度强度及以上气象干旱再次出现并持续至10月初，10月上半月受台风“狮子山”和“圆规”的影响，华南出现暴雨到大暴雨，气象干旱缓解。11月至12月上旬末，华南大部地区降水偏少，地区气象干旱又有所露头，12月下旬初台风“雷伊”给华南中东部带来降水，气象干旱缓和。气象干旱的频繁发生致使华南土壤墒情差，江河水位下降，山塘水库干涸，对农业生产、森林防火、生活生产等产生了不利影响，珠江口出现咸潮，影响对港供水和电网安全等。

此外，云南1—5月温高雨少，大部也出现持续的气象干旱。台湾遭遇了56年来最严重旱情，由于2020年秋季至2021年3月降水持续偏少，4月上中旬21座主要水库中有5座出水量下降到10%以下，台中德基水库蓄水量已跌破5%，多地因缺水采取“供5停2”的措施，农作物灌溉和工业用水、民众生活等受到严重影响。

1.4 台风“烟花”长时间陆上滞留破纪录

2021年第6号台风“烟花”于7月25日和26日两次登陆浙江，为1949年有气象记录以来首个在浙江省内两次登陆的台风。“烟花”移动速度慢，在我国陆上滞留时间长达95小时，为1949年以来最长；累计雨量大，单点最大累计雨量超1000毫米；影响范围广，先后影响浙江、上海、江苏、安徽、山东、河南、河北、天津、北京、辽宁等10省(市)，50毫米及以上累计雨量覆盖面积达35.2万平方千米；综合强度强，风雨综合强度指数位列1961年以来第13高，但灾害损失较轻。

1.5 12月超强台风影响南海历史罕见

2021年第22号台风“雷伊”于12月13日在西太平洋生成，16日加强为超强台风，是历史上直接袭击我国南沙群岛的最强台风，也是影响南海最晚的超强台风，具有强度强、北上路径少见、大风影响范围广、风速大、致灾重等特点。“雷伊”在影响我国之前，以超强台风级别横扫菲律宾，造成至少375人死亡、50余人失踪。进入南海后，大部海域出现大风天气，南沙群岛、中沙群岛、海南岛东部沿海及近海出现8～10级阵风，部分岛礁阵风达12级以上，渚碧礁最大阵风达13级(41.4米/秒)，还给华南中东部带来大到暴雨天气，有效缓和了旱情。

1.6 1月中东部2月北方出现极端冷暖转换

1月6—8日中东部受寒潮天气影响，大部地区出现6～12 ℃的降温，局地超过12 ℃；东北地区南部及内蒙古中东部、华北大部、黄淮、江淮等地部分地区出现6～8级阵风，局地9～10级；辽宁大连、山东半岛等地出现中到大雪，局地暴雪；北京、河北、山东、山西等省(市)50余县(市)最低气温突破或达到建站以来历史极值。北京大部地区最低气温在－24～－18 ℃，南郊观象台最低气温达－19.6 ℃，为1951年以来第3低。2月全国平均气温较常年同期偏高2.9 ℃，为1961年以来历史同期最高，有787个县(市)日最高气温突破有气象记录以来冬季历史极值。2月18—21日，我国大部地区气温回升，华北、黄淮、江淮等地增温迅猛。21日，北京南部、河北中南部、陕西关中、山东北部和西部、河南及以南大部地区日最高气温升至25～29 ℃，河南西峡达30 ℃；北京最高气温达25.6 ℃、石家庄27.3 ℃、郑州28.3 ℃、济南25.6 ℃。极端暖事件给北京冬奥会测试赛带来了较大挑战。

1.7 入秋后频繁遭遇强寒潮天气

入秋后冷空气活动频繁，我国共发生 11 次冷空气过程，其中 6 次达寒潮天气标准。11 月 4—9 日为一次全国性寒潮天气，具有降温幅度大、雨雪范围广、极端性强、影响大等特点，其综合强度指数位居历史第四位。全国有 429 个县(市)达到或超过极端日降温阈值，116 个县(市)达到或超过历史极值。寒潮给我国大部地区的农业、交通、电力等造成较大影响；低温雨雪冰冻天气致使内蒙古、辽宁、吉林、甘肃、山西、河北、宁夏、湖北及湖南等 9 省(区)56 个县(市、区)秋收秋种、设施农业、在田作物、渔业等受到不利影响；北京、天津、河北、山西、辽宁、吉林、黑龙江、山东、陕西 9 省(市)共计至少 184 个路段公路封闭；北京首都机场和大兴机场分别有 31 次航班取消和 25 次航班延误；京津城际、京沪高铁、津秦高铁、津保客专部分列车晚点或停运；沈阳、长春、天津、济南等多地中小学停课；黑龙江约 84 万户停电，河南平顶山、三门峡、洛阳、郑州等地出现短时输电线路故障。12 月 23—26 日，我国中东部又经历一次寒潮天气，贵州和湖南部分地区出现大到暴雪，积雪深度达 10～20 厘米，贵州南部、湖南南部、广西东北部等局地出现冻雨。

1.8 北方龙卷多发，强对流天气致灾严重

2021 年，我国共发生 47 次区域性强对流天气过程，首发时间(3 月 30—31 日)较常年偏晚 15 天，末次(10 月 2—4 日)较常年偏晚 16 天；出现中等强度以上龙卷 16 次，且北方地区偏多。

4 月 30 日，江苏沿江及其以北大部地区遭受大风、冰雹等强对流天气袭击，南通沿海最大风速达 47.9 米/秒。5 月 14 日，江苏苏州与浙江嘉兴交界附近、湖北武汉市蔡甸区在 2 小时内先后出现强龙卷天气，最大风力都达 17 级以上，并造成重大人员伤亡。6 月 1 日傍晚黑龙江省尚志市和阿城区出现龙卷，最大风力分别达 17 级以上和 15 级以上。6 月 25 日下午内蒙古锡林郭勒盟太仆寺旗出现强龙卷。7 月 10—14 日，北京、天津、河北、山东、河南的部分地区出现小时雨量 50～80 毫米、局地超过 120 毫米的强降水，并伴有局地 10～11 级的雷暴大风。7 月 20 日河南开封通许县出现龙卷，21 日河北保定清苑区部分地区出现极端风雹天气，东闾乡遭受龙卷。10 月 2—4 日，辽宁出现历史同期罕见的强风雹及大暴雨天气，大连、鞍山、本溪、丹东、营口、铁岭、葫芦岛地区局部出现冰雹。

1.9 3 月遭遇 10 年来最强沙尘天气

2021 年我国沙尘天气具有发生时间早、强度强、影响范围广等特点。首发时间(1 月 10 日)较 2000—2020 年平均值偏早 38 天，为 2002 年以来最早；强沙尘暴过程次数(2 次)为 2000 年以来最多，且均出现在 3 月份。3 月 13—18 日强沙尘暴过程为近 10 年来最强，北方多地 PM_{10} 峰值浓度超过 5000 微克/米^3，北京 PM_{10} 最大浓度超过 7000 微克/米^3，最低能见度 500～800 米；西北、华北、东北及内蒙古等地出现 6～8 级阵风，部分地区 9～10 级，内蒙古中东部、新疆北部局地达 11～12 级；沙尘天气波及 17 个省(区、市)，影响面积超过 380 万平方千米，沙尘暴面积超过 100 万平方千米。3 月 27—29 日的强沙尘暴过程中，华北及内蒙古、辽宁、山东等地 PM_{10} 最大浓度超过 2000 微克/米^3，北京 PM_{10} 最大浓度超过 3000 微克/米^3；内蒙古、华北东部等地出现 6～8 级阵风，部分地区 9～10 级，内蒙古中部局地达 11 级，沙尘天气影响面积超过 270 万平方千米，沙尘暴面积 26 万平方千米。沙尘天气对我国交通运输、群众生活生产等产生较大影响。

第 2 章　气象灾害分述

2.1　干旱

2.1.1　基本概况

2021 年，全国平均降水量 672.1 毫米，较常年偏多 6.7%；北方地区平均年降水量 698.1 毫米，为 1961 年以来第 2 多。降水阶段性变化明显，2 月、5 月和 7—11 月降水量偏多，其中 10 月偏多 45.4%；1 月、3—4 月及 6 月、12 月降水量偏少，其中 1 月偏少 56.6%。

2021 年，全国有 23 个省(区、市)降水量较常年偏多(图 2.1.1)，其中，天津偏多 83%、河北偏多 71%、北京偏多 70%、山西和陕西偏多 52%、河南偏多 51%，均为 1961 年以来最多，山东偏多 53%，为 1961 年以来第 2 多；7 个省(区)降水量较常年偏少，其中，广东偏少 24%、广西和福建偏少 13%、云南偏少 12%；宁夏降水量接近常年。

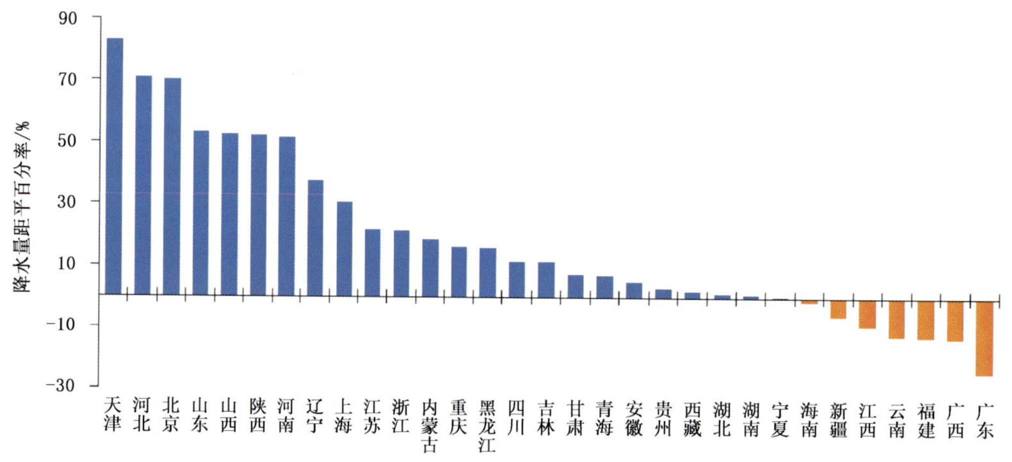

图 2.1.1　2021 年各省(区、市)平均年降水量距平百分率

Fig. 2.1.1　Percentage of annual precipitation anomalies in different provinces of China in 2021

2021 年，我国干旱影响总体偏轻，但区域性和阶段性干旱明显。年内，江南、华南出现秋冬连旱、云南出现冬春连旱、西北地区东部和华北西部出现夏秋连旱、华南阶段性干旱频发(表 2.1.1)。

2021 年，全国农作物受旱面积 342.6 万公顷，绝收面积 46.4 万公顷；受旱面积较常年明显偏小(图 2.1.2)。陕西省、山西省、甘肃省和宁夏回族自治区因旱绝收面积占全国因旱绝收面积的 80%。2021 年全国因旱造成 2068.9 万人受灾，其中饮水困难人口 158.9 万人；直接经济损失 200.9 亿元。

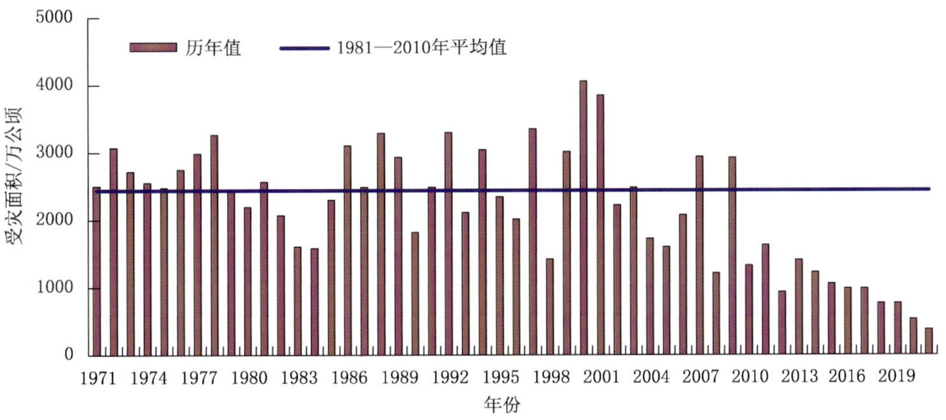

图 2.1.2 1971—2021 年全国干旱受灾面积变化

Fig. 2.1.2 Drought areas in China during 1971—2021 (unit: 10^4 hm^2)

表 2.1.1 2021 年我国主要干旱事件简表

Table 2.1.1 List of major drought events over China in 2021

时间	地区	程度	旱情概况
2020 年 11 月上旬至 2021 年 2 月上旬	江南、华南出现秋冬连旱	江南、华南大部地区降水量偏少 5～8 成，广西大部、广东东南部等地偏少 8 成以上。同期，上述大部地区气温较常年同期偏高，导致江南、华南气象干旱迅速发展，普遍出现中到重度气象干旱	持续干旱导致湖库蓄水少，江河水位低，给江南、华南等地的水资源、农业生产带来一定影响
2020 年秋末至 2021 年夏初	云南遭遇冬春连旱	云南大部地区累计降水量在 400 毫米以下，偏少 2～5 成，中北部地区不足 200 毫米，偏少 5 成以上。与此同时，气温普遍较常年同期偏高。温高雨少导致云南大部地区出现中到重度气象干旱，东部、西南部和北部出现特旱	受干旱影响，全省水库蓄水严重不足，大理东部—楚雄—昆明西部—玉溪南部—普洱—红河西部一带土壤缺墒，对当地春播产生不同程度影响
3 月下旬至 12 月中旬	华南频发阶段性干旱	3 月下旬至 12 月中旬，华南地区降水总体偏少，华南中东部降水量偏少 2～5 成，气象干旱呈现持续性和阶段性的发展态势	长期干旱致使华南土壤墒情差，江河水位下降，山塘水库干涸，对农业生产、森林防火、生活生产用水产生了不利影响，干旱还导致珠江口咸潮突出，影响对港供水和电网安全等
7 月上旬至 9 月上旬	西北地区东部和华北西部出现夏秋连旱	7 月上旬至 9 月上旬，西北地区东部和华北西部降水持续偏少，大部地区累计降水量在 200 毫米以下，西北地区东北部不足 100 毫米。气温普遍较常年同期偏高。温高雨少导致上述地区大部出现中到重度气象干旱	干旱给农业生产和水资源等带来一定影响，部分地区出现人畜饮水困难

2.1.2 主要旱灾事例

1. 江南、华南出现秋冬连旱

2020 年 11 月上旬至 2021 年 2 月上旬，江南、华南等地降水稀少，大部地区累计降水量在 50 毫米以下，江南东南部、华南大部等地不足 25 毫米，上述大部地区降水量偏少 5～8 成，广西大部、广东东南部等地偏少 8 成以上；广西、湖南降水量为 1961 年以来历史同期最少，广东、江西为第 2 少，浙江为第 3 少。同期，上述大部地区气温较常年同期偏高，江南中部和东部、华南中东部偏高 1～2 ℃。降水稀少、气温偏高，导致江南、华南气象干旱迅速发展，普遍出现中到重度气象干旱，湖南东南部、广西中部和东北部、广东西北部出现特旱。持续干旱导致湖库蓄水少，江河水位低，给江南、华南等地的水资源、农业生产带来一定影响。2 月 7—11 日，南方地区出现明显降水过程，上述地区气象干旱得到有效缓解。

2. 云南 2020 年秋末至 2021 年夏初连续干旱

2020 年 11 月至 2021 年 5 月，云南降水持续偏少，全省降水量为 1961 年以来历史第 4 少。云南大部地区累计降水量在 200 毫米以下，偏少 2～5 成，中北部地区不足 100 毫米，偏少 5 成以上。与此同时，气温普遍较常年同期偏高，云南北部和西南部等地偏高 1～2 ℃。温高雨少导致云南气象干旱不断发展，4 月 3 日云南干旱最为严重，全省大部地区出现中到重度气象干旱，东部、西南部和北部出现特旱(图 2.1.3)。受干旱影响，全省水库蓄水严重不足，大理东部—楚雄—昆明西部—玉溪南部—普洱—红河西部一带土壤缺墒，对当地春播产生不同程度影响。7 月以后，云南降水有所增多，干旱缓解。

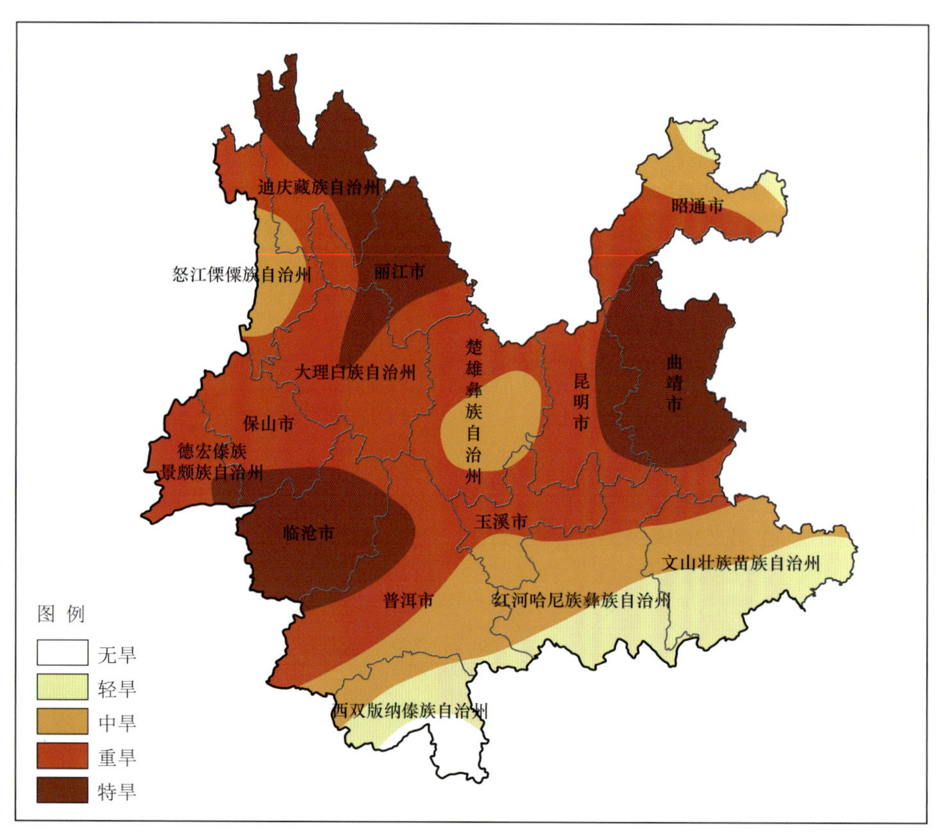

图 2.1.3 2021 年 4 月 3 日云南气象干旱监测图

Fig. 2.1.3 Drought monitoring in Yunnan on April 3, 2021

3. 华南阶段性干旱频发

3月下旬至12月中旬，华南地区降水总体偏少，华南中东部降水量偏少2～5成，气象干旱呈现持续性和阶段性的发展态势。3月下旬至5月上旬、5月中旬至6月下旬、7月上旬至8月中旬、8月下旬至10月上旬为干旱明显时段，其中，4月上旬广东大部、广西中部和南部、海南东部，5月下旬广东西部和东部，7月下旬广东大部、广西中西部和东部以及海南东部，9月中旬广东东南部和西部、广西中西部和东部等地区出现中到重度气象干旱，局地达到特旱。10月上旬台风“狮子山”和“圆规”给华南地区带来暴雨到大暴雨，气象干旱明显缓解。11月至12月上旬末，华南大部地区降水再度偏少，气象干旱又有所露头；12月下旬初，台风“雷伊”给华南中东部带来降水，气象干旱缓和。长期干旱致使华南土壤墒情差，江河水位下降，山塘水库干涸，对农业生产、森林防火、生活生产用水产生了不利影响，干旱还导致珠江口咸潮突出，影响对港供水和电网安全等。

此外，2021年1月下旬至4月末，台湾遭遇了56年来最严重干旱(图2.1.4)。2020年秋季至2021年3月，台湾降水持续偏少。4月上中旬，21座主要水库中有5座出水量下降到10%以下，台中德基水库蓄水量跌破5%。台湾多地因缺水采取“供5停2”的措施，旅游业受到较大影响，农作物灌溉和工业用水受限，民众生活用水也受到很大影响。

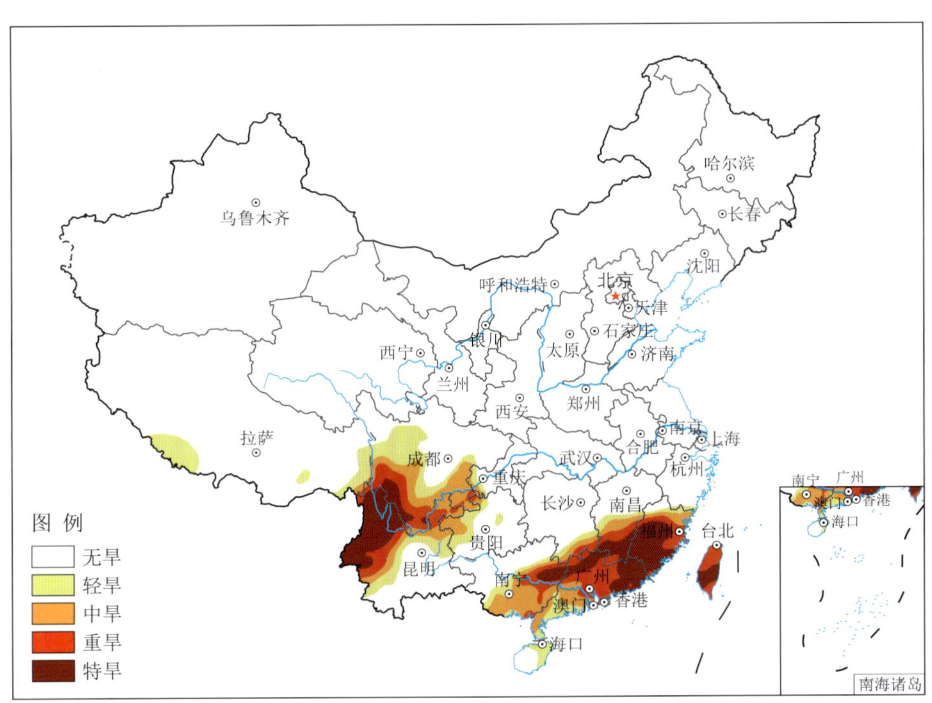

图2.1.4　2021年4月13日全国气象干旱监测图

Fig. 2.1.4　Drought monitoring in China on April 13, 2021

4. 西北地区东部和华北西部出现夏秋连旱

7月上旬至9月上旬，西北地区东部和华北西部降水持续偏少，大部地区累计降水量在200毫米以下，西北地区东北部不足100毫米；与常年同期相比，上述大部地区降水量偏少2～5成，西北地区东北部偏少5成以上。与此同时，气温普遍较常年同期偏高，西北地区东部偏高1～2℃，局地偏高2℃以上。温高雨少导致气象干旱不断发展，8月17日，上述地区大部出现中到重度气象干旱，陕西中部、甘肃东部、宁夏南部出现特旱(图2.1.5)。干旱给农业生产和水资源等带来一定影响，部分地区出现人畜饮水困难。

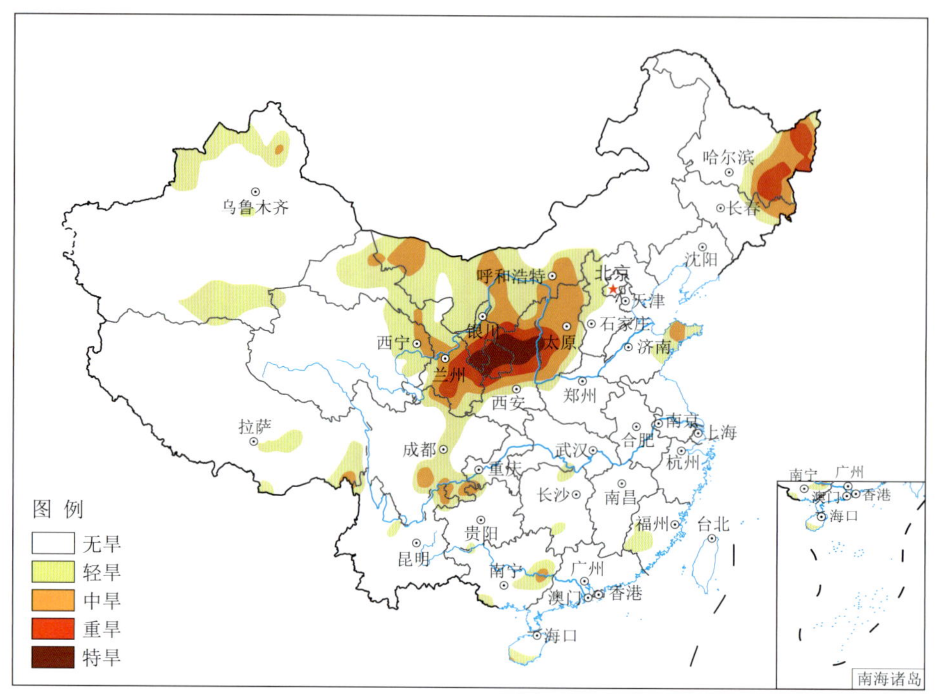

图 2.1.5　2021 年 8 月 17 日全国气象干旱监测图

Fig. 2.1.5　Drought monitoring in China on August 17, 2021

2.2　暴雨洪涝

2.2.1　基本概况

2021 年，全国平均降水量较常年偏多 6.7%。冬季降水偏少，春、夏、秋季降水偏多。年内全国共出现 36 次区域性暴雨过程，北方地区降水量为 1961 年以来历史第 2 多。暴雨站日为 1961 年以来第 2 多。汛期，暴雨过程强度大、极端性显著，河南等地暴雨灾害严重；秋季北方多雨，黄河流域秋汛明显(图 2.2.1)。据统计，2021 年全国因暴雨洪涝共造成 5901 万人次受灾，死亡(含失踪)590 人；农作物受灾面积 476 万公顷，绝收面积 87 万公顷；倒塌房屋 15.2 万间；直接经济损失 2459 亿元。

总体上看，2021 年暴雨洪涝灾害较常年偏重。2021 年全国暴雨洪涝造成的直接经济损失高于近十年平均值，受灾面积和死亡人口少于近十年平均值。2021 年各类气象灾害中，暴雨洪涝灾害比较突出，造成的直接经济损失较重。2021 年受灾较重的省份有河南、陕西、四川、山西等。

2.2.2　主要暴雨洪涝灾害事例

1. 汛期暴雨强度大、极端性显著

5 月中旬开始，我国区域性暴雨过程增多增强，至 10 月下旬，共出现 29 次区域性暴雨过程，其中 5 月 15—23 日、6 月 27 日至 7 月 7 日、7 月 15—22 日、7 月 24—30 日和 9 月 16—20 日的区域暴雨过程综合强度达到“高”等级。夏季主汛期中有 3 次暴雨过程综合强度较强。

5 月 15—23 日，长江以南大部地区遭遇持续性强降雨天气，湖北、江西、福建等地部分水库和河流超过汛限水位或警戒水位，赣江形成年内第 1 号洪水。5 月 30 日至 6 月 2 日，华南大部遭遇强降雨天气，广东中东部出现暴雨到大暴雨，惠州、河源、汕尾和揭阳等局地特大暴雨；广东惠州龙门县龙华镇最大 3 小时雨量(400.9 毫米)突破广东省历史极值，6 小时雨量(479.6 毫米)突破广东省“龙

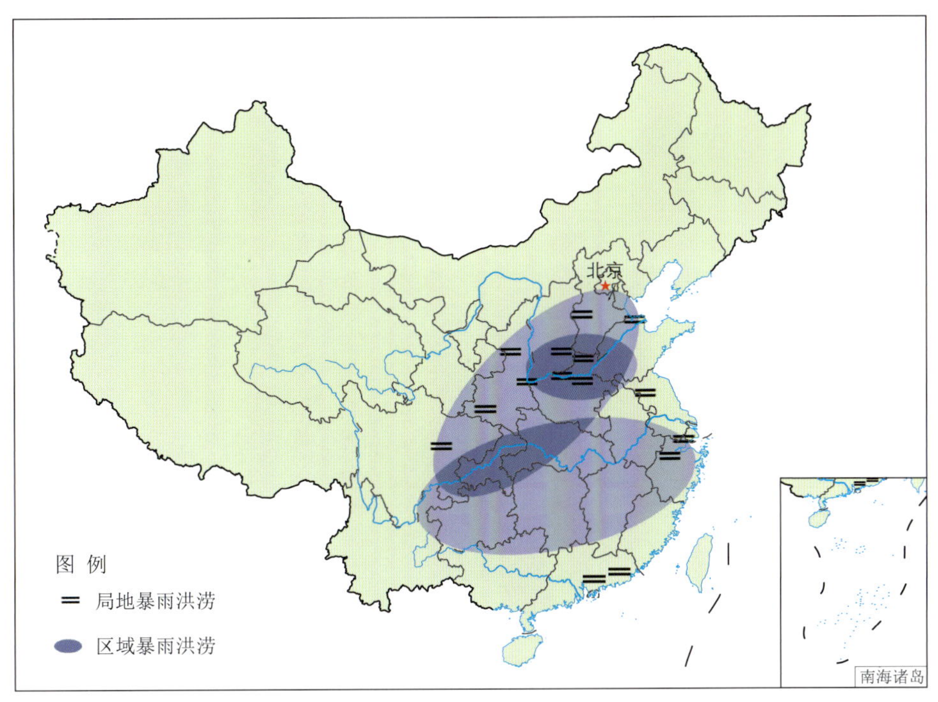

图 2.2.1　2021 年全国主要暴雨洪涝示意图

Fig. 2.2.1　Sketch map of major rainstorm induced floods over China in 2021

舟水”期间历史极值。广东多地出现严重内涝，暴雨导致道路积水，房屋、车辆被淹及群众被困，多所学校停课。

6 月 27 日至 7 月 7 日的暴雨过程，持续时间长、降水强度强、影响范围广。南方大部地区过程雨量超过 100 毫米，安徽、浙江、江西、湖南、福建、广西等地超过 200 毫米，局地超过 300 毫米，广西资源县达 532 毫米。受强降雨影响，部分河流出现超警戒水位，四川、湖北、安徽、贵州、江西、云南、福建等地部分地区遭受暴雨洪涝灾害。

湖北　6 月 26—28 日，黄冈、宜昌、荆门 3 市 5 个县(市)9.4 万人受灾；近 200 间房屋不同程度损坏；农作物受灾面积 4800 公顷；直接经济损失 1.1 亿元。

安徽　6 月 27—30 日，黄山、宣城、池州 3 市 11 个县(区)8.9 万人受灾；300 余间房屋不同程度损坏；农作物受灾面积 5400 公顷；直接经济损失 1.1 亿元。

7 月 15—22 日，华北中部和南部、黄淮西部和南部出现强降雨过程，河北南部、河南西部和北部累计降水量超过 250 毫米(图 2.2.2)，多地出现极端降水事件。河南郑州等 51 个国家级气象站、河北平山等 16 站、山东无棣等 2 站、山西平顺站出现极端连续降水事件，河南郑州等 26 站(郑州 851 毫米)、山东无棣等 2 站、山西平顺站累计降水量超过历史极值。河南出现特大暴雨，郑州最大日降水量达 624.1 毫米，接近该站常年的年降水量(641 毫米)；郑州最大小时降水量达 201.9 毫米，超过此前我国大陆地区小时降水量气象观测记录。极端暴雨导致郑州、鹤壁、新乡、安阳等城市发生严重内涝，多地交通、电力、供水等受到严重影响，造成重大人员伤亡和巨大经济损失。

河南　7 月 17—23 日，强降水过程造成河南省 150 个县(市、区)1478.6 万人受灾，因灾死亡失踪 398 人，直接经济损失 1200.6 亿元。

7 月 24—30 日，华北东部、黄淮中东部、江淮大部、江南东北部等地累计降水量超过 50 毫米，河北东部、北京东部、天津、山东中东部、安徽北部和东部、江苏大部、上海、浙江中北部的降水量有 100

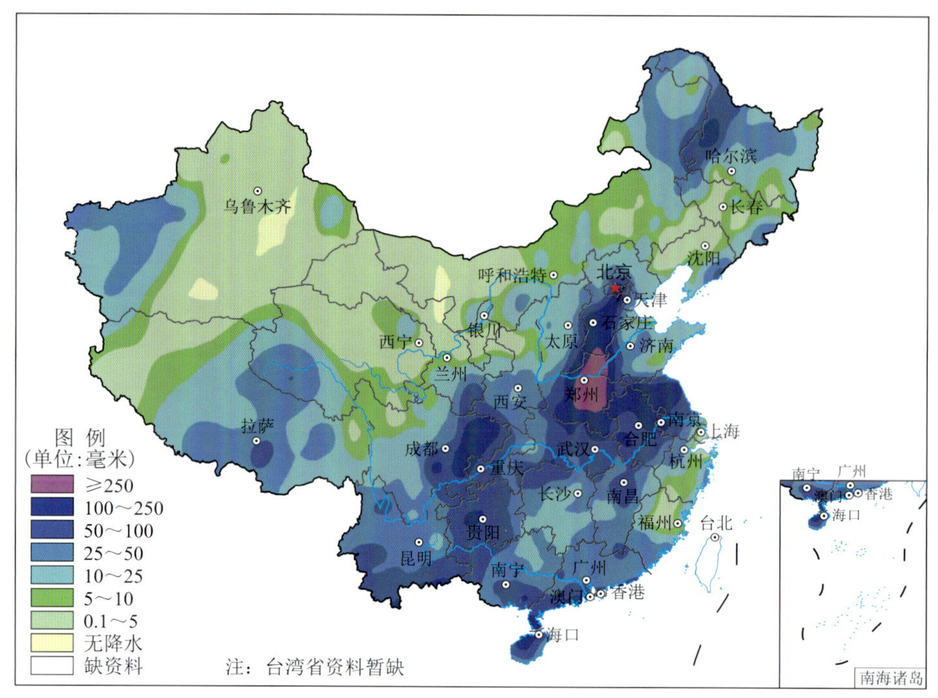

图 2.2.2　2021 年 7 月 15—22 日全国降水量分布

Fig. 2.2.2　Distribution of precipitation over China during July 15—22,2021 (unit:mm)

～250 毫米,江苏中部、上海、浙江东部降水量超过 250 毫米。江苏泗阳等 7 站日降水量超过历史极值,河南济源等 13 站、江苏泗阳等 2 站、上海金山等 2 站、浙江绍兴等 3 站连续降水量超过历史极值。

9 月 16—20 日,四川盆地、西北地区东部至华北、黄淮、东北地区南部一带出现一次区域性暴雨过程。河北南部、山西东南部、河南北部、山东西北部和辽宁北部累计降水量 100～250 毫米,四川三台等 12 站日降水量超过极端阈值。重庆、贵州、陕西洪涝灾害影响重。

贵州　9 月 16—18 日,遵义、铜仁 2 市 9 个县 3 万人受灾,600 余间房屋不同程度损坏,农作物受灾面积 400 余公顷,直接经济损失 4500 余万元。

2. 秋季北方多雨,黄河流域秋汛明显

秋季,我国降水总体北多南少(图 2.2.3),华北、西北区域平均降水量均为 1961 年以来最多,北京、天津、河北及陕西、山西降水量均为 1961 年以来历史同期最多。全国共有 134 个国家级气象站日降水量突破秋季历史极大值,陕西志丹(113.8 毫米,9 月 3 日)、城固(112.8 毫米,9 月 26 日)日降水量突破历史纪录;华北、黄淮、西北东部等地共有 250 站连续降水日数达到极端事件标准,河南正阳(19 天)、山东济宁(12 天)、河北曲周(9 天)等 27 站连续降水日数破历史纪录。西北地区东部、华北、黄淮多雨寡照天气造成大部地区土壤过湿,不利作物成熟收晒,秋收秋种受阻,部分地区农作物减产或绝收。

9—10 月,5 次区域性暴雨过程影响黄河中游,黄河出现严重秋汛。9 月 24—26 日,四川盆地、西北地区东部至华北、黄淮一带出现暴雨过程,陕西南部、河南北部等地降水量超过 100 毫米;27 日黄河潼关站、黄河花园口站相继发生 2021 年第 1 号、第 2 号洪水,黄河支流渭河发生 1935 年有实测资料以来同期最大洪水。10 月 2—7 日,山西省平均降水量达到常年 10 月降水量的 3 倍以上,出现明显秋汛;10 月 6—7 日,陕西受持续降雨影响,11 条河流出现超警戒洪峰,7 日潼关水文站出现

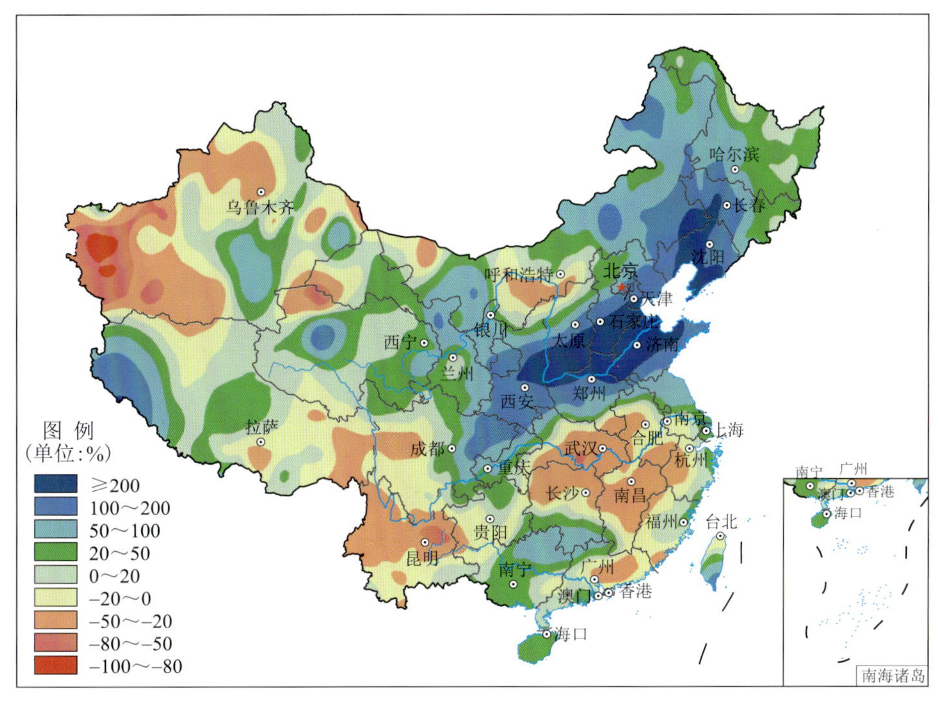

图 2.2.3　2021 年秋季全国降水量距平百分率分布

Fig. 2.2.3　Distribution of precipitation anomalies percentage over China in autumn of 2021

1979 年以来的最大洪水。

四川　9 月 23—25 日，巴中、广元、资阳、甘孜、乐山 5 市(自治州)12 个县(区)1.9 万人受灾，300 余间房屋不同程度损坏，农作物受灾面积 100 余公顷，直接经济损失 4700 余万元。

河北　10 月 6—7 日，邯郸、石家庄 2 市 4 个县 3.1 万人受灾；农作物受灾面积 4500 公顷，绝收 4000 公顷；直接经济损失近 6900 万元。

2.3　台风

2.3.1　基本概况

2021 年，西北太平洋和南海共有 22 个台风(中心附近最大风力≥8 级)生成，生成个数较常年(25.5 个)平均值偏少 3.5 个。其中，2104 号“小熊”(Koguma)、2106 号“烟花”(In-Fa)、2107 号“查帕卡”(Cempaka)、2109 号“卢碧”(Lupit)、2117 号“狮子山”(Lionrock)、2118 号“圆规”(Kompasu)共 6 个台风先后在我国登陆(图 2.3.1)。与常年相比，2021 年台风生成个数偏少，起编时间偏早、停编时间偏晚；登陆个数、登陆比例均偏少，初台登陆时间偏早、末台偏晚，登陆强度总体偏弱。

2021 年，影响我国的台风带来了大量降水，对缓解南方部分地区的夏伏旱和高温天气以及增加水库蓄水等十分有利，但由于登陆或影响时间集中，部分地区因降水强度大、风力强，造成了一定的人员伤亡和经济损失。据统计，全国共有 644.1 万人次受灾，4 人死亡，转移安置 197.8 万人；44.1 万公顷农作物受灾；倒塌房屋 600 间；直接经济损失 152.6 亿元(表 2.3.1)。2021 年，台风造成的死亡失踪人数和直接经济损失均少于 1991—2020 年平均值。其中，影响较大的是 2106 号“烟花”(In-Fa)。总体而言，2021 年为台风灾害损失较轻年份。

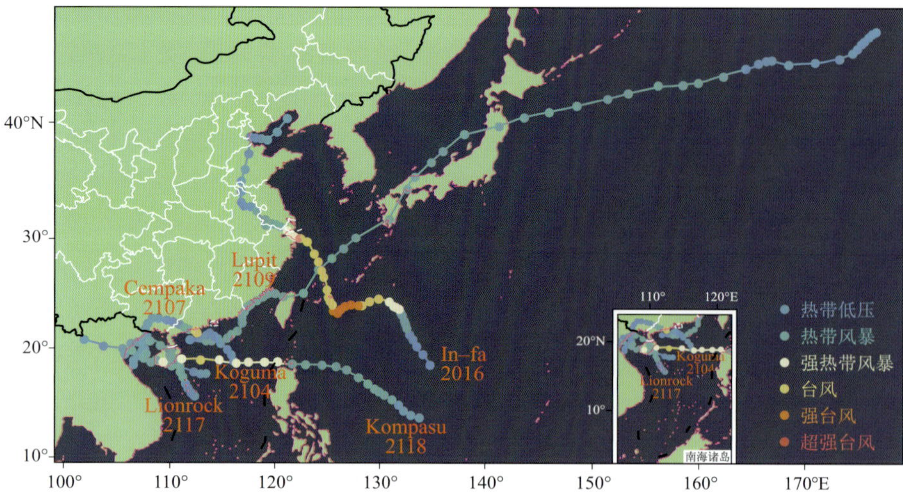

图 2.3.1　2021 年登陆中国台风路径图(中央气象台提供)

Fig. 2.3.1　The tracks of tropical cyclones landed on China during 2021 (By Central Meteorological Observatory)

表 2.3.1　2021 年我国台风主要灾情表

Table 2.3.1　List of tropical cyclones and associated disasters over China in 2021

国内编号及中英文名称	登陆时间(月.日)	登陆地点	最大风力(级)(风速/米/秒)	受灾地区	受灾人口(万人)	死亡人口(人)	失踪人口(人)	转移安置(万人)	倒塌房屋(万间)	受灾面积(万公顷)	直接经济损失(亿元)
2104“小熊”(Koguma)	6.12	海南陵水	8(20)	海南	0.05			0.01		0.002	0.01
2106“烟花”(In-Fa)	7.25 7.26	浙江舟山 浙江平湖	12(35) 10(25)	浙江	225.9			112.8	0.04	10.46	104.2
				安徽	133.5			1.6	0.01	15.09	13.5
				上海	40.1			27		1.57	7.8
				江苏	54.6			1.1		6.16	5.3
				山东	24.8			0.5		2.31	0.7
				河北	1.5					0.11	0.3
				辽宁	1.1					0.09	0.1
				内蒙古	0.4					0.03	0.1
2107“查帕卡”(Cempaka)	7.20	广东阳江	12(33)	广东	5			0.5		0.36	1.6
				广西	1.4					0.05	0.2
2109“卢碧”(Lupit)	8.5 8.5 8.7	广东汕头 福建东山 台湾新竹	9(23) 8(20) 8(18)	福建	7.3	1		0.9	0.01	0.71	1.3
2114“灿都”(Chanthu)				浙江	48.9			20.9		0.94	5.4
				上海	33.1			24.6		0.87	1.2
				江苏	3.1			0.1		0.05	0.02
2117“狮子山”(Lionrock)	10.8	海南琼海	8(20)	海南	15.5	1		1.1		1.16	2
				广西	18					1.68	0.8
				广东	1.3					0.05	0.2

续表

国内编号及中英文名称	登陆时间（月.日）	登陆地点	最大风力（级）（风速/米/秒）	受灾地区	受灾人口（万人）	死亡人口（人）	失踪人口（人）	转移安置（万人）	倒塌房屋（万间）	受灾面积（万公顷）	直接经济损失（亿元）
2118“圆规”（Kompasu）	10.13	海南琼海	11(30)	海南	19	2		6.6		1.87	7.4
				广东	7.7			0.1		0.48	0.3
				广西	1.3					0.05	0.04
				云南	0.5					0.01	0.1
全年合计					644.05	4		197.81	0.06	44.102	152.57

2.3.2 主要台风灾害事例

1. 2104“小熊”(Koguma)

2104 号台风“小熊”于 6 月 11 日下午在南海北部生成，12 日 09 时 45 分在海南省陵水县沿海登陆，登陆时中心附近最大风力有 8 级(20 米/秒)，中心最低气压为 990 百帕。13 日 07 时 45 分前后在越南北部的清化省沿海登陆，登陆时中心附近最大风力有 8 级(20 米/秒)。后在越南和老挝北部边界线附近明显减弱，中央气象台 13 日 14 时对其停止编号。“小熊”具有近海生成、路径稳定、移速快、强度弱、对海南风雨影响小的特点。

海南 受台风“小熊”影响，6 月 11 日 08 时至 13 日 08 时，海南岛出现了较强风雨天气。降雨中心集中在海南岛南部、中部和东部地区，保亭、万宁、五指山、三亚、陵水、琼中、海口、定安、临高、澄迈、琼海、文昌、昌江、乐东 14 个市(县)共 68 个乡镇(区)雨量超过 50 毫米，保亭、万宁、五指山 3 个市(县)共 5 个乡镇(区)雨量超过 100 毫米，最大为保亭什玲镇 119.3 毫米。海南到沿海陆地普遍出现 8～11 级阵风，最大为陵水县椰林镇 11 级(29.2 米/秒)；近海海面最大阵风出现在东方近海 9 级(22.0 米/秒)。另外，三沙市永兴岛累计雨量 47.4 毫米，最大阵风 8 级(18.1 米/秒)；三沙市各岛礁最大雨量出现在金银岛 200.4 毫米，最大阵风出现在北礁 9 级(21.2 米/秒)。据统计，“小熊”造成海南 500 多人受灾，100 人紧急转移安置；农作物受灾面积 20 公顷；直接经济损失 100 万元。

2. 2106“烟花”(In-Fa)

2021 年第 6 号台风“烟花”于 7 月 18 日 02 时在西北太平洋洋面上生成，19 日 08 时加强为强热带风暴，21 日 11 时加强为强台风，23 日由强台风级减弱为台风级，25 日 12 时 30 分前后在浙江舟山普陀沿海登陆，登陆时中心附近最大风力有 12 级(35 米/秒)，中心最低气压为 968 百帕，26 日 09 时在杭州湾西部减弱为强热带风暴级，随后于 26 日 09 时 50 分在浙江省平湖市沿海再次登陆，登陆时中心附近最大风力 10 级(25 米/秒)，中心最低气压为 978 百帕。7 月 26 日 17 时前后移入江苏省苏州市吴江区境内，并减弱为热带风暴级，28 日凌晨在安徽境内由热带风暴减弱为热带低压，尔后经江苏、山东于 30 日早晨移入渤海，逐渐变性为温带气旋。

受“烟花”一路北上影响，据统计共造成浙江等省(市、区)481.9 万人受灾，紧急转移人口 143 万人；农作物受灾面积 35.82 万公顷；500 间房屋倒塌；直接经济损失 132 亿元。

浙江 受台风“烟花”环流影响，7 月 22—28 日，浙江省遭遇风雨影响时间长达 7 天之久，破浙江省登陆台风影响时间最长纪录。期间，全省过程总雨量平均达 191 毫米，破省登陆台风纪录。宁波市平均雨量 360 毫米、舟山市 334 毫米、绍兴市 331 毫米、湖州市 256 毫米、嘉兴市 230 毫米、杭州市 209 毫米，均破 1951 年以来浙江省登陆台风平均雨量纪录；有 20 个县(市、区)平均雨量超过 300 毫米，4 个超过 400 毫米，最大余姚 468 毫米；有 311 个乡镇(街道)(约 1.95 万平方千米)累计雨量超过 300 毫米，66 个（约 3386 平方千米）超过 500 毫米；单站最大值出现在余姚大岚镇丁家畈，达 1034 毫米，破浙江省登陆台风过程雨量极值。27 个国家级气象站的过程雨量破 1951 年以来本省登陆台风过程雨量纪录。浙江沿海海面和东部地区出现大范围持续性大风，浙北沿海 10 级以上大风持续 40 小时，12 级以上大风持续 20 小时。"烟花"带来的狂风暴雨对浙江农业影响严重，导致大面积农田受淹，农业设施受损，作物机械损伤及倒伏，早稻发芽霉变，果蔬烂果落果等。据应急管理部统计，共造成 225.9 万人受灾，112.8 万人紧急转移安置；农作物受灾面积 10.5 万公顷；倒塌房屋 400 间；直接经济损失 104.2 亿元。

安徽　7 月 23 日 20 时至 29 日 08 时累计降雨量，全省有 2088 个站超过 100 毫米、209 个站超过 250 毫米、128 个站超过 300 毫米，宣城、黄山、滁州等地有 41 个站超过 400 毫米、6 个站超过 500 毫米。其中，27 日降雨范围最大，有 772 个站出现暴雨，163 个站大暴雨，1 个站特大暴雨，最大青阳黄石村 319.7 毫米。全省大部阵风风力 6～8 级，淮北、大别山区、沿江西部及皖南山区部分地区有 13 个站 9 级，黄山光明顶（27.7 米/秒）和青阳天台（25.7 米/秒）达 10 级。据统计，共造成全省 133.5 万人受灾，1.6 万人紧急转移安置；农作物受灾面积 15.1 万公顷；100 间房屋倒塌；直接经济损失 13.5 亿元。

上海　7 月 24—27 日全市累计雨量在 163.9 毫米（崇明）～416.5 毫米（金山）之间，最大小时雨量 47.2 毫米，出现在金山亭林镇；陆地和沿江沿海普遍出现 9～12 级阵风，洋山港和沿海海面最大阵风达 14 级。全市受灾人口 40.1 万人，紧急转移安置 27 万余人，农作物受灾面积 1.6 万公顷。暴雨造成多处积水和汽车抛锚进水。大风致使大量树木倒伏，吹倒吹掉各种杂物砸坏路边车辆，影响道路交通；损毁广告牌、信号灯、雨棚、窗户等。上海两大机场取消 25 日全部航班；客轮全线停航，上海港封港；长三角停运 113 趟列车，7 月 25 日 19 时—26 日 12 时所有进出上海的高铁列车停运；上海 6 条地铁、地铁所有地面及高架区段停运，郊区公交停运 70 条以上，东海大桥封桥；城市公园、各类场馆、景观照明和大部分景区关闭。共计造成直接经济损失 7.8 亿元。

江苏　7 月 24—29 日全省累计降雨量 73.9 毫米（西连岛）～467.4（江都）毫米，全省平均累计降水量达到了 221.8 毫米，远超历史上其他严重影响的台风个例；共出现 65 个暴雨站日、36 个大暴雨站日及 4 个特大暴雨站日，日最大降水量 322.3 毫米（泗阳）；从加密站资料来看，过程最大降水量为 569.2 毫米，出现在江都真武镇。如东县阳光岛极大风速为 29.3 米/秒（11 级）。"烟花"为江苏有气象记录以来停留时间最长、过程雨量最大、影响范围最广的台风。据统计，共造成 54.6 万人受灾，1.1 万人紧急转移安置；农作物受灾面积 6.2 万公顷；直接经济损失 5.3 亿元。

山东　7 月 27—30 日出现大范围强降水天气，全省平均降水量 100.2 毫米，枣庄、临沂、济宁、德州、菏泽、济南、聊城、泰安 8 市平均降水量均在 100 毫米以上，枣庄市平均达 200 毫米以上，最大单点雨量为 316.9 毫米，出现在临沂蒙阴雨王庙。鲁西北、鲁中北部、鲁南和山东半岛南部沿海地区出现阵风 7～9 级大风，渤海和黄海中部风力 8～10 级。枣庄、临沂、德州、济南等市多地严重积水，部分农作物被淹，交通运输和旅游也受到一定影响。胶济客专、青荣城际、青盐铁路、济青高铁等线路部分旅客列车停运 70 多趟，山东航空取消航班共 297 个。据统计，共造成 24.8 万人受灾，5000 人紧急转移安置；农作物受灾面积 2.3 万公顷；直接经济损失 0.7 亿元。

河北　7 月 28—30 日出现大范围强降水过程，全省平均降水量为 49.0 毫米，降水主要集中在冀东地区，唐山西部、沧州大部、衡水东部以及邢台东部等地降水量超过 100 毫米，景县 175.1 毫米为全省最多，吴桥最大雨强 32.0 毫米/时为全省最大。全省共 38 个国家级气象观测站达暴雨以上等级，其中遵化、大城、青县等 17 个站达大暴雨等级。故城和景县日最大降水量突破历史同期（7 月下旬）最大值。7 月 29 日夜间，沿海地区出现 9 级大风，69 个县（市、区）出现 6 级及以上大风，4 个县（市、区）出现 8 级大风，主要出现在沧州、邢台等地，最大瞬时风速为 18.5 米/秒（8 级）。据统计，共造成1.5万人受灾，农作物受灾面积1100公顷；直接经济损失0.3亿元。

辽宁 7月29日至8月2日，“烟花”北上影响辽宁，影响时间长达80个小时。辽宁中西部和东南部地区出现暴雨，最大降水量169.5毫米，出现在北镇；最大小时降水量达71.8毫米，出现在辽阳太子河区东宁卫乡。沿海地区40个气象站出现8级以上瞬时大风，最大瞬时风力达10级(24.6米/秒)，出现在喀左县。“烟花”带来的降雨使沈阳、铁岭等地旱情缓和，但暴雨和强对流天气使部分地区受灾。据统计，共造成1.1万人受灾，农作物受灾面积900公顷，直接经济损失0.1亿元。

内蒙古 受台风“烟花”及高空冷涡影响，7月29—31日部分地区出现暴雨、大暴雨，其中赤峰市宁城县最大过程降水量115.4毫米，最大雨强33.9毫米/时；呼伦贝尔市牙克石市市区24小时降水量70.5毫米。强降水导致赤峰市敖汉旗等多地发生不同程度的洪涝灾害。据统计，共造成0.4万人受灾，农作物受灾面积300公顷，直接经济损失0.1亿元。

3. 2107“查帕卡”(Cempaka)

2107号台风“查帕卡”(Cempaka)于7月19日08时在南海海面上生成，19日17时加强为强热带风暴级，19日23时加强为台风级，20日21时50分前后在广东省阳江市江城区沿海登陆，登陆时中心附近最大风力有12级(33米/秒)，中心最低气压968百帕。7月21日08时在广东省阳江市境内减弱为热带低压，17时前后进入广西，7月23日05时热带低压移入北部湾北部海面，7月24日23时热带低压在北部湾西部海面减弱消失。

据应急管理部统计，台风“查帕卡”共造成广东、广西等地6.4万人受灾，紧急转移安置0.5万人；农作物受灾面积4100公顷；直接经济损失1.8亿元。

广东 受“查帕卡”影响，7月19—22日，沿海县(市)出现了暴雨，部分地区出现大暴雨至特大暴雨，其余县(市)出现了雷阵雨局部大雨或暴雨。全省平均累计降水量58.4毫米，有2个站超过500毫米，阳江海陵岛闸坡镇最大过程雨量550.9毫米，最大日降水量298.4毫米。广东沿海及海面出现7～9级、阵风10～13级大风，阳东东平镇南鹏岛录得平均风36.4米/秒(12级)和阵风49.2米/秒(15级)，台山川岛镇录得平均风34.9米/秒(11级)和阵风45.4米/秒(14级)。台风“查帕卡”带来清凉，有效缓解了粤西南的气象干旱，也利于水库蓄水，但部分地区发生暴雨洪涝灾害，对部分晚熟早稻收割晾晒不利，也给交通、旅游造成影响。截至7月20日，广深珠三大机场已取消进出港航班1000余架次；由广州南站开出的深湛铁路方向部分列车停运，江门站所有列车停运；珠海香洲港、深圳蛇口港、横琴码头、广州南沙港往返珠海各海岛航班全部停航；珠海全市托儿所、幼儿园、中小学校及中等职业学校停课；阳江临时关闭滨海浴场、旅游景区13个。

据统计，共造成5万人受灾，紧急转移安置5000人；农作物受灾面积3600公顷；直接经济损失1.6亿元。

广西 大部地区出现大雨到暴雨，局部大暴雨到特大暴雨；部分地区出现8级以上大风。7月20日20时至23日11时，降雨量超过300毫米的有北海市海城区涠洲岛(348.6毫米)、防城港市上思县叫安乡(337毫米)，降水量200～300毫米有3市4县(区)的11个乡镇，100～200毫米有7市27县(区)的112个乡镇，50～100毫米有12市67县(区)的268个乡镇；最大24小时雨量为防城港市上思县叫安乡306.1毫米。柳州、河池、防城港、北海、钦州、玉林、贵港、崇左等市出现8级以上大风，最大为东兴市东兴镇24.5米/秒(10级)。强降雨导致桂南多条江河出现1～6米的涨水过程，有利于多个大中型水库蓄水增加，使桂南大部和桂西部分地区的高温干旱得到不同程度缓和，但强降雨大风导致桂南局部地区农作物受灾，低洼地带的水稻、甘蔗出现倒伏现象。据统计，造成1.4万人受灾，农作物受灾面积500公顷，直接经济损失0.2亿元。

4. 2109“卢碧”(Lupit)

2109号台风“卢碧”8月4日08时在广东东部近海海面上生成，8月5日11时20分前后在广东省汕头市南澳县沿海登陆，登陆时中心附近最大风力 9 级（23 米/秒，热带风暴级），中心最低气压 985 百帕。8 月 5 日 16 时 50 分前后在福建省漳州市东山县沿海再次登陆，登陆时中心附近最大风力 8 级（20 米/秒），8 月 7 日 08 时 30 分在台湾新竹第三次登陆，登陆时中心附近最大风力 8 级（18 米/秒）。之后，“卢碧”继续向东北方向移动，于 8 日傍晚在日本鹿儿岛枕崎市附近沿海登陆（热带风暴级），随后“卢碧”逐渐减弱变性为温带气旋，中央气象台于 9 日 14 时对其停止编号。

福建 8 月 4 日 08 时至 8 日 08 时，全省共有 58 个县（市、区）569 个乡镇累计雨量在 100.0 毫米及以上，14 个县（市、区）64 个乡镇超过 400.0 毫米，8 个县（市、区）14 个乡镇超过 500.0 毫米，城区以长乐 454.5 毫米为最大，乡镇以长乐江田镇 672.7 毫米为最大。8 月 6 日，连江（212 毫米）、平潭（282.7 毫米）降水量突破本站 1961 年以来日降水量极值。共有 45 个县（市、区）116 个乡镇出现阵风 8 级以上大风，2 个县（市、区）3 个乡镇出现阵风 11 级以上大风，以秀屿区埭头镇的 32.5 米/秒（11 级）为最大。

据统计，受“卢碧”影响，福州、漳州、泉州、莆田、宁德和平潭综合实验区多地出现不同程度灾情，共造成 7.3 万人受灾，1 人死亡，紧急转移安置 0.9 万人；农作物受灾面积 7100 公顷；倒塌房屋 100 间；直接经济损失 1.3 亿元。台风降水也使得全省水库蓄水增加，沿海气象干旱解除，内陆大部气象干旱缓解。

5. 2114“灿都”（Chanthu）

2114 号台风“灿都”于 9 月 7 日上午在关岛以西的西北太平洋洋面上生成，7 日 17 时加强为强热带风暴级，8 日早晨快速加强为超强台风级，12 日 14 时前后进入东海海域，12 日晚上减弱为强台风级，13 日 16 时到达上海南汇嘴以东 117 千米的海域后停滞少动。9 月 14 日至 16 日傍晚在上海以东 200～400 千米的海域间回旋，其间 14 日凌晨减弱为台风级，14 日下午减弱为强热带风暴级，15 日早晨减弱为热带风暴级，15 日上午加强为强热带风暴级。之后向东北方向移动，逐渐远离我国，17 日下午减弱为热带风暴级，18 日夜间变性为温带气旋。受“灿都”外围环流影响，据统计共造成浙江、上海和江苏等地 85.1 万人受灾，45.6 万人紧急转移安置；农作物受灾面积 1.9 万公顷；直接经济损失 6.6 亿元。

浙江 受“灿都”外围云系影响，9 月 11 日夜里至 16 日白天，宁波、舟山、台州、绍兴等地出现暴雨大暴雨，宁波局地特大暴雨。11 日 08 时至 16 日 08 时全省平均雨量 72 毫米，其中宁波市 198 毫米、舟山市 159 毫米、台州市 124 毫米、绍兴市 101 毫米；有 23 个县（市、区）平均雨量超过 100 毫米，超过 200 毫米的县（市）为定海区（225 毫米）、海曙区（221 毫米）、奉化区（219 毫米）、余姚（219 毫米）、鄞州区（207 毫米）、宁海（205 毫米）；有 124 个乡镇（街道）超过 200 毫米，25 个超过 300 毫米，单站最大为余姚大岚镇丁家畈 505 毫米。浙北沿海海面出现了最大 10～12 级、局部 13～14 级阵风，10 级以上大风持续 40 小时，12 级以上大风持续近 10 小时；浙中南沿海海面和浙中北沿海地区出现了 8～11 级阵风。单站最大为嵊泗徐公岛 42.4 米/秒（14 级）、嵊泗马迹山 42.1 米/秒（14 级）。浙西、浙南和部分浙中地区受台风影响较小，对山塘小水库蓄水防旱抗旱较为有利。

受“灿都”影响，9 月 13 日，浙江全省计划航班 1423 架次，取消 1038 架次，其中宁波机场、舟山机场民航班次全部取消；铁路方面，全省计划开行列车 3147 趟次，停运 2232 趟次，其中宁波站、台州西站、绍兴北站、余姚北站列车全部停运。此外，全省共计长途客运班线 3446 条、6729 辆，停运 1207 条，停运车辆 2493 辆；G9211 甬舟高速全线关闭。据统计，共造成 48.9 万人受灾，紧急转移安置 20.9 万人；农作物受灾面积 9400 公顷；直接经济损失 5.4 亿元。

上海 9 月 12—16 日全市大部地区出现暴雨，1 小时最大雨量为 50 毫米，出现在浦东曹路镇；陆地最大阵风 10 级，沿江沿海沿岸地区最大阵风 12～14 级。暴雨造成多处积水和汽车抛锚进水；大风致使多株树木倒伏，多处供电中断，吹倒吹掉各种杂物砸坏车辆及影响道路交通，还吹倒吹坏吹断广告牌、信号灯、雨棚、窗户；上海两大机场取消 9 月 13—14 日主要影响时段航班，长三角停运京沪线部分路段高铁，崇明三岛航线停航，上海轨道交通 5 个区段停运；据统计，全市 33.1 万人受灾，紧急转移安置 24.6 万余人；农作物受灾面积 8700 公顷；直接经济损失 1.2 亿。

江苏 江苏省东南部地区出现较为明显风雨过程。9 月 12 日 08 时至 16 日 08 时，南通、苏州、无锡及常州部分地区有 90 个乡镇(街道)累计雨量超过 50 毫米，启东 11 个乡镇(街道)超过 100 毫米，最大 117.4 毫米(启东惠萍镇三条港)。台风影响期间，南通、苏州等地有 72 个乡镇(街道)风力达到 8 级以上(17.2 米/秒)，最大出现在如东县长沙镇东 22 千米海面上(31.5 米/秒，11 级)。“灿都”台风带来的降水影响明显偏小，据统计共造成 3.1 万人受灾，紧急转移安置 1000 余人；农作物受灾面积 500 公顷；直接经济损失 200 万元。

6. 2117“狮子山”(Lionrock)

2117 号台风“狮子山”10 月 8 日早晨在南海海面上生成，8 日 22 时 40 分前后在海南省琼海市沿海登陆，登陆时中心附近最大风力 8 级(20 米/秒，热带风暴级)，中心最低气压为 990 百帕。之后穿过海南岛进入北部湾，并于 10 日 16 时 20 分前后在越南北部的南定省沿海再次登陆，登陆时中心附近最大风力有 8 级(18 米/秒)。登陆后强度进一步减弱，10 日夜间中央气象台对其停止编号。受“狮子山”和冷空气共同影响，造成海南、广西和广东等地共 34.8 万人受灾，1 人死亡，紧急转移安置 1.1 万人；农作物受灾面积 2.9 万公顷；直接经济损失 3 亿元。

海南 海南岛全岛出现强降雨，10 月 4 日 08 时至 10 日 11 时 15 个市(县)共 130 个乡镇(区)雨量超过 300 毫米，12 个市(县)共 64 个乡镇(区)雨量超过 400 毫米，琼海、临高、万宁、昌江、白沙、琼中、海口 7 个市(县)共 19 个乡镇(区)雨量超过 500 毫米，最大为万宁万城镇 653.4 毫米。本岛四周沿海陆地及近海普遍出现 7～9 级阵风，琼州海峡出现 11 级阵风(28.7 米/秒)，文昌铺前镇阵风达到 11 级(29.2 米/秒)，近海海面最大阵风为文昌七洲列岛 11 级(31.1 米/秒)；另外，三沙最大阵风出现在(北礁 26.6 米/秒，10 级)。

受“狮子山”影响，10 月 6 日 20 时至 10 日 09 时琼州海峡全线停航；10 月 9 日上午海南环岛高铁(含海口市郊列车)全线停运，部分进出岛旅客列车停运，部分客运班线停运，部分航班取消。全省多地因强降雨发生内涝。据统计，共造成全省 15.5 万人受灾，因灾死亡 1 人，紧急转移安置 1.1 万人；农作物受灾面积 1.2 万公顷；直接经济损失 2 亿元。

广西 桂南、桂西出现大到暴雨、局部大暴雨到特大暴雨，其他地区出现中到大雨。据统计，10 月 8 日 20 时至 11 日 12 时，累计降雨量 300 毫米以上有 6 市 7 县(区)的 12 个乡镇，200～300 毫米有 7 市 18 县(区)的 61 个乡镇，100～200 毫米有 12 市 51 县(区)的 237 个乡镇，50～100 毫米有 12 市 70 县(区)的 330 个乡镇，最大为防城港市上思县叫安镇 495.3 毫米。桂南及北部湾海面出现 8～10 级大风，10 市的 23 个县(区)出现 8 级以上大风，最大为钦州市钦南区海面 11 级(32.6 米/秒)。

“狮子山”带来的降雨使大部地区气象干旱缓和，增加了水库蓄水，但强降雨和大风致使部分地区受灾。据统计，共造成全区 18 万人受灾，农作物受灾面积 1.7 万公顷，直接经济损失 0.8 亿元。

广东 10 月 7—11 日全省平均降水量 133.1 毫米，有 1198 个站过程降水量在 100～250 毫米之间，有 578 个站超过 250 毫米，全省最大过程降水量 718.3 毫米，最大日降水量 377.3 毫米(10 日)，均出现在珠海市香洲区万山镇。广东南部沿海和海面出现了 7～9 级、阵风 10～11 级大风。受“狮子山”影响，部分地区晚稻出现倒伏，但总体影响不大；降水较充足，利于水库蓄水，粤东气象干旱缓解。据统计，共造成 1.3 万人受灾，农作物受灾面积 500 公顷，直接经济损失 0.2 亿元。

7. 2118“圆规”(Kompasu)

2118 号台风“圆规”于 10 月 8 日下午在菲律宾以东洋面生成，生成后先打转后转北偏西方向移动，然后转向偏西行，11 日夜间加强为强热带风暴，12 日凌晨移入南海，13 日 5 时加强为台风，13 日 15 时 20 分前后在海南琼海市沿海登陆，登陆时中心附近最大风力 11 级(30 米/秒)，中心最低气压 972 百帕。登陆后迅速减弱为强热带风暴级，并穿过海南岛进入北部湾，于 13 日夜间减弱为热带风暴，14 日 14 时减弱为热带低压，14 日 19 时 30 分前后在越南北部沿海登陆，登陆时最大风力 7 级(14 米/秒)。14 日 20 时中央气象台对其停止编号。受“圆规”影响，共造成海南、广东、广西、云南等地 28.5 万人受灾，2 人死亡，紧急转移安置 6.7 万人；农作物受灾面积 2.4 万公顷；直接经济损失 7.8 亿元。

海南　10 月 12 日 20 时至 14 日 14 时，海南岛中部、西部和东部地区普降暴雨到大暴雨、局地大暴雨，北部和南部地区出现大到暴雨。据统计，全岛有 13 个市(县)共 56 个乡镇(区)雨量超过 100 毫米，琼中、乐东、昌江和白沙 4 个市(县)共 6 个乡镇(区)雨量超过 200 毫米，最大为琼中县黎母山镇 327.2 毫米。本岛四周沿海陆地及近海出现 10～13 级大风，琼州海峡阵风达 13 级(38 米/秒)，近海最大阵风出现在文昌七洲列岛(15 级，48.6 米/秒)，本岛陆地最大阵风出现在文昌龙楼镇(13 级，37.5 米/秒)。

受“圆规”影响，10 月 12 日 7 时至 14 日 23 时琼州海峡全线停航。10 月 13 日，海口、三亚机场部分航班取消，全省高铁停运、大部分公交线路停运；全省中小学校、幼儿园停课；海口、文昌沿海地区出现海水倒灌。据统计，共造成 19 万人受灾，因灾死亡 2 人，紧急转移安置 6.6 万人；农作物受灾面积 1.9 万公顷；直接经济损失 7.4 亿元。

广东　粤东、珠三角南部和粤西出现了大到暴雨、局部大暴雨。据监测，10 月 13—14 日全省平均降水量 32.4 毫米，有 210 个站过程降水量超过 100 毫米，有 686 个站过程降水量在 50～100 毫米之间；全省最大过程降水量 250.9 毫米，最大日降水量 187.7 毫米。10 月 11 日夜间到 14 日白天，南海中北部海面出现 9～10 级、阵风 11～13 级的大风，南部沿海市(县)出现了 6～8 级、阵风 9～10 级的大风。

受“圆规”影响，琼州海峡(南港—北港)航线 10 月 12 日起临时全线停航，港珠澳大桥桥梁航道禁止任何船舶通过；13 日广州市南沙区、深圳市、珠海市、汕头市、汕尾市、中山市的托儿所、幼儿园、中小学等停课。部分地区晚稻出现倒伏，但总体影响不大；降水较充足，利于水库蓄水，粤东气象干旱缓解。据统计，“圆规”共造成 7.7 万人受灾，紧急转移安置 1000 人；农作物受灾面积 4800 公顷；直接经济损失 0.3 亿元。

广西　10 月 12 日 20 时—15 日 08 时降水量在 100 毫米以上的有防城港、北海、百色 3 市 4 县(区)的 7 个乡镇，50～100 毫米有 9 市 26 县(区)的 85 个乡镇，最大为防城港市上思县叫安镇 195.5 毫米。北部湾海面及桂东、沿海地区出现 8～10 级持续性大风天气，其中 10 月 13 日 08 时—14 日 08 时，13 市 37 县(区)出现 8 级以上大风，最大为北海涠洲岛石油平台 12 级(33.8 米/秒)。

“圆规”带来的大风和降雨致使局部地区受灾。10 月 8—14 日，北海至涠洲岛去程所有航班停航；10 月 8 日 12 时起至 10 月 14 日，北海至涠洲岛返程所有航班停航。降雨使大部地区气象干旱得到缓和，山塘水库水量得到不同程度补充，为秋冬季生产、生活用水提供保障。但强降水天气导致桂中、桂南等地局部晚稻、甘蔗和柑橘等不同程度受害。据统计，共造成 1.3 万人受灾，农作物受灾面积 500 公顷，直接经济损失 400 万元。

云南　10 月 13—16 日，受“圆规”外围云系及冷空气影响，滇东南地区出现中到大雨、局部暴雨过程。其中，文山壮族苗族自治州麻栗坡县日最大降雨量 73.7 毫米，广南县过程最大降雨量 139.7 毫米。据统计，“圆规”共造成 5000 人受灾，农作物受灾面积 100 公顷，直接经济损失 0.1 亿元。

2.4 冰雹和龙卷

2.4.1 基本情况

2021年,全国共有31个省(区、市)1831县(市)次出现冰雹,25县(市)次出现龙卷,降雹次数比2001—2020年平均值(1589县次)偏多。受冰雹、龙卷等强对流天气影响,全国累计1711.5万人次受灾,129人死亡失踪;4900间房屋倒塌,23.5万间房屋不同程度损坏;农作物受灾面积271.2万公顷,绝收面积20.6万公顷;直接经济损失268.7亿元。与2007—2020年平均值相比,2021年全国因强对流天气造成的受灾人口、受灾面积和经济损失均偏少,倒损房屋数明显偏少。湖北、河南、辽宁、江西、新疆等省(区)灾情较为突出。

2.4.2 冰雹

1. 主要特点

(1)降雹次数偏多

2021年,全国31个省(区、市)遭受冰雹袭击。据统计,共有1831县(市)次出现冰雹,降雹次数比2001—2020年平均值(1589县次)偏多。

(2)初雹时间偏晚,终雹时间也晚

2021年,全国最早一次冰雹天气出现在3月6日(福建省福州市仓山、晋安、鼓楼、台江、闽侯、闽清县和三明市尤溪、永安县),初雹时间较常年(平均出现在2月上旬)偏晚;最晚一次冰雹天气出现在12月31日(云南省普洱市孟连傣族拉祜族佤族自治县),终雹时间较常年(平均出现在11月中旬)偏晚。

(3)降雹主要集中在春季和夏季

从降雹的季节分布来看,2021年夏季出现冰雹次数最多,共有937县(市)次,占全年降雹总次数的51.2%;春季季降雹次多,共有718县次,占全年的39.2%;春夏两季共有1655县次降雹,占全年的90.4%。秋季共有170县次降雹,占全年的9.3%;冬季只有6县次降雹,仅占全年的0.3%。

从各月降雹情况看,2021年5月出现冰雹次数最多,共557县(市)次降雹,占全年的30.4%;7月次多,363县次降雹,占全年的19.8%;6月、8月、9月分居第3、第4、第5位,分别有340县次、234县次、143县次降雹,各占全年的18.6%、12.8%、7.8%。

(4)华北、西南、西北等地降雹较多

2021年,我国降雹较多的是华北、西南、西北等地。从各省分布来看,云南最多,降雹136县(市)次;江西次多,降雹131县次;内蒙古居第3位,降雹121县次;甘肃居第4位,降雹106县次;河北(105县次)、山西(102县次)、山东(99县次)、河南(99县次)、贵州(94县次)、陕西(80县次)、辽宁(77县次)、新疆(74县次)、吉林(73县次)、安徽(61县次)等省(区)降雹均超过60县次(见图2.4.1),局部受灾较重。

2. 部分风雹灾害事例

(1)3月30日至4月1日,湖南省长沙、湘西、常德、怀化、益阳5市(自治州)18个县(市、区)遭受风雹、暴雨灾害。怀化市麻阳苗族自治县最大冰雹直径55毫米,鹤城区冰雹持续时间约15分钟;常德市桃源县最大日雨量为127.8毫米。全省共计3.8万人受灾;2100余间房屋不同程度损坏;农作物受灾面积4300公顷,绝收面积100余公顷;直接经济损失1亿元。

(2)3月30日至4月1日,江西省景德镇、赣州、宜春、南昌、上饶5市20个县(市、区)遭受冰雹、

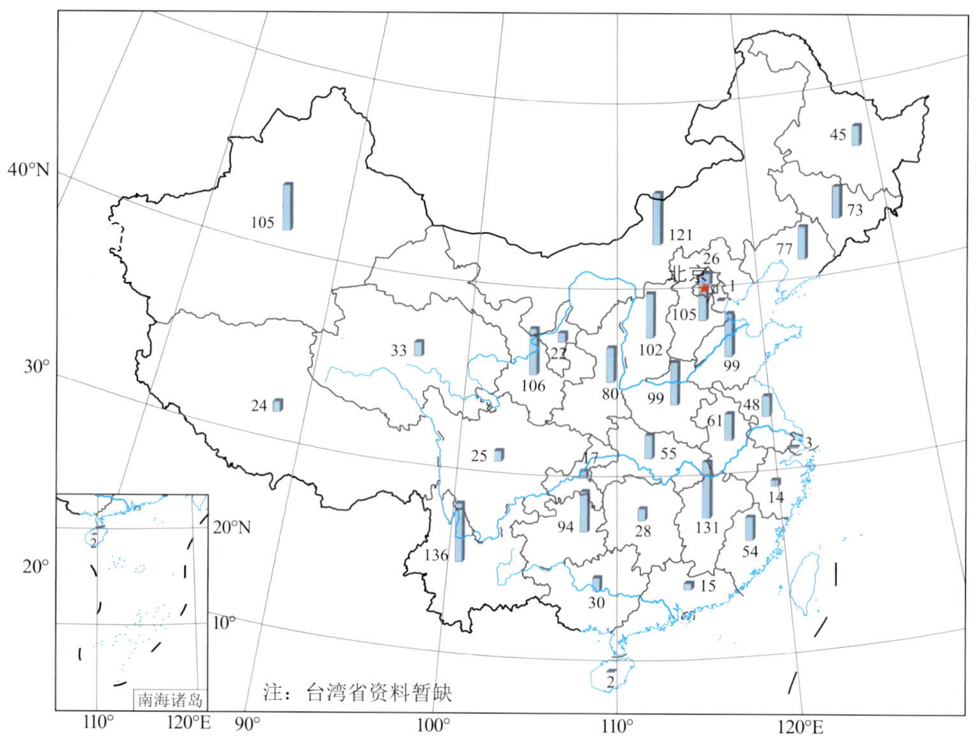

图 2.4.1　2021 年全国降雹县(市)次分布

Fig. 2.4.1　Distribution of hail events over China in 2021

雷雨大风、短时强降水等强对流天气袭击。景德镇市乐平市最大日降雨量 150 毫米;南昌市区最大冰雹直径 60 毫米,南昌县最大风速 28 米/秒(10 级)。全省共计 6.2 万人受灾,2 人因雷击死亡(上饶市余干县、南昌市南昌县各 1 人);1.5 万间房屋不同程度损坏;油菜、早稻、蔬菜等农作物受灾面积 4400 公顷,绝收面积 300 余公顷;直接经济损失近 7000 万元。

(3)3 月 30 日,福建省福州、南平、三明、泉州、莆田、龙岩 6 市 10 个县(市、区)遭受冰雹、短时强降水、雷雨大风等强对流天气袭击。泉州市德化县最大冰雹直径 18 毫米,三明市大田县最大风速 27.2 米/秒(10 级),南平市建瓯市 1 小时最大降雨量 52.9 毫米。据气象部门统计,南平市建瓯市 1800 人受灾,农作物受灾面积 15 公顷,610 间房屋不同程度损坏,直接经济损失 200 余万元。

(4)4 月 29—30 日,江苏省沿江及以北大部分地区遭受大风、冰雹等强对流天气袭击。30 日全省 13 个市的 630 个乡镇(街道)(占全省 50.4%)日极大风达到 8 级(17.2 米/秒)以上,南通通州湾最大风力达 15 级(47.9 米/秒)、南通通州三余镇 14 级(45.4 米/秒)、海门包场镇东灶港 12 级(39 米/秒)。徐州、宿迁、连云港、淮安、盐城、扬州、泰州、南通和常州 9 市约 20 个县(市、区)的 23 个乡镇(街道)出现冰雹,宿迁市泗阳城区、淮安市淮安区最大冰雹直径 30～50 毫米。全省共计 2.7 万人受灾,因灾死亡 17 人,失踪 11 人,紧急转移安置 3000 多人;农作物受灾面积 1.1 万公顷,成灾面积 3600 多公顷,绝收面积 700 多公顷;倒塌房屋近 400 间,损坏房屋 1.2 万间;直接经济损失 1.6 亿元。

(5)5 月 2—5 日,甘肃省陇南、定西、平凉、天水、庆阳、兰州、甘南、白银等 9 市(地区、自治州)18 个县(区)遭受风雹灾害。白银市会宁县最大冰雹直径约 11 毫米;陇南市礼县最大冰雹直径约 10 毫米;定西市通渭县最大冰雹直径约 10 毫米;平凉市庄浪县、静宁县最大冰雹直径 5～10 毫米,降雹时间 5～10 分钟;天水市甘谷县、秦安县最长风雹持续时间 20～25 分钟,最大冰雹直径 25～30 毫米;兰州市永登县极大风速 27.1 米/秒(10 级)。全省共计 35.5 万人受灾;2900 余间房屋不同程度损坏；中药材、玉米、油菜籽、马铃薯、大豆、小麦等农作物受灾面积3.3万公顷，绝收2300公顷；直接经济损失3.3亿元。

(6)5月2—3日，贵州省铜仁、六盘水、黔东南、黔西南、黔南、遵义、安顺、贵阳、毕节9市(自治州)31个县(市、区)遭受风雹灾害。毕节市金沙县冰雹持续时间最长约17分钟，最大冰雹直径30毫米；贵阳市息烽县最大冰雹直径15毫米；遵义市习水县最大冰雹直径5毫米，最大风速22.1米/秒(9级)；安顺市西秀区最大冰雹直径10毫米；黔南布依族苗族自治州长顺县最大冰雹直径15毫米。全省共计13.6万人受灾；近6100间房屋不同程度损坏；油菜、辣椒、高粱、烤烟、水稻、玉米及经果林受灾面积约1万公顷，绝收2300公顷；直接经济损失1.1亿元。

(7)5月2—3日，四川省广元、绵阳、泸州、广安、资阳5市11个县(市、区)遭受风雹、暴雨灾害。泸州市古蔺县最大冰雹直径40毫米；叙永县最大冰雹直径30毫米，降雹持续3～10分钟，2小时最大降雨量45.5毫米。绵阳市梓潼县阵风风力达8～9级，2小时最大降雨量60.1毫米。广安市岳池县13个小时最大降雨量117.7毫米；广安区极大风速25.5米/秒(10级)。资阳市乐至县降雹持续3～5分钟，冰雹直径5毫米左右，极大风速22.8米/秒(9级)；雁江区2小时最大降雨量74.7毫米，极大风速丹山26.6米/秒(10级)。共计7.3万人受灾，1400多间房屋不同程度损坏，小麦、油菜、土豆、玉米等农作物受灾面积7.3万公顷，直接经济损失6600多万元。

(8)5月2—3日，重庆市合川、秀山、荣昌、巴南、长寿、璧山、丰都、江北、铜梁、綦江、渝北、九龙坡等13个县(区)遭受暴雨、风雹灾害。其中，合川区最大24小时雨量114.5毫米，最大小时雨量53.5毫米，最大风力达12级(34.2米/秒)；秀山土家族苗族自治县最大累计雨量209.7毫米，最大小时雨量55.3毫米；巴南区极大风速27.5米/秒(10级)；荣昌区最大小时雨量为51.3毫米。共计4.5万人受灾，1人死亡(秀山县房屋墙体垮塌所致)；1.4万间房屋不同程度损坏；农作物受灾面积1300公顷，绝收100余公顷；直接经济损失8300余万元。

(9)5月3—5日，广西大部出现大雨到特大暴雨，并伴有雷暴大风、冰雹等强对流天气。据统计，百色市的田阳县、田东县、德保县、靖西县、那坡县、田林县、西林县，崇左市的天等县，南宁市的西乡塘区、隆安县，贵港市的平南县等县(区)出现冰雹。3日20时至5日20时，全区共出现大暴雨5站日、暴雨20站日，累计雨量超过200毫米的有柳州市融水县和睦镇(267.7毫米)和河池市罗城县宝坛乡(236.7毫米)，最大1小时雨量为桂林市永福县百寿镇84.6毫米；最大3小时雨量为钦州市灵山县文利镇153.7毫米。此外，田林、平果、崇左、柳城、融水等地出现8级以上大风，崇左江州区最大风力达12级(33.9米/秒)。据广西应急管理厅核报统计，本次天气过程造成南宁、柳州、桂林、百色、河池等5市26县(区)出现洪涝、风雹及次生地质灾害。共计8.18万人受灾；农作物受灾面积5507公顷，成灾面积2977公顷，绝收面积876公顷；倒塌房屋28间，损坏房屋534间；直接经济损失1.2亿元。

(10)5月4—6日，云南省文山、西双版纳、临沧、德宏、红河、曲靖、普洱、昆明8市(自治州)12个县(市、区)遭受雷电、大风、冰雹、短时强降水等强对流天气袭击。德宏傣族景颇族自治州瑞丽市最大冰雹直径约15毫米，极大风速19.8米/秒(8级)；红河哈尼族彝族自治州个旧市1小时最大降雨量27.9毫米，极大风速为24.4米/秒(9级)。共计3万人受灾；370多间房屋不同程度损坏；油菜、烤烟、辣椒、玉米等农作物受灾面积4500多公顷，绝收100余公顷；直接经济损失4100多万元。

(11)5月6—7日，山东省滨州、东营、淄博、潍坊、烟台等地先后出现冰雹，雹径约20毫米。烟台市福山区、栖霞市、龙口市、蓬莱区遭受冰雹灾害，苹果、樱桃等果树被砸。全市受灾人口4.17万人；农作物受灾面积7100余公顷，成灾面积5320余公顷，绝收面积580余公顷；农业损失5.6亿元。

(12)5月6—7日，贵州省黔东南、遵义、铜仁、六盘水、安顺5市(自治州)8个县(区)遭受风雹灾害。安顺市紫云苗族布依族自治县冰雹直径10～15毫米、密度约30～40粒/平方米。共计5700余人受灾;李子、玉米、猕猴桃、土豆、葱、辣椒、西红柿等农作物受灾面积700余公顷,绝收100余公顷;直接经济损失近1100万元。

(13)5月7—8日,江西省吉安、赣州2市9个县(市、区)遭受暴雨、风雹灾害。6日20时至8日8时,赣县、于都、万安3个县(市、区)的10个测站过程降雨量超过100毫米,以赣州赣县田村镇138毫米为最大;于都、兴国、瑞金、南康、会昌、赣县、龙南等县(市)出现冰雹,最大冰雹直径30～40毫米;瑞金、于都等15个县(市、区)的29个测站出现8级以上大风,瑞金最大风速34.9米/秒(12级)。共计9000余人受灾,100余间房屋不同程度损坏,农作物受灾面积500余公顷,直接经济损失近1300万元。

(14)5月7—8日,福建省长汀、上杭、永春、永定、华安、南靖、漳浦、龙海、翔安、思明、同安、南安、永春、仙游14个县(市、区)出现冰雹,长汀1小时最大降雨量为58.1毫米。据龙岩市长汀、永定2县(区)统计,烟草受灾面积570多公顷,绝收面积80多公顷;直接经济损失1900多万元。

(15)5月7—9日,广西河池、百色2市13个县(区)遭受风雹灾害。百色市田林县降雹2～10分钟,最大冰雹直径约50毫米,最大风速26.5米/秒(10级),24小时最大降雨量78.8毫米;德保县最大冰雹直径约10毫米;凌云县局地降雹持续约15分钟,最大冰雹直径约20毫米。共计2.4万人受灾;烟叶、玉米、桑叶、油茶、蔬菜、沃柑果树等受灾面积2400公顷,绝收100余公顷;200余间房屋不同程度损坏;直接经济损失4100余万元。

(16)5月8—14日,贵州省黔西南、黔南、黔东南、贵阳、毕节、安顺、遵义、六盘水8市(自治州)34个县(市、区)遭受风雹灾害。黔西南布依族苗族自治州安龙县最大冰雹直径25毫米,最大风速17.7米/秒(8级);普安县最大冰雹直径16毫米,最大风速22.9米/秒(9级);兴仁市最大冰雹直径20毫米。黔南布依族苗族自治州长顺县最大冰雹直径25毫米;瓮安县最大冰雹直径5毫米;惠水县最大冰雹直径30毫米,最大密度300粒/平方米。黔东南苗族侗族自治州锦屏县最大冰雹直径40毫米,最大24小时降水量达277.9毫米;镇远县冰雹直径20毫米,最大瞬时风速20.3米/秒(8级)。贵阳市乌当区最大冰雹直径20毫米,密度30粒/米^{2}左右;息烽县最大冰雹直径25毫米;观山湖区最大冰雹直径15毫米;息烽县最大冰雹直径25毫米,极大风速21.1米/秒(9级);花溪区最大冰雹直径10毫米,密度30粒/米^{2}左右。毕节市金沙县最大冰雹直径约30毫米;毕节市黔西市最大风速26.6米/秒(10级),最大冰雹直径20毫米,最大小时雨强100.5毫米/时。安顺市关岭布依族苗族自治县最大冰雹直径30毫米;紫云苗族布依族自治县降雹近20分钟,最大冰雹直径40毫米,密度50粒/米^2;平坝区最大冰雹直径5毫米,最大过程降雨量111.7毫米,最大瞬时风速达36.6米/秒(12级)。遵义市余庆县最大冰雹直径30毫米;务川仡佬族苗族自治县最大冰雹直径20毫米。全省共计41.3万人受灾;水稻、玉米、油菜、高粱、蔬菜、果树等农作物受灾面积3.7万公顷,成灾面积2.2万公顷,绝收面积8000多公顷;损坏房屋1万余间;直接经济损失超过6亿元。

(17)5月10—11日,安徽省芜湖、池州、马鞍山、黄山、安庆5市17个县(市、区)遭受风雹、暴雨灾害。池州市青阳县最大小时雨强70.3毫米/时,安庆市大观区最大阵风风速达35.2米/秒(12级)。全省共计8.8万人受灾;近3500间房屋不同程度损坏;农作物受灾面积7900公顷,绝收面积200余公顷;直接经济损失9700余万元。

(18)5月10—11日,湖北省武汉、荆门、荆州、黄石、鄂州、孝感、宜昌、襄阳、黄冈9市23个县(市、区)遭受风雹、暴雨灾害。武汉市有5站极大风速达12级以上,超过武汉国家级气象站极大风极值(27.9米/秒,1956年3月17日、1960年5月17日),最大阵风出现在武汉二七长江大桥(44.9米/秒,14级);武汉城市学院1小时最大降水量达100毫米,孝感市孝昌县98毫米;襄阳市枣阳市冰雹如黄豆大小。全省共计12.5万人受灾,因灾死亡3人;5700余间房屋不同程度损坏;小麦、水稻、黄豆、蔬菜等农作物受灾面积1.78万公顷;直接经济损失1亿元。

(19)5月10—13日，江西省部分地方出现冰雹、雷暴大风、短时强降水等强对流天气。5月10日08时至14日08时，全省有6县(市、区)的11个测站雨量超过250毫米，上饶市余干县洪家嘴331毫米为最大；进贤、上高、崇仁等21县(市、区)出现冰雹；有177个测站出现8级以上阵风，以玉山县下镇30米/秒(11级)为最大。据气象部门统计，此次风雹天气共造成南昌、九江、景德镇、新余、鹰潭、赣州、宜春、上饶、吉安、抚州10个设区市48个县(市、区)35万人受灾，因灾死亡3人(雷击死亡2人，大风刮倒雨棚致1人死亡)；早稻、蔬菜、烟叶、油菜等农作物受灾面积2.12万公顷，绝收面积1000公顷；倒塌房屋86间，损坏房屋5200余间；直接经济损失2.4亿元。

(20)5月12—13日，云南省西双版纳、文山、红河、普洱4个自治州(市)7个县(市)出现短时强降水、大风、冰雹等强对流天气。文山壮族苗族自治州富宁县局部地面积雹厚度2厘米左右，红河哈尼族彝族自治州屏边苗族自治县最大冰雹直径20毫米，部分群众房屋玻璃破碎、瓦片打烂、房顶铁皮吹飞、太阳能损坏，经济林木树枝树干折断，果实、花朵打落。共计造成9940多人受灾；520余间房屋不同程度损坏；玉米、荔枝、猕猴桃、香蕉、桃子、李子、八角等农作物受灾面积3200多公顷，成灾面积2300多公顷，绝收面积500多公顷；直接经济损失2590多万元。

(21)5月14—16日，河南省南阳、信阳、驻马店、周口、商丘、焦作、濮阳、平顶山、开封、漯河等市出现短时强降水、雷雨大风、冰雹等强对流天气。全省自北向南出现5～7级偏北大风，局地阵风8～10级，许昌禹州无梁最大风速达32.5米/秒(11级)。此次灾害正值小麦收割前期，造成65个县(市、区)734个乡镇小麦大面积倒伏，部分村庄农田积涝，道路、房屋、鱼塘、基础设施和公共服务设施受损。据省应急管理厅统计，灾害共造成全省246.5万人受灾；农作物受灾面积18.98万公顷，成灾面积2.5万公顷，绝收面积3200公顷；倒损房屋69间；直接经济损失超过5亿元。

(22)5月14—16日，江苏省镇江、苏州、常州等市9个区(市)出现雷雨大风、短时强降水、冰雹等强对流天气。镇江市丹阳市、苏州吴中区冰雹直径在20毫米以下；常州市最大风力9级，最大雨强66毫米/时；南京市六合区最大雨强71.5毫米/时，高淳区最大风速28.5米/秒(11级)。此次过程共造成4000多公顷农作物受灾，损坏房屋约200间，直接经济损失1100多万元。

(23)5月14—16日，安徽省安庆、滁州、宣城、黄山、池州5市19个县(市、区)遭受暴雨、雷雨大风、冰雹等强对流天气袭击。安庆市宿松县最大阵风达39.4米/秒(13级)，最大冰雹直径30毫米；望江县日最大降雨量56.2毫米，最大阵风35.2米/秒(12级)，冰雹直径约10毫米。黄山市祁门县最大阵风33.4米/秒(12级)，24小时最大降雨量157.1毫米，冰雹直径10毫米左右，降雹持续5～6分钟。宣城市宣州区最大冰雹直径30毫米；绩溪县12小时最大降雨量114毫米。池州市东至县24小时最大降水量174.0毫米，1小时最大降水量59.3毫米。全省共计18.7万人受灾；4600余间房屋不同程度损坏；农作物受灾面积1.5万公顷，绝收面积1100公顷；直接经济损失2.4亿元。

(24)5月14—15日，湖北省武汉市汉南区、蔡甸区，黄冈市英山县、浠水县、罗田县，黄石市阳新县，荆州市监利县，天门市，荆门市京山县，恩施土家族苗族自治州来凤县，咸宁市崇阳县、通山县，随州市广水市13个县(市、区)出现冰雹。据省应急管理厅截至5月18日统计，13日以来强降雨和强对流天气过程引发风雹和洪涝灾害，造成武汉市、黄石市等15市(州、省直管市)107.1万人受灾，因灾死亡10人(武汉市)；农作物绝收面积4800公顷；因灾倒塌房屋755间；直接经济损失9.5亿元。

(25)5月14—17日，江西省南昌、宜春、吉安、景德镇、上饶、九江等7市40个县(市、区)遭受风雹灾害。据气象部门统计，5月15日08时至17日08时，全省共有19县(市、区)的75个测站雨量超过100毫米，以赣州市崇义县杰坝乡193毫米为最大；21县(市、区)的24个测站阵风达10级以上，以九江市星子县蓼南乡32.2米/秒(11级)为最大；南昌市新建区，吉安市吉安县及九江市瑞昌、彭泽、德安、都昌等县(市、区)最大冰雹直径50～60毫米，南昌昌北国际机场因突降冰雹，一度造成

2个航班受影响滑回。此次风雹天气共造成15.2万人受灾，1人因雷击死亡；3200余间房屋不同程度损坏；玉米、蔬菜、油菜、水稻等农作物受灾面积9600公顷，绝收面积400余公顷；直接经济损失1.4亿元。

(26)5月18—19日，甘肃省白银、庆阳、酒泉、天水等7市(自治州)8个县(市、区)遭受风雹灾害。18日酒泉市敦煌市电闪雷鸣，出现近60年罕见的强降雨和冰雹，最大冰雹直径20毫米，最长持续时间20分钟；19日天水市秦安县最大冰雹直径30毫米。全省共计6.6万人受灾，瓜果、花椒、油菜等农作物受灾面积1.1万公顷，损坏房屋40多间，直接经济损失近4600万元。

(27)5月20—21日，河南省出现大范围短时强降水、雷暴大风、冰雹等强对流天气。新乡、郑州、开封、许昌等地区局部出现6～7级、阵风8～10级大风，许昌建安最大风速达31.6米/秒(11级)；新乡、鹤壁、郑州、开封、许昌、安阳、周口、漯河等地局部出现冰雹，新乡市卫辉市、延津县、辉县(市)最大冰雹直径8～15毫米不等，安阳市林州市最大冰雹直径约15毫米，许昌市建安区、长葛市、鄢陵县最大冰雹直径10毫米。此次风雹天气造成郑州、开封、安阳、新乡、焦作、许昌、漯河、周口、南阳等市23个县(市、区)116个乡镇即将收割的小麦大面积倒伏、损失严重。据省应急管理厅统计，灾害共造成全省67.1万人受灾；经济林果及春玉米、蔬菜、红薯、油葵、棉花等农作物受灾面积5.7万公顷，成灾面积3.1万公顷，绝收面积4600公顷；直接经济损失3.8亿元。

(28)5月26—27日，山西省吕梁、晋中、大同、太原、朔州5市11个县(市、区)遭受风雹灾害。太原市娄烦县最大冰雹直径约5毫米，晋中市和顺县最大风力达12级(33.6米/秒)。共计约2万人受灾，玉米、高粱、杏树、瓜果蔬菜等农作物受灾面积1300公顷，350多个大棚受损，直接经济损失1200余万元。

(29)6月1日，黑龙江省哈尔滨、齐齐哈尔、鹤岗、黑河4市9个县(市、区)遭受风雹灾害。哈尔滨市木兰县最大冰雹直径25毫米，降雹过程持续时间15分钟；延寿县冰雹直径在10毫米左右；宾县冰雹直径约10毫米，风雹持续时间约20分钟；阿城区风雹过程持续30分钟，最大冰雹直径10毫米。齐齐哈尔市克山县降雹持续5分钟，最大冰雹直径6毫米。共计近4300人受灾，1人因房屋倒塌死亡；500余间房屋不同程度损坏；水稻、玉米、大豆、蔬菜、烤烟等农作物受灾面积7200公顷，绝收面积近100公顷；直接经济损失2600余万元。

(30)6月1—2日，河北省邯郸、衡水、石家庄、张家口、保定等6市18个县(市、区)遭受风雹灾害。邯郸市鸡泽县最大冰雹直径20毫米，最大瞬时风速达33.5米/秒(12级)；衡水市安平县最大风速28.8米/秒(11级)。全省共计17.6万人受灾；100余间房屋不同程度损坏；小麦、西瓜等农作物受灾面积2.74万公顷，绝收面积3100公顷；直接经济损失6900余万元。

(31)6月2日，山东省东营、淄博、德州、滨州、潍坊等地的17个县(市、区)遭受风雹灾害。东营市河口区最大冰雹直径25毫米，1小时最大降水量34.6毫米，最大阵风10级(24.8米/秒)。东营市河口区、聊城市东昌府区风雹天气造成近1400人受灾，棉花、小麦、果树等农作物受灾面积200余公顷，绿化槐树倒伏300多棵。据应急管理部门统计，全省因灾直接经济损失3275万元。

(32)6月6—9日，甘肃省定西、白银、酒泉、甘南、兰州、武威6市(自治州)12个县(市、区)和嘉峪关市遭受雷电、阵性大风、冰雹、短时强降水天气袭击。定西市安定区风雹持续约15分钟，最大冰雹直径12毫米；白银市会宁县最大冰雹直径10毫米；武威市天祝藏族自治县风雹持续时间约30分钟，最大冰雹直径10毫米。共计4.8万人受灾，葫芦、架豆、辣椒、洋葱、西瓜、玉米、小麦、高粱、南瓜、西红柿、马铃薯、油菜、甜叶菊等农作物受灾面积9400公顷，直接经济损失6600余万元。

(33)6月7—8日，河南省洛阳市9个县(市、区)遭受短时强降水、大风、冰雹袭击。伊川县出现20分钟“大枣”大小的冰雹，并伴有短时大风和强降雨，瞬时最大风速24.9米/秒(10级)，最大降水量40.7毫米；新安县最大瞬时风速达30.1米/秒(11级)。共计1.4万人受灾，农作物受灾面积600

余公顷,损坏房屋 2000 多间,直接经济损失近 1800 万元。

(34)6 月 7—9 日,陕西省延安、榆林、铜川 3 市 11 个县(区)遭受风雹、暴雨灾害。延安市安塞区最大冰雹直径 18 毫米,持续时间 15～30 分钟;延川县冰雹持续约 30 分钟;宝塔区 1 小时最大降雨量达 60.8 毫米,冰雹直径 2～3 毫米。榆林市靖边县冰雹持续时间 5～8 分钟,冰雹直径 1～3 毫米。全省共计 2.1 万人受灾;苹果、玉米、杂粮和瓜果等农作物受灾面积 3300 公顷,绝收 600 余公顷;直接经济损失 8000 余万元。

(35)6 月 9—11 日,黑龙江省齐齐哈尔、哈尔滨、黑河、大兴安岭 4 地(市)8 个县(区)遭受风雹、暴雨灾害,大兴安岭地区呼玛县最大冰雹直径近 50 毫米。共计 2000 多人受灾;黄豆、玉米和水稻秧苗等农作物受灾面积 2400 公顷,绝收 200 余公顷;直接经济损失 1000 余万元。

(36)6 月 9—10 日,新疆建设兵团第一师、第三师、第八师 3 师 9 个团遭受风雹、暴雨灾害,冰雹最大直径 5 毫米。8000 余人受灾,棉花、香梨、苹果、红枣、小麦等农作物受灾面积 1.1 万公顷,直接经济损失 9800 余万元。

(37)6 月 9—12 日,江西省上饶、宜春、新余、九江、南昌 5 市 13 个县(市、区)遭受短时强降水、雷暴大风等强对流天气袭击。南昌市南昌县日最大降雨量 152 毫米,宜春市樟树市 1 小时最大降雨量达 99.9 毫米。全省共计 6.7 万人受灾;100 余间房屋不同程度损坏;农作物受灾面积 3900 公顷,绝收 100 多公顷;直接经济损失 6200 余万元。其中,上饶全市 3 万多人受灾,直接经济损失 4400 多万元,受灾最为严重。

(38)6 月 10—13 日,甘肃省定西、白银、临夏、兰州、武威 5 市(自治州)7 个县(区)遭受风雹灾害。临夏回族自治州和政县风雹持续时间 15 分钟,冰雹直径约 5 毫米;兰州市榆中县降雹持续时间约 3 分钟;武威市天祝藏族自治县风雹持续时间约 30 分钟,冰雹直径约为 3 毫米。共计 3.1 万人受灾;玉米、油菜等农作物受灾面积 4100 公顷,绝收面积 400 余公顷;直接经济损失 3600 余万元。

(39)6 月 12—13 日,内蒙古巴彦淖尔、包头、鄂尔多斯、赤峰、锡林郭勒 5 市(盟)11 个县(区、旗)出现雷雨、大风、冰雹等强对流天气。巴彦淖尔市临河区 1 小时最大降水量 23.6 毫米,鄂尔多斯市杭锦旗风雹天气持续时间约 40 分钟,赤峰市宁城县最大冰雹直径 5 毫米。共计 8.9 万人受灾,小麦、玉米、葵花、葫芦、番茄、青椒、辣椒、瓜类等农作物受灾面积 4.2 万公顷,直接经济损失 4.1 亿元。

(40)6 月 19—21 日,四川省阿坝、甘孜、凉山 3 自治州 8 个县遭受风雹、暴雨灾害。阿坝藏族羌族自治州壤塘县 24 小时最大降水量 50.9 毫米;甘孜藏族自治州雅江县最大 1 小时降水量 20.3 毫米,色达县最大冰雹直径 9 毫米;凉山彝族自治州木里藏族自治县 24 小时最大降雨量 40.0 毫米。据民政部门统计,共计 4300 余人受灾,玉米、青稞、洋芋、蔬菜等农作物受灾面积 100 余公顷,直接经济损失 2200 余万元。

(41)6 月 25—26 日,北京市延庆、密云、昌平、怀柔、平谷、朝阳、门头沟、海淀 8 个区局地出现冰雹。冰雹多为黄豆粒大小,延庆区最大冰雹直径 45 毫米。上述地区局地还出现短时强降水和 7～9 级大风,密云区最大雨强达 78.8 毫米/时。共计 2.4 万人受灾;玉米、蔬菜等农作物受灾面积 8400 公顷,绝收 100 余公顷;直接经济损失 8400 余万元。

(42)6 月 25—30 日,河北省出现大范围强降水过程。全省有 15 个国家级气象站降水达到了暴雨以上等级,5 站出现大暴雨,迁西 234.8 毫米为全省最大。伴随降水过程,全省有 35 个县(市、区)出现大风天气,清河极大风速达 31.2 米/秒(11 级);涞源、曲阳、涉县、沽源、丰宁、赤城、崇礼等 19 个县(市、区)出现冰雹,赤城县冰雹持续时间 12 分钟,地面积雹厚度 4 厘米,崇礼区最大冰雹直径 15 毫米。据气象部门不完全统计,25 日张家口市赤城县、崇礼区和承德市丰宁满族自治县发生的风雹天气共造成 1.8 万人受灾;农作物受灾面积 6700 多公顷,成灾面积 2900 多公顷,绝收面积 400 多公顷;损坏房屋 1.2 万间;直接经济损失 4800 多万元。

(43)6月27—29日，山西省吕梁、太原、长治、阳泉、晋城5市8个县(市)遭受风雹、暴雨灾害。长治市平顺县1小时最大降雨量达46.9毫米，极大风速达44.3米/秒(14级)；阳泉市平定县大雨、大风、冰雹持续时间约30分钟。共计5.3万人受灾，因灾死亡1人；农作物受灾面积6000多公顷；直接经济损失4700多万元。

(44)6月29—30日，甘肃省兰州、甘南、庆阳、定西4市(自治州)7个县(区)遭受风雹灾害。兰州市永登县冰雹灾直径约3毫米。庆阳市庆城县最大冰雹直径10毫米，持续时间10～36分钟不等；西峰区冰雹直径3毫米左右，持续时间约40分钟；正宁县最大冰雹直径5毫米，6个小时最大降水量达69.8毫米；环县最大冰雹直径1毫米，最大阵风7级，冰雹持续时间20分钟。定西市临洮县风雹持续时间约30分钟，冰雹直径5～20毫米不等，3个多小时最大降雨量43.6毫米。据气象部门统计，共计3.4万人受灾；烤烟、苹果、玉米、小麦、高粱等农作物受灾面积近3700公顷，成灾面积2700多公顷；直接经济损失4200多万元。

(45)6月30日至7月3日，河北省保定、张家口、承德、沧州等市22个县(市、区)遭受短时强降水、雷暴大风、冰雹等强对流天气袭击。6月30日全省9个站出现冰雹，7月1—3日13个县(市、区)出现冰雹。承德市隆化县最大冰雹直径25毫米，冰雹持续最长时间25分钟，极大风速达23.9米/秒(9级)。张家口市怀来县瞬时风速达到8级，最大冰雹直径达35毫米；崇礼区最大冰雹直径10毫米。据民政部门统计，全省共计5.7万人受灾；100余间房屋不同程度损坏；谷黍、玉米、蔬菜等农作物受灾面积5400公顷，绝收面积400余公顷；直接经济损失近8700万元。

(46)6月30日，山东省济南、德州、潍坊、临沂、泰安等市10多县(市、区)出现大风、冰雹和短时强降雨天气。济南市济阳县最大冰雹直径20毫米，章丘市极大风速达39.9米/秒(13级)；潍坊市昌乐县出现绿豆大小的冰雹，极大风速29.4米/秒(11级)，1小时最大降雨量61.7毫米。此次风雹天气导致苹果、黄桃、梨等农作物受灾，部分大棚、电力设施受损。据应急部门统计，共计近1万人受灾，死亡1人(济南市)；农作物受灾面积900多公顷；直接经济损失3000多万元。

(47)7月1—3日，内蒙古赤峰、通辽、兴安、包头、呼和浩特、乌兰察布6市(盟)12个县(市、旗)发生短时强降雨、冰雹、大风等强对流天气。兴安盟科尔沁右翼前旗连续两天出现冰雹；突泉县最大冰雹直径40毫米，持续最长时间约40分钟。呼和浩特市土默特左旗最大冰雹直径20毫米，冰雹持续时间7～8分钟。通辽市科尔沁左翼中旗1小时最大降水量25.8毫米，最大冰雹似核桃大；奈曼旗最大风速20.7米/秒(8级)，最大冰雹直径30毫米；开鲁县冰雹灾害持续约半小时。赤峰市敖汉旗1小时最大降雨量达51.5毫米；阿鲁科尔沁旗极大风速20.5米/秒(8级)。此次风雹天气共造成4.2万人受灾；玉米、高粱、大豆、葵花、小麦、马铃薯等农作物受灾面积2.7万公顷，成灾面积1.6万公顷，绝收面积1万公顷；直接经济损失1.3亿元。

(48)7月1—3日，山西省吕梁、忻州、朔州、长治、阳泉、大同6市12个县(市、区)遭受风雹灾害。大同市天镇县测站最大冰雹直径8毫米，1小时最大降水量26.1毫米。共计7.4万人受灾；玉米、蔬菜及水果等农作物受灾面积9800多公顷，成灾面积4000多公顷，绝收面积180多公顷；损失房屋100多间；直接经济损失6000多万元。

(49)7月4—5日，内蒙古呼和浩特、巴彦淖尔、乌兰察布、呼伦贝尔4市的8个县(区、旗)遭受风雹灾害。呼和浩特市赛罕区一日内出现3次冰雹，最大冰雹直径21毫米；土默特左旗最大冰雹直径20毫米，冰雹持续时间7～8分钟。呼伦贝尔市阿荣旗降雹持续约30分钟，地面积雹厚度1厘米左右，最大冰雹直径15毫米。冰雹所到之处玉米叶子被打成条状，不少车辆被冰雹砸出了大大小小的坑洼。共计9900多人受灾；玉米、大豆、高粱、甜菜等农作物受灾面积3400多公顷；直接经济损失2800多万元。

(50)7月7—9日，河北省承德、秦皇岛、邢台、邯郸、廊坊5市9个县(市、区)遭受冰雹、大风灾害。廊坊市香河县8日极大风速25.7米/秒(10级),突破历史7月极大值。全省共计2.9万人受灾,果树、蔬菜、玉米等农作物受灾面积1700公顷,直接经济损失1300余万元。

(51)7月7—8日,山西省忻州、大同、长治、临汾、吕梁5市7个县出现雷暴大风、冰雹、暴雨等强对流天气。临汾市大宁县风雹持续30多分钟,襄汾县测站观测到最大冰雹直径为25毫米;大同市阳高县冰雹灾害持续约20分钟;长治市沁源县1小时最大降水量22.5毫米。共计7万人受灾;玉米、高粱、苹果、梨、西瓜等农作物受灾面积9800多公顷,成灾面积5400多公顷;直接经济损失近7000万元。

(52)7月8—9日,河南省洛阳市、焦作市、南阳市和济源示范区共13县(市、区)出现雷雨、大风、冰雹等强对流天气。洛阳市大部分地区出现6～8级大风和局地冰雹,冰雹直径10毫米左右,持续时间约20分钟,栾川县庙子镇和重渡沟管委会短时降雨量达70～84毫米;南阳市西峡县局地阵风达7～8级;焦作市局地伴有11～12级短时大风,其中孟州市有6个乡镇出现11级以上大风,瞬时最大风速达36.5米/秒(12级);济源示范区局地出现短时强降水,并伴有9～10级短时大风。全省共计10.5万人受灾;农作物受灾面积7600公顷,成灾面积3100公顷,绝收面积100多公顷;直接经济损失1.16亿元。

(53)7月8—10日,山东省菏泽、德州、济南、滨州、东营、淄博、潍坊、泰安、济宁、青岛、烟台11市至少14个县(市、区)出现冰雹。淄博市张店区最大冰雹直径30毫米,持续时间18分钟;济宁市邹城市阵风最大风力达到12级。此次风雹天气共造成2.7万人受灾,1人被受损的房屋砖石砸死;葡萄、草莓、西瓜、蔬菜、棉花、玉米等农作物受灾面积约3300公顷;损坏房屋1700多间,损毁大棚约300座;直接经济损失9000多万元。

(54)7月12—13日,山西省阳泉市盂县,大同市阳高县、新荣区、浑源县,运城市芮城县、临猗县,晋中市寿阳县的局部地区出现暴雨、大风和冰雹天气。寿阳县风雹最长持续时间50分钟,最大冰雹直径30毫米。共计2.7万人受灾;农作物受灾面积5200多公顷,成灾面积2600多公顷,绝收面积300多公顷;直接经济损失5800多万元。

(55)7月12日,陕西省渭南、铜川、咸阳、商洛4市7个县(区)出现短时暴雨、雷暴大风和冰雹天气。据气象部门不完全统计,仅商洛市洛南县、渭南市白水县2个县就有5万人受灾,玉米、烤烟、苹果等农作物受灾面积4000多公顷,直接经济损失5900多万元。

(56)7月12—14日,新疆阿勒泰、巴音郭楞、博尔塔拉3地区(自治州)6个县(市)遭受风雹、暴雨灾害。巴音郭楞蒙古自治州轮台县冰雹持续10多分钟。博尔塔拉蒙古自治州精河县极大风力达到8级;博乐市冰雹天气历时20分钟;温泉县冰雹直径5～20毫米不等,持续时间约15分钟。共计约3600人受灾;棉花、小麦、食葵、玉米、甜菜等农作物受灾面积4200公顷,绝收面积1000多公顷;直接经济损失3800余万元。

(57)7月13—15日,山西省临汾、忻州、太原、晋城、吕梁、长治、大同7市12个县(市、区)遭受雷暴大风、冰雹、短时强降水袭击。临汾市安泽县最大冰雹直径26毫米;晋城市陵川县最大冰雹直径40毫米,极大风速达35.6米/秒(12级);太原市娄烦县风雹持续近40分钟;长治市沁源县1小时最大降水量43.2毫米。据气象部门不完全统计,共计6.6万人受灾,玉米、高粱、苹果、西瓜、谷子、核桃、苹果等农作物受灾面积4.4万公顷,直接经济损失1.3亿元。

(58)7月13—15日,新疆建设兵团第五师八十六团、八十三团、八十四团和阿拉尔市十团、十一团、十二团、十三团等地遭受风雹、暴雨灾害。共计5800余人受灾,棉花、香梨、苹果、红枣等农作物受灾面积1.6万公顷,直接经济损失6500余万元。

(59)7月14日,河南省部分地区遭受短时强降水、雷暴大风、冰雹等强对流天气袭击。洛阳市洛宁县、伊川县局地出现10～12级雷暴大风,洛宁县回族镇极大风速达36.6米/秒(12级);南阳市西峡县局地风力10～11级；商丘市永城市极大风速30.9米/秒(10级)；三门峡市灵宝市、卢氏县局地出现短时强降雨并伴冰雹，最大冰雹直径15毫米，持续时间25分钟左右。据气象部门统计，此次风雹天气造成洛阳市栾川县、汝阳县、洛宁县、伊川县，三门峡市卢氏县、灵宝市，南阳市南召县、西峡县、镇平县、内乡县、桐柏县，以及新乡市长垣市和商丘市永城市共13县(市)85个乡(镇)10.8万人受灾；玉米、烟叶、苹果等农作物受灾面积6800公顷，成灾面积4100公顷，绝收面积110公顷；损坏房屋46间；直接经济损失1.2亿元。

(60)7月14—16日，江苏省连云港、宿迁、无锡3市的8个县(区)出现雷暴大风、短时强降水及冰雹天气。无锡市江阴市测站最大冰雹直径20毫米；连云港市东海县极大风速22.7米/秒(10级)；宿迁市沭阳县最大累计降雨量148.5毫米，最大1小时降雨量43.8毫米。据气象部门不完全统计，共计2万余人受灾，农作物受灾面积2700多公顷，损坏房屋100多间，直接经济损失1800多万元。

(61)7月15—16日，安徽省淮南、滁州、六安、宿州、亳州、宣城等市10多个县(市、区)遭受风雹灾害。宣城市宁国市最大冰雹直径20毫米，3小时最大降水量80毫米；滁州市定远县最大阵风达13级(37.6米/秒)；宿州市埇桥区24小时最大降雨量127.9毫米；亳州市谯城区日最大降雨量199.4毫米。据应急部门截至16日09时统计，共计8600余人受灾，3人死亡(其中15日宿州市泗县建筑物倒塌造成2死3伤，16日滁州市定远县1人遭雷击身亡)；650余间房屋不同程度损坏；农作物受灾面积1000多公顷，绝收面积300余公顷；直接经济损失近3000万元。

(62)7月17—21日，云南省丽江、楚雄、保山、大理、曲靖、玉溪等7市(自治州)13个县(市、区)发生短时强降水并伴有阵性大风和雷电、冰雹等强对流天气，其中丽江市华坪县最大风力达11级。共计4.5万人受灾；200余间房屋不同程度损坏；玉米、烤烟、水稻等农作物受灾面积4200公顷，绝收面积300余公顷；直接经济损失5000余万元。

(63)7月29日，陕西省渭南、延安、咸阳、宝鸡4市7个县遭受风雹灾害。咸阳市淳化县冰雹直径5～10毫米不等，持续时间6分钟左右；礼泉县冰雹直径1～8毫米不等，持续约20分钟。宝鸡市麟游县最大冰雹直径10毫米，持续10分钟。渭南市合阳县冰雹直径10毫米左右。据统计，共计1.4万人受灾；农作物受灾面积2500公顷，绝收面积100余公顷；直接经济损失2200余万元。

(64)8月3—4日，云南省昆明、玉溪、保山、普洱、大理、文山等6市(自治州)8个县(市)遭受风雹灾害。玉溪市江川区冰雹持续时间7分钟左右，最大冰雹最大直径4毫米。据民政部门不完全统计，共计6200余人受灾，烤烟、玉米、白云豆等农作物受灾面积近400公顷，直接经济损失500多万元。

(65)8月5—10日，河北省中南部12个县(市、区)出现冰雹天气。5日，石家庄市区最大冰雹直径超过20毫米。10日，张家口市赤城县局部出现短时强降水、雷暴大风和冰雹，降雹持续时间20分钟，最大冰雹直径30毫米，地面积雹厚度达5厘米，全县2个乡19个行政村共计664户1690人受灾；玉米等农作物受灾面积158公顷，成灾面积150公顷，绝收面积56公顷；直接经济损失126万元。

(66)8月16日，新疆阿克苏地区8县(市)遭受冰雹灾害。温宿县最长降雹持续时间40分钟，最大冰雹直径10毫米；阿瓦提县极大风速21.7米/秒(9级)。共计3.1万人受灾，棉花、玉米、林果、蔬菜等农作物受灾面积3.2万公顷，直接经济损失达2.9亿元。

(67)8月23日，黑龙江省绥化、哈尔滨、大庆3市17个县(市、区)遭受风雹灾害。哈尔滨市木兰县最大瞬时风力达10级，最大冰雹直径20毫米；五常市冰雹持续20多分钟，最大冰雹直径15毫米；呼兰区1小时最大降水量42.5毫米，最大风力9级。绥化市安达市最大小时雨量32.1毫米，最大阵风9级。共计4.9万人受灾；200余间房屋不同程度损坏；玉米、大豆、水稻等农作物受灾面积

2.4 万公顷，绝收面积 600 余公顷；直接经济损失 5300 余万元。

(68)8 月 23—25 日，内蒙古兴安、乌兰察布、赤峰、呼和浩特、通辽、锡林郭勒等 6 市(盟)12 个县(市、区、旗)遭受风雹、暴雨灾害，其中赤峰市巴林右旗极大风速达 21.2 米/秒(9 级)。共计 3.4 万人受灾；胡麻、莜麦、豆类等农作物受灾面积 1.49 万公顷，绝收面积 100 余公顷；直接经济损失近 3800 万元。

(69)10 月 1 日，山东省烟台、威海 2 市 8 个区(市)遭受风雹灾害。威海市乳山市最大冰雹直径 30 毫米，1 小时最大降水量 22.5 毫米；烟台市牟平区、莱山区最大冰雹直径 40 毫米，最大风力 7～8 级。据气象部门统计，共有 1.3 万人受灾，苹果、桃、葡萄、蔬菜等农作物受灾面积 1.1 万公顷，损坏大棚 2 座、房屋 232 间，直接经济损失 3.1 亿元。

(70)10 月 3—4 日，辽宁省出现历史同期罕见的强风雹和大暴雨天气。全省平均降水量 43.5 毫米，最大降水量 263.0 毫米出现在本溪桓仁县枫林谷景区，均突破 1951 年以来 10 月历史极值。最大小时降雨量 79.0 毫米出现在营口老边区边城镇；最大瞬时风力 13 级(37.1 米/秒)，出现在营口大石桥市周家镇；大连、鞍山、本溪、丹东、营口、铁岭、葫芦岛等市 10 多个站出现冰雹；全省共监测到闪电 1069 个。此次过程雷电范围广、瞬时风力强、雨强大、多地出现冰雹，为近 10 年以来同期最强的对流天气。据气象部门不完全统计，仅大连、鞍山 2 市部分乡镇出现的冰雹、大风、暴雨天气就造成超过 5 万人受灾，玉米、水稻、苹果、葡萄等受灾面积 9600 多公顷，损坏大棚约 300 座，直接经济损失 2.8 亿元。

2.4.3 龙卷

1. 主要特点

(1)发生次数明显偏少

2021 年全国有 13 个省(区、市)25 个县(市、区)发生了龙卷(见表 2.4.1)，龙卷出现次数较 2001—2020 年平均次数(每年 50 县次)明显偏少。

(2)主要发生在春、夏季

从 2021 年龙卷的季节分布来看，春、夏两季最多，均出现龙卷 10 县次，占全年总数的 80.0%；秋季出现 5 县次，占全年的 20.0%；冬季未出现龙卷。从月际分布来看，5 月龙卷最多，发生 10 县次，占全年的 40.0%；7 月、9 月各发生 5 县次，各占全年的 20.0%；6 月发生 3 县次，占全年的 12.0%；8 月发生 2 县次，占全年的 8.0%；其他月份未发生龙卷。

(3)湖北、山东、内蒙古发生最多

从 2021 年龙卷发生的地区分布来看，湖北、山东、内蒙古最多，均发生 4 县次，各占全国龙卷总数的 16.0%；河北、辽宁、黑龙江次之，均发生 2 县次，各占全国龙卷总数的 8.0%；江苏、湖南、河南、宁夏、云南、海南、青海各有 1 县次，分别占全国龙卷总数的 4.0%；全国其他地区未发生龙卷。

表 2.4.1　2021 年龙卷简表

Table 2.4.1　List of major tornado events over China in 2021

发生时间	发生地点
5 月 5 日	黑龙江鸡西市小恒山区
5 月 10 日	湖北武汉市青山区
5 月 14 日	湖北黄冈市黄梅县、武汉市蔡甸区奓山片、武汉经济技术开发区
5 月 14 日	江苏苏州市吴江区
5 月 17 日	湖南娄底市新化县

续表

发生时间	发生地点
5 月 20 日	河南漯河市临颍县
5 月 27 日	宁夏银川市灵武市
5 月 31 日	云南文山壮族苗族自治州广南县
6 月 1 日	黑龙江哈尔滨市尚志市
6 月 25 日	内蒙古锡林郭勒盟太仆寺旗
6 月 25 日	河北张家口市沽源县
7 月 11 日	山东聊城市莘县、高唐县，东营市东营区
7 月 13 日	内蒙古呼伦贝尔市扎兰屯市
7 月 31 日	河北保定市清苑区
8 月 10 日	山东滨州市沾化区
8 月 25 日	辽宁葫芦岛市龙港区
9 月 8 日	辽宁锦州市义县
9 月 8 日	内蒙古通辽市科尔沁左翼中旗、通辽市科尔沁区
9 月 10 日	海南万宁市
9 月 19 日	青海海南藏族自治州共和县

2. 部分龙卷灾害事例

(1)5 月 5 日，黑龙江省鸡西市小恒山区局地突遇龙卷袭击，造成一些平房部分坍塌，有的房屋顶被掀起，碗口粗的树木被大风折断。鸡西市气象局认为此次大风属于弱龙卷等级。

(2)5 月 10 日 14 时前后，湖北省武汉市青山区青山船厂出现短暂弱龙卷，造成建筑屋顶卷掀。

(3)5 月 14 日 19 时前后，江苏省苏州市吴江区盛泽镇部分地区突遭龙卷袭击，中心最大风力 17 级。灾害共造成 4 人死亡，149 人不同程度受伤；电力设施和多处房屋受损，受损农户 84 户，受损面积 1500 平方米，受损企业 17 户，受损面积 13000 平方米。吴江中天喷织有限公司周边是这次受灾情况较为严重的地区，部分厂房只剩下断壁残垣，建筑铁皮板被拧成了麻花状。一些老旧平房发生了坍塌。附近干道上，大量树枝被折断。

(4)5 月 14 日 17 时许，湖北省黄冈市黄梅县出现冰雹、龙卷、阵雨等强对流天气，导致部分乡镇不同程度受灾。这次风雹灾害涉及 4 个乡镇 32 个村，全县受灾人口 26685 人；损坏房屋 826 间；农作物受灾面积 280 公顷，成灾面积 187 公顷，绝收面积 33 公顷；电力、通信线杆吹倒断裂 29 根，13 个变电器损坏；公路冲毁(损)7 处；直接经济损失约 929 万元，其中农业损失 302 万元。5 月 14 日 20 时 30 分至 21 时，武汉市蔡甸区奓山片、武汉经济技术开发区军山片突发强龙卷。此次龙卷影响距离长达 18 千米，最大破坏直径 1000 米左右，持续时间约 30 分钟。据气象部门组织专家连夜奔赴蔡甸区天子山附近工地开展现场调查，沿途随处可见树木折断倒伏，部分树木被连根拔起，民居屋顶被掀翻，千子山循环经济产业园工地内通信信号塔、电线杆、工地塔吊被吹倒，桩基钢筋被吹弯。据应急管理部门通报，截至 5 月 18 日 15 时，此次龙卷和强降雨，共造成武汉经济技术开发区以及蔡甸、黄陂等区 2.5 万人受灾，死亡 10 人，伤 230 人；倒塌房屋 504 间，严重损坏房屋 1039 间；农作物受灾面积 2222 公顷，成灾面积 1248 公顷，绝收面积 449 公顷；直接经济损失约 3.0 亿元。

(5)5 月 17 日凌晨，湖南省娄底市新化县遭遇龙卷和雷暴雨袭击。新化供电公司电网受损严重，10 千伏荣共线、琅梅线、园北线、石天线、石洪线等多条线路发生险情。

(6)5 月 20 日 16 时 20 分左右，河南省漯河市临颍县王岗镇、窝城镇、瓦店镇和三家店等部分乡镇出现龙卷、冰雹、暴雨等强对流天气。

(7)5 月 27 日中午，宁夏银川市灵武市梧桐树乡李家圈村遭受龙卷袭击，造成 10 个农户 37 口人受灾，18 个西瓜设施大棚受损，大棚西瓜受灾(成灾)面积 0.5 公顷，直接经济损失 4.5 万元。

(8)5 月 31 日 17 时，云南省文山壮族苗族自治州广南县境内出现局地小龙卷灾害天气。者兔乡、杨柳井乡发生风雹灾害。受灾农户 203 户 953 人；农作物受灾面积 73 公顷，成灾面积 53 公顷；直接经济损失 33 万元。

(9)6 月 1 日 17 时 30 分至 18 时，黑龙江省哈尔滨市尚志市遭受龙卷和冰雹强对流天气袭击，造成帽儿山镇、乌吉密乡、河东乡、长寿乡 4 个乡镇不同程度受灾。受灾总人数 730 人，安置转移 284 人，死亡 1 人，伤 18 人；倒塌房屋 117 间，损坏房屋 233 间；农作物受灾面积 53 公顷，成灾面积 43 公顷，绝收面积 20 公顷；直接经济损失 1680 余万元，其中农业损失 225 万元，其他损失 1455 万元。受其影响，高铁帽儿山段一度停运，哈牡高铁沿线设备受损，6 趟旅客列车晚点。

(10)6 月 25 日，内蒙古锡林郭勒盟太仆寺旗局部地区出现龙卷、冰雹天气及洪涝灾害。宝昌镇、千斤沟镇、骆驼山镇、永丰镇、幸福乡和贡宝拉格苏木 6 个苏木(乡、镇)共计 4079 人受灾，死亡 6 人，伤 14 人；房屋倒塌 146 间，受损 391 间；马铃薯、莜麦、胡麻、玉米、蔬菜等农作物受灾(成灾)面积 2885 公顷；15 千米公路受损；羊死亡 43 只；8 条配电线路，4 台变压器及 152 基高、低压杆塔受损；部分林地受损；直接经济损失 5587 万元，其中农作物损失 3666 万元，其他损失 1921 万元。

(11)6 月 25 日 14—18 时，河北省张家口市沽源县出现雷电、冰雹、对流性大风(局地龙卷)、局地(3 个测站)暴雨、多地短时强降水等气象灾害。多地降雹持续约 15 分钟，最大冰雹直径达 30 毫米；局地出现龙卷。灾害共造成闪电河乡、平定堡镇、长梁乡、高山堡乡、二道渠乡、小河子乡、西辛营乡等 8 个乡镇 4864 户 1.2 万人受灾；农作物受灾面积 9978 公顷，其中成灾面积 3473 公顷，绝收面积 1661 公顷；直接经济损失 7548 万元，农业损失 7148 万元，家庭财产损失 366 万元。

(12)7 月 11 日傍晚，山东省聊城市莘县、高唐县出现龙卷。莘县龙卷持续时间约 15 分钟，移动路径长约 6 千米，明显毁损宽度 150～200 米，最大宽度 300 米，有 25 人受伤；高唐县龙卷持续时间约 20 分钟，移动距离约 16 千米，有 2 人死亡，7 人受伤。2 县玉米、梨树、棉花等受灾面积近 800 公顷。7 月 12 日 14 时前后，东营市东营区六户镇武王村出现龙卷。据省应急管理厅统计，龙卷造成聊城、东营 2 市 16 个乡镇(街道)约 9000 多人受灾，损坏房屋约 4000 多间、大棚 610 座、企业厂房仓库 68 家，直接经济损失约 6.3 亿元。

(13)7 月 13 日，内蒙古呼伦贝尔市扎兰屯市蘑菇气镇宫家街村发生龙卷，卧牛河镇、柴河镇、南木鄂伦春民族乡、中和镇、浩饶山镇遭受大风和强降雨灾害。此次风灾共造成 1172 人受灾；损坏房屋 18 间；农作物受灾面积 1000 余公顷，成灾面积 600 多公顷；直接经济损失 200 多万元。

(14)7 月 21 日 17 时前后，河北省保定市清苑区东闾乡东闾村突遭龙卷袭击，造成 102 户 362 人受灾，农房受损 202 间，工厂车间受损 48 间，因灾死亡 2 人，强风导致倒杆 32 基，断线 44 处，变压器变台倒塌 3 处，3 条线路故障停电，直接经济损失约 606 万元。

(15)8 月 10 日 14 时 30 分左右，山东省滨州市沾化区滨海乡北部沿海和沾化盐场出现龙卷，并伴随短时强降雨和冰雹，出现“双龙卷”和“龙吸水”景象，未产生灾情。

(16)8 月 25 日 16 时前后，辽宁省葫芦岛市龙港区望海寺出现龙卷、冰雹等强对流天气。受龙卷影响，葫芦岛市龙港区葫芦岛街道和马仗房街道共有 877 人受灾，2 人受伤、1 间房屋倒塌，490 间房屋损坏；直接经济损失 28 万元。

(17)9月8日17时30—35分，辽宁省锦州市义县高台子镇桑土营子村、北砖城子村、石家堡子村及九道岭镇观音堂村出现龙卷天气，造成2人受伤，玉米、果树受灾面积132公顷，直接经济损失1375万元。

(18)9月8日15时45分至16时，内蒙古通辽市科尔沁左翼中旗境内的腰林毛都镇东苏林场一分厂出现龙卷，导致科尔沁左翼中旗腰林毛都镇东苏林场一分厂大片玉米倒伏，部分树木折断。同日16时20—40分，通辽市科尔沁区钱家店镇和红星街道的孔家窝堡村、四方地村、东包力营子村、西包力营子村、腰包力营子村、新立屯村和魏家村出现龙卷，持续时间约20分钟，造成玉米大量倒伏，另有一座大棚和21间养殖棚舍棚顶损坏。据科尔沁区应急管理局统计，此次龙卷造成7个村4824人受灾；玉米等作物受灾(成灾)面积770公顷，绝收面积17公顷；直接经济损失达1077万元。

(19)9月10日11时42分左右，受2113号台风"康森"外围环流影响，海南省万宁市和乐镇西坡村委会11小组邦溪村遭受龙卷袭击，造成7间瓦房和少量电线、路灯、太阳能板灯、鸭棚受损，部分树木被折，瓜菜、槟榔受灾，直接经济损失近5万元。

(20)9月19日09时30分左右，青海省海南藏族自治州共和县109国道旁青海湖二郎剑景区码头附近湖面出现龙卷。许多游客看到"龙吸水"兴奋不已，纷纷驻足拿出手机、相机拍照这一奇观。

2.5 沙尘暴

2.5.1 基本概况

2021年，我国共出现了13次沙尘天气过程(表2.5.1)，9次出现在春季(3—5月)。2021年春季我国北方沙尘过程总次数较2000—2020年历史同期平均值(10.8次)偏少；沙尘首发时间较2000—2020年平均偏早，较2020年偏早34天；沙尘日数为2007年以来最多。

表2.5.1 2021年我国主要沙尘天气过程纪要表(中央气象台提供)

Table 2.5.1 List of major sand and dust storm events and associated disasters over China in 2021 (By Central Meteorological Observatory)

序号	起止时间	过程类型	主要影响系统	影响范围
1	1月10—16日	扬沙	地面冷锋	内蒙古中西部、甘肃中北部、青海北部、宁夏中北部、陕西北部、山西、河北、北京、天津、河南、山东、江苏北部、安徽北部、湖北中部、湖南北部、江西西北部等地出现扬沙或浮尘天气，内蒙古西部、甘肃中部的部分站点出现沙尘暴，额济纳旗出现强沙尘暴
2	1月27—28日	扬沙	地面冷锋	内蒙古西部、甘肃河西、宁夏、陕西中北部、山西、河南、安徽等地出现扬沙或浮尘天气，内蒙古吉兰太出现沙尘暴
3	2月26—28日	扬沙	蒙古气旋，地面冷锋	新疆东部和南疆盆地，青海北部、甘肃、内蒙古西部和东部、宁夏、辽宁中西部、吉林中西部、黑龙江西部等地的部分地区出现扬沙或者浮尘天气，新疆南疆盆地东部、青海柴达木盆地的部分地区出现沙尘暴

续表

序号	起止时间	过程类型	主要影响系统	影响范围
4	3月13—18日	强沙尘暴	蒙古气旋、地面冷锋	新疆东部和南疆、甘肃大部、青海东北部及柴达木盆地、内蒙古大部、宁夏、陕西、山西、北京、天津、河北、黑龙江中西部、吉林中西部、辽宁中部、山东、河南、江苏中北部、安徽中北部、湖北西部等地出现大范围扬沙或浮尘天气，内蒙古中西部、甘肃西部、宁夏、陕西北部、山西北部、河北北部、北京、天津等地出现沙尘暴，内蒙古中西部、宁夏、陕西北部、山西北部、河北北部、北京等地部分地区出现强沙尘暴
5	3月19—21日	扬沙	地面冷锋	新疆南疆、内蒙古中西部、甘肃、青海北部、宁夏、陕西中北部、山西、河北中南部、河南、安徽北部、湖北中部、湖南北部有扬沙或浮尘天气
6	3月27日—4月1日	强沙尘暴	蒙古气旋，地面冷锋	新疆东部和南疆盆地、青海北部、甘肃大部、宁夏、内蒙古中西部、黑龙江西南部、吉林、辽宁、陕西大部、山西、北京、天津、河北、河南、山东、湖北北部、安徽北部、江苏、上海、浙江北部、等地出现扬沙或浮尘天气，内蒙古中部、陕西北部、河北西北部的部分地区出现沙尘暴，内蒙古中部出现强沙尘暴
7	4月14—16日	沙尘暴	蒙古气旋、地面冷锋	新疆东部和南疆盆地、青海北部、甘肃北部、宁夏、内蒙古大部、黑龙江西南部、吉林西部、辽宁西北、陕西北部、山西、北京、天津、河北、河南、山东、安徽北部、江苏北部等地出现扬沙和浮尘天气，内蒙古中西部局地出现沙尘暴
8	4月25—27日	扬沙	蒙古气旋、地面冷锋	新疆南疆盆地、青海东北部、内蒙古大部、甘肃河西、陕西北部局地、宁夏、山西北部局地、河北北部和中部局地、山东中北部、黑龙江西部局地、吉林西部等地，内蒙古西部、甘肃中部的部分地区出现沙尘暴
9	5月1—3日	扬沙	地面冷锋	新疆东部和南疆盆地、青海西北部、内蒙古西部、甘肃中部、宁夏北部、陕西北部、山西北部出现扬沙或浮尘天气，新疆南疆盆地的部分地区出现沙尘暴，于田、且末出现强沙尘暴
10	5月6—8日	沙尘暴	蒙古气旋、地面冷锋	新疆南疆盆地西部、内蒙古中西部和东南部、宁夏、陕西中北部、山西、河北、北京、天津、山东、河南、安徽北部、江苏、上海、辽宁等地有扬沙或浮尘天气，内蒙古西部和东南部的部分地区有沙尘暴，局地有强沙尘暴

续表

序号	起止时间	过程类型	主要影响系统	影响范围
11	5 月 11—12 日	扬沙	地面冷锋	新疆南疆盆地、青海西北部、内蒙古西部、甘肃河西的部分地区出现扬沙或浮尘天气，新疆南疆盆地的部分地区出现沙尘暴，铁干里克、塔中出现强沙尘暴
12	5 月 22—24 日	扬沙	地面冷锋	内蒙古中西部、宁夏、山西北部、河北、北京、天津、山东中北部有扬沙或浮尘天气，内蒙古中部出现沙尘暴
13	11 月 5—6 日	沙尘暴	地面冷锋	新疆东部和南疆盆地、甘肃中西部、内蒙古西部、宁夏、陕西中北部等地出现扬沙或浮尘，新疆南疆盆地部分地区出现沙尘暴，若羌、塔中、十三间房出现强沙尘暴

2.5.2 2021 年我国北方沙尘天气主要特征和过程

1. 春季沙尘过程数较 2000 年以来历史同期略偏少

2021 年春季(3—5 月)，我国共出现 9 次沙尘天气过程(5 次扬沙，2 次沙尘暴，2 次强沙尘暴)，较常年同期(17 次)明显偏少，也少于 2000—2020 年同期平均值(10.8 次)(表 2.5.2)。其中，沙尘暴(包括强沙尘暴)过程有 4 次，较 2000—2020 年同期平均次数(5.6 次)偏少 1.4 次，较 2020 年同期偏多 2 次(图 2.5.1)。9 次沙尘天气过程中 3 月出现了 3 次，接近 2000—2020 年同期平均值(3.6 次)；4 月发生了 2 次，较 2000—2020 年同期平均值(4.3 次)偏少 2.3 次；5 月沙尘天气过程数为 4 次，较 2000—2020 年同期平均值(2.9 次)偏多 1.1 次，具有前少后多的特点(表 2.5.2)。

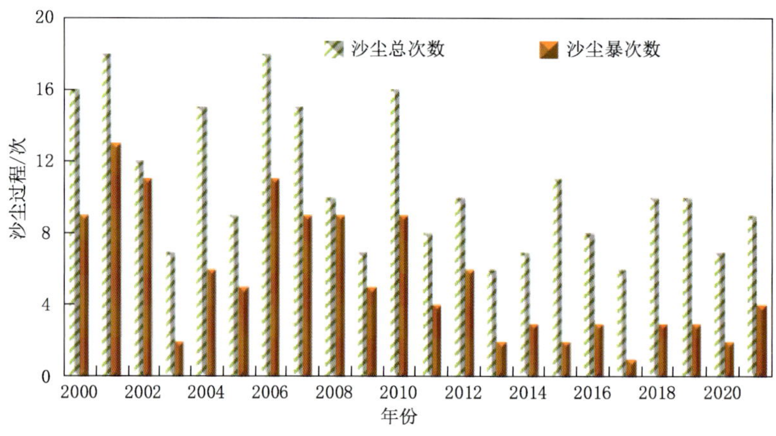

图 2.5.1 2000—2021 年春季中国沙尘天气过程次数及沙尘暴过程次数历年变化
Fig. 2.5.1 Number of sand and dust storm events over China in spring during 2000—2021

表 2.5.2 2000—2021 年春季(3—5 月)及各月我国沙尘天气过程统计

Table 2.5.2 Statistics of sand and dust storm events in spring (from March to May) during 2000—2021

年份	3 月	4 月	5 月	总计
2000 年	3	8	5	16
2001 年	7	8	3	18
2002 年	6	6	0	12

续表

年份	3月	4月	5月	总计
2003年	0	4	3	7
2004年	7	4	4	15
2005年	1	6	2	9
2006年	5	7	6	18
2007年	4	5	6	15
2008年	4	1	5	10
2009年	3	3	1	7
2010年	8	5	3	16
2011年	3	4	1	8
2012年	2	6	2	10
2013年	3	2	1	6
2014年	2	3	2	7
2015年	5	3	3	11
2016年	3	3	2	8
2017年	2	2	2	6
2018年	3	5	2	10
2019年	1	4	5	10
2020年	4	1	2	7
2021年	3	2	4	9
2000—2020年总计	76	90	60	226
2000—2020年平均值	3.6	4.3	2.9	10.8

2. 沙尘首发时间较常年偏早

2021年我国首次沙尘天气过程发生时间为1月10日，较2000—2020年平均首发时间(2月17日)偏早38天，较2020年(2月13日)偏早34天，首发时间为2002年以来最早(表2.5.3)。

表2.5.3　2000年以来历年沙尘天气最早发生时间

Table 2.5.3　The earliest beginning date of sand and dust storms during 2000—2021

年份	最早发生时间	年份	最早发生时间
2000	1月1日	2007	1月26日
2001	1月1日	2008	2月11日
2002	3月1日	2009	2月19日
2003	1月20日	2010	3月8日
2004	2月3日	2011	3月12日
2005	2月21日	2012	3月20日
2006	2月20日	2013	2月24日

续表

年份	最早发生时间	年份	最早发生时间
2014	3 月 19 日	2018	2 月 8 日
2015	2 月 21 日	2019	3 月 19 日
2016	2 月 18 日	2020	2 月 13 日
2017	1 月 25 日	2021	1 月 10 日

3. 沙尘日数为 2007 年以来最多

2021 年春季，我国北方平均沙尘日数为 3.8 天，较常年（1981—2010 年）同期（5.0 天）偏少 1.2 天，比 2000—2020 年同期（3.5 天）略偏多，为 2007 年以来最多（图 2.5.2）。平均沙尘暴日数为 0.5 天，分别比常年同期（1.1 天）和 2000—2020 年同期（0.6 天）偏少 0.6 天和 0.1 天。

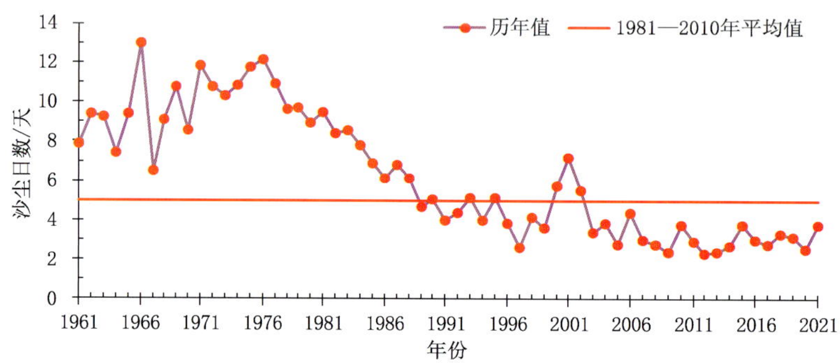

图 2.5.2 1961—2021 年春季（3—5 月）中国北方沙尘（扬沙以上）日数历年变化

Fig. 2.5.2 Number of sand and dust (sand-blowing, sandstorm, strong sandstorm) days averaged over northern China in spring during 1961—2021

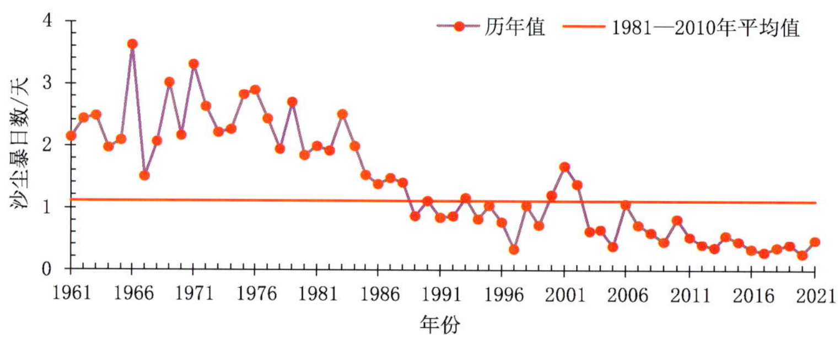

图 2.5.3 1961—2021 年春季（3—5 月）中国北方沙尘暴日数历年变化

Fig. 2.5.3 Number of sandstorm days averaged over northern China in spring during 1961—2021

从空间分布上看，2021 年春季沙尘天气范围主要集中于西北大部、内蒙古大部、华北、东北中西部等地，新疆南疆盆地、内蒙古西部和中部的部分地区沙尘日数超过了 10 天，南疆盆地大部、内蒙古西部的部分地区沙尘天气日数在 20 天以上，局部超过 30 天；东北西部和中部及内蒙古中部和东部、新疆北部、青海大部、甘肃大部、宁夏、陕西北部、山西、河北、河南北部、山东北部等地沙尘日数为 1～10 天（图 2.5.4）。与常年同期相比，北方大部地区接近常年同期或偏少，新疆西南部和东南部、青海西北部、内蒙古中部、甘肃中部、宁夏大部、陕西北部以及西藏西部和中部等地偏少 5～10 天，部分地区偏少 10 天以上；但新疆东部和内蒙古西部的部分地区偏多 5～10 天，局部地区偏多 10 天以上（图 2.5.5）。

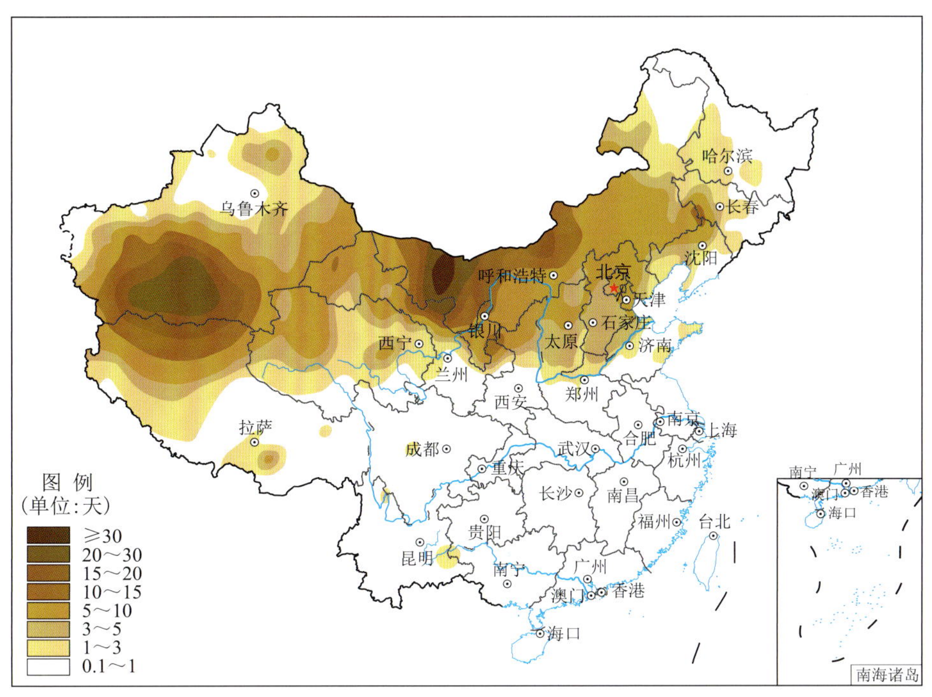

图 2.5.4　2021 年全国春季沙尘日数分布

Fig. 2.5.4　Distribution of the number of sand and dust (sand-blowing, sandstorm, strong sandstorm) days over China in spring in 2021 (unit:d)

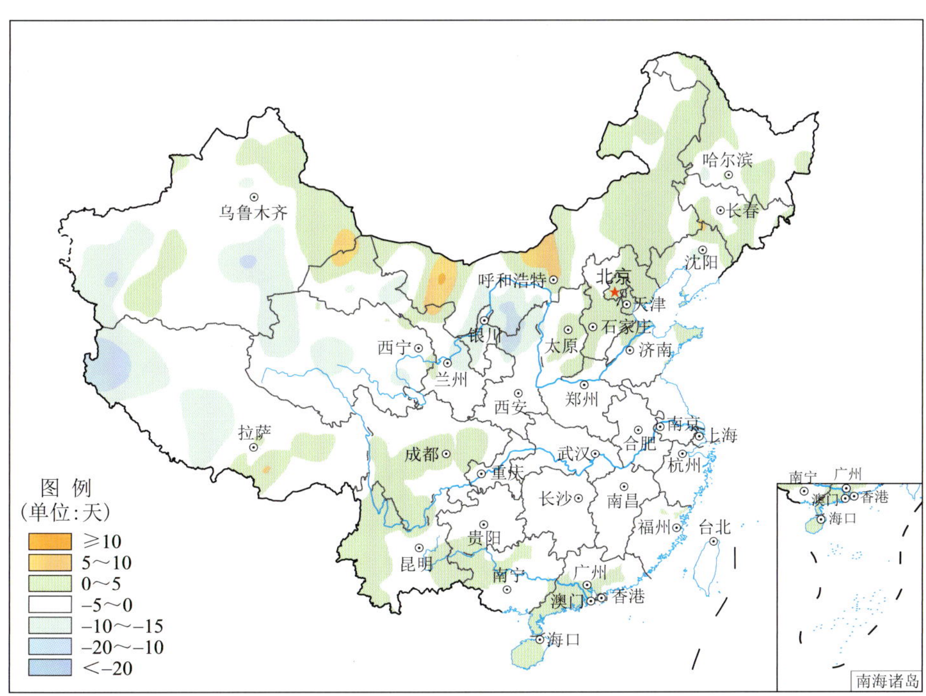

图 2.5.5　2021 年春季全国沙尘日数距平分布

Fig. 2.5.5　Distribution of anomaly of sand and dust (sand-blowing, sandstorm, strong sandstorm) days over China in spring in 2021 (unit:d)

2.5.3 沙尘天气影响

2021 年沙尘天气影响较重。3 月 13—18 日的沙尘天气过程是 2021 年沙尘强度最强的一次。

3 月 13—18 日的强沙尘暴过程是近 10 年影响我国最强的沙尘天气过程，持续时间长、影响范围广，波及 19 个省（区、市）。内蒙古中西部、甘肃西部、宁夏、陕西北部、山西北部、河北北部、北京、天津等地出现沙尘暴，内蒙古中西部、宁夏、陕西北部、山西北部、河北北部、北京等地部分地区出现强沙尘暴，部分地区阵风达 9～10 级；北方多地 PM_{10} 峰值浓度超过 5000 微克/米^3，北京 PM_{10} 最大浓度超过 7000 微克/米^3，最低能见度 500～800 米；沙尘还南下影响安徽、江苏、上海、浙江等南方省（市）。3 月 27 日至 4 月 1 日，我国北方出现年内第二次强沙尘暴过程。西北大部及内蒙古中西部、东北中南部、华北、黄淮、江淮东部及湖北北部、上海、浙江北部等地出现扬沙和浮尘天气，内蒙古中部、陕西北部、河北西北部的部分地区出现沙尘暴，内蒙古中部出现强沙尘暴。内蒙古、华北及辽宁、山东等地 PM_{10} 最大浓度超过 2000 微克/米^3，北京 PM_{10} 最大浓度超过 3000 微克/米^3；内蒙古、华北东部等地出现 9～10 级阵风。

2.6 低温冷冻害和雪灾

2.6.1 基本特征

2021 年发生并影响我国的冷空气过程有 29 次，其中寒潮过程 11 次，较常年次数偏多。1 月上旬和 11 月上旬的全国性寒潮天气过程降温幅度大、极端性强、影响范围广，造成多地出现低温冷冻害和雪灾。2021 年，低温冷冻害和雪灾造成全国农业受灾面积 37.9 万公顷，直接经济损失 133.1 亿元，均低于近 10 年平均值。

2021 年，全国平均霜冻日数（日最低气温≤2 ℃）110.5 天，较 1981—2010 年平均值偏少约 11.1 天，为 1961 年以来最少（图 2.6.1）。

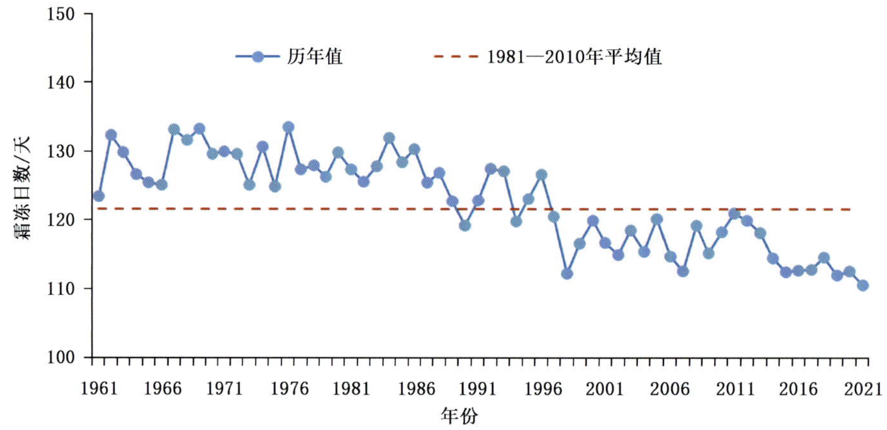

图 2.6.1 1961—2021 年全国平均霜冻日数历年变化

Fig. 2.6.1 Annual frost days over China during 1961—2021 (unit:d)

2021 年全国平均降雪日数为 13.8 天，比 1981—2010 年平均值偏少 12.4 天，为 1961 年以来第 5 少（图 2.6.2）。

2021 年全国降雪日数分布（图 2.6.3）显示，新疆北部、青海和西藏大部、四川西部、甘肃和宁夏大部、陕西南部、内蒙古北部和中部、东北大部和华北北部及中部局部、山东东北部和贵州西部部分地区降雪日数在 10～60 天，西藏北部、青海南部、四川西部、新疆西部、内蒙古北部部分地区60～80

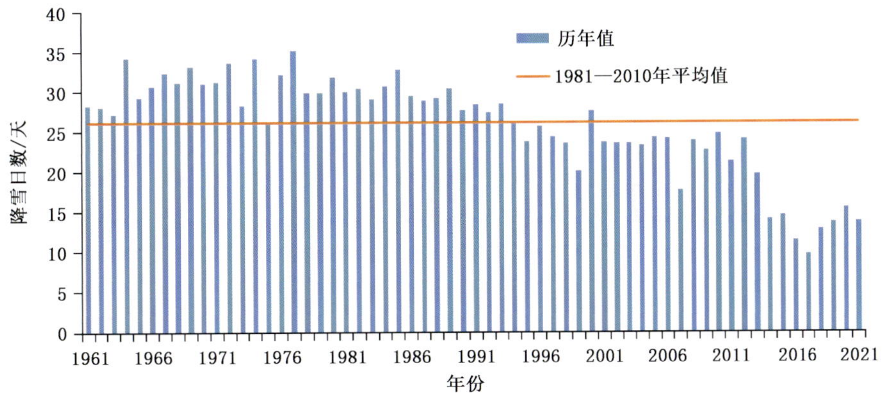

图 2.6.2 1961—2021 年全国平均年降雪日数历年变化

Fig. 2.6.2 Annual snowfall days over China during 1961—2021 (unit:d)

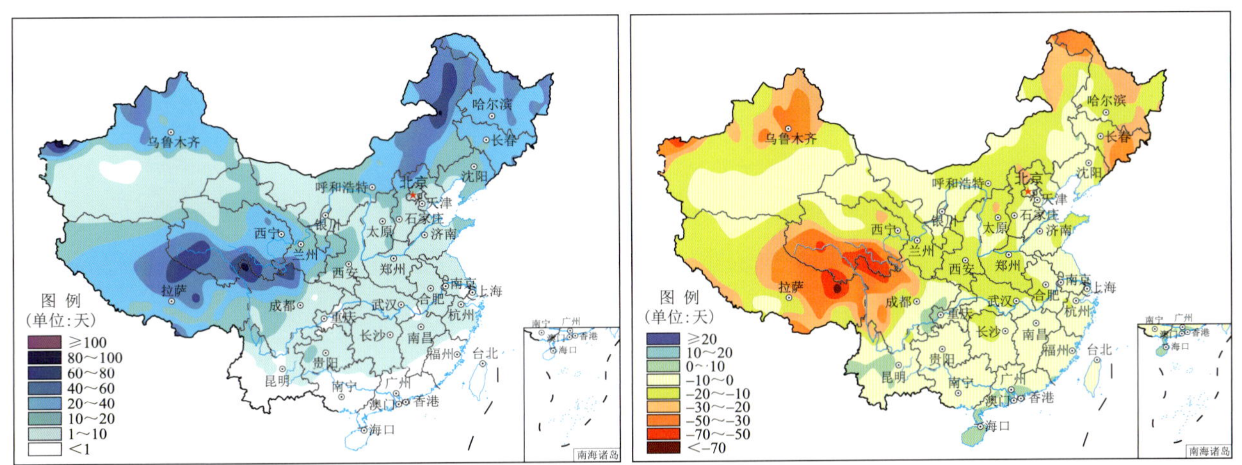

图 2.6.3 2021 年全国降雪日数(左)及距平(右)分布

Fig. 2.6.3 Annual snowfall days(left) and anomalies (right) over China in 2021 (unit:d)

天,局部地区 80 天以上。与常年相比,全国大部分地区降雪日数以偏少为主,西藏东部至青海南部、四川西北部部分地区、新疆西部和北部、内蒙古东北部、黑龙江北部和中部、吉林东部等地偏少 20～50 天,西藏东部、青海南部和四川西部部分地区偏少 50 天以上。

2021 年我国主要低温冷冻害和雪灾事件(表 2.6.1)有:1 月上旬强寒潮过程降温幅度大、影响范围广;11 月上旬和下旬全国性寒潮过程极端性强、影响范围广,造成多地雪灾和低温冷冻灾害;2 月下旬两次雨雪过程造成河南、山西、陕西、山东、河北、内蒙古等多地遭受雪灾,其中河南受灾较重。

表 2.6.1 2021 年全国主要低温冷冻害和雪灾事件简表

Table 2.6.1 List of major low-temperature, frost and snowstorm events over China in 2021

时间	影响地区	灾情概况
1 月上旬	西北和华北大部、东北地区中西部、黄淮、江淮、江南、华南等地	1 月 6—8 日,强寒潮过程影响我国大部地区,造成西北和华北大部、东北地区中西部、黄淮、江淮、江南、华南等地大幅降温;东北地区南部、华北大部、黄淮、江淮及内蒙古中东部等地部分地区出现大风;辽宁大连、山东半岛等地出现大到暴雪,贵州、湖南、福建局地出现冻雨。低温雨雪和大风天气对东北以及内蒙古、新疆等地畜牧业、设施农业和交通造成不利影响

续表

时间	影响地区	灾情概况
2月下旬	河南、山西、陕西、山东、河北、内蒙古等地	两次雨雪过程造成河南、山西、陕西、山东、河北、内蒙古等多地遭受雪灾，其中河南受灾较重
11月上旬和下旬	北方和中东部大部地区出现降温，多地遭受低温冷冻害和雪灾	全国性寒潮和强冷空气过程造成大范围强降温、大风和降雪天气，黑龙江、吉林、辽宁、内蒙古、甘肃、宁夏、山西、河北、山东等多地出现雪灾和低温冷冻灾害，给东北、华北、黄淮、西北东部等地农业、畜牧业、交通、电力以及居民生活带来不利影响

2.6.2 主要低温冷冻害和雪灾事件

2021年共有11次寒潮过程发生并影响我国，较常年偏多6次。1月上旬和11月上旬的全国性寒潮过程降温幅度大、极端性强、影响范围广。受寒潮过程影响，多地出现低温冷冻害和雪灾。

(1)1月上旬强寒潮过程降温幅度大、影响范围广

1月6—8日，强寒潮过程影响我国大部地区，造成西北地区东部、华北大部、东北地区中西部、黄淮、江淮、江南、华南等地降温6～12 ℃，其中河北东部、山东中部和河南北部降温幅度达12～16 ℃，北京、河北、山东、山西等地最低气温达到或突破建站以来历史极值，北京大部地区最低气温−24～−18 ℃，南郊观象台最低气温达−19.6 ℃，为1951年以来第3低值；东北地区南部、华北大部、黄淮、江淮及内蒙古中东部等地部分地区出现6～8级阵风，局地9～10级；辽宁大连、山东半岛等地出现中到大雪、局地暴雪，四川、湖北、湖南、贵州、安徽、浙江、江西等地出现雨雪天气，贵州、湖南、福建局地出现冻雨。低温、雨雪、大风天气不利于东北地区及内蒙古东部、新疆北部等地畜牧业和设施农业生产，同时还造成道路结冰，给交通带来不利影响。

(2)11月强寒潮过程极端性强、影响范围广，多地出现雪灾和低温冷冻灾害

11月出现2次全国性寒潮和1次强冷空气过程，黑龙江、吉林、辽宁、内蒙古、甘肃、宁夏、山西、河北、山东等多地出现雪灾和低温冷冻害。寒潮过程带来的强降温、大风和降雪天气给东北、华北、黄淮、西北东部等地农业、畜牧业、交通、电力以及居民生活带来不利影响。

11月4—9日出现全国性寒潮天气过程，综合强度达到历史第4高，造成我国中东部及西北大部地区大幅降温8～16 ℃，部分地区超过16 ℃，有429个国家级气象站达到或超过极端日降温阈值，116站降温幅度达到或超过历史极值，有166个站日最低气温创11月上旬历史同期最低。华北北部和东部、内蒙古东部、吉林西部、辽宁西部等地普降暴雪大暴雪，积雪深度超过10厘米，局地有30～50厘米，黑龙江、吉林、辽宁等地还出现了冻雨天气。北京初雪日(11月6日)较常年偏早23天，为1961年以来历史第6早。东北、华北、黄淮等地有151个国家级气象站日降水量突破11月历史极值。黑龙江、内蒙古、河北、北京、天津、山东、河南等地出现强风天气，呼和浩特最大风速25.2米/秒(10级)，河南平顶山瞬时极大风速39.2米/秒(13级)。寒潮给北方部分地区农业、交通、电力以及居民生活等造成较大影响，沈阳、长春、天津、济南等多地中小学停课。

寒潮和强冷空气过程造成东北地区中西部至内蒙古东部地区11月降雪日数明显偏多、积雪偏深，黑龙江中部、吉林西部和辽宁西北部部分地区月平均积雪深度达10～25厘米，较常年同期明显偏深10～20厘米。多地出现雪灾和低温冷冻灾害。

11月7—9日，辽宁39站出现特大暴雪，最大降雪量、最大小时降雪量和最大积雪深度均在鞍山站(分别为80.3毫米、10.6毫米和53厘米)，沈阳、鞍山、本溪、锦州、营口、阜新、辽阳、朝阳、盘锦、葫芦岛等25站积雪深度均超过本站1951年以来历史最大积雪深度。根据《辽宁省气象灾害评

估方法》(DB21/T 1454.6—2010)，评估此次为一级暴雪灾害，属最严重级别。

11月6—8日，山东出现大范围雨雪天气，平均降水量达34.8毫米，过程最大降水量出现在垦利(76.6毫米)，垦利、利津(67.2毫米)等31站日降水量突破本站11月历史极值；德州最大积雪深度20厘米，夏津(19厘米)、陵城(18厘米)、平原(17厘米)、齐河(15厘米)4站积雪深度达到或突破本站历史极值。

11月5—6日，内蒙古部分地区出现强降雪天气，造成鄂尔多斯市杭锦旗、通辽市扎鲁特旗、锡林郭勒盟阿巴嘎旗30余人遭受雪灾，农作物受灾面积3公顷，直接经济损失近100万元。

11月6—7日，甘肃定西、张掖、酒泉等3市4个县(市、区)5500余人遭受雪灾，农作物受灾面积1300公顷，直接经济损失800余万元。

11月6—7日，山西忻州、大同、朔州3市6个县(区)200余人遭受雪灾，直接经济损失800余万元。

11月8—9日，黑龙江绥化、伊春、大庆、哈尔滨、鹤岗等8市30个县(市、区)800余人受灾，部分电路受损造成铁路停运，直接经济损失近900万元。

11月8日，吉林松原、四平、长春3市5个县(市、区)近100人受灾，部分农业大棚、畜牧业棚舍因暴雪、积雪倒损，直接经济损失200余万元。

11月7日，河北张家口市蔚县、怀安县200余人遭受雪灾，直接经济损失100余万元。

11月19日，宁夏固原市隆德县近1100人遭受低温冷冻灾害；农作物受灾面积500余公顷，绝收500余公顷；直接经济损失近1000万元。

11月21—23日，辽宁东部、吉林中东部和黑龙江中东部出现雨或雨夹雪转小到中雪，吉林东部和黑龙江东部出现大到暴雪，吉林延边、黑龙江鸡西和牡丹江等局地大暴雪。11月下旬黑龙江省平均最大积雪深度为18.3厘米，比常年偏多12.5厘米，为1961年以来历史同期第2多。伊春大部、三江平原大部、逊克、北安、海伦、绥化市区、木兰、穆棱最大积雪深度在20厘米以上(嘉荫为53厘米)。伊春北部、逊克、同江、抚远积雪深度较常年同期偏多30厘米以上。11月22—24日，黑龙江省双鸭山、哈尔滨、伊春、鹤岗、鸡西5市6个县(市、区)近100人遭受雪灾，直接经济损失200余万元。

(4)2月下旬河南、山西、陕西等多地遭受雪灾

2021年2月24—28日，西北地区东部、华北、黄淮等地出现2次明显雨雪过程(24—26日、27—28日)。陕西中南部、山西南部、河北南部、河南、山东、江苏、安徽、湖北等地降水量为25～50毫米，河南北部和东南部、山东西南部的部分地区达60～80毫米。受降雪影响，河南、山西、陕西、山东、河北、内蒙古等多地遭受雪灾，其中河南受灾较重。

河南 2月25日—3月1日，开封、焦作、南阳等8市38个县(市、区)3.6万人遭受雪灾；农作物受灾面积1400公顷，绝收近200公顷；直接经济损失1.8亿元。

陕西 2月24—26日，韩城市1.6万人遭受雪灾，农作物受灾面积1700公顷，直接经济损失2700余万元。

山西 2月24—27日，运城、长治、晋城、临汾4市10个县(市、区)300余人遭受雪灾，直接经济损失1200余万元。

河北 2月25—28日，邯郸市馆陶县、永年区、临漳县、肥乡区1800余人受灾，农作物受灾面积100余公顷，直接经济损失300余万元。

山东 2月25—27日，泰安、济宁、聊城、菏泽4市7个县(区)1000余人遭受雪灾，直接经济损失300余万元。

内蒙古 2月28日—3月1日，巴彦淖尔市乌拉特前旗1400余人遭受雪灾，直接经济损失100余万元。

2.7 雾和霾

2021 年，我国雾主要分布在黄淮中部、江淮中部和东部、江南北部以及内蒙古东北部、黑龙江中北部、福建中部和北部、重庆、四川东部、贵州中部和西部、云南东部和南部、北疆等地，霾主要分布在东北中部、黄淮、江淮北部以及北京、湖北中部、湖南东北部、江苏北部等地，对交通影响大。

2.7.1 基本概况

2021 年，我国雾主要出现在 100°E 以东地区，中东部地区、西南及新疆北部雾日数一般有10～30 天，黄淮中部、江淮中部和东部、江南北部以及内蒙古东北部、黑龙江中北部、福建中部和北部、重庆、四川东部、贵州中部和西部、云南东部和南部、北疆等地在 30 天以上(图 2.7.1)。

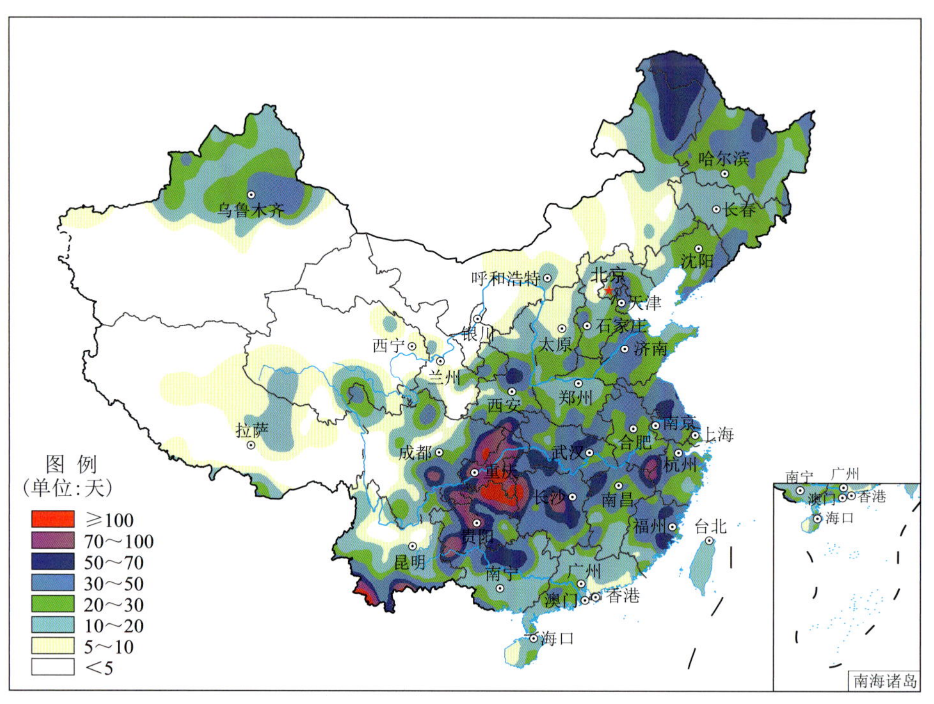

图 2.7.1 2021 年全国雾日数分布

Fig. 2.7.1 Distribution of fog days over China in 2021 (unit:d)

2021 年，我国 100°E 以东地区平均雾日数 27.9 天，较常年同期偏多 5.4 天(图 2.7.2)。2021 年我国雾多发月份为 3 月、9 月和 11 月，分别占全年雾日数的 10.9%、10.0%和 10.5%(图 2.7.3)。

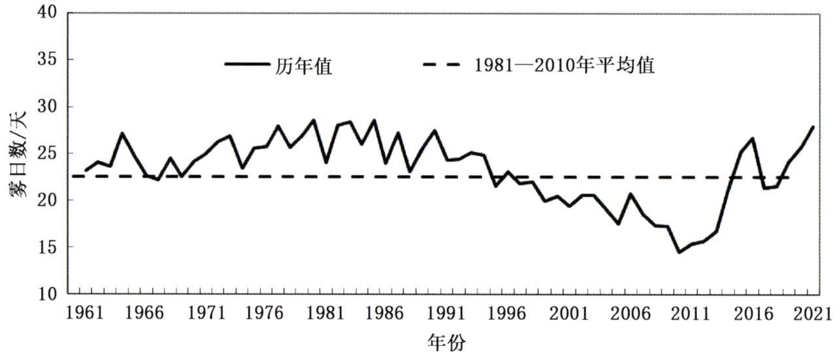

图 2.7.2 1961—2021 年中国 100°E 以东地区年均雾日数历年变化

Fig. 2.7.2 Annual variation of area averaged fog days in the area east of 100°E of China during 1961—2021 (unit:d)

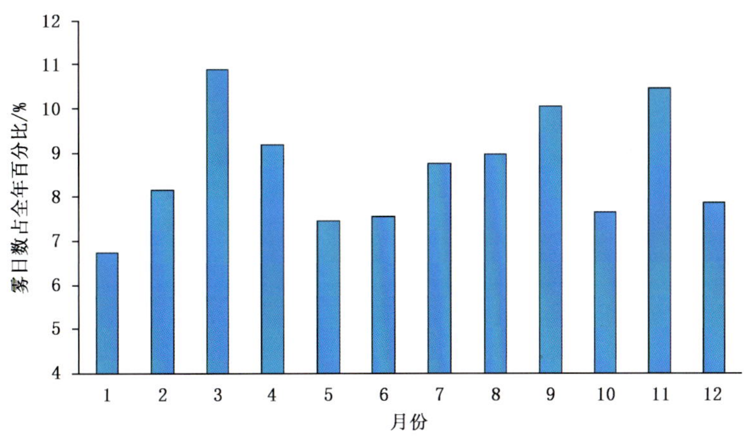

图 2.7.3　2021 年中国 100°E 以东地区各月雾日数占全年的百分比

Fig. 2.7.3　Monthly percentage distribution of fog days in the area east 100°E of China in 2021

2021 年，我国的霾主要出现在 100°E 以东地区，东北中部、黄淮、江淮北部以及北京、湖北中部、湖南东北部、江苏北部等地超过 30 天，北京、山东南部、河南东部、湖北中北部等地霾日数超过 50 天，局地超过 70 天(图 2.7.4)。

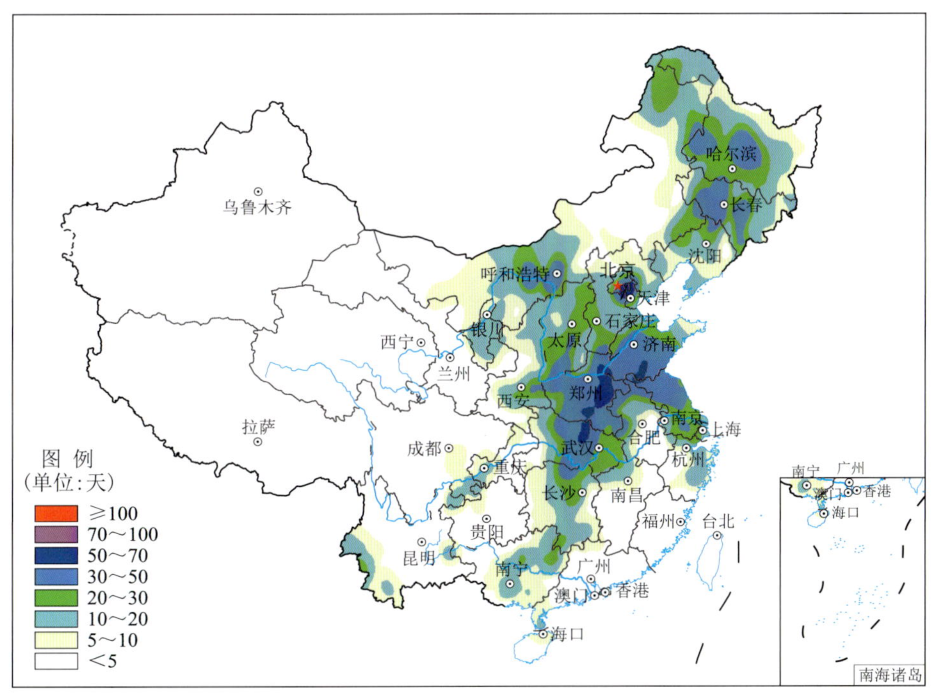

图 2.7.4　2021 年全国霾日数分布

Fig. 2.7.4　Distribution of haze days over China in 2021 (unit:d)

2021 年，我国 100°E 以东地区平均霾日数 12.2 天，较常年同期偏多 2.7 天(图 2.7.5)。2021 年我国霾多发月份为 1 月、3 月和 12 月，分别占全年霾日数的 25.7%、15.7%和 16.8% (图 2.7.6)。

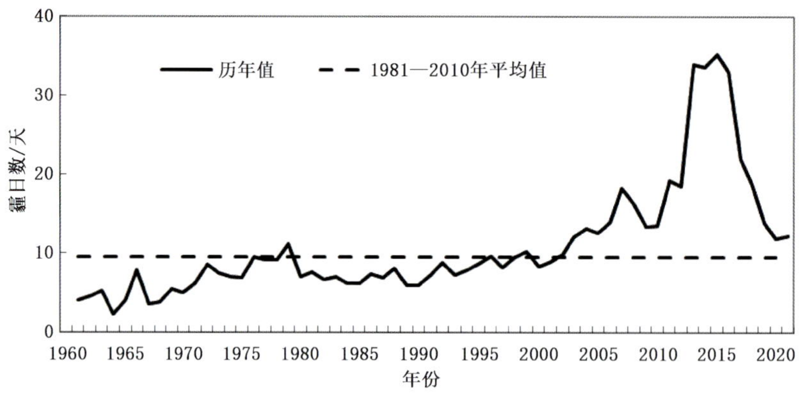

图 2.7.5　1961—2021 年中国 100°E 以东地区平均年霾日数历年变化

Fig. 2.7.5　Annual variation of area averaged haze days in the area east of 100°E of China during 1961—2021 (unit:d)

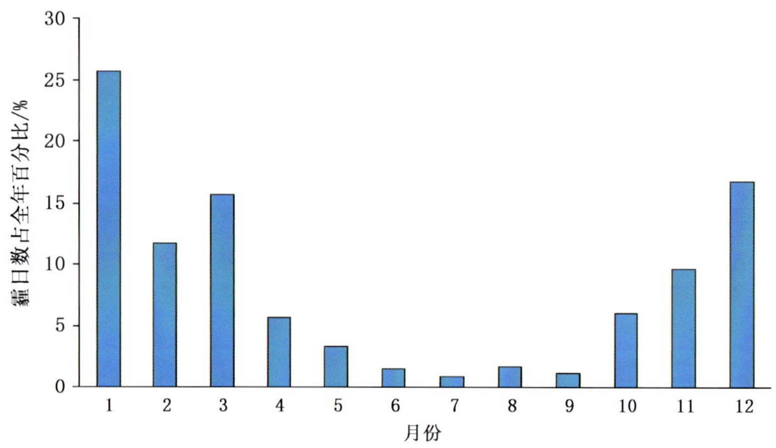

图 2.7.6　2021 年中国 100°E 以东地区各月霾日数占全年的百分比

Fig. 2.7.6　Monthly percentage distribution of haze days over China in 2021

2.7.2　主要灾害事例

1. 1 月，华北、华中、华西等地部分地区出现雾天气，对交通有影响

22 日，山东 G3 京台、G20 青银等多条高速公路封闭。26 日，莱泰、京沪和青兰高速公路部分收费站双向封闭，济南路段高速公路所有收费站全部封闭，济南遥墙机场有 21 架次航班延误，四川达州 18 个高速公路出入口实施了封闭，天津市境内所有高速公路一度封闭。28 日，湖北潜江沪渝高速公路 1026 段因大雾发生约 20 辆车连环追尾事故。

2. 2 月，多地因雾天气造成道路封闭

受雾天气影响，13—14 日廊坊、沧州、唐山、秦皇岛等多地的高速公路站口临时关闭。17 日，江西、湖北、湖南、新疆境内 46 条高速公路 65 个路段封闭，其中江西 25 条高速公路 28 个路段，湖北 2 条高速公路 4 个路段，湖南 18 条高速公路 30 个路段，新疆 3 条高速公路 3 个路段封闭。25 日，陕西渭南、榆林等多地发布大雾橙色预警，包茂、青银、榆蓝等多条高速公路关闭。

3. 12 月，华北、华中、江南、华南等地出现雾天气，对交通有影响

9—10 日，受大雾天气影响，天津市以及山东省济南、青岛等 12 市辖区部分高速公路收费站采取临时管控措施，G0111 秦滨高速、G1 京哈高速、G2 京沪高速和 G18 荣乌高速等高速公路全线收费站入口封闭。11—13 日，湖北多处高速公路收费站入口临时关闭，武汉轮渡全线停航。21 日，四川省泸黄高速、遂广高速、内遂高速、遂资高速、南渝高速、仁沐新高速、简蒲高速、绵西高速、绵遂高速遂宁段、成乐高速等多条高速公路全线入口因大雾关闭。22日，江西省43站出现大雾，南昌、九江、宜春等市的部分地区出现能见度小于200米的浓雾，多条高速公路部分收费站入口临时关闭，对交通出行造成影响。

2.8 雷电

2.8.1 基本概况

据不完全统计，2021年全国共发生雷电灾害495起，其中造成火灾或爆炸7起，造成人身事故23起，导致19人身亡、7人受伤。雷电灾害在全国造成大量电子设备、电力系统、建筑物受损，雷击造成建筑物损坏事件36起，办公和家用电子电器损坏事件388起，损坏电子电器设备12000件，造成直接经济损失约0.13亿元，间接经济损失约0.05亿元。2021年雷电造成的灾害事故主要集中在电力、教育、石化、通信和交通等行业，其中电力行业雷灾事故39起，教育行业(学校)12起，石化行业10起，通信行业9起，交通行业2起。

表 2.8.1 2003—2021年全国雷电灾害

Table 2.8.1 Lightning stroke disasters over China during 2003—2021

年份	雷灾事故数/起	受伤人数/人	死亡人数/人	雷击死亡率/%	直接经济损失/亿元	间接经济损失/亿元
2021	495	7	19	73.1	0.13	0.05
2020	496	40	29	42.0	0.15	0.09
2019	449	36	33	47.8	0.15	0.08
2018	606	39	60	60.6	0.23	0.14
2017	685	67	63	48.5	0.26	0.12
2016	981	79	78	49.7	0.37	0.23
2015	1346	68	106	60.9	0.56	0.43
2014	2076	118	170	59.0	0.72	0.44
2013	3380	177	178	50.1	2.46	3.24
2012	4600	193	214	52.6	1.44	1.20
2011	3993	241	253	51.2	1.99	1.78
2010	7515	261	319	55.0	1.82	3.58
2009	13481	310	371	54.5	2.31	6.41
2008	8604	345	446	56.4	2.24	6.21
2007	12967	718	827	53.5	4.25	7.43
2006	19982	640	717	52.8	3.84	0.96
2005	11026	690	646	48.4	2.45	0.28
2004	8892	1059	770	42.1	2.24	0.35
2003	7625	391	328	45.6	1.76	0.34

从 2003—2021 年全国雷电灾害对比表(表 2.8.1)中可以看出,2021 年雷电灾害事故,以及由雷灾导致的经济损失基本维持了近年来的平均水平,而由雷灾造成的伤亡人数虽然有明显下降,但雷击死亡率却出现了较大幅度的上升。

2.8.2 雷电灾情空间分布

2021 年全国雷电灾情的空间分布如图 2.8.1 所示。从统计结果可以看出,我国沿海和长江中下游地区仍是雷电灾害的多发区。2021 年全年雷灾事故数过百的省份只有位于沿海的浙江和广东两省,年雷灾事故数分别达到 201 起和 136 起。仅这两省的雷灾事故数就占据了全国雷灾事故数的 68.1%。

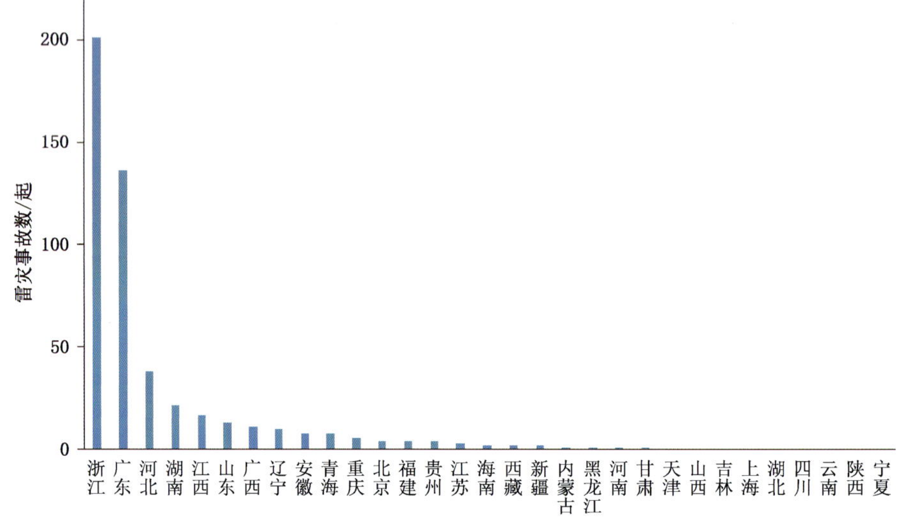

图 2.8.1　2021 年全国各省(区、市)雷灾事故分布

Fig. 2.8.1　Number of lightning damage events for all provinces (municipalities, autonomous regions) over China in 2021

从雷击导致的伤亡人数方面来看,2021 年全年雷击伤亡超过 5 人的省份有广东(8 人)和青海(6 人),江西的雷击伤亡人数(4 人)也相对较多(图 2.8.2)。

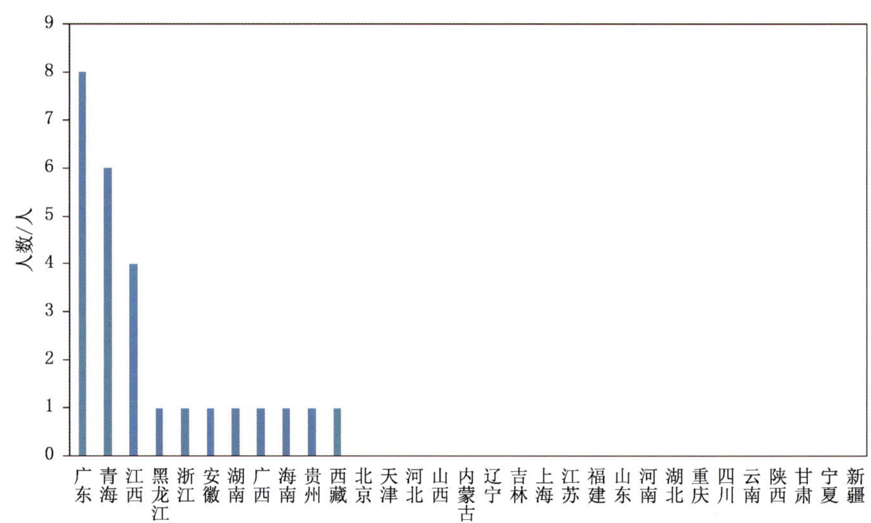

图 2.8.2　2021 年全国各省(区、市)雷击伤亡人数分布

Fig. 2.8.2　Number of lightning fatalities over China in 2021

在考虑人口权重(表 2.8.2)后,雷灾事故率浙江、青海和广东排名前三;而雷击伤亡率则是青海、西藏和海南排名前三,西部地区省份排名有显著上升。

表 2.8.2　2021 年全国各省(区、市)每百万人口雷击死亡率、受伤率、伤亡率和雷灾事故发生率及其排序

Table 2　Rate per million people of lightning fatalities, injuries, casualties and damage reports, and their ranks for all provinces over China in 2021

省份	人口数* /百万人	雷击死亡		雷击受伤		雷击伤亡		总雷灾事故	
		死亡率	排序	受伤率	排序	伤亡率	排序	事故率	排序
北京	21.89	0	10	0	5	0	12	0.18	12
天津	13.87	0	11	0	6	0	13	0	23
河北	74.61	0	12	0	7	0	14	0.51	5
山西	34.92	0	13	0	8	0	15	0	24
内蒙古	24.05	0	14	0	9	0	16	0.04	18
辽宁	42.59	0	15	0	10	0	17	0.23	8
吉林	24.07	0	16	0	11	0	18	0	25
黑龙江	31.85	0	17	0.03	2	0.03	6	0.03	21
上海	24.87	0	18	0	12	0	19	0	26
江苏	84.75	0	19	0	13	0	20	0.04	20
浙江	46.57	0.02	6	0	14	0.02	8	4.32	1
安徽	61.03	0.02	8	0	15	0.02	10	0.13	13
福建	41.54	0	20	0	16	0	21	0.1	16
江西	45.19	0.09	4	0	17	0.09	4	0.38	6
山东	101.53	0	21	0	18	0	22	0.13	14
河南	99.37	0	22	0	19	0	23	0.01	22
湖北	57.75	0	23	0	20	0	24	0	27
湖南	66.44	0.02	9	0	21	0.02	11	0.33	7
广东	126.01	0.05	5	0.02	4	0.06	5	1.08	3
广西	50.13	0.02	7	0	22	0.02	9	0.22	9
海南	10.08	0.1	3	0	23	0.1	3	0.2	10
重庆	32.05	0	24	0	24	0	25	0.19	11
四川	83.67	0	25	0	25	0	26	0	28
贵州	38.56	0	26	0.03	3	0.03	7	0.1	15
云南	47.21	0	27	0	26	0	27	0	29
西藏	3.65	0.27	2	0	27	0.27	2	0.55	4
陕西	39.53	0	28	0	28	0	28	0	30
甘肃	25.02	0	29	0	29	0	29	0.04	19
青海	5.92	0.51	1	0.51	1	1.01	1	1.35	2
宁夏	7.2	0	30	0	30	0	30	0	31
新疆	25.85	0	31	0	31	0	31	0.08	17
全国	1411.78	0.04		0.02		0.05		0.33	

* 人口数据来自我国第七次全国人口普查。

2.8.3 雷电灾情时间分布

2021 年全国雷电灾害时间分布如图 2.8.3 所示。雷灾事故主要集中发生在 5—9 月，峰值出现在 7 月，占全年的 27.1%。雷击受伤和身亡人数均在 5 月达到峰值，分别占全年的 42.9% 和 31.6%。

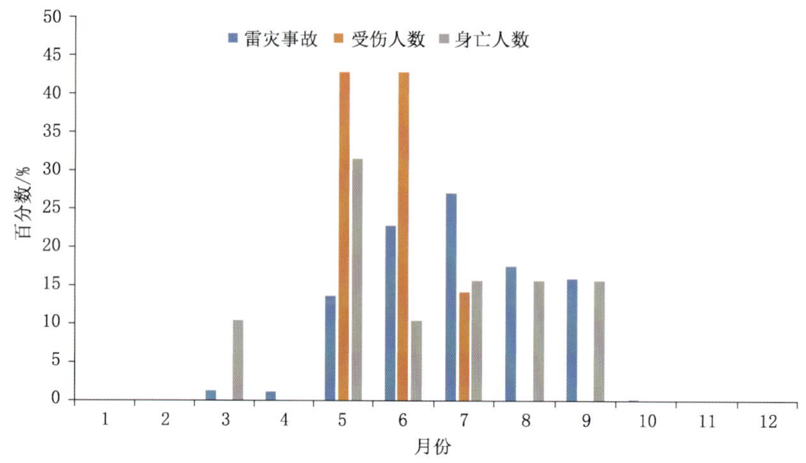

图 2.8.3　2021 年全国雷电灾害百分比月变化

Fig. 2.8.3　Monthly variation for percentage of lightning damage reports over China in 2021

2.9　高温热浪

2021 年，我国共出现 9 次区域性高温天气过程，比常年（4 次）偏多 5 次，为 1961 年以来最多，高温过程结束时间晚。夏季，高温覆盖范围广，全国平均高温（日最高气温≥35 ℃）日数 9.1 天，比常年同期偏多 2.2 天。夏季，我国西北地区东部和西南地区极端高温事件偏多，其中 7 月下旬至 8 月上旬高温极端性强，多地突破历史极值。持续高温天气导致江南、华南以及新疆等地农作物生长受到影响，陕西、河南、湖南、四川多地电力供应形势趋紧。

2.9.1　高温概况

1. 新疆、重庆、河南和湖南等地高温强度强

2021 年河南大部、重庆大部、湖南大部、新疆南部、内蒙古西部、河北南部、山西西南部、山东西部、安徽北部、陕西东部、湖北西部、四川东部、江西南部、浙江南部、广西北部、广东北部、海南中北部极端最高气温有 38～40 ℃，新疆南部和中东部、内蒙古西部、重庆西南部、四川东南部部分地区极端最高气温达 40～42 ℃，新疆中东部部分地区超过 42 ℃（图 2.9.1）。

2. 广西和宁夏高温日数为 1961 年以来历史同期最多

2021 年夏季，我国高温（日最高气温≥35 ℃）日数为 9.1 天，比常年同期偏多 2.2 天（图 2.9.2）。黄淮中部、江汉大部、江南、华南大部及重庆大部、四川东南部、新疆东部和南部、内蒙古西部等地高温日数有 10～30 天，湖南、江西、福建、广东、广西、海南、内蒙古及新疆等地的部分地区超过 30 天（图 2.9.3）。与常年同期相比，华南大部、江南中西部、黄淮西部、华北西南部、西北地区北部局部地区及四川东部等地高温日数偏多 5～10 天，华南西部及湖南中南部、江西南部偏多 10 天以上（图 2.9.4）。广西（25.5 天）、宁夏（7.1 天）夏季高温日数为 1961 年以来历史同期最多，海南（25.3 天）、湖南（33.0 天）为次多。夏季，全国共有 50 站日最高气温突破历史极值，其中 33 站在南方。

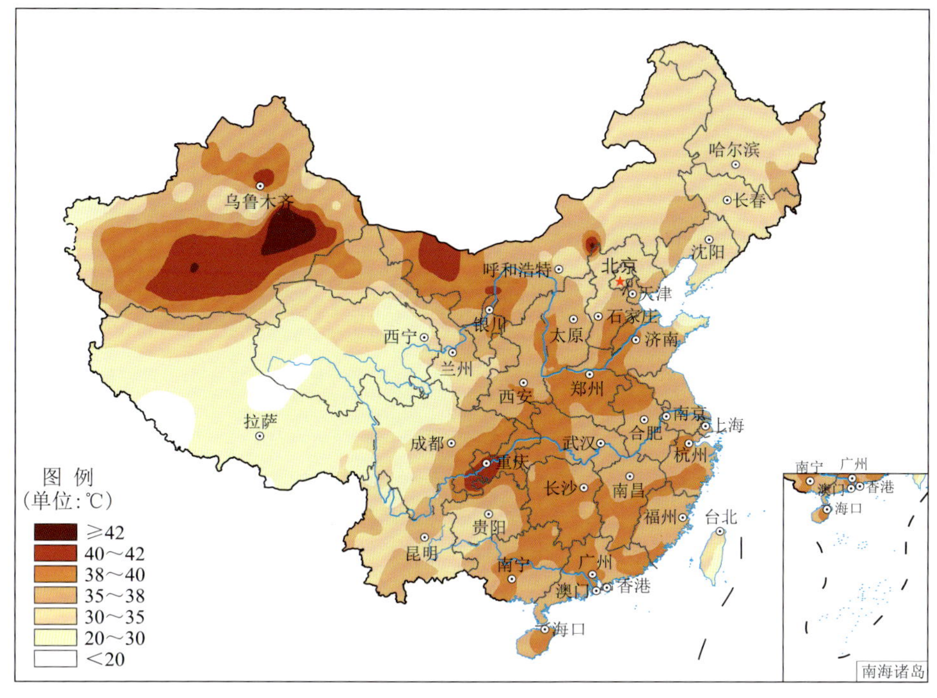

图 2.9.1 2021 年全国极端最高气温分布

Fig. 2.9.1 Distribution of extreme maximum temperatures over China in 2021 (unit:℃)

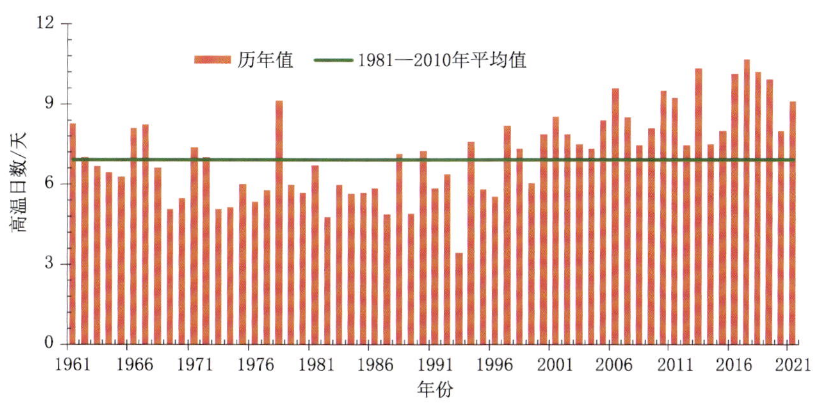

图 2.9.2 1961—2021 年全国平均夏季高温日数历年变化

Fig. 2.9.2 Mean hot days (daily maximum temperature≥35 ℃) in summer over China during 1961—2021 (unit:d)

3. 极端高温事件偏多,尤其西南、西北地区东部

2021 年,全国极端高温事件站次比为 0.33,较常年偏多 0.21,较 2020 年偏少 0.11;年内,全国共有 364 个国家级气象站日最高气温达到极端事件监测标准,贵州云南元江(44.1 ℃)、四川富顺(41.5 ℃)等 62 站日最高气温突破历史极值,主要分布在西北地区东部、西南地区东部、华南北部及湖南西部、海南中部、新疆中部等地(图 2.9.4)。全国极端连续高温事件站次比为 0.17,较常年(0.13)偏多 0.04;年内,全国有 222 个国家级气象站连续高温日数达到极端事件监测标准,海南澄迈(26 天)、广西三江(22 天)等 32 站突破历史极值(图 2.9.5)。

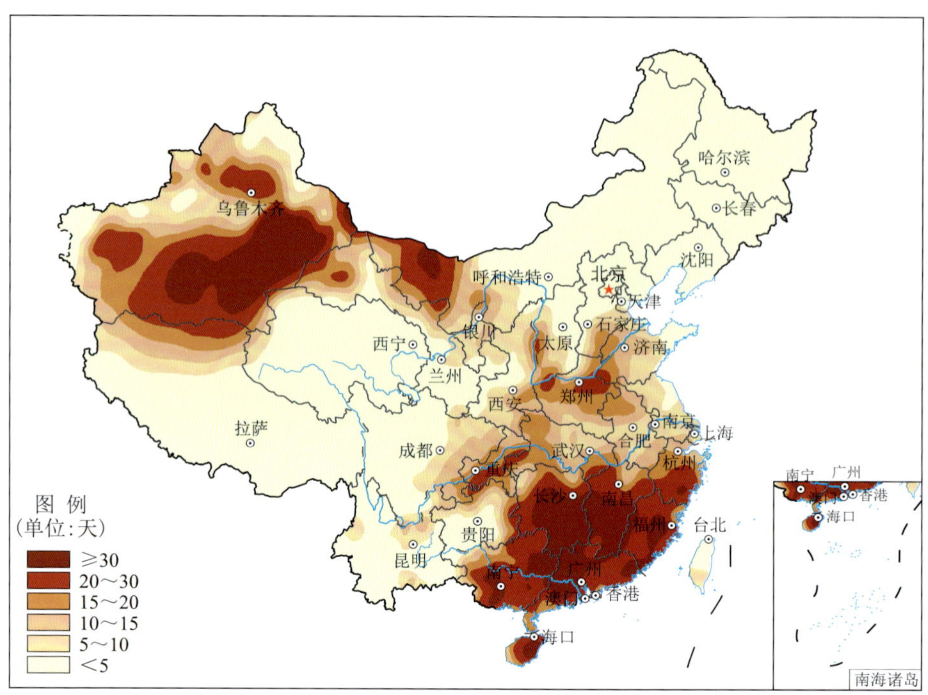

图 2.9.3　2021 年全国夏季高温日数分布

Fig. 2.9.3　Distribution of hot days (daily maximum temperature≥35 ℃) over China in 2021 summer (unit:d)

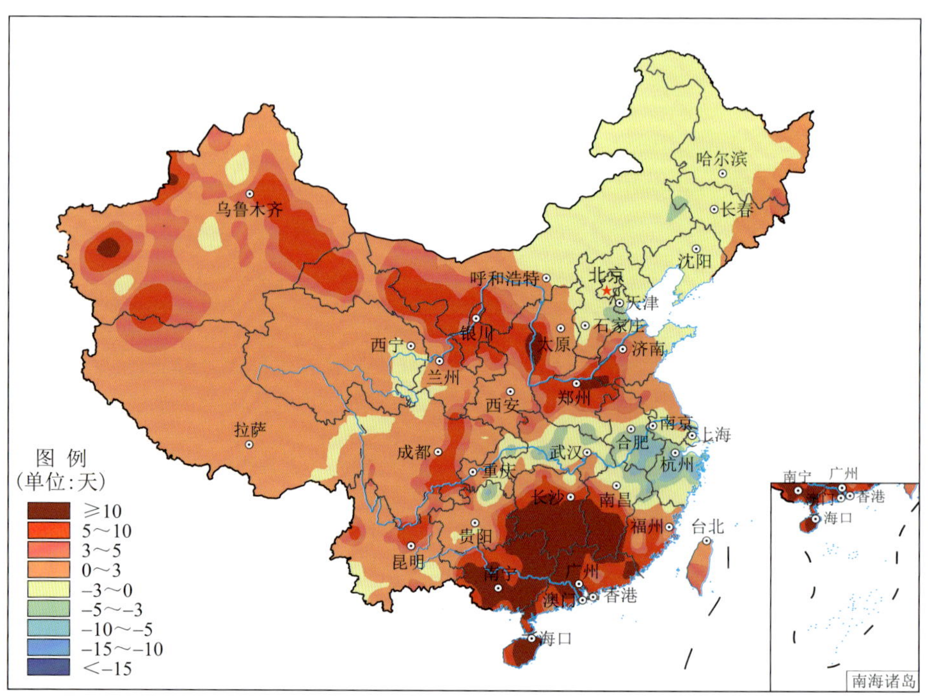

图 2.9.4　2021 年全国夏季高温日数距平分布

Fig. 2.9.4　Distribution of hot days (daily maximum temperature≥35 ℃) anomalies over China in 2021 summer (unit:d)

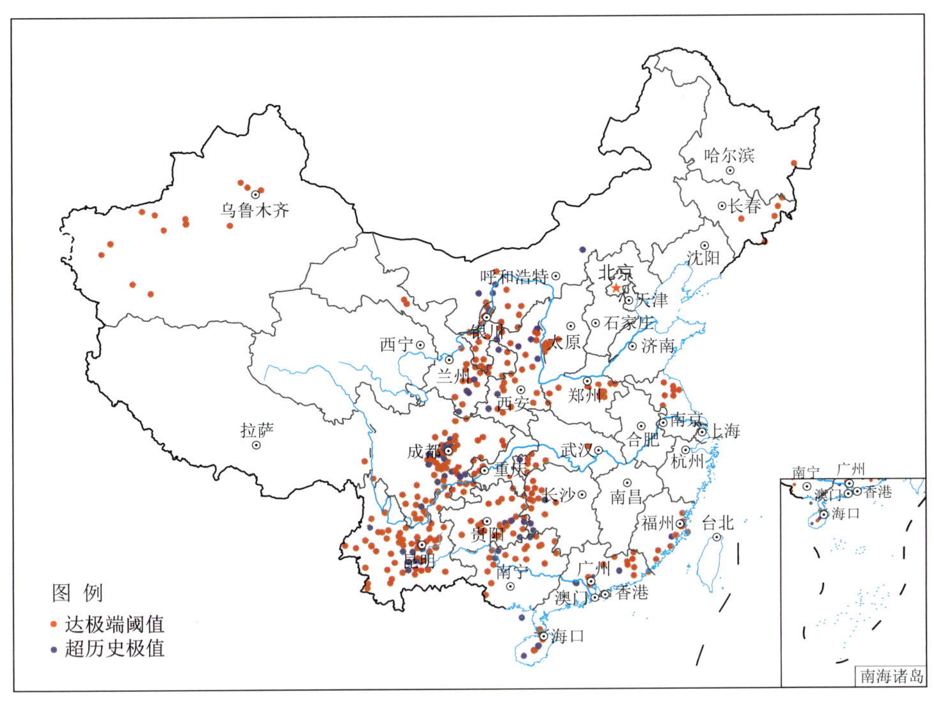

图 2.9.5 2021 年全国极端高温事件分布

Fig. 2.9.5 Distribution of extreme maximum temperatures events over China in 2021

4. 高温过程多，7 月下旬至 8 月上旬高温极端性强

2021 年，我国高温过程多，年内发生区域性高温过程 9 次，比常年(4 次)偏多 5 次，为 1961 年以来最多。7 月 20 日至 8 月 9 日，西北地区西部和东部、华北西南部、黄淮西部、江淮西部、江汉大部、江南大部、华南大部及重庆、四川东部、贵州东部等地出现高温天气过程，极端最高气温普遍有 35～40 ℃，新疆南部、内蒙古西部、重庆西部等地超过 40 ℃，新疆托克逊达 46.5 ℃(图 2.9.5)。四川富顺(41.5 ℃)、陕西米脂(40.6 ℃)、陕西宜川(40.6 ℃)等 38 个国家级气象站日最高气温破历史极值。

5. 高温过程结束时间晚

2021 年 9 月 17 日至 10 月 5 日，南方出现 1961 年以来最晚高温过程，结束时间较常年(8 月 30 日)偏晚 36 天。黄淮西南部、江汉东部、江淮西部、江南大部、华南大部及重庆等地极端最高气温普遍有 35～38 ℃，其中云南元阳达 39.9 ℃。湖南南部、江西南部、广西东北部等地高温日数达 12～15 天，局部地区高温过程天数达 15 天以上；江南大部、华南中部和东部高温日数较常年同期偏多 5～10 天，湖南南部、江西南部、广东北部部分地区、广西东北部等地高温日数较常年同期偏多 10 天以上。

2.9.2 主要高温事件及影响

2021 年，我国共出现 9 次较大范围的高温天气过程，具体为 6 月 4—8 日、6 月 14—21 日、6 月 19—24 日、6 月 26—30 日、7 月 3—18 日、7 月 20 日—8 月 9 日、8 月 19 日—9 月 6 日、9 月 9—15 日、9 月 17 日—10 月 15 日。其中，7 月 20 日—8 月 9 日高温天气过程的极端性强，持续时间长，影响最为严重，对全国南方多地作物生长和用电负荷产生不利影响。

河北 6 月，全省平均高温日数 6.2 天，较常年偏多 1.3 天。高温过程主要出现在 4—6 日、11—13 日、18—21 日以及 26—28 日，其中 18—21 日影响范围最广、持续时间长、强度大。

上海 7月11—14日出现连续高温天气。7月14日全市最高用电负荷达到3352.7万千瓦，创上海新的最高用电负荷纪录。

浙江 7月6—15日全省大部出现阶段性高温天气，全省高温日数较常年偏多3天。持续高温对处于灌浆成熟期的早稻略有不利，易导致“高温逼熟”。

广东 6—8月全省共出现11次高温过程。7月22—30日，受2021年第6号台风“烟花”外围下沉气流影响，广东出现持续9天的大范围高温天气过程，大部分县(市)最高气温在35～39 ℃之间，其中26—27日，高温范围最广、强度最强，有70多个县(市)出现高温。27日，全省平均最高气温达36.8 ℃，有52个县(市)最高气温超过37 ℃，23个县(市)最高气温超过38 ℃，丰顺27日最高气温达39.0 ℃。27日五华，28日紫金、从化、和平的最高气温破本站7月极端最高气温历史极值。28日，普宁录得此次高温过程同时也是本月全省最高气温39.3 ℃。

广西 7月全区出现3次高温过程，其中7月10—20日过程持续时间长，影响范围广，造成灌浆乳熟期早稻出现不同程度“高温逼熟”，影响产量和品质，对晚稻秧苗生长和移栽返青也有不利影响。7月28日，在持续高温天气的影响下，由于供电设备长时间高温且满负荷运转，南宁多个片区出现停电，影响居民生活，南宁市政府印发了有序用电保证生活生产秩序的有关通知，对各级机关、企事业单位、大量使用空调的场所和城市亮化工程实行有序用电。

重庆 7月17日开始，多地出现日最高气温超过35 ℃的高温天气。全市最高气温达到40 ℃(巫溪，31日)，部分坡脊地、无水源保证的地块土壤干旱露头，对红薯、蔬菜等在土作物生长造成一定影响。

陕西 7月8—17日出现区域高温过程，高温过程持续时间为10天，全省有82站出现超过35 ℃的高温，共297站次，米脂9日最高气温达39.8 ℃，高温综合强度等级为强。高温高湿环境也造成该地区早期落叶病等喜湿病害滋生蔓延，由于35 ℃高温持续时间相对较短，高温对苹果影响有限，但关中部分地区猕猴桃、葡萄向阳面果实出现日灼现象。

2.10 酸雨

2.10.1 基本概况

2021年我国酸雨污染持续改善，全国平均降水pH值较2020年持续升高，酸雨频率较2020年持续下降。

1. 全国年平均降水pH值分布

2021年，我国酸雨区范围主要覆盖江南、华南大部，江淮、西南的部分地区及东北的局部地区，其中浙江北部、安徽东部、江西南部、湖南、广西大部和贵州中部、海南等地年平均降水pH值低于5.00，酸雨污染较明显(图2.10.1)。

2009年以来有连续观测的301个酸雨站年均降水pH值统计结果(见表2.10.1和图2.10.2)显示，多年来全国降水pH值持续上升。2021年，酸雨(区)台站(年均降水pH值＜5.60)数为64个，占全部酸雨站的21%。重酸雨(区)台站(年均降水pH值＜4.50)数为4个，保持2009年以来的较低值；轻酸雨(区)台站(4.50≤年均降水pH值＜5.00)数为5个，为2009年以来的最低值。

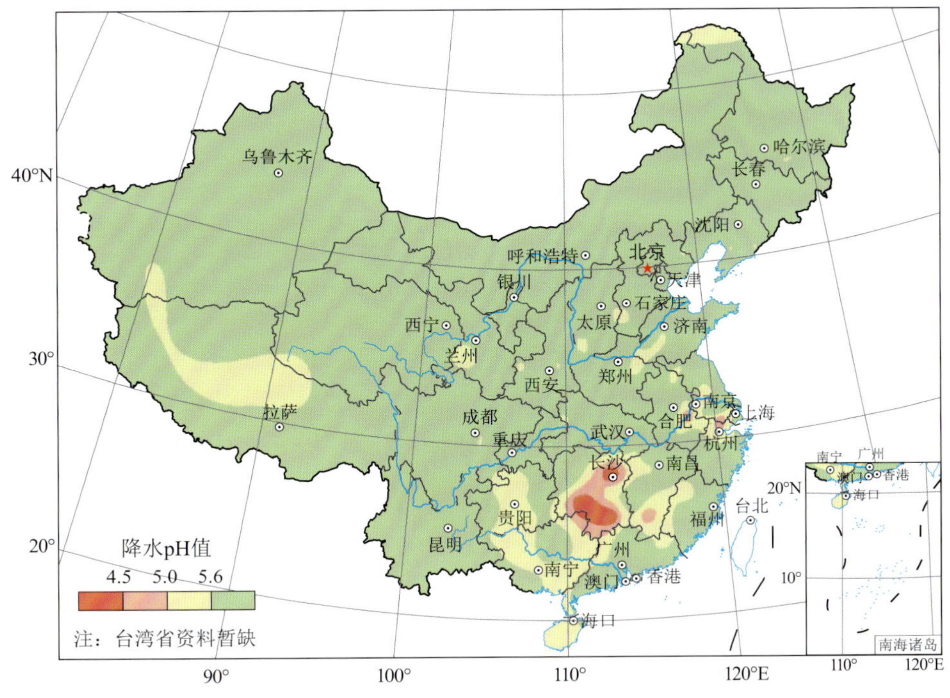

图 2.10.1　2021 年全国年均降水 pH 值分布

Fig. 2.10.1　Annual average precipitation pH distribution over China in 2021

表 2.10.1　降水 pH 值等级的台站数统计表

Table 2.10.1　Statistics of station with different precipitation pH levels

	pH＜4.50	4.50≤pH＜5.00	5.00≤pH＜5.60	pH≥5.60
2009 年台站数(个)	70	81	71	84
2010 年台站数(个)	49	79	75	103
2011 年台站数(个)	41	72	85	108
2012 年台站数(个)	17	77	89	123
2013 年台站数(个)	9	73	86	138
2014 年台站数(个)	5	60	100	141
2015 年台站数(个)	1	46	96	163
2016 年台站数(个)	1	33	97	175
2017 年台站数(个)	1	25	90	190
2018 年台站数(个)	1	17	78	210
2019 年台站数(个)	2	25	61	218
2020 年台站数(个)	2	13	80	211
2021 年台站数(个)	4	5	55	237

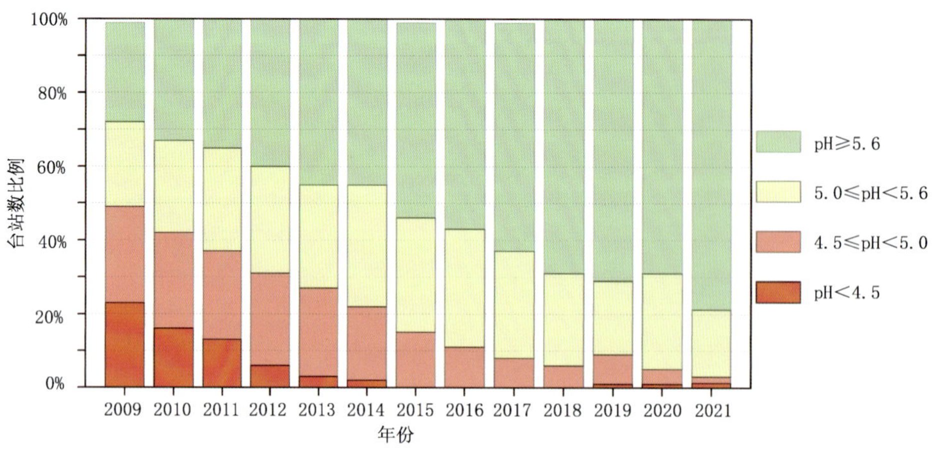

图 2.10.2　2009—2021 年降水各 pH 值等级台站数比例

Fig. 2.10.2　Statistics of station with different precipitation pH levels during 2009—2021

2. 全国酸雨频率分布

2021 年，我国酸雨多发区（酸雨频率大于 20%）主要覆盖江淮、江南、华南和西南地区的大部，以及华北、江汉、东北、西北的部分地区。酸雨高发区（酸雨频率大于 80%）分布在湖南北部和南部、广西北部、贵州西部以及江西南部（图 2.10.3）。

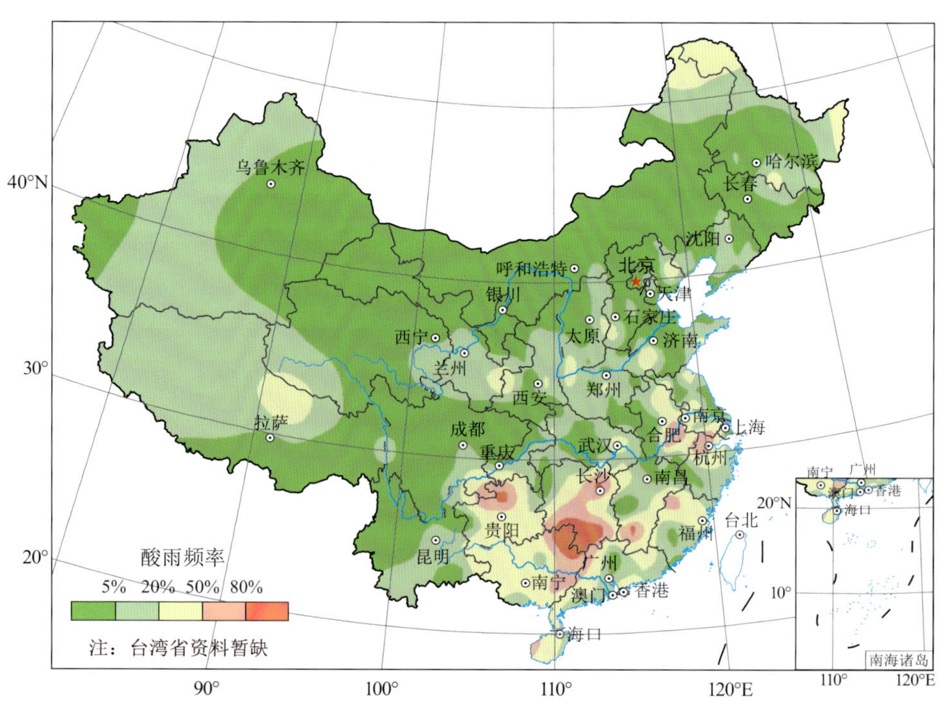

图 2.10.3　2021 年全国酸雨频率分布

Fig. 2.10.3　Acid rain frequency distribution over China in 2021

2009 年以来有连续观测的 301 个酸雨站酸雨频率统计的结果（表 2.10.2 和图 2.10.4）显示，多年来我国酸雨频发、高发的台站数呈减少趋势，酸雨偶发的台站数呈增加趋势，全国平均酸雨频率趋于减小。2021 年，306 个酸雨站中有 238 个站的酸雨频率低于 20%，约占全部站点数的 79%，该比例为2009年以来的最高值；7个站的酸雨频率高于80%，约占全部站点数的2%，为2009年以来的较低值。

表 2.10.2 酸雨频率等级的台站数统计表

Table 2.10.2 Statistics of station with different acid rain frequency levels

	酸雨偶发 $F\leqslant5$	酸雨少发 $5<F\leqslant20$	酸雨多发 $20<F\leqslant50$	酸雨频发 $50<F\leqslant80$	酸雨高发 $F>80$
2009年台站数(个)	55	36	69	77	69
2010年台站数(个)	68	39	78	75	46
2011年台站数(个)	70	42	72	79	43
2012年台站数(个)	78	46	74	67	41
2013年台站数(个)	76	61	77	63	29
2014年台站数(个)	87	55	76	59	29
2015年台站数(个)	98	53	79	54	22
2016年台站数(个)	99	53	86	47	21
2017年台站数(个)	114	70	76	33	13
2018年台站数(个)	127	61	78	30	10
2019年台站数(个)	137	69	49	44	7
2020年台站数(个)	143	64	66	26	7
2021年台站数(个)	167	71	42	14	7

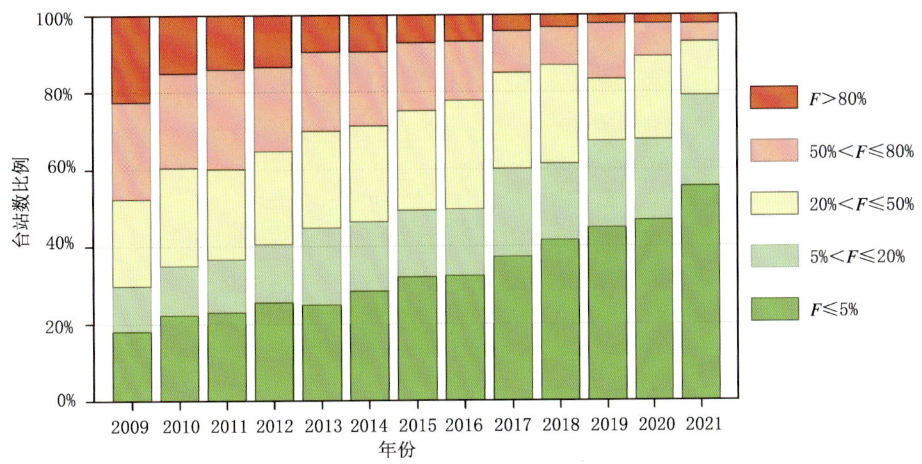

图 2.10.4 2009—2021年酸雨频率各等级台站数比例

Fig. 2.10.4 Statistics of station with different acid rain frequency levels over China during 2009—2021

2.10.2 主要区域酸雨变化特征

1. 华北区域酸雨特征

20世纪90年代末至2008年的近10年间，华北地区降水酸度、酸雨频率和强酸雨频率等均呈现明显上升趋势，之后至2021年逐渐趋于波动下降。2021年，华北地区降水pH值持续了近年来波动升高的趋势，年均降水pH值保持1992年以来的较高水平，强酸雨频率亦保持了1992年以来的最低值(图 2.10.5)。

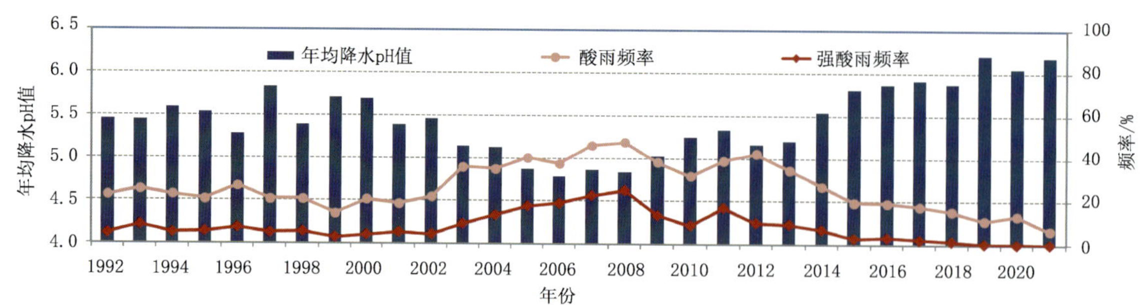

图 2.10.5 1992—2021 年华北地区酸雨变化趋势

Fig. 2.10.5 Precipitation acidification trend in North China during 1992—2021

2. 华东区域酸雨特征

20 世纪 90 年代末至 2009 年的 10 年间,华东地区降水酸度、酸雨频率和强酸雨频率等均呈现明显上升趋势,之后至 2021 年逐渐趋于下降。2021 年,年均降水 pH 值为 1992 年以来的最高值,酸雨频率保持了近年来的较低值,强酸雨频率为 1992 年以来的最低值(图 2.10.6)。

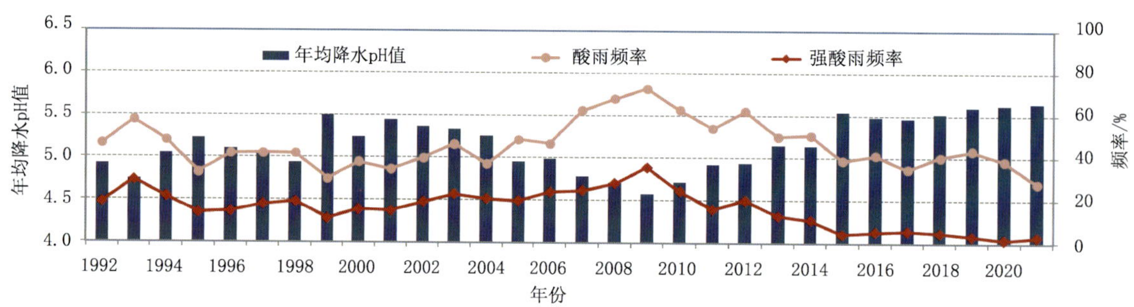

图 2.10.6 1992—2021 年华东地区酸雨变化趋势

Fig. 2.10.6 Precipitation acidification trend in East China during 1992—2021

3. 华中区域酸雨特征

20 世纪 90 年代末至 2007 年期间,华中地区降水酸度、酸雨频率和强酸雨频率等均呈现明显上升趋势,之后至 2021 年该地区降水酸度、酸雨频率和强酸雨频率等均呈现波动下降趋势。2021 年,该地区降水 pH 值保持了 1992 年以来的较高水平,酸雨频率和强酸雨频率降至 1992 年以来的最低值(图 2.10.7)。

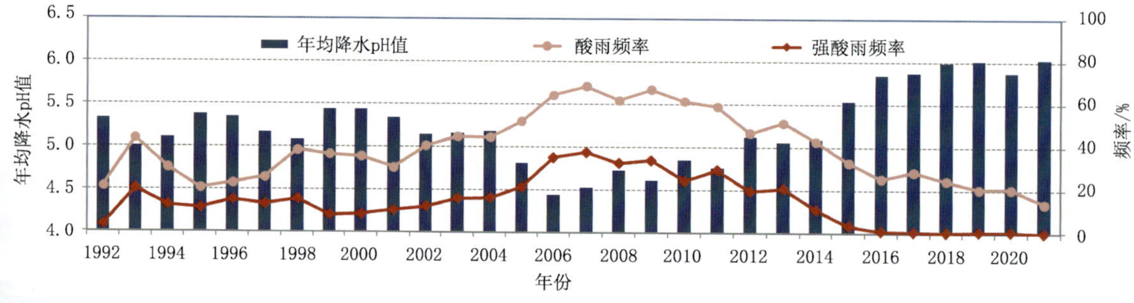

图 2.10.7 1992—2021 年华中地区酸雨变化趋势

Fig. 2.10.7 Precipitation acidification trend in Central China during 1992—2021

4. 华南区域酸雨特征

20 世纪 90 年代末至 2007 年期间，华南地区降水酸度、酸雨频率和强酸雨频率等均呈现弱的上升趋势，其后至 2021 年该地区降水酸度、酸雨频率和强酸雨频率等均呈现整体下降趋势。2021 年该地区降水 pH 值保持了 1992 年以来的较高值，强酸雨频率降至 1992 年以来的最低值（图 2.10.8）。

图 2.10.8　1992—2021 年华南地区酸雨变化趋势

Fig. 2.10.8　Precipitation acidification trend in South China during 1992—2021

5. 西南区域酸雨特征

1992 年以来，除 2005—2009 年期间出现小幅回升外，西南地区降水酸度、酸雨频率和强酸雨频率等均呈现波动下降趋势。2021 年，西南地区降水 pH 值保持了 1992 年以来的最高值，酸雨频率和强酸雨频率为 1992 年以来的最低值（图 2.10.9）。

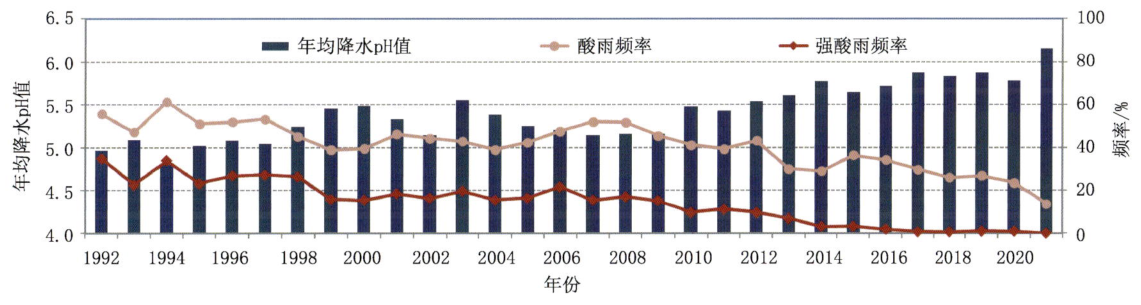

图 2.10.9　1992—2021 年西南地区酸雨变化趋势

Fig. 2.10.9　Precipitation acidification trend in Southwest China during 1992—2021

在往年年鉴中，重庆地区的统计结果来自 4 个国家级酸雨站和 31 个省级酸雨站。近年来，总体而言，重庆地区国家级酸雨站酸雨污染较省级站轻。自 2020 年 5 月 1 日起，重庆地区省级酸雨站不再参加考核、上传数据。本章节中重庆地区的统计结果为国家级酸雨站的统计结果。

2.11　农业气象灾害

2.11.1　基本概况

2021 年全国农业气象灾害总体影响较常年偏轻，但局部地区农业气象灾害影响较重。农业干旱致灾强度和影响较常年均偏轻，西北地区东部和华北西部夏秋连旱对当地农业影响较大。7 月中下旬河南极端暴雨洪涝和秋季北方罕见连阴雨过程对农业影响大。江南、华南区域高温天气较 2020 年偏多，但对作物产量影响总体不大。台风登陆个数少、强度偏弱，台风“烟花”对农业影响较大。低温霜冻害和雪灾对农业影响较常年偏轻。东北地区夏季低温冷害，影响水稻生长。风雹灾害发生频次较常年偏多，但总体损失影响偏轻。冬麦区干热风灾害影响较常年偏轻。

2.11.2 主要农业气象灾害

1. 农业干旱

2021 年，全国农业干旱致灾强度和影响均较常年总体偏轻，但区域性、阶段性干旱明显。主要包括江南华南秋冬连旱、云南春夏季阶段性干旱、华南春夏秋阶段性干旱、西北地区东部和华北西部夏秋连旱。

2020 年 11 月至 2021 年 2 月上旬，江南和华南大部地区降水量在 50 毫米以下，华南大部、江南东南部等地不足 25 毫米，上述大部地区降水量较常年同期偏少 5～8 成。江南中南部、华南大部旱情持续发展，对马铃薯、冬种玉米等作物生长发育以及柑橘、青枣、火龙果等水果品质形成产生不同程度的影响。直到 2 月 7—10 日，上述旱区出现了 25～100 毫米降水，才有效缓解前期旱情。

2020 年 11 月至 2021 年 6 月，云南降水持续偏少，大部地区累计降水量在 400 毫米以下，中北部地区不足 200 毫米，较常年同期偏少 5 成以上，全省平均降水量为 1961 年以来历史同期最少。与此同时，气温普遍较常年同期偏高，云南北部和西南部等地偏高 1～2 ℃。持续温高雨少导致土壤墒情持续下降，部分地区出现轻至中度农业干旱，不利于冬小麦生长发育和灌浆结实以及春播作物苗期生长。

3 月下旬至 12 月中旬，华南中东部降水量较常年同期偏少 2～5 成，气象干旱阶段性发展。其中，8 月下旬至 10 月上旬，江南中南部和华南北部降水偏少 5～8 成，高温天气较常年同期偏多，部分灌溉条件较差地区的旱地作物、蔬菜生长等受到影响。高温少雨也导致部分晚稻发育进程加快、灌浆不充分，抽穗期偏晚的晚稻授粉结实受到一定影响。

6 月下旬至 9 月上旬，西北地区东北部大部降水量不足 100 毫米，较常年同期偏少 5 成以上，加之气温偏高 1～4 ℃，高温少雨加速了土壤失墒。宁夏北部、甘肃东北部、陕北北部出现中至重度农业干旱，对玉米、马铃薯等作物产量形成不利。宁夏 6 月 21 日至 8 月 20 日期间的农业干旱强度指数达到 14.2，仅次于 1982 年的 15.4，为 1981 年以来的第 2 高值(图 2.11.1)。

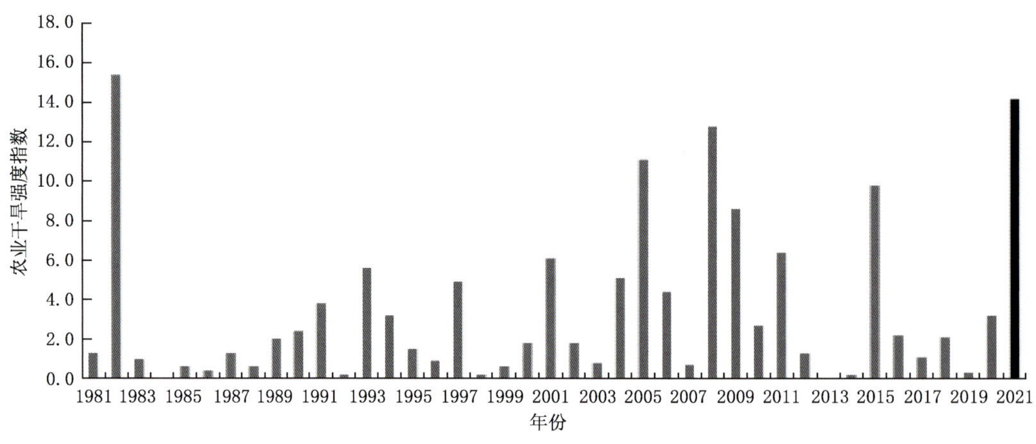

图 2.11.1 1981—2021 年 6 月 21 日—8 月 20 日宁夏农业干旱强度指数变化

Fig. 2.11.1 Agricultural drought intensity between 21 June and 20 August of Ningxia during 1981—2021

2. 暴雨洪涝和阴雨寡照

5 月中旬至 10 月下旬，全国共出现 29 次区域暴雨天气过程，汛期暴雨强度大、极端性强。尤其是 7 月中下旬河南出现极端暴雨洪涝灾害给当地农业造成严重损失；秋季北方罕见连阴雨过程造成秋收受阻和冬小麦播种大面积延迟。

夏季，中东部大部农区大到暴雨日数普遍有 5～10 天，江南东北部有 10～15 天，较常年同期偏多 3～9 天。河南省 2021 年夏季区域平均降水量为 1961 年以来同期最多年份(图 2.11.2)。7 月 17—22 日，河南出现持续性强降水天气过程，累计雨量大、持续时间长、短时降雨强、极端性突出，过程降水量达 200～450 毫米，局地超过 800 毫米。强降雨导致河南北部和中东部农田遭受暴雨洪涝灾害，农作物受灾严重，局地秋作物减产或绝收。

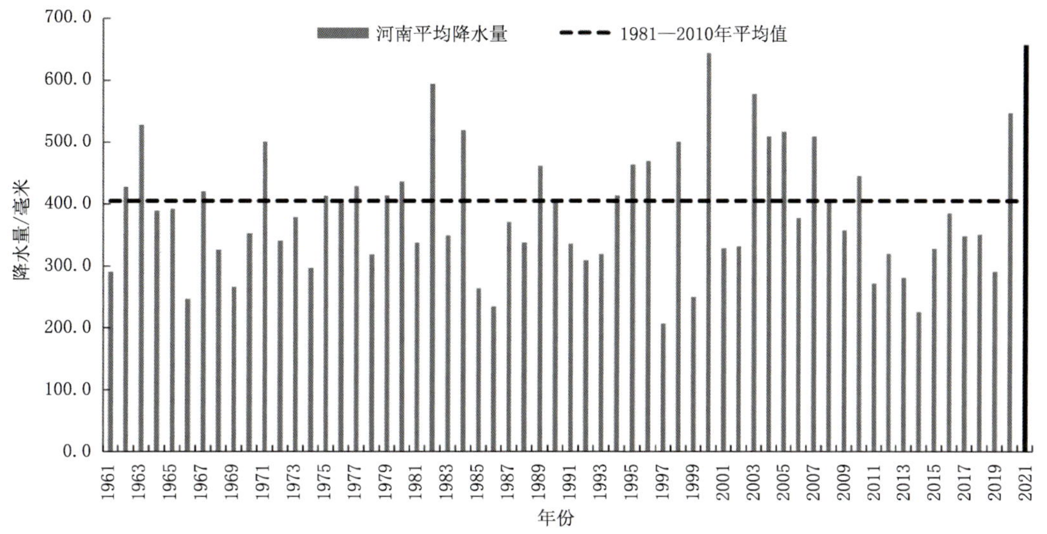

图 2.11.2　河南夏季(6—8 月)降水量 1961—2021 年变化

Fig. 2.11.2　Accumulated precipitation between June and August of Henan during 1981—2021

9 月—10 月上旬，北方冬麦区大部降水偏多，西北地区东部、华北大部和黄淮北部区域平均降水量为 1961 年以来同期最多。河南、河北、山东 3 省降水量均突破 1961 年以来历史极值(图 2.11.3)，降水量较常年同期偏多 1～4 倍，降水日数偏多 5～12 天，日照时数偏少 3～5 成。多雨湿涝和寡照天气导致部分地区玉米、大豆等秋收作物灌浆成熟速度下降，已成熟作物收获推迟，收获后晾晒困难。多雨寡照导致土壤湿涝，山西、陕西、甘肃和河南等地部分地区玉米、花生等霉变发

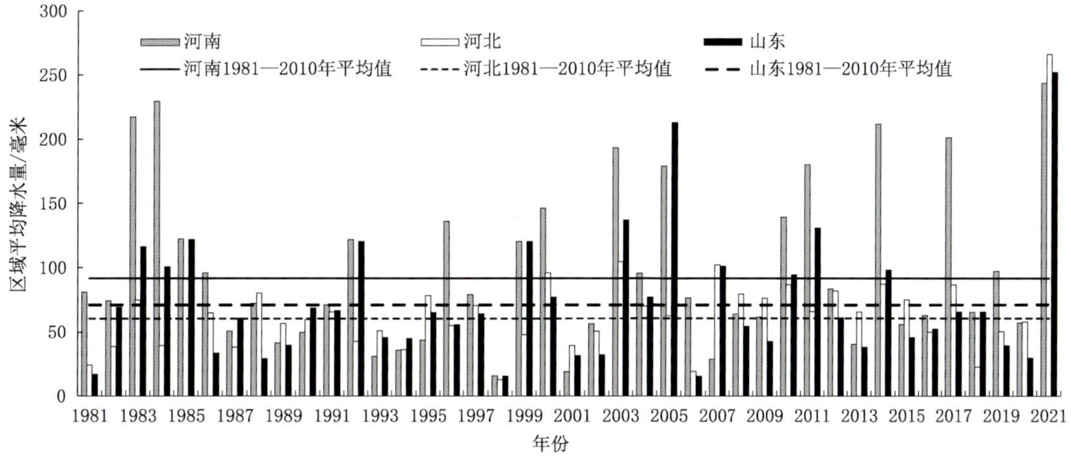

图 2.11.3　1981—2021 年 9 月 1 日—10 月 10 日期间河南、河北和山东三省降水量

Fig. 2.11.3　Precipitation between September 1 and October 10 in Henan, Hebei and Shandong during 1981—2021

芽，棉花棉铃脱落或僵瓣，苹果、红枣等裂果、落果，马铃薯出现烂薯现象。排水不畅的农田出现积水，农机收割困难，秋收进度偏慢，腾茬整地推延，冬小麦播种进度较2020年和常年同期明显偏慢，尤其河北、山西、陕西等地部分地区因土壤湿涝持续时间长导致冬小麦播种困难。山西、河北、山东、河南、陕西5省冬小麦播期普遍推迟7～15天。山东部分地区推迟18～23天，直至11月5日麦播才基本结束，晚播比例达69.4%。河南北部麦播最晚推迟至11月中旬。山西中南部个别已播麦田出现小麦烂种、烂芽，缺苗断垄严重。

此外，3—4月长江中下游地区和西南地区东部多阴雨寡照天气。江淮西部、江汉西部和南部、江南，以及重庆、贵州等地降雨日数有25～47天，较常年偏多3～12天，区域平均日照时数为1981年以来同期最少，单日日照时数≤3小时的天数较常年和2020年同期分别偏多8天和11天，湖南省平均日照时数为1961年以来同期第1少，江西和贵州省均为第2少。持续多雨寡照不利于夏收粮油作物开花灌浆和成熟收获以及水稻播种育秧，并导致移栽后的早稻返青缓慢，一季稻秧苗生长慢、长势偏弱，同时也严重影响油菜灌浆，造成油菜籽粒灌浆不饱满、千粒重下降，影响产量。此外，持续多雨也不利于病虫防治，安徽、江西等省局地油菜菌核病以及江西等地早稻稻瘟病偏重发生。

3. 高温热害

6—8月，全国平均高温日数为9.1天，较常年同期(6.9天)偏多2.2天。江南和华南大部出现大范围高温天气，大部地区日最高气温≥35 ℃的高温日数有20～40天，湖南、江西和福建的中部地区达40～60天，湖南西北部、广西北部地区较2020年偏多10～15天。

7月1日—8月10日，江南、华南大部及新疆等地出现阶段性高温天气，日最高气温≥35 ℃的日数有15～25天，新疆部分地区达26～41天，较常年同期偏多6～15天。新疆平均高温日数为14天，仅次于2015年的16天，为1981年以来同期第2多年份，较常年和2020年分别偏多5天和6天(图2.11.4)。南方高温对处于拔节孕穗期的一季稻幼穗分化及晚稻秧苗生长不利；新疆高温对棉花花铃影响较大，对玉米生长也有一定不利影响。

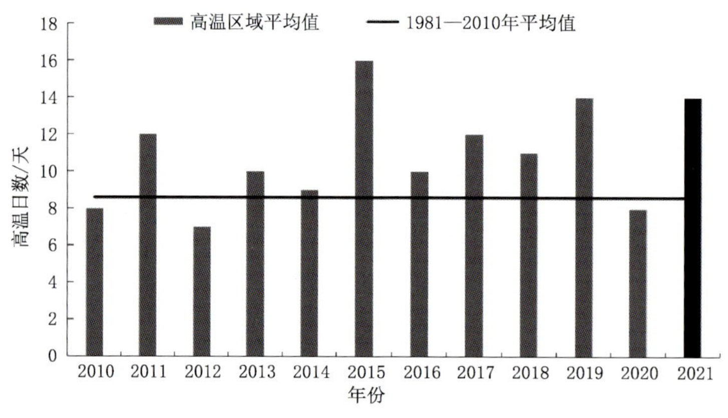

图2.11.4　2010年以来7月上旬—8月中旬新疆日最高气温≥35 ℃日数历年对比

Fig. 2.11.4　The number of heat days with maximum daily temperature more than 35 ℃ between early July and late August during 2010—2021 in Xinjiang

4. 台风

2021年登陆我国的台风有5个，较常年偏少；台风登陆强度总体偏弱，对农业影响整体偏小。

7月22—29日，台风“烟花”影响华东地区，大部地区累计降水量有100～250毫米，浙江北部和东部、上海、安徽东南部、江苏中南部等地部分地区300～600毫米，局部地区达600～1000毫米，浙江中北部和东部沿海、上海、江苏中南部沿海、安徽中南部出现8～9级阵风。台风“烟花”给浙江带来持续 7 天降雨，江苏持续 5 天降雨，都打破了登陆台风的影响时间最长纪录；浙江和江苏过程总雨量均达到有气象记录以来登陆台风过程雨量最大值。大风和强降水导致部分农田、果园、菜地遭受洪涝和渍涝灾害，高秆作物倒伏，经济林果折枝落果，农渔业设施受损(图 2.11.5)；浙江等地部分未收割的早稻受淹、倒伏、穗上发芽，晚稻受淹、浮苗。另外，高温高湿的田间环境导致病虫害滋生蔓延，部分地区水稻、玉米等作物病虫害偏重发生。

10 月 12—14 日，受台风“狮子山”“圆规”和冷空气共同影响，华南和东南沿海地区出现较强风雨天气，部分仍处于抽穗扬花期的晚稻遭受“雨洗禾花”，香蕉、芒果、荔枝等热带果树叶片受损、枝干折断；但丰沛的降水利于增加库塘蓄水。

图 2.11.5　浙江杭州倒伏水稻(左)和舟山被淹大棚火龙果(右)(浙江省气象局提供)

Fig. 2.11.5　The lodging rice due to typhoon in Hangzhou, Zhejiang (left) and flooded pitaya in Zhoushan, Zhejiang (right) (By Zhejiang Meteorological Service)

5. 低温霜冻害与雪灾

2021 年低温霜冻害和雪灾对农业的影响较常年偏轻。对农业影响较大的过程如下：

1 月 6—8 日和 14—17 日，中东部大部出现大范围寒潮大风降温天气过程，最低气温 0 ℃线南压至华南北部，多地突破当地建站以来最低气温历史极值。华北大部、黄淮、江淮、江南和华南等地的部分地区出现 6～8 级阵风，局地 9～10 级，部分处于分蘖期的晚弱麦苗遭受冻害，长势偏弱、抽薹偏早的油菜也遭受不同程度的冻害，南方露地蔬菜、经济林果受灾较重。江淮、江汉、江南北部、西南地区东部以及西北地区东南部等地部分地区露地蔬菜、茶叶、柑橘等经济作物和林果遭受冻害，其中露地蔬菜受灾严重，部分出现叶片卷曲、萎蔫、发黑发黄等情况，导致无法采收上市；部分新种的幼龄茶树和高山茶树受冻出现叶片卷曲、变色(图 2.11.6 左)，部分柑橘果树叶片卷曲或干枯(图 2.11.6 右)。华南中北部露地蔬菜和香蕉、甘蔗、莲雾、沃柑、砂糖橘、火龙果等经济林果遭受寒害，部分香蕉出现叶片干枯、心叶糜烂、茎段干枯或腐烂等现象；部分地势低洼地块甘蔗出现寒冻害，甘蔗顶端叶片出现枯黄、生长点和部分侧芽死亡、内部变黄色。受寒潮天气影响，防护不足的设施温棚遭受轻到重度低温冷害、轻至中度风灾。强降雪还使部分设施大棚破损或坍塌，未采取人工增温措施的温室番茄、芹菜、黄瓜等蔬菜及草莓等水果受冻严重。

2 月 24—28 日，受冷空气影响，霜冻线南压至黄淮南部，山西南部、河南北部和山东等地出现降雪或雨转雪天气，降雪黏度大且主要发生在夜间，造成部分设施棚膜受压破损，棚内作物受冻。新疆维吾尔自治区阿克苏地区拜城县、和田地区策勒县和和田县出现雪灾，宁夏回族自治区吴忠市青铜峡市出现冻害，造成部分蔬菜拱棚、棚圈倒塌，棚内作物受冻，禽畜死亡。

图 2.11.6 浙江新昌县雪溪高山茶园(左)和湖北北部杂柑类柑橘幼树(右)受冻
Fig. 2.11.6 Frozen tea trees (left) in Xinchang County, Zhejiang and frozen oranges (right) in northern Hubei (By Zhejiang and Hubei Meteorological Services)

4 月 22—28 日，新疆克拉玛依、阿拉尔市、石河子以及甘肃酒泉等地部分地区出现低温冻害天气，部分棉花等春播作物受灾。

11 月 4—9 日，我国自西北向东南出现了一次强寒潮天气过程，北方大部分地区气温下降 8～16 ℃，内蒙古中部、西北地区东部、华北西部、黄淮中部等地降温幅度在 16 ℃以上。内蒙古东部、东北地区中南部、华北北部和东部、黄淮东部等地出现了暴雪大暴雪、局地特大暴雪，积雪深度达 10～30 厘米，局地 30～50 厘米。大风、降温、降雪天气导致辽宁、山东部分设施大棚发生垮塌。19—23 日，我国自北向南再次出现寒潮天气过程，北方大部地区气温下降 8～12 ℃、局地下降 12～16 ℃，黑龙江、吉林等地部分地区出现暴雪大暴雪，不利于设施农业和畜牧业生产。

12 月 23—26 日，我国自西北向东南出现寒潮天气过程，过程降温幅度大，大部地区最低气温达到入冬以来最低值，过程期间南方气温持续偏低。25 日华北西部和北部、黄淮东部、江淮东部、江汉、江南中东部、西南地区东部及浙江和福建等地沿海地区出现 6～8 级阵风、局地 9～10 级。26 日白天贵州、湖南中北部、湖北西南部、江西西北部、四川南部等地出现降雪或雨夹雪，贵州东部、湖南中北部等地出现大到暴雪，湖南中部偏西地区局地出现大暴雪，湖南南部等局地出现冻雨。27 日早晨气温 0 ℃线位于贵州南部、广西北部至江西南部和浙江中部一带，贵州东部、湖南中北部积雪深度为 5～12 厘米，贵州铜仁、湖南怀化和益阳等局地达 15～22 厘米。寒潮天气带来的大风、降温、降雪和冻雨天气对畜牧业、设施农业生产等不利，南方局部露地蔬菜、经济林果等遭受寒冻害；广西南宁、桂林等地部分地区出现低温冰冻和大风灾害，露地蔬菜、甘蔗、香蕉等不同程度受灾。

6. 东北地区夏季低温冷害

6 月上旬，东北地区大部气温较常年同期明显偏低，加之播种后的 3 次低温过程，吉林东部和辽宁东北部播种至 8 月底，≥10 ℃积温较常年同期偏少 50～100 ℃・日，部分地区作物生育进程较常年同期偏晚 3～7 天。8 月 8—17 日东北地区气温又持续偏低，部分水稻遭受障碍型冷害，东北地区水稻障碍型冷害指数为近 10 年同期最高(图 2.11.7)，造成水稻生长发育速度放缓、灌浆速率下降。

7. 风雹

2021 年我国大风、冰雹等强对流天气发生频次较常年均值偏多，但造成的农业损失较近 10 年平均值偏轻。山西、内蒙古、辽宁、山东、陕西、新疆等地受灾较重，江苏、湖北、内蒙古等地因罕见龙卷灾害，对局地农业生产影响大。

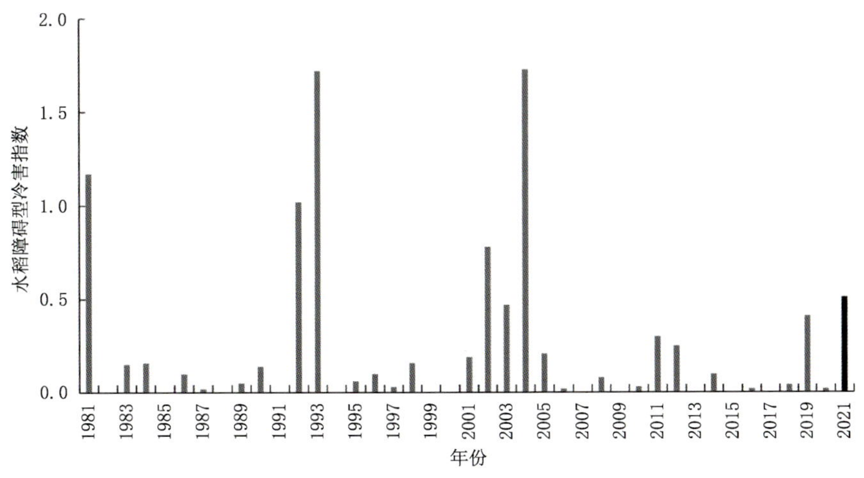

图 2.11.7 东北地区 8 月 8—17 日水稻障碍型冷害指数 1981—2021 年变化

Fig. 2.11.7 Rice sterile-type cooling injure index between 8 and 17 August during 1981—2021 in Northeast China

4 月 29—30 日和 5 月 2—4 日，江苏省沿江及以北大部分地区遭受大风、冰雹等强对流天气袭击，南通局地风力达 13～15 级，多地伴有冰雹，给局地农业生产造成了不同程度的损失。

5 月 7—9 日和 11—12 日，河南、安徽、湖北、湖南、江西、广西、福建、重庆、贵州等多地遭受不同程度的大风、冰雹、暴雨洪涝等强对流天气袭击，给当地农业生产造成了损失，油菜、玉米、水稻、棉花、蔬菜、水果等多种农作物受灾。

5 月 13—19 日，受强降水过程影响，新疆、甘肃、内蒙古、河南、湖北、安徽、江苏、江西、湖南、广东、广西、福建、重庆、贵州等地部分地区出现大风、冰雹、短时强降水等强对流天气，低洼农田出现暴雨洪涝灾害，造成部分小麦、油菜、玉米、水稻、棉花等农作物及经济林果等受灾，部分设施大棚受淹倒塌、牲畜死亡，农业生产遭受一定损失。

5 月 20—26 日，新疆、内蒙古、甘肃、山西、山东、河南受雷暴大风等强对流天气影响，多地冬小麦出现不同程度的倒伏，核桃等经济林果出现落果，玉米、辣椒等农作物受灾，部分温室大棚棚膜受损严重。受强降水过程影响，期间江西、湖南、广西、福建、四川、贵州、云南等地部分地区出现大风、冰雹、短时强降水等强对流天气，造成局地处于收获扫尾阶段的小麦倒伏、麦粒脱落，部分低洼农田受淹，部分油菜、玉米、水稻、烤烟等农作物及经济林果等遭受暴雨洪涝或风雹灾害。

6 月 24—30 日，内蒙古、黑龙江、山东、河南受雷暴大风等强对流天气影响，部分玉米、葵花、山药、冬瓜、豆角等农作物以及果树出现倒伏，设施大棚坍塌以及棚膜受损。受强对流天气影响，内蒙古、黑龙江、北京、河北、河南、山东、山西、陕西、青海、甘肃、云南等多地突遭冰雹袭击，造成玉米、马铃薯、烤烟、花椒、地瓜等多种农作物受灾，部分叶面被冰雹砸烂。

7 月 15—21 日，黑龙江、内蒙古、甘肃、陕西、河北、山西、河南、山东、江苏、安徽、湖北、江西、湖南、重庆、四川、贵州、云南等多地出现暴雨洪涝，部分地区出现大风、冰雹等强对流天气，造成部分农作物、经济林果等受淹、倒伏和机械损伤。

8. 干热风

2021 年小麦灌浆期间干热风影响偏轻。华北黄淮麦区在 5 月 27 日、5 月 29 日、6 月 4—7 日出现干热风天气过程，河北中南部、河南大部、山东西南部等地干热风强度为轻到中度，河南西北部达到重度。由于大部分地区土壤墒情适宜，冬小麦临近成熟或收获，干热风未对冬小麦造成明显不利影响。

2.12 森林草原火情

2.12.1 基本概况

2021 年总体来看，我国属降水偏多年份。卫星遥感森林、草原火点较多的时间在 1—4 月和 10—12 月，火点主要分布在北方的黑龙江省、内蒙古自治区等地，南方的广西壮族自治区、云南和四川等省，其中广西壮族自治区、黑龙江省火点明显多于其他省（区）（表 2.12.1、表 2.12.2）。卫星遥感监测的森林火灾主要发生在四川凉山州、云南文山州、山西晋中市、河南辉县、西藏林芝地区等地，草原火灾主要发生在内蒙古锡林郭勒盟等地（图 2.12.1、图 2.12.2）。森林火点数量比 2020 年增加了约 6.2%，比近 19 年（2002—2020 年）平均值减少了约 79.9%；草原火点数量比 2020 年减少了约 53.3%，比近 19 年（2002—2020 年）平均值减少了约 83.4%。

表 2.12.1　2021 年气象卫星监测我国林区火点分省（区、市）统计

Table 2.12.1　Provincial statistics of forest fire numbers monitored by meteorological satellite over China in 2021

发生于林地火点数统计（1149 个）													
省（区、市）	1 月	2 月	3 月	4 月	5 月	6 月	7 月	8 月	9 月	10 月	11 月	12 月	总计
安徽	1	1	0	0	0	0	0	0	0	1	0	1	4
澳门	0	0	0	0	0	0	0	0	0	0	0	0	0
北京	0	0	0	0	0	0	0	0	0	0	0	0	0
福建	31	12	9	2	1	1	1	1	0	0	1	18	77
甘肃	1	0	0	0	0	0	0	0	0	0	0	0	1
广东	21	21	3	7	0	0	1	0	1	0	2	5	61
广西	74	50	16	12	5	26	14	1	11	8	29	38	284
贵州	2	0	4	4	0	0	0	2	2	0	0	3	17
海南	0	0	0	0	0	0	0	0	0	0	1	0	1
河北	0	1	0	0	1	0	0	0	0	0	0	0	2
河南	2	3	0	0	0	0	0	0	0	0	0	0	5
黑龙江	0	0	39	19	0	0	0	0	0	130	39	0	227
湖北	3	2	0	0	0	0	0	0	0	0	1	1	7
湖南	25	7	1	0	0	0	0	0	0	2	6	6	47
吉林	0	0	0	23	0	0	0	0	0	0	0	0	23
江苏	0	0	0	0	0	0	0	0	0	0	0	0	0
江西	18	15	8	1	0	0	0	0	8	0	5	10	65
辽宁	0	1	0	3	0	2	0	0	0	0	1	1	8
内蒙古	0	0	7	3	0	0	0	0	1	32	16	0	59
宁夏	0	0	0	0	0	0	0	0	0	0	0	0	0
青海	0	0	0	0	0	0	0	0	0	0	0	0	0
山东	0	0	1	0	0	0	0	0	0	0	0	0	1
山西	0	1	0	0	0	1	0	0	0	1	0	0	3
陕西	2	0	0	0	0	0	0	0	0	0	1	0	3
上海	0	0	0	0	0	0	0	0	0	0	0	0	0
四川	42	0	0	3	1	0	0	0	0	1	1	43	91
台湾	0	0	0	0	0	0	0	0	0	0	0	0	0
天津	0	0	0	0	0	0	0	0	0	0	0	0	0
西藏	3	9	23	10	0	0	0	0	2	3	4	0	54

续表

发生于林地火点数统计(1149 个)													
省(区、市)	1月	2月	3月	4月	5月	6月	7月	8月	9月	10月	11月	12月	总计
香港	0	0	0	0	0	0	0	0	0	0	0	0	0
新疆	0	0	0	0	0	0	0	0	0	0	0	0	0
云南	3	13	55	22	1	0	0	1	1	0	0	2	98
浙江	6	5	0	0	0	0	0	0	0	0	0	0	11
重庆	0	0	0	0	0	0	0	0	0	0	0	0	0

表 2.12.2　2021 年气象卫星监测我国草原火点分省(区、市)统计表

Table 2.12.2　Provincial statistics of grassland fire numbers over China monitored by meteorological satellite in 2021

发生于草地火点数统计(279 个)													
省(区、市)	1月	2月	3月	4月	5月	6月	7月	8月	9月	10月	11月	12月	总计
安徽	0	0	0	0	0	0	0	0	0	0	0	1	1
澳门	0	0	0	0	0	0	0	0	0	0	0	0	0
北京	0	0	0	0	0	0	0	0	0	0	0	0	0
福建	1	2	0	1	0	0	0	0	0	0	0	0	4
甘肃	0	0	1	0	0	0	0	1	0	0	2	1	5
广东	2	1	0	3	0	0	0	0	0	0	0	0	6
广西	10	3	1	1	1	2	0	0	1	2	1	4	26
贵州	2	3	6	0	0	0	0	1	0	0	0	1	13
海南	0	0	0	0	0	0	0	0	0	0	0	0	0
河北	0	1	0	0	0	1	0	0	0	1	1	0	4
河南	1	1	0	0	0	0	0	0	0	0	0	0	2
黑龙江	0	0	1	7	0	0	0	0	0	5	0	0	13
湖北	0	0	0	0	0	0	0	0	0	0	0	0	0
湖南	0	0	0	0	0	0	0	0	0	0	0	0	0
吉林	0	0	0	7	0	0	0	0	0	0	0	0	7
江苏	0	0	0	0	0	0	0	0	0	0	0	0	0
江西	0	0	0	0	0	0	0	0	0	0	0	0	0
辽宁	0	0	0	0	0	0	0	0	0	0	0	0	0
内蒙古	8	2	3	2	9	1	2	3	6	6	8	6	56
宁夏	0	0	0	0	0	0	0	0	0	1	0	3	4
青海	1	0	0	0	0	3	3	7	3	1	0	1	19
山东	0	0	0	0	0	0	0	0	0	1	1	0	2
山西	2	5	0	1	0	0	2	0	0	1	0	2	13
陕西	0	0	1	0	0	0	1	0	0	1	3	1	7
上海	0	0	0	0	0	0	0	0	0	0	0	0	0
四川	10	2	2	1	0	0	0	0	0	0	0	7	22
台湾	0	0	0	0	0	0	0	0	0	0	0	0	0
天津	0	0	0	0	0	0	0	0	0	0	0	0	0
西藏	0	0	8	7	0	1	1	0	1	1	1	0	20
香港	0	0	0	0	0	0	0	0	0	0	0	0	0
新疆	0	1	0	0	0	0	0	1	1	1	1	4	9
云南	1	7	26	8	2	0	0	1	0	0	0	0	45
浙江	1	0	0	0	0	0	0	0	0	0	0	0	1
重庆	0	0	0	0	0	0	0	0	0	0	0	0	0

注:火点即卫星监测到的一处火区,各火点范围根据火区大小而不同,即各火点所含像元数随火区大小而异。

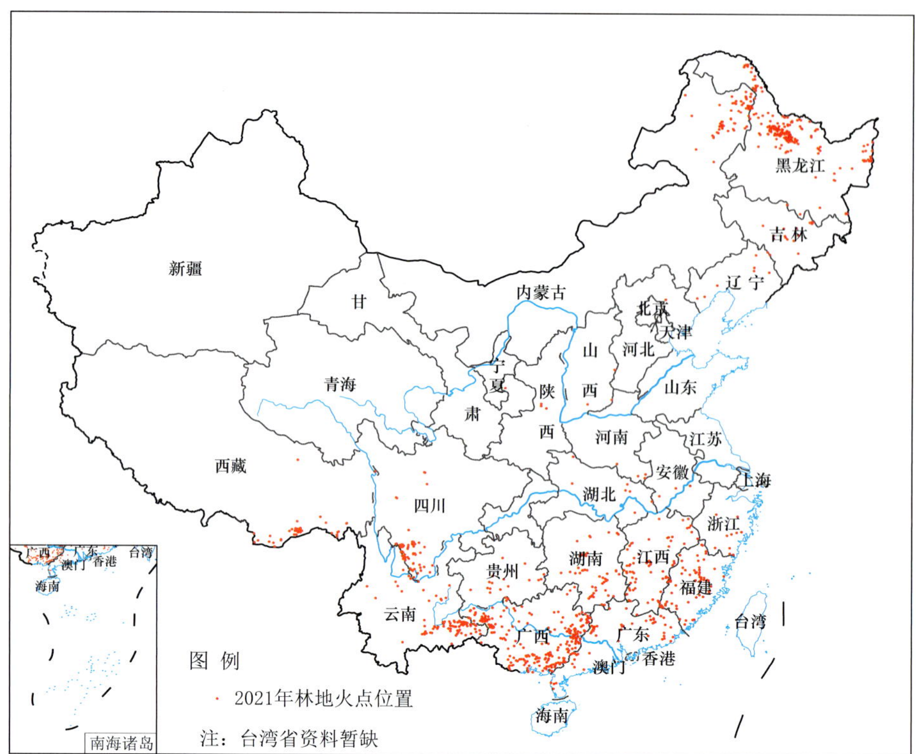

图 2.12.1 2021 年卫星遥感监测全国林地火点分布

Fig. 2.12.1 Sketch of forest fire spots monitored by meteorological satellite over China in 2021

图 2.12.2 2021 年卫星遥感监测全国草场火点分布

Fig. 2.12.2 Sketch of grassland fire spots monitored by meteorological satellite over China in 2021

2.11.2 主要森林、草原火灾事件

1. 四川省凉山州冕宁县发生森林火灾

2021 年 4 月 20 日 16 时 30 分，四川省凉山州冕宁县石龙镇发生森林火灾。在扑救过程中，受大风天气影响，23 日傍晚火场发生飞火，在距北侧火线直线距离 2.53 千米山顶处形成新的火场，严重威胁冕宁县城和灵山寺景区。

经森林消防队伍、消防救援队伍、航空救援力量、地方专业扑火队伍、解放军和武警部队等 2300 余人、6 架直升机历时 6 天持续扑救，明火于 26 日 13 时被成功扑灭，火场区域 133 户 500 人紧急避险，安全转移可能受影响的 585 户 2611 名群众。

2. 中蒙边境草原火灾

2021 年 10 月 25 日，内蒙古自治区锡林郭勒盟东乌珠穆沁旗萨麦苏木陶森宝拉格嘎查北界碑 1097 以北蒙古国境内发生草原火灾。火线长达 20 余千米，火场西北侧为蒙古国境内，东南侧为边防公路、边境机耕防火隔离带。

锡林郭勒盟森林消防支队派出 100 名指战员赶赴火场，动用灭火装备 400 余件套，出动车辆 14 台。森林消防员抓住有利时机，结合火场风力减弱、气温降低的实际情况，迅速追击堵截火头，火场得到有效控制。19 时 50 分，蒙古国境内明火已全部扑灭，队伍累计扑打入境火线 5 千米、清理火线 5.7 千米，处理火点 340 余处。

2.13 病虫害

2.13.1 基本概况

2021 年全国农业病虫害中等程度发生，发生面积与 2020 年持平；小麦、玉米病虫害发生面积较 2020 年偏多；水稻病虫害发生面积较 2020 年和常年均偏少，草地贪夜蛾主要在西南地区、华南等地发生，发生面积与 2020 年持平(图 2.13.1、图 2.13.2)。2020/2021 年冬季，全国平均气温为 1961 年以来第 8 高，后冬异常偏暖，2021 年初春气温也显著偏高，总体利于各种害虫、病菌安全越冬、复苏。春季气候暖湿导致小麦条锈病在西北地区东部、江汉等地麦区偏重发生，小麦赤霉病、白粉病在长江中下游沿江等地部分麦区偏重发生；后春华北、黄淮中北部等麦区温高雨少，导致小麦蚜虫中等至偏重发生。夏季，华北雨季持续时间长，雨量偏多，盛夏北方地区降雨偏多、气温略偏高，导致玉米黏虫、玉米螟、南方锈病、大斑病等在东北地区、华北等地偏重发生。江淮、江汉等地夏季高温日数较常年偏少，秋季气温偏高，“盛夏不热，晚秋不凉”，致使稻飞虱、稻纵卷叶螟偏重发生。

2.13.2 主要病虫害事例

1. 玉米病虫害偏重发生，重于常年和 2020 年；草地贪夜蛾主要在西南地区、华南等地玉米区偏重发生，玉米大斑病在东北、华北偏重发生

2021 年玉米病虫害发生面积约 6233 万公顷次，较 2020 年增加约 6%，较常年同期显著增加；发生面积较大、危害较重的有玉米螟、大斑病、黏虫、玉米锈病、草地贪夜蛾等。玉米螟全国发生面积约 1567 万公顷、比 2020 年减少 4%；玉米大斑病发生 471 万公顷，比 2020 年增加 20%左右；黏虫发生 355 万公顷，比 2020 年增加 6.6%；玉米南方锈病发生 575 万公顷，是 2020 年发生面积的 1.1 倍。

2020/2021 年冬季和 2021 年春季，华南大部以及云南气温偏高、降水偏少，南方雨季开始时间较常年偏晚、强度偏弱，利于草地贪夜蛾安全越冬和春季在当地繁殖为害。夏季，南方大部地区降水偏少，长江中下游梅雨结束早、梅雨量少，且副热带高压偏西偏强，不利于草地贪夜蛾向北迁飞扩散，草地贪夜蛾主要在南方地区持续繁殖为害。据农业农村部病虫测报信息，2021 年草地贪夜蛾在

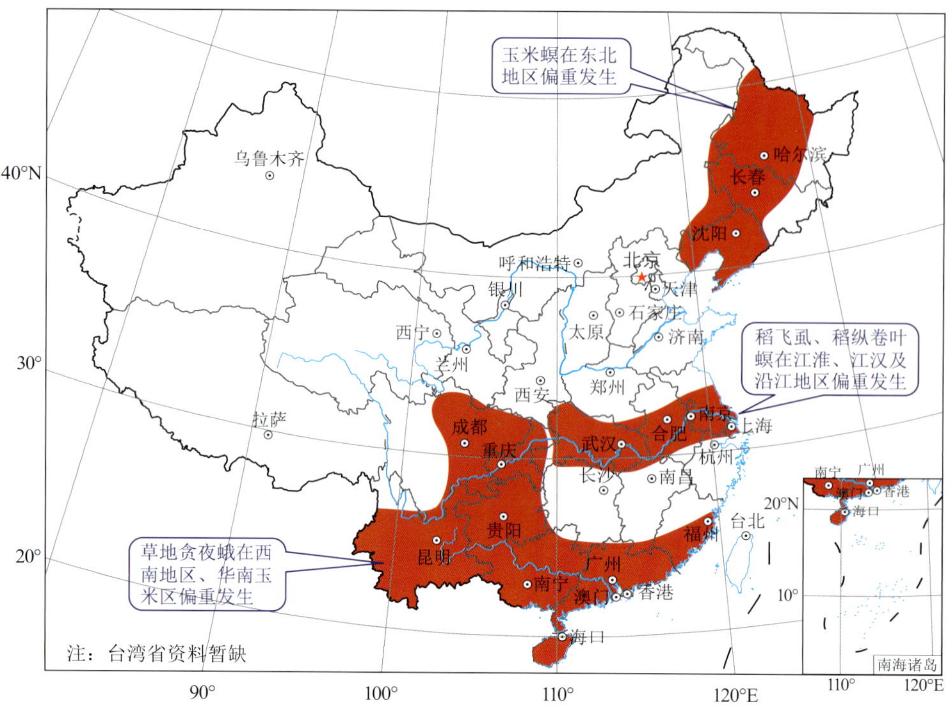

图 2.13.1　2021 年主要农业虫害分布区域

Fig. 2.13.1　Main agricultural insects and distribution regions in China in 2021

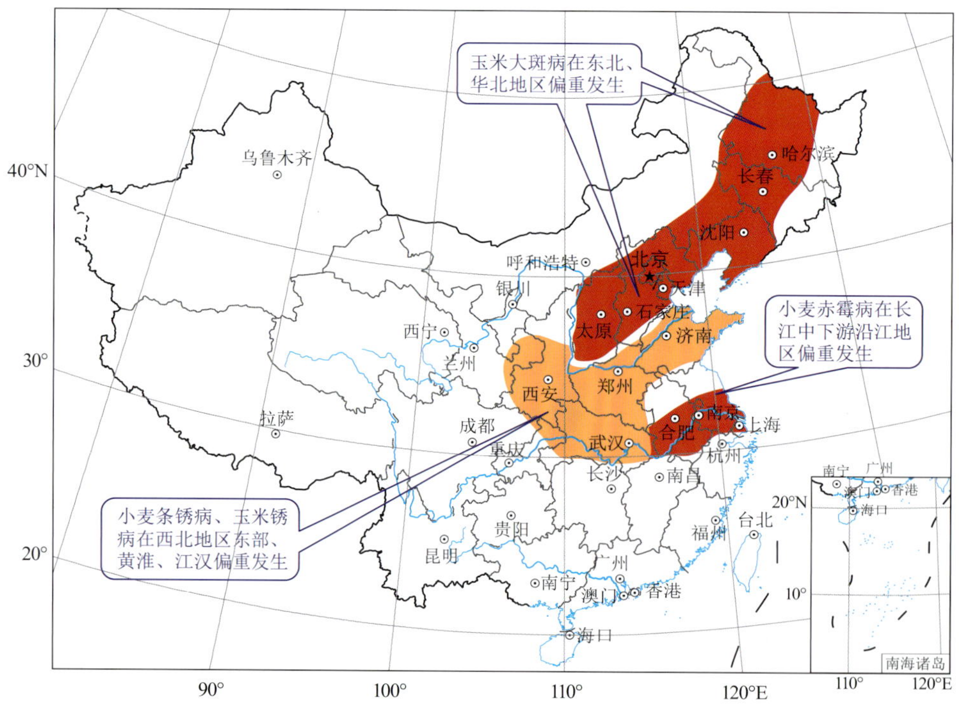

图 2.13.2　2021 年主要作物病害分布区域

Fig. 2.13.2　Main crop diseases and distribution regions in China in 2021

全国27个省1238个县(市)发生,发生县数同比减少186个,减少13.1%,发生面积约133万公顷、同比持平;发生地区以西南、华南为主,云南发生面积为82万公顷,超过全国发生面积的60%。

2021年夏季,东北地区西部、华北东部、黄淮、西北地区东部及内蒙古中东部等地降水量偏多2成至1倍,河南平均降水量为1961年以来同期最多年份;华北雨季开始时间(7月12日)较常年偏早6天,结束时间(9月9日)偏晚22天,雨季持续时间(59天)为1961年以来第2长,雨量为1961年以来第3多。适温、高湿天气利于黏虫、玉米螟、大斑病等喜湿性玉米病虫害的发生发展。2021年,玉米螟在东北地区偏重发生;玉米大斑病在东北和华北地区偏重发生,黑龙江、吉林、辽宁、内蒙古、河北、山西发生面积均大于2020年;二代黏虫发生面积大、比2020年增加15%,西北和西南局部地区偏重发生,发生程度重于2020年和常年,宁夏中北部、内蒙古西部、山西中部、陕西北部、甘肃中部和云南南部等局部地区出现高密度集中危害田块,百株虫量超500头,最高达2000头。

此外,7月底,台风"烟花"登陆我国,经浙江、江苏、安徽等玉米南方锈病常发地区并北上,导致南方锈病菌源随风雨向北方玉米主产区扩散传播;8月至9月上旬,我国玉米主产区大部降水天气较多,田间湿度较大,利于玉米锈病侵染繁殖,且玉米逐渐由营养生长转向生殖生长、抗逆性减弱,为叶部病害的入侵创造了条件。以上三个因素的叠加影响导致南方锈病在玉米产区总体偏重发生,山东和河南等黄淮海局部地区大流行。

2. 小麦病虫害偏重发生,重于2020年、略轻于常年,病害明显重于虫害

2021年小麦病虫害发生面积约5460万公顷次,比2020年增加约6%,其中病害发生面积约3087万公顷次,较2020年增加约18%,虫害发生面积约2373万公顷次,较2020年减少5%左右。小麦赤霉病、条锈病、白粉病偏重发生,小麦蚜虫在华北、黄淮、江淮等麦区中等至偏重发生。

2020/2021年冬季冬麦区大部气候偏暖,气温接近常年同期或偏高1~2℃,尤其后冬及2021年初春异常偏暖,利于小麦害虫、病菌安全越冬和害虫提前复苏;春季麦区大部气温偏高,西北地区、江汉、江淮沿江地区、四川盆地西部和东北部等地降水偏多、田间湿度大,暖湿的农田小气候环境利于小麦条锈病、赤霉病、白粉病等病菌的侵染和扩散蔓延。小麦条锈病在西北地区东部、黄淮、江汉等地偏重发生,共计19个省(区、市)155市890个县见病,比重发的2017年仅少1省20个县,陕西和甘肃东部大发生,河南、山东、湖北偏重发生,河北、四川、重庆、云南、青海中等发生;小麦赤霉病在湖北、江苏、浙江3省沿江地区大发生,长江中下游的其余麦区、四川大部、黄淮大部中等至偏重发生;小麦白粉病在河北、河南、江苏偏重发生,江苏沿淮沿江等地区大发生,西北、华北、黄淮其余麦区及云南大部中等发生。后春,华北、黄淮中北部等地降水偏少,气温偏高1~2℃,温高雨少利于小麦蚜虫的发生发展,致使小麦蚜虫在黄淮海大部麦区中等至偏重发生。

3. 水稻病虫害发生面积是2000年以来最少,轻于2020年和常年

2021年全国水稻病虫害发生面积约6947万公顷次,比2020年减少约8%,比2011—2020年平均值减少约20%。虫害以稻飞虱、稻纵卷叶螟、二化螟为主,均为中等发生;病害以稻瘟病、水稻黑条矮缩病等为主,均为偏轻发生。

2021年,南方雨季开始时间较常年偏晚、强度偏弱,尤其华南前汛期于4月26日开始、较常年(4月6日)偏晚20天,早春境外稻飞虱、稻纵卷叶螟等迁入期偏晚、迁入量偏低、迁入峰不明显;夏季江南、华南≥35℃的高温日数有15~25天、较常年同期偏多6~15天,不利于稻飞虱、稻纵卷叶螟迁入和发生发展。江淮、江汉地区受夏季高温日数较常年偏少和暖秋天气(9月下旬至10月上旬气温持续偏高)影响,"盛夏不热,晚秋不凉",导致稻飞虱发生代次增加、发生程度偏重。8月底至9月上旬,受冷空气南下导致的成虫回迁以及本地集中羽化虫源等叠加影响,长江中下游稻区多地出现持续稻纵卷叶螟蛾峰,田间卵量激增,安徽、江苏南部、上海等沿江沿湖稻区稻纵卷叶螟大发生。

此外,夏季南方大部地区降水偏少、气温偏高,田间湿度低,不利于稻瘟病等病害流行;东北稻区一季稻生长后期气温偏低、降雨较少，稻叶瘟和穗颈瘟总体偏轻发生。受夏季台风登陆少(3 个，常年 4.6 个)和初台风“查帕卡”登陆时间偏晚一个多月(7 月 20 日，常年 6 月 17 日)的影响，水稻白叶枯病等细菌性病害在南方稻区偏轻发生。

第3章　每月气象灾害事记

3.1　1月主要气候特点及气象灾害

3.1.1　主要气候特点

2021年1月，全国平均气温为－4.5 ℃，较常年同期偏高0.5 ℃；全国平均降水量5.7毫米，较常年同期(13.2毫米)偏少56.6%，为1961年以来第5少。月内，我国新疆北部出现较强降雪天气过程；3次冷空气过程影响我国；江南、华南等地气象干旱持续；北方发生2次沙尘过程，年内首次沙尘过程较常年偏早30天。

月降水量与常年同期相比，除东北中部和南部及内蒙古东部、新疆北部、青海中部、四川中部、重庆、贵州东北部等地较常年同期偏多2成以上外，全国其余大部分地区均偏少，江南东南部、华南大部及新疆南部等地偏少8成至1倍(图3.1.1)。

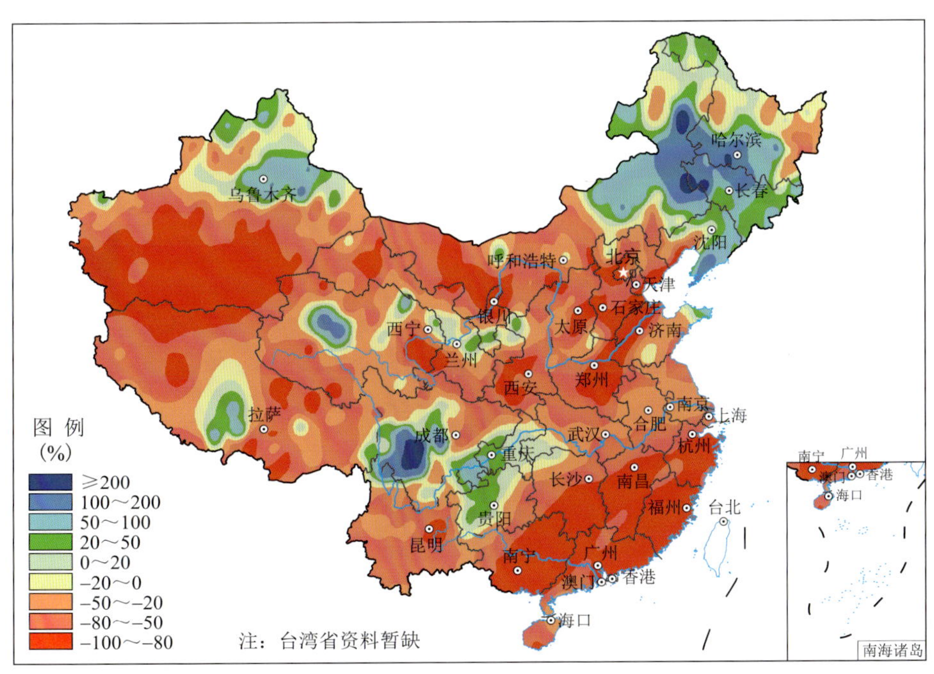

图3.1.1　2021年1月全国降水量距平百分率分布

Fig. 3.1.1　Distribution of precipitation anomaly percentage over China in January 2021

月平均气温与常年同期相比，全国大部地区接近常年同期或偏高，华北西部、黄淮西部、江淮大部、江汉、江南北部和西部、西南地区中部和西部及吉林中部、内蒙古西部等地偏高1～2 ℃，西藏大部等地偏高2～4 ℃(图3.1.2)。

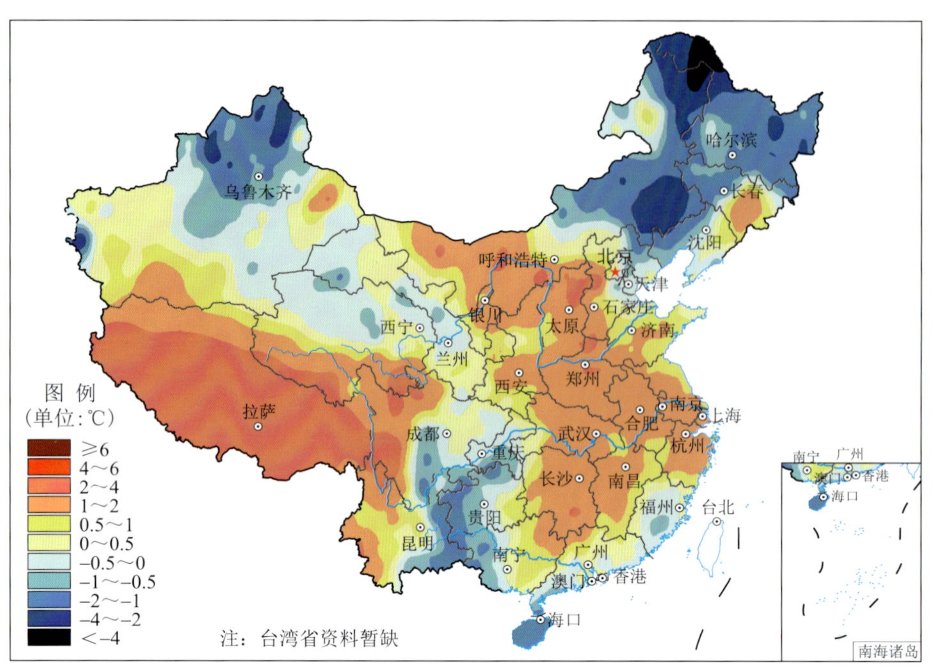

图 3.1.2　2021 年 1 月全国平均气温距平分布

Fig. 3.1.2　Distribution of mean temperature anomaly over China in January 2021 (unit:℃)

3.1.2　主要气象灾害事记

2021 年 1 月 22—24 日，新疆北部出现小到中雪；天山北坡出现入冬以来首场强降雪天气，大部地区出现中到大雪，乌鲁木齐市及其周边降暴雪。降雪强度大，4 站日降雪量突破 1 月历史极值。累计降雪量大、新增积雪厚。北疆共有 68 个气象观测站出现中雪以上量级降雪，大部积雪覆盖较降雪前(1 月 22 日)增加 4~7 成。风口风力大，局地出现风吹雪和沙尘。伊犁州等地部分地区出现 9~10 级大风，上述风口风力达 11~12 级，塔城和克拉玛依市有 11 站风力达 13~14 级。

1 月有 3 次冷空气过程影响我国，分别发生在 1 月 6—8 日、14—19 日、26—27 日。1 月 6—8 日中东部地区出现大范围寒潮大风降温天气过程，具有降温幅度大、影响范围广、低温极端性强、大风持续时间长的特点。中东部大部地区降温有 6~12 ℃，局地超过 12 ℃；内蒙古中东部、东北地区南部、华北大部、黄淮、江淮等地部分地区出现 6~8 级阵风，局地 9~10 级；辽宁大连、山东半岛等地出现中到大雪，局地暴雪；北京、河北、山东、山西等省(市)50 余气象观测站的最低气温突破或达到建站以来历史极值。北京大部地区最低气温 −24~−18 ℃，南郊观象台最低气温达 −19.6 ℃，为 1951 年以来第 3 低。

1 月，江南、华南等地气象干旱持续。最大干旱面积发生在 19 日，浙江、福建、江西、湖南、广东、广西、云南 7 省(区)中等以上气象干旱面积达 105.5 万平方千米，重旱 49.0 万平方千米，特旱 0.6 万平方千米。20—22 日，南方地区普遍出现降水，江西南部、广东东部等地气象干旱得到不同程度缓和。1 月 31 日，江南东南部和西南部、华南大部及云南南部等地存在中到重度气象干旱，湖南和广西的部分地区有特旱。本月干旱过程与前期雨雪冰冻或霜冻灾害天气叠加，对广西等地马铃薯、辣椒、番茄等冬种作物以及香蕉、甘蔗和留树保鲜的柑橘等造成了不利影响；旱情还造成福建南部、广东东部、广西东部等地森林火险等级持续偏高。

月内出现 2 次沙尘天气过程，分别发生在 1 月 10—16 日、27—28 日。1 月 10—16 日，内蒙古中西部、甘肃中北部、青海、宁夏、陕西北部、山西、河北南部、河南北部等地先后出现扬沙或浮尘天气，甘肃、内蒙古局地出现沙尘暴天气。此次过程为我国 2021 年首次沙尘天气过程，较 2000—2020 年平均值（2 月 15 日）偏早 30 多天，是自 2002 年（3 月 1 日）以来出现时间最早的一次沙尘天气过程（2000、2001 年最早为 1 月 1 日）。1 月 27—28 日，内蒙古西部、甘肃河西、宁夏、陕西中北部、山西、河南、安徽等地出现扬沙或浮尘天气，内蒙古吉兰泰出现沙尘暴。

3.2 2 月主要气候特点及气象灾害

3.2.1 主要气候特点

2021 年 2 月，全国平均气温为 1.2 ℃，较常年同期偏高 2.9 ℃；全国平均降水量 19.4 毫米，较常年同期（17.6 毫米）偏多 10.5%。月内，我国河南、山西、陕西等省多地遭受雪灾；4 次冷空气过程影响我国；华北、黄淮等地出现霾或雾天气过程；江南、华南气象干旱缓解，西南干旱持续。

月降水量与常年同期相比，东北大部、华北南部、黄淮大部、江汉北部、西北东部以及内蒙古中东部、贵州东部、云南东南部、海南大部、新疆南部和北部、西藏北部等地偏多 5 成以上；东北南部、江淮南部、江南东部、华南东部以及内蒙古西部、河北北部、甘肃北部、新疆东部、青海南部、西藏东部等地偏少 5 成以上（图 3.2.1）。

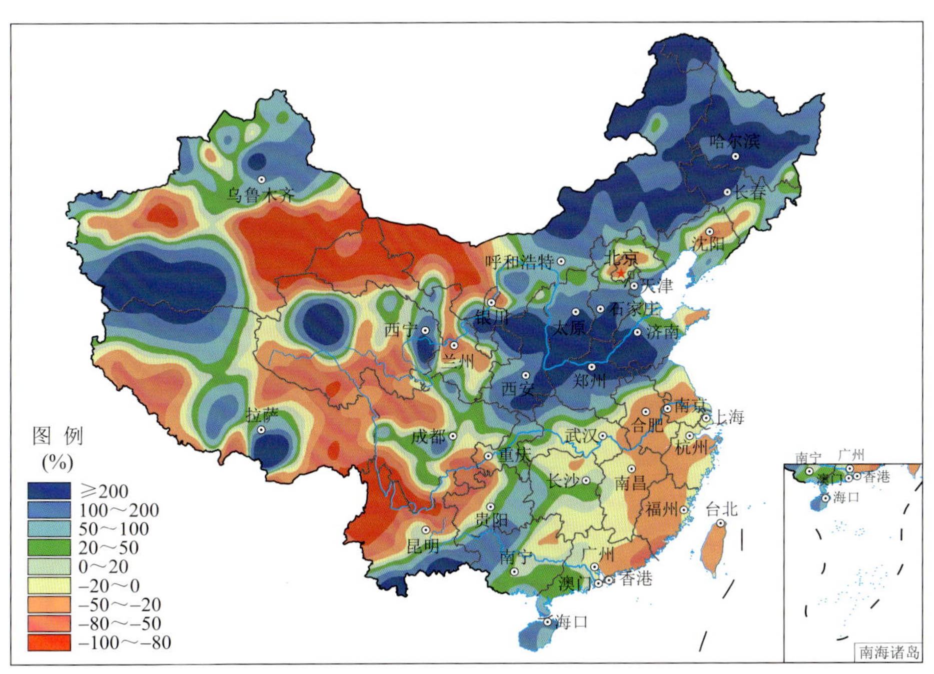

图 3.2.1　2021 年 2 月全国降水量距平百分率分布

Fig. 3.2.1　Distribution of precipitation anomaly percentage over China in February 2021

月平均气温与常年同期相比，除内蒙古东北部、黑龙江大部气温接近常年同期或偏低以外，全国大部地区气温较常年同期偏高，华北西部、黄淮、江淮、江汉中东部、江南大部、华南中部以及内蒙古中西部、甘肃北部、新疆部分地区偏高 4～6 ℃（图 3.2.2）。

3.2.2 主要气象灾害事记

2021 年 2 月 24—28 日，西北地区东部、华北、黄淮等地出现 2 次明显雨雪过程（24—26 日、27—28 日）。陕西中南部、山西南部、河北南部、河南、山东、江苏、安徽、湖北等地降水量为 25～50 毫米，

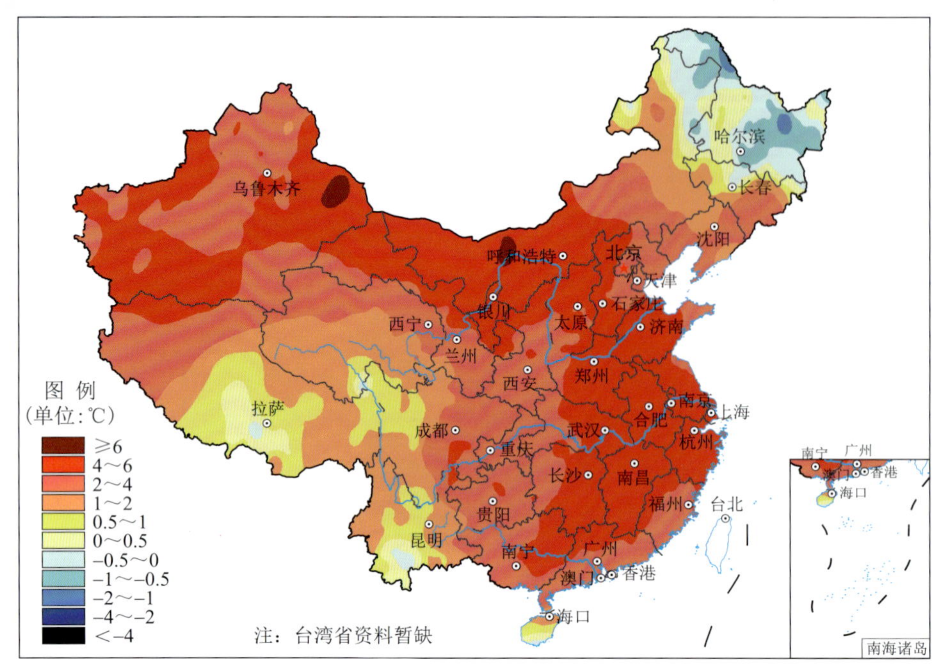

图 3.2.2　2021 年 2 月全国平均气温距平分布

Fig. 3.2.2　Distribution of mean temperature anomaly over China in February 2021 (unit:℃)

河南北部和东南部、山东西南部的部分地区达 60～80 毫米。受降雪影响，河南、山西、陕西、山东、河北、内蒙古多地遭受雪灾，其中河南受灾最重。雨雪过程整体上有利于当地土壤墒情改善，对冬小麦返青生长有利。

2 月有 4 次冷空气过程影响我国，分别是 2—3 日、7—8 日、14—17 日、22—25 日；次数超过 2 月常年值(3.2 次)。2 月 14—17 日北方地区出现大范围寒潮天气过程，具有降温幅度大、影响范围广的特点。东北大部华北大部、黄淮东部、西北东部及内蒙古中东部等地最大降温幅度超过 10 ℃，占全国国土面积的 25.4%，最大降温幅度超过 12 ℃的占全国面积的 14.5%。

2 月 11—13 日，华北、黄淮、汾渭平原、四川盆地、华中及东北地区南部等地出现轻至中度霾，部分地区重度霾，14 日起逐渐减弱消散。受烟花爆竹燃放影响，11 日(除夕)夜间至 13 日(初二)早晨，部分地区 $PM_{2.5}$浓度升高，出现重度至严重污染。12 日，北京 $PM_{2.5}$浓度达到 284 微克/米^3(严重污染)。上述各地空气污染对人体健康造成一定不利影响。

2 月 7—11 日，我国南方地区普遍出现明显降水过程，华南、江南及云南部分地区的气象干旱解除，仅云南东北部和西南部的局地存在中度气象干旱。2 月 11 日后，西南大部气象干旱再度发展，至 2 月 28 日，云南、四川、重庆和贵州 4 省(市)中等以上气象干旱面积达到 16.5 万平方千米，主要发生在云南西部、四川南部、贵州西部，其中重旱以上面积达到 2.2 万平方千米。

受前期降水偏少和气温偏高影响，2 月中旬后期，华北、江淮等地气象干旱露头并发展，24 日，中等以上干旱面积达到最大，主要发生在华北大部、江淮南部、江汉东北部及陕西中部。24—28 日，西北地区东部、华北、黄淮等地出现明显雨雪过程，大部分旱区气象干旱缓解。

3.3　3 月主要气候特点及气象灾害

3.3.1　主要气候特点

2021 年 3 月，全国平均气温为 6.6 ℃，较常年同期偏高 2.5 ℃，为 1961 年以来历史同期第 2 高；

全国平均降水量 27.8 毫米，较常年同期(29.5 毫米)偏少 6%。月内，4 次冷空气过程影响我国，多地出现低温冷冻害或雪灾；北方出现 3 次沙尘天气过程，强度较强，影响范围较大；云南等气象干旱持续发展，华南干旱露头并发展；贵州、江西等地局部遭受风雹、雷电灾害。

月降水量与常年同期相比，西南地区东南部、华南大部、东北地区西南部以及江西南部、甘肃西北部、青海中北部、新疆西部等地偏少 2～8 成，云南大部、四川南部、贵州西部和新疆西部偏少 8 成以上，其中云南平均月降水量为历史同期第 2 少；华北大部、河套地区以及黑龙江大部、山东东部和北部、湖北东部和西南部、重庆中东部、新疆北部和东南部、西藏中部等地偏多 5 成至 2 倍，部分地区偏多 2 倍以上，黑龙江、宁夏平均月降水量为历史同期第 2 多，北京为第 3 多；其余地区接近常年同期(图 3.3.1)。

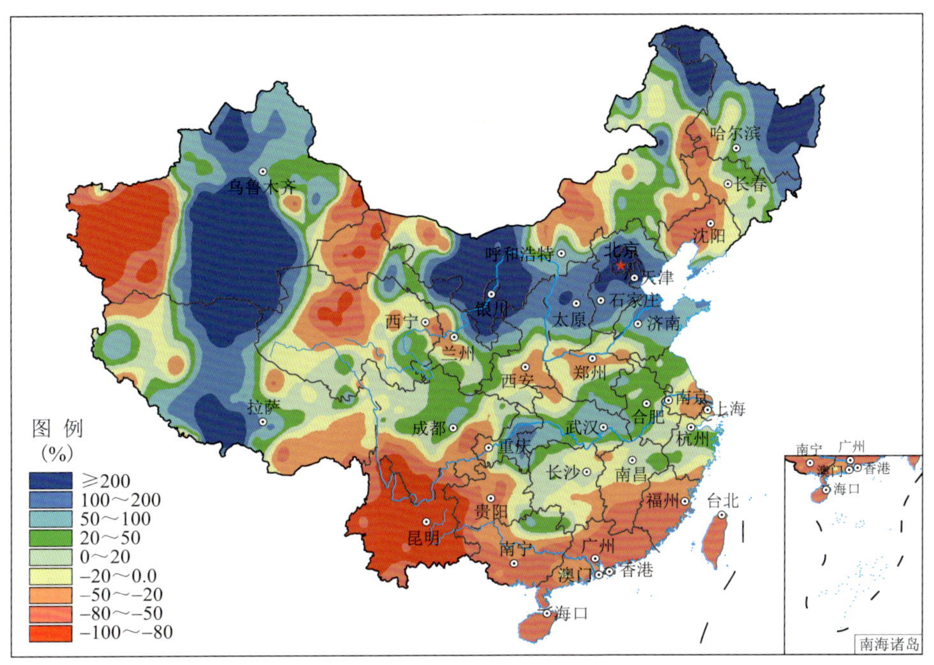

图 3.3.1 2021 年 3 月全国降水量距平百分率分布

Fig. 3.3.1 Distribution of precipitation anomaly percentage over China in March 2021

月平均气温与常年同期相比，全国大部地区气温偏高 1～4 ℃，内蒙古中东部、黑龙江西部、吉林西部等地偏高 4～6 ℃(图 3.3.2)。

3.3.2 主要气象灾害事记

2021 年 3 月，全国共 72 个国家级气象站日降水量突破 3 月极值，新疆焉耆(62.4 毫米)、和硕(61.1 毫米)突破历史极值。

3 月，共有 4 次冷空气过程影响我国，分别发生在 1—2 日、5—7 日、16—17 日、20—22 日。1—2 日和 5—7 日为寒潮过程，降温幅度较大，20—22 日为强冷空气过程，持续时间较长，影响范围较广。1—2 日，东北大部、黄淮大部及青海西北部最大过程降温幅度达 8～14 ℃，东北北部降温达 14 ℃以上；山西、河北、湖南、浙江等地出现中雪或大雪，局部有暴雪。5—7 日，东北大部、华北北部及河南和湖北的部分地区气温下降 8～14 ℃，黑龙江和吉林部分地区降温幅度达 20 ℃以上；新疆、黑龙江、吉林和四川等地的部分地区出现中到大雪。20—22 日，受较强冷空气影响，我国中东部大部以及青藏高原中东部、西北地区东部、西南地区东部等地普遍有 5～8 ℃降温，内蒙古西部、青海东部、四川和贵州部分地区以及华南西部和北部等地降温有 8～12 ℃，局地达 14 ℃以上。受降温、降雪过程影

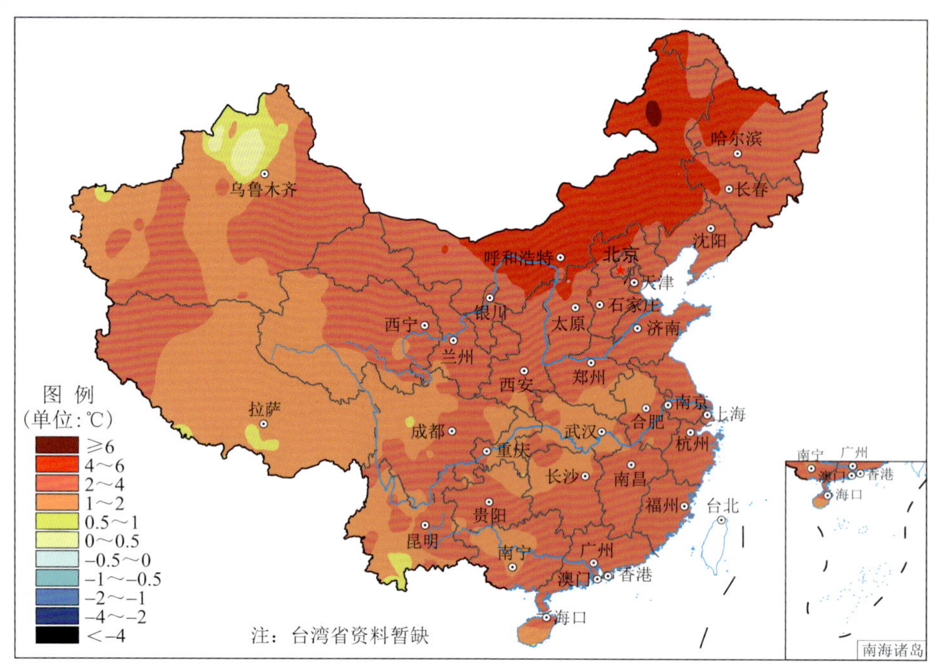

图 3.3.2 2021 年 3 月全国平均气温距平分布

Fig. 3.3.2 Distribution of mean temperature anomaly over China in March 2021 (unit:℃)

响,河南、内蒙古、陕西、湖北、青海、山西、新疆、河北、宁夏、四川等地的部分地区遭受雪灾或低温冷冻灾害,河南、内蒙古、陕西、湖北等省(区)经济损失较重。

3 月,我国北方地区平均扬沙及以上等级沙尘日数共 0.9 天,为 2011 年以来同期最多值。月内,共出现 3 次沙尘天气过程,次数接近 2000—2020 年平均值(3.6 次),3 月 13—18 日、3 月 27 日—4 月 1 日为强沙尘暴过程,19—21 日为扬沙过程。13—18 日,出现近 10 年我国最强沙尘天气过程,持续时间长、影响范围广,涉及 19 个省(区、市),影响范围 456.2 万平方千米;内蒙古中西部、甘肃西部、宁夏、陕西北部、山西北部、河北北部、北京、天津等地出现沙尘暴,内蒙古中西部、宁夏、陕西北部、山西北部、河北北部、北京等地部分地区出现强沙尘暴,北方多地 PM_{10} 峰值浓度超过 5000 微克/米^3。3 月 27 日至 4 月 1 日,北方再次出现强沙尘暴过程,影响范围广,西北大部、东北中南部、华北、黄淮、江淮东部及内蒙古西部、湖北北部、上海、浙江北部等地出现扬沙和浮尘天气,内蒙古中部、陕西北部、河北西北部的部分地区出现沙尘暴,内蒙古中部出现强沙尘暴。沙尘天气造成空气质量、能见度下降,并对人体健康和交通出行造成不利影响,北京市及周边沙尘区空气污染程度以重度到严重为主。新疆、内蒙古及甘肃等地部分地区受灾。

3 月,云南中北部、四川南部、贵州西部等地干旱持续发展,普遍达中到重度气象干旱,云南西北部和东北部有特旱;福建南部、广东东部、广西南部气象干旱露头并发展,出现中旱和重旱。3 月 31 日,云南、贵州、四川、广东、广西和福建等 6 省(区)中旱以上面积达到 74.9 万平方千米,重旱以上达 28.9 万平方千米,特旱 8.5 万平方千米。云南部分地区因旱造成水库蓄水不足,人畜饮水困难。云南、四川南部等地森林火险等级高。

月内,贵州、江西、湖北、福建、内蒙古和云南等省(区)局部地区遭受风雹等灾害,贵州、江西经济损失较重。16—17 日和 30 日,贵州毕节、遵义和铜仁等市部分地区遭受风雹灾害。30—31 日,江西景德镇、赣州、宜春、上饶、南昌等地部分地区遭受风雹灾害,2 人因雷击死亡。此外,受强降雨影响,9—10 日和 16—17 日,湖南娄底、长沙、衡阳、湘潭、益阳等地部分地区遭受暴雨洪涝灾害;16—17 日和 30 日,重庆局部遭受暴雨洪涝灾害。

3.4 4月主要气候特点及气象灾害

3.4.1 主要气候特点

2021年4月，全国平均气温为11.1 ℃，较常年同期偏高0.1 ℃；全国平均降水量42.5毫米，较常年同期(44.7毫米)偏少5.0%。月内，我国出现3次一般性冷空气过程；西南和华南东部气象干旱持续或发展；北方地区出现2次沙尘天气过程；多省遭受风雹袭击，部分地区受灾较重。

月降水量与常年同期相比，西北西北部、东北大部、华北大部、黄淮西北部、江淮南部、江南东部、华南东部、西南大部及内蒙古东南部、西藏西北部等地偏少2成以上；西北东部、江汉大部及内蒙古西部和东北部、西藏东北部和西南部、河南西部、山东东部、湖南北部和西南部、云南东南部、海南大部等地偏多2成以上，其中青海平均月降水量为历史同期第1多；其余地区接近常年同期(图3.4.1)。

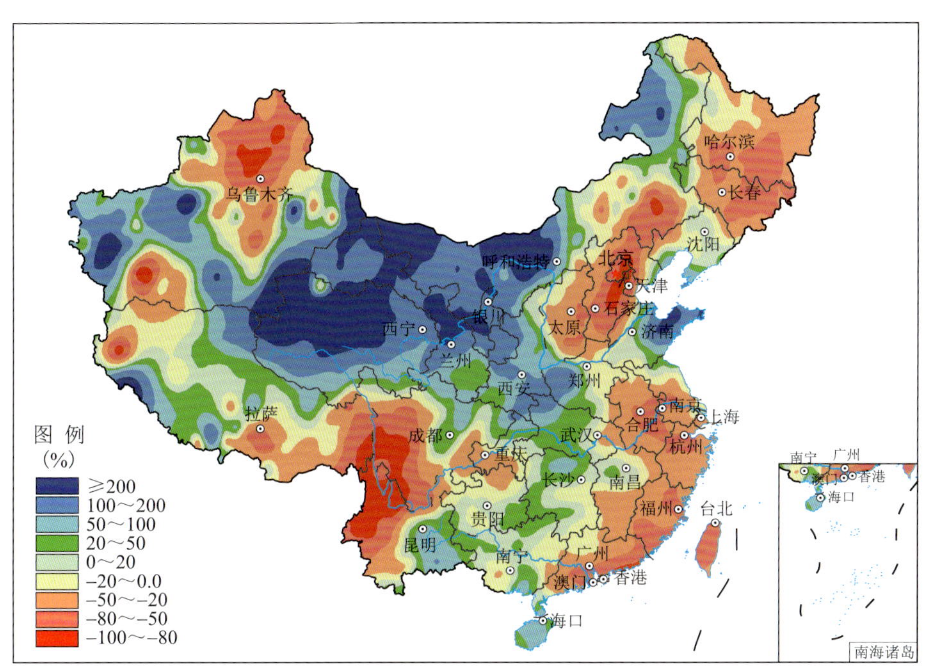

图3.4.1 2021年4月全国降水量距平百分率分布

Fig. 3.4.1 Distribution of precipitation anomaly percentage over China in April 2021

月平均气温与常年同期相比，西北北部、东北大部、西南大部、江南东部、华南东部及内蒙古大部等地偏高0.5～2 ℃，局部偏高2 ℃以上；西北南部、华北西南部、黄淮西部、江汉大部、江淮西北部、江南西部、华南西部等地偏低0.5～2 ℃，局部偏低2～4 ℃(图3.4.2)。

3.4.2 主要气象灾害事记

2021年4月，我国出现4次冷空气过程，分别发生在3—5日、12—14日、17—18日、24—26日。12—14日为寒潮过程，24—26日为强冷空气过程，降温幅度较大，3—5日、17—18日为一般冷空气过程，冷空气次数较常年同期(2.9次)偏多。

4月12—14日，东北地区大部、华北大部及内蒙古大部、陕西北部等地最大降温幅度达8 ℃以上，内蒙古中部、黑龙江中部等地超过14 ℃。受冷空气过程影响，山西、陕西、新疆、内蒙古、河北、宁夏等多地局部遭受雪灾或低温冷冻害，其中山西受灾较重。

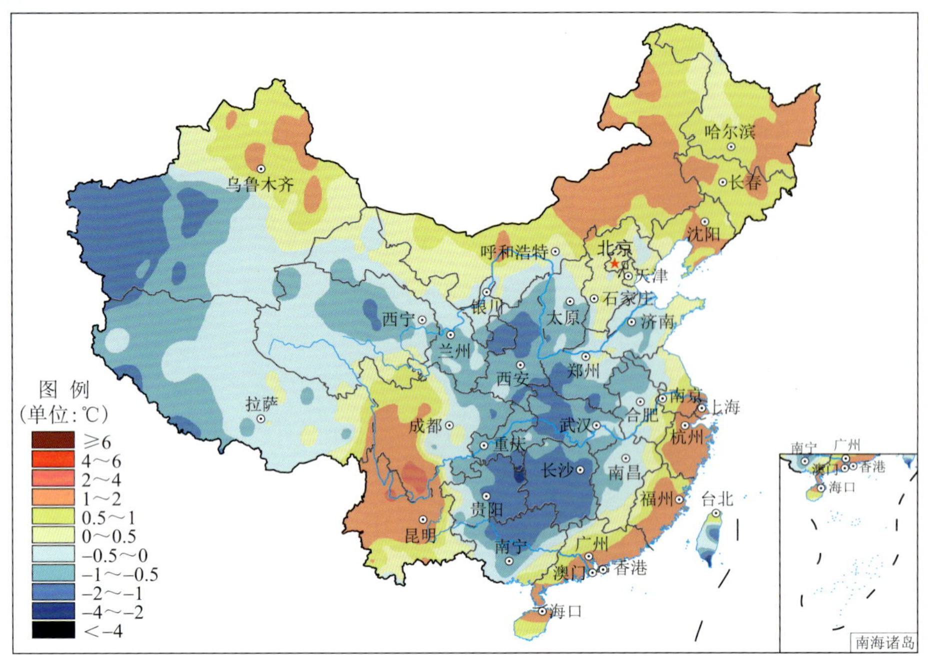

图 3.4.2　2021 年 4 月全国平均气温距平分布

Fig. 3.4.2　Distribution of mean temperature anomaly over China in April 2021 (unit:℃)

4 月,西南地区西部降水量不足 50 毫米,较常年同期偏少 5~8 成,部分地区偏少 8 成以上,华南东部降水不足 100 毫米,较常年同期偏少 5~8 成,降水偏少加上同期气温偏高,云南西北部、四川西南部、广东东部、福建大部气象干旱持续或发展。干旱地区最大中度以上干旱面积 104.9 万平方千米(4 月 4 日),重旱以上干旱面积 63.3 万平方千米(4 月 5 日)。5—8 日,西南东部、华南西部出现 10~50 毫米降水,西南东部、华南西部干旱缓解。4 月 30 日,云南西北部、四川西南部、广东东部、福建东南部等地存在中度及以上气象干旱,部分地区达到特旱。

4 月,北方出现 2 次沙尘天气过程,沙尘天气过程次数较 2000—2020 年同期平均值(4.3 次)明显偏少,4 月 14—16 日为沙尘暴天气过程,25—27 日为扬沙天气过程。

14—16 日,新疆东部和南疆盆地、青海北部、甘肃北部、宁夏、内蒙古大部、黑龙江西南部、吉林西部、辽宁西北、陕西北部、山西、北京、天津、河北、河南、山东、安徽北部、江苏北部等地出现扬沙和浮尘天气,内蒙古中西部局地出现沙尘暴。沙尘天气造成空气质量、能见度下降,并对人体健康和交通出行造成不利影响,内蒙古受灾较重。

4 月,湖北、湖南、贵州、江西、新疆、内蒙古、黑龙江、青海、河北、山西、西藏、甘肃、宁夏、山东、云南等多地遭受风雹灾害,湖南、新疆受灾较重。4 月 1—5 日,湖南长沙、湘西、常德、怀化、益阳 5 市(自治州)18 个县(市、区)遭受风雹灾害。

此外,4 月 23—24 日,陕西大部、河南西部、湖北大部、湖南大部、江西中部、重庆大部等地降雨量普遍有 25~50 毫米,部分地区达 50~80 毫米,陕西、河南遭受暴雨洪涝灾害。

3.5　5 月主要气候特点及气象灾害

3.5.1　主要气候特点

2021 年 5 月,全国平均气温 16.9 ℃,较常年同期偏高 0.7 ℃,为 1961 年以来历史同期第 4 高;

全国平均降水量 74.8 毫米，较常年同期(69.5 毫米)偏多 7.6%。月内，我国遭受 3 次冷空气过程影响；南方发生 6 次区域性暴雨过程；多省出现强对流天气，局地影响重；北方地区沙尘天气 2002 年以来同期最多；云南、四川干旱维持或发展，华南大部地区干旱得到缓解。

月降水量与常年同期相比，西北地区西北部、东北地区南部、华北地区东部和南部、黄淮大部、江淮北部、华南地区南部、西南地区中部和南部等地偏少 2 成以上；江淮南部、江南大部、华南北部以及西藏大部、四川西部和中部、新疆南部、内蒙古东北部和黑龙江中东部等地偏多 2 成以上(图 3.5.1)。

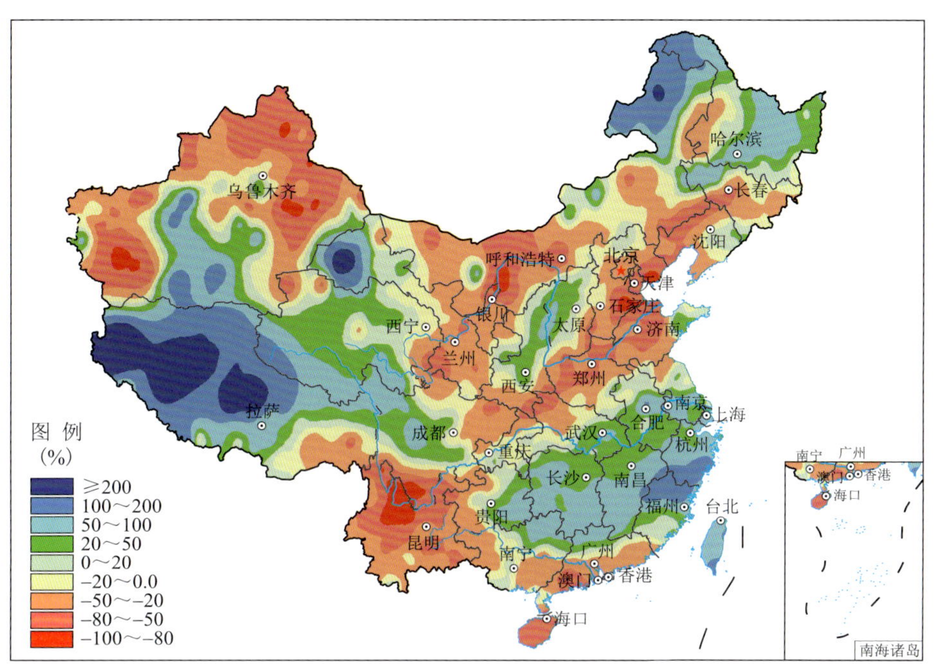

图 3.5.1　2021 年 5 月全国降水量距平百分率分布

Fig. 3.5.1　Distribution of precipitation anomaly percentage over China in May 2021

月平均气温与常年同期相比，西北北部、东北地区中部、华南南部、江南东部以及甘肃中部和西部、云南大部、西藏东南部、河南北部等地偏高 1～2 ℃，局部偏高 2 ℃以上；东北地区东南部以及内蒙古中部和东部等地偏低 1～2 ℃；其余地区接近常年同期(图 3.5.2)。

3.5.2　主要气象灾害事记

2021 年 5 月，我国出现 3 次冷空气过程，分别发生在 4—5 日、15—17 日、23—25 日，其中 15—17 日为强冷空气过程。5 月 15—17 日，华北南部、东北南部、黄淮、长江中下游地区、江南西部等地最大降温幅度达 8 ℃以上，山西、陕西东北部、山东西部、湖南东南部等地超过 10 ℃。

5 月，我国南方共出现 6 次区域性暴雨过程，分别发生在 3—4 日、8 日、11 日、13 日、15—23 日、5 月 29 日至 6 月 4 日。

5 月 15—23 日，我国长江以南大部地区遭遇持续性强降雨天气，局地暴雨，累计降水量普遍超过 100 毫米，浙江南部、福建北部和江西东部等地超过 250 毫米。受此影响，湖北、江西、福建等地部分水库和河流超过汛限水位或警戒水位，赣江形成年内第 1 号洪水，造成一定经济损失。

5 月，我国多地遭受风雹灾害，其中贵州、甘肃、山东、江西、湖北及安徽受灾较重。

5 月 14 日，湖北武汉市出现短时强降水、雷暴、大风、冰雹等强对流天气，造成较大人员伤亡和财产损失；江苏省苏州市吴江区部分地区突遭龙卷袭击，中心最大风力 17 级，造成人员伤亡，局部

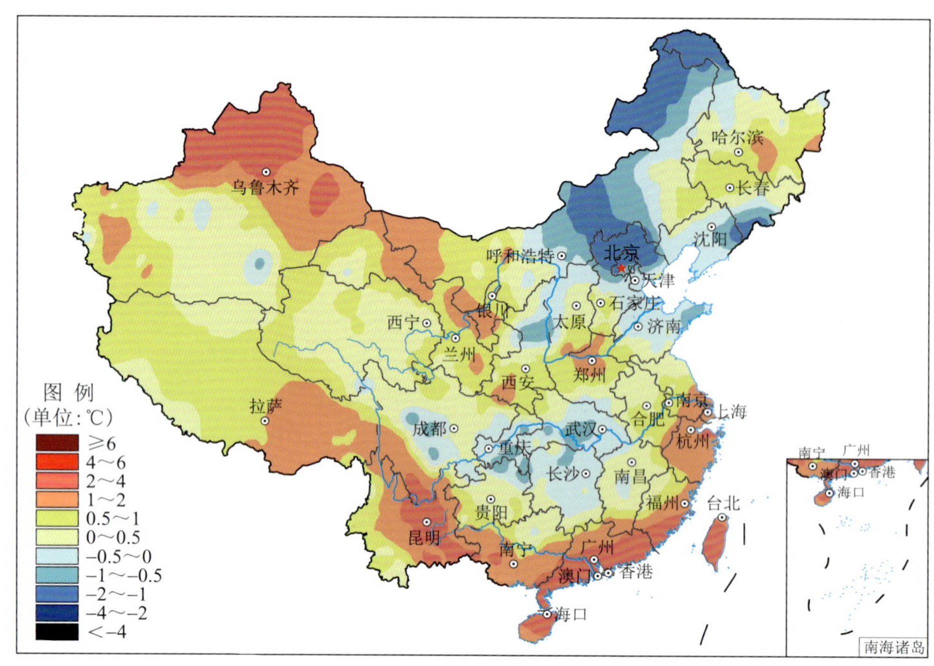

图 3.5.2　2021 年 5 月全国平均气温距平分布

Fig. 3.5.2　Distribution of mean temperature anomaly over China in May 2021 (unit:℃)

电力设施、多处房屋受损。

5 月 22 日,甘肃白银市景泰县出现局地冰雹、冻雨、大风等强对流天气,气温骤降,“黄河石林山地马拉松百公里越野赛”受此灾害性天气影响,造成重大人员伤亡。

5 月,我国发生 4 次沙尘天气过程,分别发生在 1—3 日、6—8 日、11—12 日和 22—24 日,其中 6—8 日为沙尘暴级别。5 月我国沙尘天气过程次数较 2000—2020 年同期平均值(2.9 次)明显偏多。5 月,北方地区平均扬沙及以上等级沙尘日数共 1.1 天,与 1981—2010 年平均值(1.1 天)持平,但为 2002 年以来同期最多。6—8 日,新疆南疆盆地西部、内蒙古中西部和东南部、宁夏、陕西中北部、山西、河北、北京、天津、山东、河南、安徽北部、江苏、上海、辽宁等地有扬沙或浮尘天气,内蒙古西部和东南部的部分地区有沙尘暴,局地有强沙尘暴。

5 月上旬和中旬,由于温高雨少,云南、四川南部、广东南部等地气象干旱维持或发展;华北东部、东北南部旱情露头并快速发展。5 月底,南海夏季风爆发,降水使得华南大部地区气象干旱得到缓解,但海南气象干旱仍在发展。

3.6　6 月主要气候特点及气象灾害

3.6.1　主要气候特点

2021 年 6 月,全国平均气温 20.8 ℃,较常年同期偏高 0.8 ℃,为 1961 年以来历史同期第 3 高;全国平均降水量 91.5 毫米,较常年同期(99.3 毫米)偏少 7.8%。月内,我国发生 5 次区域性暴雨过程,多地遭受暴雨洪涝灾害;西南地区旱情进一步缓解,但云南西部等部分地区旱情持续;多省出现强对流天气,局地影响重;我国中东部遭受 4 次阶段性区域高温天气影响。

月降水量与常年同期相比,东北西北部和东南部、华北西北部和东部及内蒙古东北部和中部、山东西部、四川北部和西南部、新疆西南部和北部、西藏西部等地偏多 2 成至 1 倍以上,其余大部地区接近常年同期或偏少，黄淮西部、江淮、江南大部、华南东部、北部和南部及湖北大部、重庆南部、新疆大部、甘肃西北部等地偏少2～5成，局部偏少5成以上。辽宁省6月降水量为1961年以来历史同期最多(图3.6.1)。

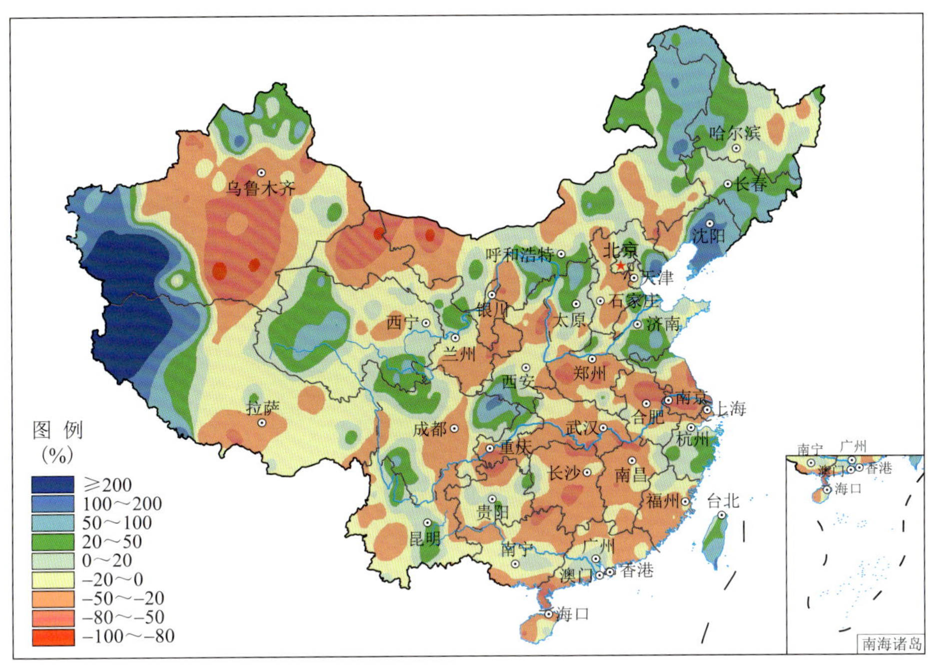

图3.6.1　2021年6月全国降水量距平百分率分布

Fig. 3.6.1　Distribution of precipitation anomaly percentage over China in June 2021

月平均气温与常年同期相比，全国大部地区气温接近常年同期或偏高，华北南部、黄淮大部、江淮大部、江汉东部、江南大部、青藏高原大部及宁夏、甘肃南部、陕西中部、贵州东部、云南北部、海南等地偏高1～2℃，局部偏高2℃以上。江苏月平均气温为1961年以来第2高，湖南、江西、西藏为第3高(图3.6.2)。

3.6.2　主要气象灾害事记

2021年6月，我国出现5次区域性暴雨过程，分别发生在5月29日至6月4日、10日、14—15日、22日、6月27日至7月4日。

5月29日至6月4日，江南中南部、华南中北部及贵州西南部等地出现大雨或暴雨，局地有大暴雨或特大暴雨。广东东部、福建南部、广西东部、江西南部等地过程降水量超过100毫米。广东珠海日降水量299.6毫米(6月1日)达到日降水量的极端阈值标准。惠州龙门龙华镇最大3小时雨量400.9毫米，突破广东省历史极值。广东、江西、福建、广西、湖南等地部分地区遭受暴雨洪涝，广东多地出现严重内涝，暴雨导致道路积水，房屋、车辆被淹及群众被困，多所学校停课。

6月9日开始，江南、长江中下游、江淮等地相继入梅，南方雨带南北摆动大，其中6月27日至7月4日降水范围广，强度强。过程雨量南方大部地区超过50毫米，安徽南部、浙江西部和东南部、福建北部、江西北部、湖南中部、贵州南部、广西北部等地有100～250毫米，浙江、江西、湖南、福建、广西等局地超过250毫米，广西资源有524.8毫米。受强降雨影响，部分河流出现超警戒水位，四川、湖北、安徽、贵州、江西、云南、福建等地部分地区遭受暴雨洪涝灾害。

6月中旬，内蒙古东北部和黑龙江西部出现连续降雨天气，降水量一般有50～100毫米。6月15日黑龙江塔河(64.4毫米)、6月17日北极村(59.5毫米)降水量均破当地6月日降水量极值。受

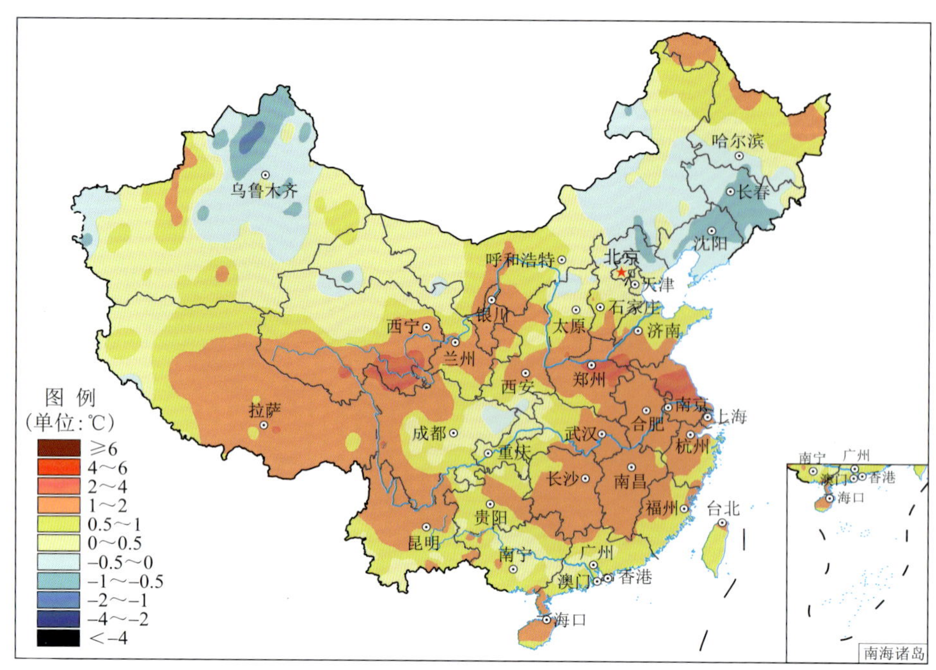

图 3.6.2　2021 年 6 月全国平均气温距平分布

Fig. 3.6.2　Distribution of mean temperature anomaly over China in June 2021 (unit:℃)

中下旬境内外持续降水影响，水位上涨迅速，黑龙江上游发生大洪水，中游部分江段超警戒水位，嫩江形成 2021 年 1 号洪水，具有超警戒水位河流多、超警戒时间早、洪水量级大的特点。内蒙古、黑龙江部分地区受灾。

6 月上旬和下旬，西南东部和华南出现明显降水过程，前期旱情进一步缓解，但云南西部、四川东南部、重庆南部、贵州北部和西南部等地降水偏少，部分地区干旱持续。上旬，华北地区、东北地区南部、黄淮及甘肃南部等地由于降雨持续偏少旱情相继露头并快速发展，部分地区有中度气象干旱，持续的干旱造成土壤墒情较差；中旬受明显降雨影响，旱情相继缓解；下旬受高温少雨影响，黄淮西部等地气象干旱又有露头。至 6 月底，云南西部和东北部、重庆南部、贵州北部、安徽中部、河南中部、甘肃南部等地存在中等及以上程度气象干旱，局部有特旱。

6 月，西北太平洋及南海共有 2 个台风（中心附近最大风力≥8 级）生成，无热带风暴及以上等级的台风在我国登陆，生成个数接近常年同期（1.7 个），登陆个数较常年同期（0.6 个）偏少。6 月 12 日上午，热带低压在海南省陵水县沿海登陆，12 日 16 时加强为 2021 年第 4 号台风“小熊”。11—13 日，受“小熊”影响，海南、广西、广东等地部分地区出现强降雨和大风天气，降雨对缓解当地旱情和增加水库蓄水有利。

6 月，全国共发生 10 次强对流过程，其中内蒙古、陕西、新疆、北京、甘肃、河北、江西等省（区、市）受灾较重。

1—3 日，东北、华北、黄淮出现较大范围的雷暴大风天气，局地有短时强降水和冰雹，1 日黑龙江省哈尔滨市尚志市、阿城区出现龙卷，造成人员伤亡。

12—14 日，内蒙古多地遭受风雹灾害，损失较大。

25—26 日，内蒙古中部、河北北部、北京、天津北部等地飑线过境，出现雷暴大风、冰雹，最大雨强达 88.4 毫米/时。25 日 14—15 时，内蒙古锡林郭勒盟太仆寺旗与河北省沽源县交界地区有超级单体出现，并出现龙卷，造成多人死亡。

30 日，河北南部、河南北部、山东、江苏北部和安徽北部出现雷暴大风、冰雹、短时强降水，安徽北部最大雨强达 102.6 毫米/时。

6 月，我国中东部出现 4 次阶段性区域高温天气过程，分别为 4—8 日、14—21 日、19—24 日和 26—30 日。4—8 日华北南部、黄淮、江淮及湖北西部、陕西东南部等地出现的高温过程范围广、强度强。河南博爱和焦作等多地、河北任县、陕西白河日最高气温超过 40 ℃。16 个观测站日最高气温达到极端事件标准。高温天气导致部分地区气象干旱露头。

3.7 7月主要气候特点及气象灾害

3.7.1 主要气候特点

2021 年 7 月，全国平均气温为 23.1 ℃，较常年同期偏高 1.3 ℃；全国平均降水量 124.4 毫米，较常年同期略偏多。月内，有 4 次区域性暴雨过程影响我国，河南出现破纪录极端强降水；有 2 个台风在我国登陆，登陆个数接近常年同期；华南、西北东北部气象干旱发生发展；华南大部、江南南部及新疆等地高温日数多；多地强对流频发，部分地区遭受龙卷袭击。

月降水量与常年同期相比，河南北部、山东西部、新疆西部等地偏多 2 倍；浙江北部、江苏、上海、河北、北京及天津等地偏多 5 成以上，部分地区偏多 1～2 倍；东北地区东部以及新疆东部、甘肃大部、内蒙古西部、宁夏、陕西北部、广东大部、广西东部等地偏少 5 成以上，部分地区偏少 8 成以上(图 3.7.1)。

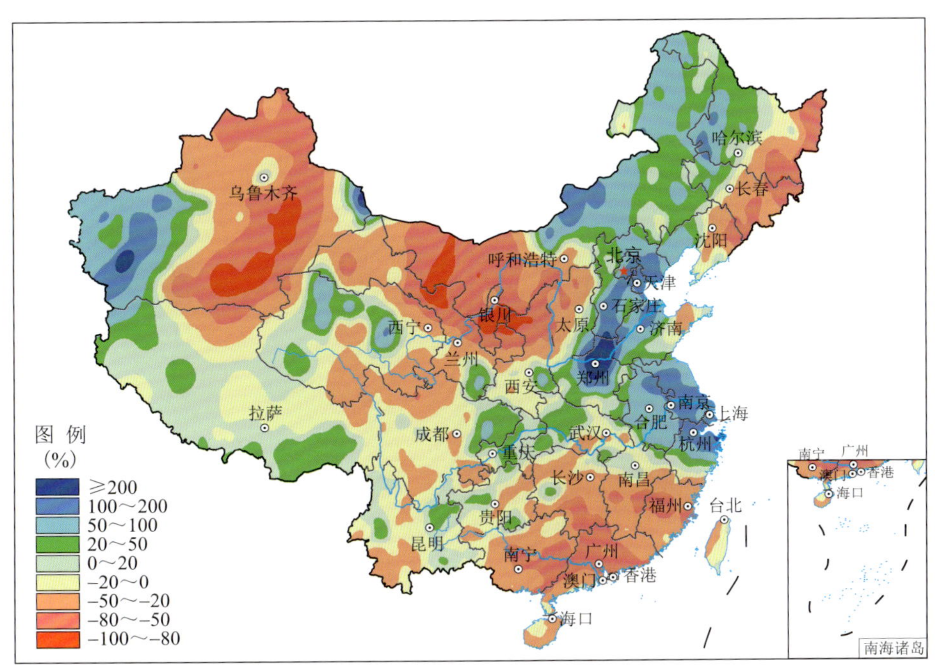

图 3.7.1 2021 年 7 月全国降水量距平百分率分布

Fig. 3.7.1 Distribution of precipitation anomaly percentage over China in July 2021

月平均气温与常年同期相比，西北大部、东北大部及广西东部、广东西部、湖南南部等地偏高 1～2 ℃，新疆北部、甘肃大部、宁夏、内蒙古西部、黑龙江大部、吉林大部等地偏高 2～4 ℃；其他地区接近常年同期(图 3.7.2)。

3.7.2 主要气象灾害事记

2021 年 7 月，我国出现 4 次区域性暴雨过程，分别发生在 6 月 27 日至 7 月 7 日、7 月 10—13

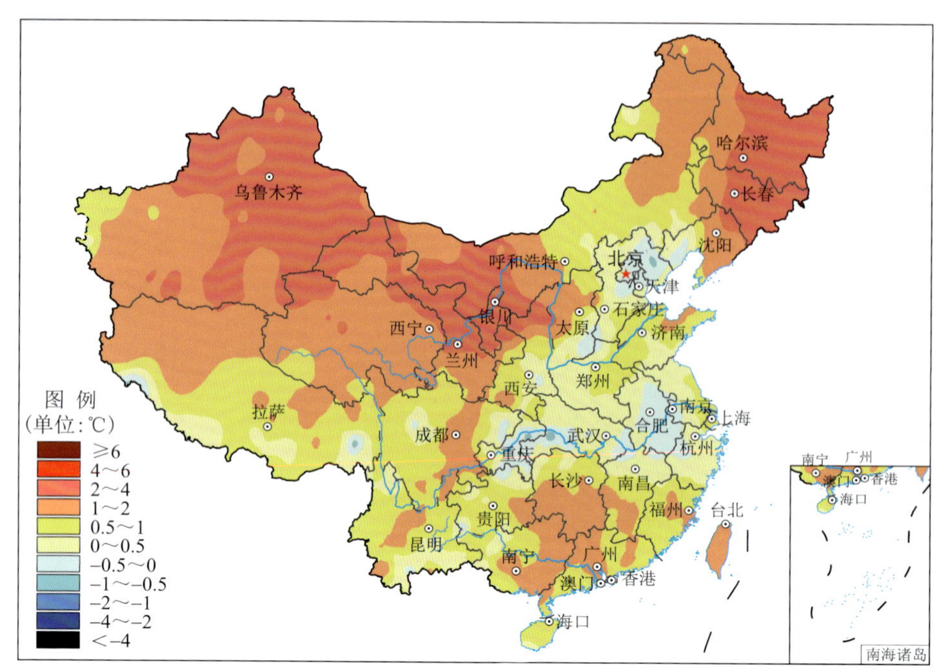

图 3.7.2　2021 年 7 月全国平均气温距平分布

Fig. 3.7.2　Distribution of mean temperature anomaly over China in July 2021 (unit:℃)

日、7 月 15—22 日、7 月 22—31 日。7 月 11—12 日,华北出现入汛以来最强降雨过程,11 日 18 时至 13 日 06 时,北京市全市平均雨量达 114.2 毫米,最大降雨量达 287.4 毫米(平谷西樊各庄)。7 月 17—22 日,河南多地出现破纪录极端强降水事件,全省有 39 个县(市)过程累计降水量达当地常年全年降水量的一半以上,郑州、辉县、淇县等 10 个县(市)超过当地常年全年降水量。郑州 1 小时最大雨强达 201.9 毫米/时,创造了中国大陆小时降雨量纪录;郑州等 19 个县(市)日降水量突破历史极值。这次极端暴雨导致郑州、鹤壁、新乡、安阳等城市发生严重内涝,造成重大人员伤亡和巨大经济损失。

月内,南海及西北太平洋生成台风 3 个,较常年同期(3.7 个)偏少 0.7 个;登陆台风 2 个(2106 号"烟花"和 2107 号"查帕卡"),与常年同期(2 个)相当。台风"烟花"先后在浙江舟山和平湖沿海登陆,为 1949 年有气象记录以来首个在浙江省内两次登陆的台风。

月内,华南地区、西北东北部及新疆北部降水偏少气温偏高,气象干旱发生并迅速发展;下旬,东北东部旱象露头并迅速发展;7 月上中旬,云南中西部和四川盆地等地出现不同程度气象干旱,下旬后期旱区出现明显降水,气象干旱缓解;7 月 31 日,西北地区东北部、东北东部和福建、广东北部、广西东部等地存在中度及以上气象干旱。

月内,我国高温天气主要出现在华南、江南及新疆和内蒙古西部地区,上述大部地区高温日数普遍有 10~25 天;与常年同期相比,华南大部、江南南部、西北地区东北部及新疆大部等地高温日数偏多 5~10 天,华南中北部偏多 10 天以上。广西、宁夏高温日数均为 1961 年来同期最多,新疆、甘肃分别为历史同期第 2 多和第 3 多。

3.8　8 月主要气候特点及气象灾害

3.8.1　主要气候特点

2021 年 8 月,全国平均气温为 21.1 ℃,较常年同期(20.8 ℃)偏高 0.3 ℃;全国平均降水量

118.3 毫米，较常年同期(105.2 毫米)偏多 12%。月内，南方遭受暴雨洪涝灾害；生成和登陆台风均偏少；西北东部等地气象干旱持续；华南西北部、江南西南部及四川东南部等地高温日数多；多省遭受强对流天气灾害，部分地区受灾较重。

月降水量与常年同期相比，黄淮西部、江汉、江南北部和东部、西南东北部及新疆东北部、陕西东南部、内蒙古东部、辽宁西北部、吉林西部等地偏多 5 成以上，新疆东北部局部、陕西东南部局部、湖北西部、重庆大部等地偏多 1～2 倍；新疆东南部、青海西北部、甘肃西北部和东南部、内蒙古西部、宁夏北部等地偏少 5 成以上，部分地区偏少 8 成以上(图 3.8.1)。

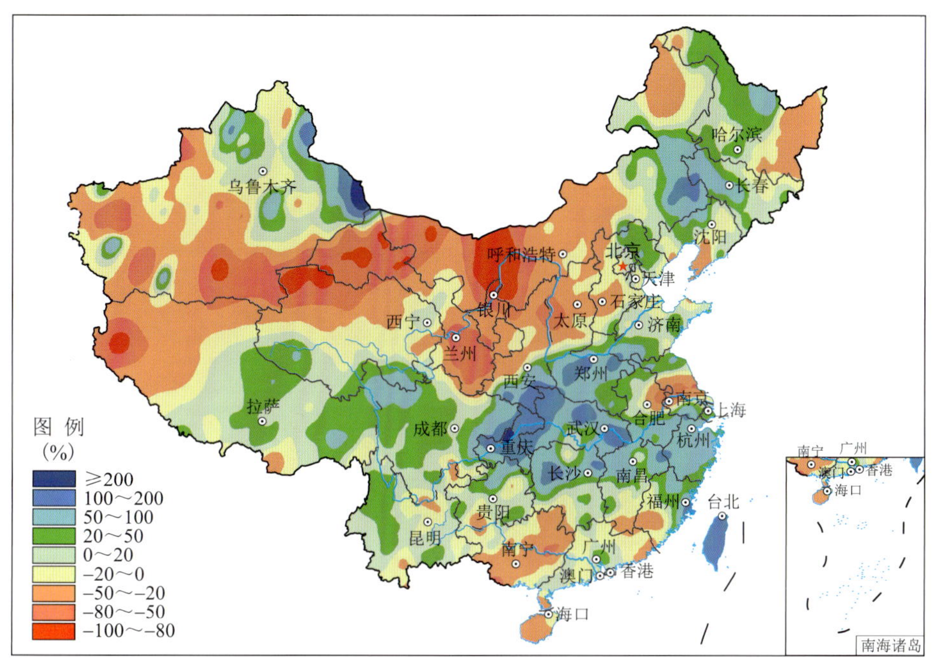

图 3.8.1 2021 年 8 月全国降水量距平百分率分布

Fig. 3.8.1 Distribution of precipitation anomaly percentage over China in August 2021

月平均气温与常年同期相比，东北西部及内蒙古中东部、河北北部、北京东北部、湖北西北部、重庆东北部等地偏低 1～2 ℃，西藏大部、青海南部、四川西部、云南东南部、贵州南部、广西西部和东北部等地偏高 1～2 ℃，局部地区偏高 2 ℃以上；全国其余地区接近常年同期(图 3.8.2)。

3.8.2 主要气象灾害事记

2021 年 8 月以来，我国出现 8 次区域性暴雨过程，分别发生在 8 月 5—6 日、7—8 日、9—10 日、11—12 日、19—20 日、21—22 日、22—23 日、23—24 日。8 月 7—12 日，南方地区出现持续性降雨，四川、重庆、湖北、湖南、安徽、江西、浙江、江苏等地的部分地区累计降雨量 100～200 毫米，暴雨区域范围大、持续时间长、累计雨量大，部分地区遭受暴雨洪涝灾害，部分河流出现超警戒水位。其中，8 月 11 日 20 时至 8 月 12 日 20 时，湖北随县柳林镇 24 小时雨量达 519 毫米，最大 6 小时降雨量达 463 毫米；8 月 12 日 06 时宜城朝阳寺雨强达 117.9 毫米/时，为湖北 2021 年以来最强；12 日 04—08 时连续 5 个小时雨强均超过 50 毫米/时，05 时、06 时连续两小时雨强超过 100 毫米/时，均为当地有气象记录以来的历史极值。受此次降水影响，长江中下游地区累计有超过 200 县次受灾；四川、重庆、湖北、湖南、安徽、江西、浙江、江苏等地共 72.29 万人受灾；近 200 间房屋倒塌，3900 余间不同程度损坏；农作物受灾面积 2.3 万公顷，绝收 2600 公顷；直接经济损失 8.8 亿元。另外，本次降水致使重庆、湖南、湖北、浙江等地 10 余条中小河流超警，太湖平均水位上涨，超过警戒水位。

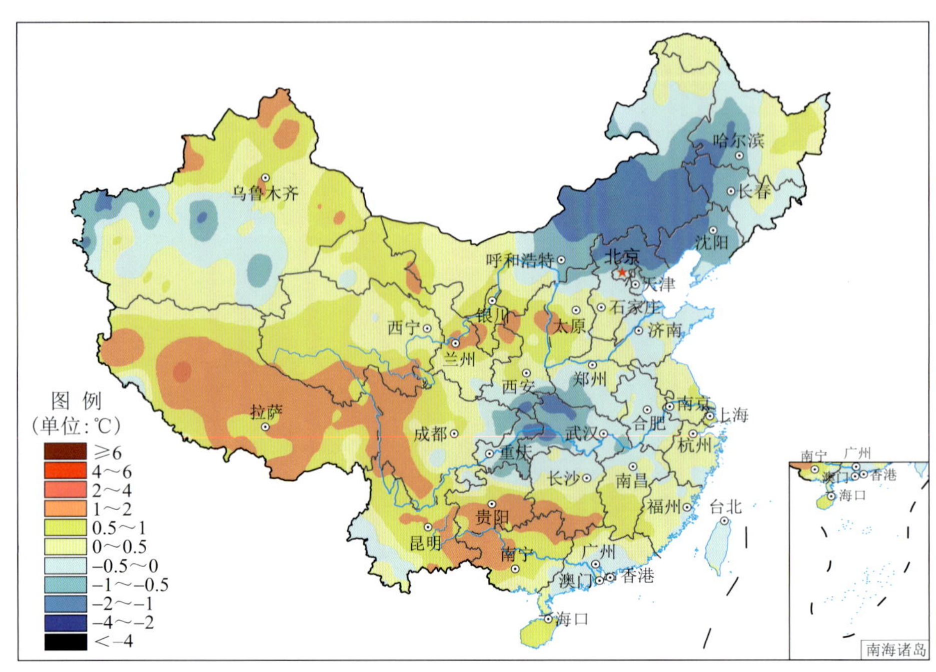

图 3.8.2　2021 年 8 月全国平均气温距平分布

Fig. 3.8.2　Distribution of mean temperature anomaly over China in August 2021 (unit:℃)

月内,南海及西北太平洋共有 4 个台风生成,生成个数较常年同期(5.8 个)偏少 1.8 个;有 1 个台风("卢碧")登陆我国,登陆数较常年同期(1.9 个)偏少 0.9 个。第 9 号台风"卢碧"8 月 5 日上午 11 时 20 分前后在广东省汕头市南澳县沿海登陆,登陆时中心附近最大风力 9 级(23 米/秒),中心最低气压为 985 百帕。受"卢碧"影响,我国东南沿海各省出现 25～50 毫米降水,海南北部、广东南部、福建东部和南部、浙江东部的降水量超过 50 毫米,局部地区超过 100 毫米,福建宁德(191.8 毫米)、福建莆田(163.3 毫米)和浙江平阳(155.7 毫米)、福建福鼎(153.6 毫米)、浙江三门(150.5 毫米)超过 150 毫米。降水使我国华南地区的气象干旱得到有效缓和。

月内,江南、江汉、江淮大部等地出现大范围持续高温天气,高温日数多、影响范围广。江南大部、江淮南部、江汉南部及重庆大部、新疆东南部等地高温日数普遍有 10～20 天,湖南东南部、江西中东部、福建西北部、浙江大部超过 20 天;与常年同期相比,上述地区普遍偏多 5～10 天,江苏东南部、浙江大部、福建西北部、湖南东南部及上海超过 10 天。有 29 个站日最高气温达到或超过极端阈值,其中 5 个站突破历史极值,59 个站极端连续高温日数达到或超过历史极值。持续高温对电力供应造成一定影响。

月内,西北东部、华北西部及内蒙古中部、黑龙江东部等地降水偏少、气温偏高,气象干旱持续或发展。8 月下旬,东北地区有明显降水,干旱缓和。广西、海南降水偏少,干旱再次露头。截至 8 月 31 日,西北东部及内蒙古西部、山西西北部、黑龙江东北部、广西东南部、海南西南部等地存在中到重度气象干旱。

月内,全国共有 13 个省(区、市)超过 100 县次出现强对流天气灾害,新疆等省(区、市)农作物受灾较重。8 月 16 日,新疆阿克苏地区阿瓦提县普遍出现大风、强降雨、冰雹等天气过程,有 6～7 级偏北阵风,部分乡镇 9 级。据统计,共造成农作物、林果等受灾 1.9 万公顷,经济损失约 3.1 亿元。

3.9 9月主要气候特点及气象灾害

3.9.1 主要气候特点

2021 年 9 月，全国平均气温为 18.2 ℃，较常年同期(16.6 ℃)偏高 1.6 ℃；全国平均降水量 83.8 毫米，较常年同期(65.2 毫米)偏多 28.5%。月内，西南地区东部、西北地区东部至华北、黄淮等地遭受暴雨洪涝灾害；华西地区秋雨开始时间偏早，雨量大；西北地区气象干旱缓解，华南气象干旱持续；南方出现阶段性高温，部分地区遭受旱灾；生成和登陆台风均偏少。

月降水量与常年同期相比，北方地区较常年同期偏多 1.1 倍，为历史同期最多，东北地区西南部、华北南部、黄淮北部及陕西中部等地偏多 2 倍以上；南方大部降雨偏少，江淮南部、江南大部、华南中东部、西北地区西部及山西西北部、云南大部等地偏少 2 成以上。北京、天津、河北、河南、辽宁、陕西和山西 7 省(市)降水量均为 1961 年以来历史同期最多(图 3.9.1)。

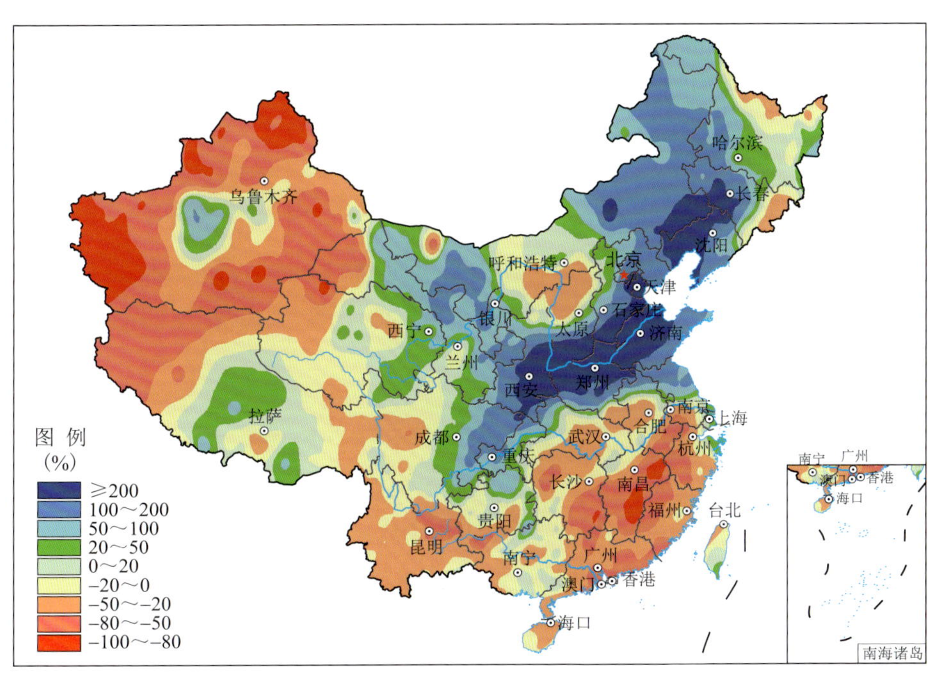

图 3.9.1 2021 年 9 月全国降水量距平百分率分布

Fig. 3.9.1 Distribution of precipitation anomaly percentage over China in September 2021

月平均气温与常年同期相比，全国大部气温以偏高为主，江淮大部、江南、华南北部、西北地区东北部及贵州大部、新疆东北部和南部等地偏高 2～4 ℃，湖南南部、江西中部偏高 4～6 ℃(图 3.9.2)。

3.9.2 主要气象灾害事记

2021 年 9 月，我国共出现 6 次区域性暴雨过程，分别出现在 9 月 4 日、9 月 6 日、9 月 13 日、9 月 16—20 日、9 月 24—26 日、9 月 28 日。9 月 16—20 日，西南地区东部、西北地区东部至华北、黄淮、东北地区南部一带出现强降雨天气，四川东北部、重庆、陕西南部、山西南部、河北东部和南部、天津、河南北部、山东大部、辽宁中西部和辽东半岛等地累计降雨量普遍有 50～100 毫米，华北南部及河南北部、山东西北部和辽宁局部 100～250 毫米。累计降水量 50 毫米以上的国土面积达 61.1 万平方千米，其中农田面积 28.4 万平方千米。此次过程致使广西、贵州、山西、陕西等 9 省(区、市)遭

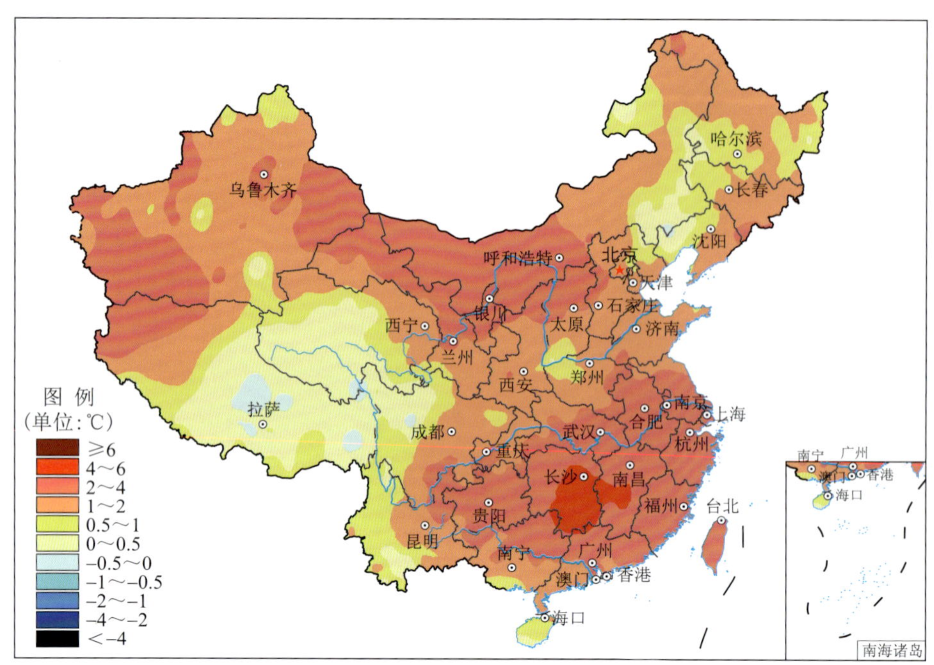

图 3.9.2　2021 年 9 月全国平均气温距平分布

Fig. 3.9.2　Distribution of mean temperature anomaly over China in September 2021 (unit:℃)

受暴雨洪涝灾害。

月内,华南地区降水量较少,气象干旱再次露头并发展。截至 9 月 30 日,华南地区中等及以上气象干旱面积 13.8 万平方千米,气象干旱向北扩展到江南南部的部分地区。

月内,南海及西北太平洋共有 4 个台风("康森""灿都""电母""蒲公英")生成,生成个数较常年同期(4.9 个)偏少 0.9 个;没有台风登陆我国。第 14 号台风"灿都"于 9 月 7 日上午在关岛以西的西北太平洋洋面上生成,7 日夜间至 8 日早晨从强热带风暴级快速加强为超强台风,随后北上,在东海回旋 3 天之后,于 17 日登陆日本福冈,9 月 18 日 08 时,变性为温带气旋,中央气象台对其停止编号。受"灿都"影响,浙江北部和东部、上海等地部分地区出现大到暴雨,浙江嘉兴、宁波、台州、温州等局地大暴雨。台风"灿都"导致上海、浙江宁波部分地区受灾。

3.10　10 月主要气候特点及气象灾害

3.10.1　主要气候特点

2021 年 10 月,全国平均气温为 10.7 ℃,较常年同期(10.3 ℃)偏高 0.4 ℃;全国平均降水量 52.1 毫米,较常年同期(35.8 毫米)偏多 45.4%。月内,四川盆地、西北地区东部至华北、黄淮等地遭受暴雨袭击;华南等地气象干旱缓解;台风"狮子山"和"圆规"相继登陆海南;南方地区秋老虎天气明显。

月降水量与常年同期相比,辽宁东部、河北中部、山西大部、陕西中部、四川东部、青海西部、西藏西部及华南沿海等地偏多 2 倍以上;东北中部、黄淮西部及内蒙古大部、西藏南部、云南大部、湖北、湖南北部、江西大部等地偏少 2 成以上(图 3.10.1)。

月平均气温与常年同期相比,西藏大部、云南西北部、青海南部、四川西部等地偏高 2~4 ℃;华北东部及新疆大部、广西南部等地偏低 1~2 ℃(图 3.10.2)。

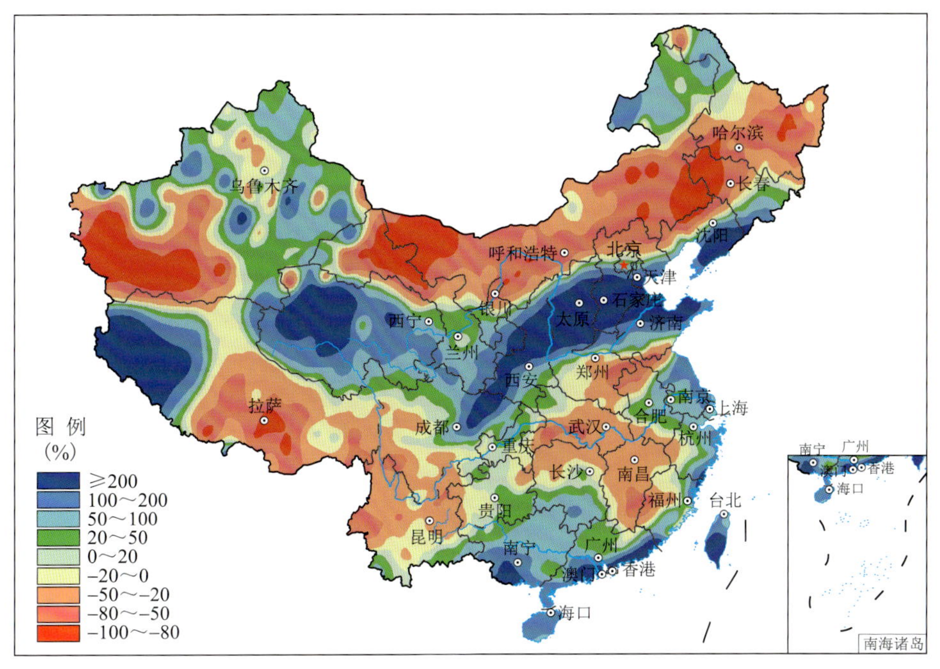

图 3.10.1　2021 年 10 月全国降水量距平百分率分布

Fig. 3.10.1　Distribution of precipitation anomaly percentage over China in October 2021

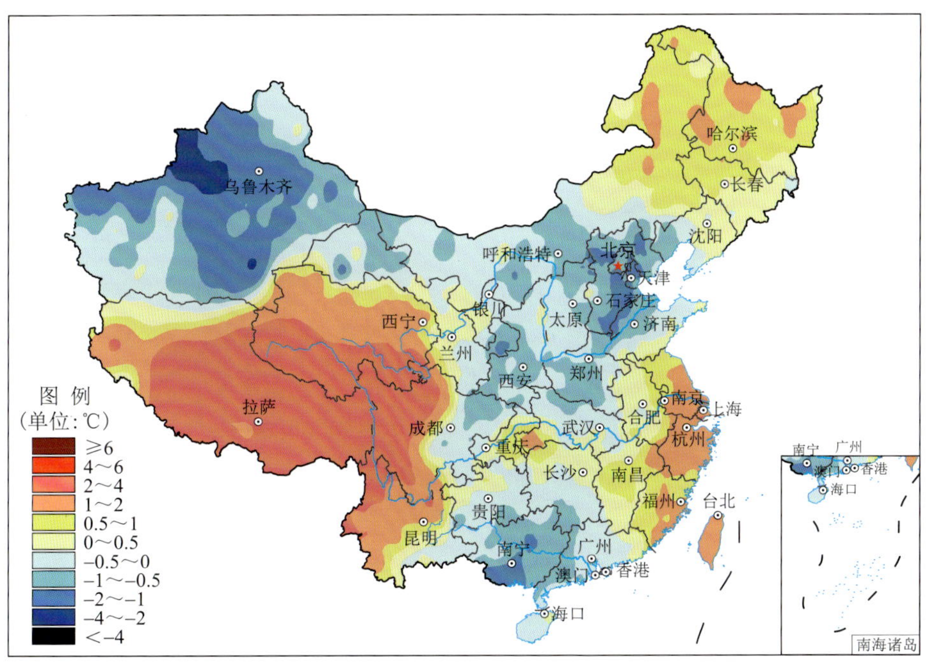

图 3.10.2　2021 年 10 月全国平均气温距平分布

Fig. 3.10.2　Distribution of mean temperature anomaly over China in October 2021 (unit:℃)

3.10.2　主要气象灾害事记

2021 年 10 月，我国发生 3 次区域性暴雨过程，分别出现在 10 月 3—7 日、8—10 日和 13 日。10 月 3—7 日，四川盆地、西北地区东部至华北、黄淮北部一带出现一次区域性暴雨过程。山西大宁站日最大降水量 116 毫米，累计降水量 285.2 毫米，山西、陕西、甘肃、重庆、四川等地受灾。

10月上旬气象干旱发展至华南大部、江南中南部及云南北部等地。10 月 8 日，广西、广东、福建、云南、江西、湖南 6 省(区)气象干旱面积达 45.6 万平方千米，重旱 5.7 万平方千米，特旱 0.2 万平方千米。之后受降水影响，气象干旱逐渐缓解。10 月 31 日，仅江西南部局部地区存在中旱。

月内，南海及西北太平洋共有 4 个台风("狮子山""圆规""南川"和"玛瑙")生成，较常年同期(3.6 个)略偏多；2 个台风登陆我国，较常年同期(0.6 个)偏多。台风"狮子山"和"圆规"于一周内(10 月 8 日和 13 日)连续登陆海南琼海，登陆时中心最大风力分别有 8 级和 12 级，对东南沿海地区，尤其是海南影响较大。

月内，南方地区秋老虎天气明显，出现 1 次高温过程，平均高温日数 0.96 天，为 1961 年以来历史同期最多值。浙江、江苏、湖南、贵州、云南、广东、重庆、江西、上海、四川、广西和安徽等 13 个省(市、区)平均高温创历史新纪录。江南和华南大部等地受高温影响面积达 116 万平方千米。

3.11 11月主要气候特点及气象灾害

3.11.1 主要气候特点

2021 年 11 月，全国平均气温为 2.9 ℃，与常年同期持平；全国平均降水量 23.8 毫米，较常年同期(18.8 毫米)偏多 26.7%。月内，我国出现 3 次冷空气过程，其中 2 次为全国性寒潮过程，影响范围广，持续时间长，极端性强。受寒潮过程影响，东北地区降雪日数较常年同期偏多，积雪偏深，黑龙江、吉林、辽宁、内蒙古、甘肃、宁夏、山西、河北等多地遭受雪灾和低温冷冻灾害，湖北、湖南和江西等地遭受风雹灾害。西南部分地区和江汉中部气象干旱发展。

月降水量与常年同期相比，北方大部及江南南部、华南北部较常年同期偏多 5 成至 2 倍，东北大部、华北东部和北部、黄淮东北部等地偏多 2 倍以上；黄淮西部、江淮、江汉、江南北部、华南南部、西北东南部及内蒙古东北部、四川东北部、云南北部、青海中西部、西藏中东部、新疆西部、台湾北部等地降水量偏少 2～8 成，部分地区偏少 8 成以上(图 3.11.1)。

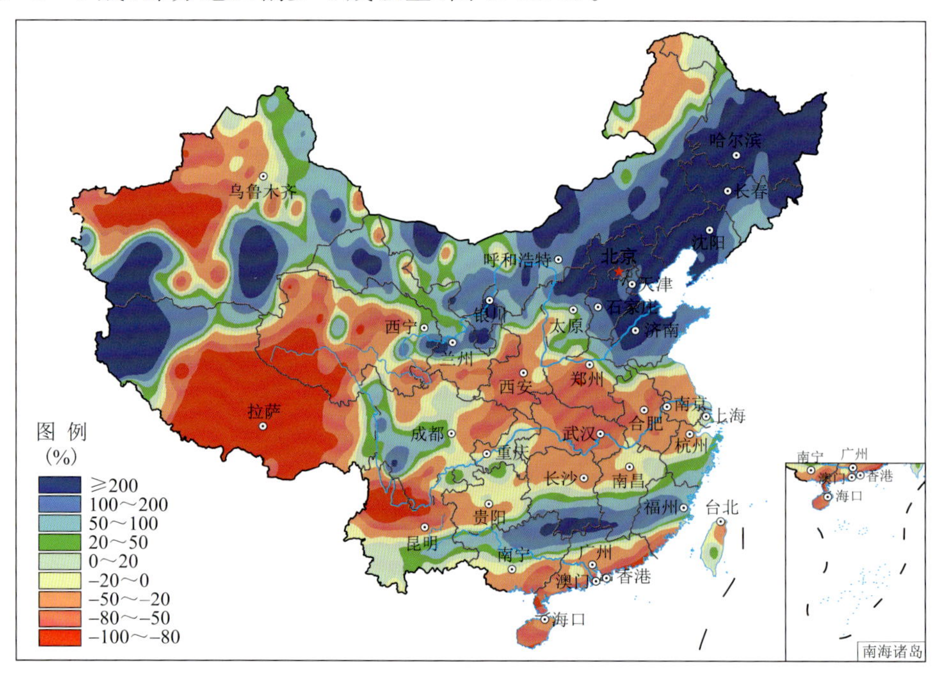

图 3.11.1　2021 年 11 月全国降水量距平百分率分布

Fig. 3.11.1　Distribution of precipitation anomaly percentage over China in November 2021

月平均气温与常年同期相比，西北大部、西南地区东部等地较常年同期偏低，四川东部、重庆西部、甘肃西部、新疆大部等地偏低 2～4 ℃；东北大部、华北东部、黄淮、江淮大部、江汉东部及内蒙古东部、云南南部、西藏中东部等地偏高 1～4 ℃，内蒙古东北部和黑龙江西北部偏高 4 ℃以上（图 3.11.2）。

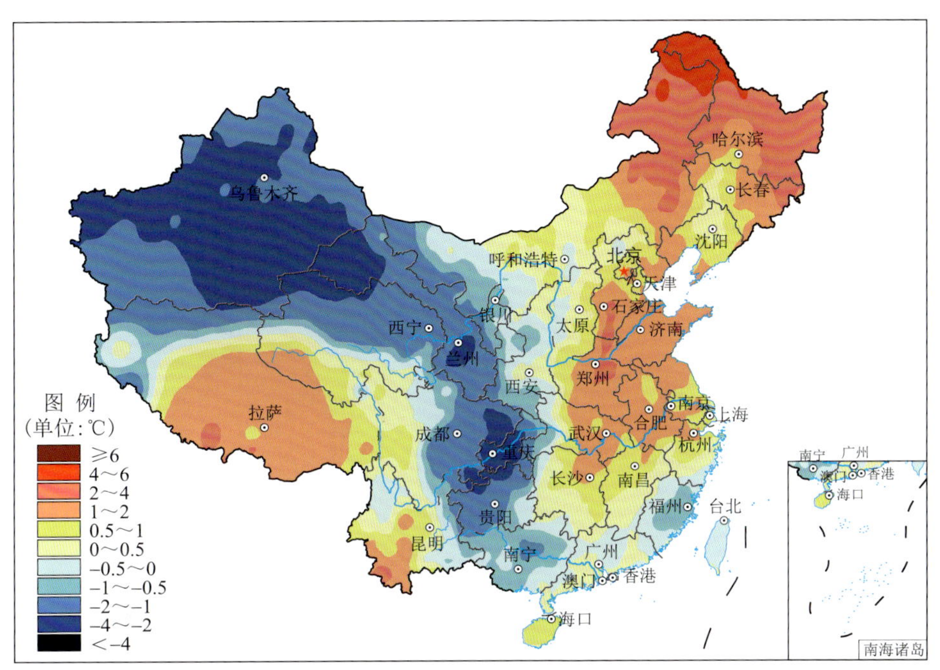

图 3.11.2 2021 年 11 月全国平均气温距平分布

Fig. 3.11.2 Distribution of mean temperature anomaly over China in November 2021 (unit:℃)

3.11.2 主要气象灾害事记

2021 年 11 月有 3 次冷空气过程影响我国（含 2 次全国性寒潮过程和 1 次全国型强冷空气过程）。4—9 日和 19—23 日全国性寒潮过程造成大范围强降温、雨雪和大风天气，影响范围广，极端性强。黑龙江、吉林、辽宁、甘肃、内蒙古、山西、河北、宁夏等地遭受雪灾和低温冷冻害，甘肃、宁夏、湖北、湖南和江西遭风雹灾害，直接经济损失约 1 亿元。

月内，受寒潮过程影响，我国北方大部出现降雪天气和积雪，黑龙江、吉林、辽宁、内蒙古、甘肃、宁夏、山西、河北等地遭受雪灾和低温冷冻害，对农业、畜牧业、交通、电力以及居民生活产生不利影响，直接经济损失 6200 万元。

月内，由于温高雨少，西南部分地区及江汉中部地区气象干旱持续发展，云南北部、四川南部及湖北中部地区存在中度及以上气象干旱。

3.12 12 月主要气候特点及气象灾害

3.12.1 主要气候特点

2021 年 12 月，全国平均气温为−2.3 ℃，较常年同期（−3.0 ℃）偏高 0.7 ℃；全国平均降水量 8.7 毫米，较常年同期（10.5 毫米）偏少 17.1%。月内我国西南地区南部和长江中游部分地区干旱持续发展；超强台风“雷伊”正面袭击南沙群岛；2 次全国性寒潮过程影响我国大部地区，引发强降温、雨雪和大风天气，影响范围广，极端性强，多省遭遇低温冷冻害和雪灾。

月降水量与常年同期相比，西北地区东部、西南地区南部、华南东北部及西藏大部、黑龙江西北部、河北南部等地较常年同期偏多 5 成至 2 倍，西藏大部、内蒙古西部、四川北部、云南东南部等地偏多 2 倍以上；西北地区中部和西部、华北大部、东北南部和西部、黄淮大部、江淮大部、江南大部、华南西部和西南地区北部等地降水量偏少 2 成至 8 成，新疆大部、内蒙古西部、青海北部、甘肃西北部、山西北部、河北北部、山东南部、河南东部、安徽北部、江苏大部、上海大部、江西北部等地降水量偏少 8 成以上（图 3.12.1）。

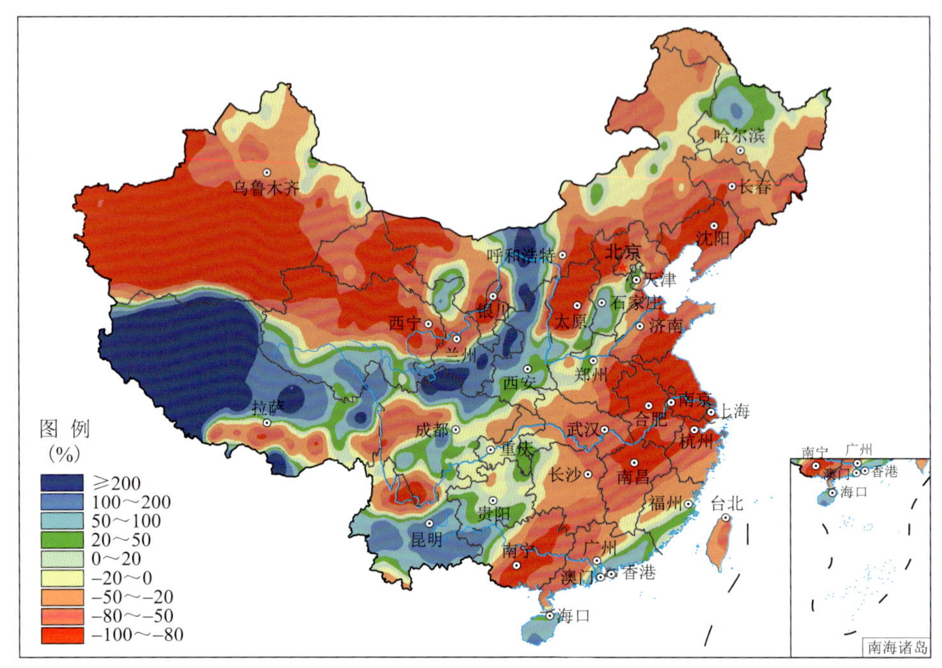

图 3.12.1　2021 年 12 月全国降水量距平百分率分布

Fig. 3.12.1　Distribution of precipitation anomaly percentage over China in December 2021

月平均气温与常年同期相比，西北大部、东北地区东部等地较常年同期偏低，西藏大部、新疆中部、黑龙江北部等地偏低 1～4 ℃；华北大部、黄淮大部、江淮大部、江南大部、西南地区西部和南部、西北地区东部以及新疆北部、内蒙古大部、西藏中东部等地偏高 1 ℃以上，新疆北部、内蒙古东部、河北西部和南部、山东北部和河南北部等地偏高 2～4 ℃（图 3.12.2）。

3.12.2　主要气象灾害事记

2021 年 12 月，由于温高雨少，西南地区部分地区、长江中下游部分地区气象干旱发展。

月内，2021 年第 22 号台风"雷伊"具有"强度大，移速快，影响大"的特点，是有记录以来影响南沙诸岛的最强台风。受"雷伊"和冷空气共同影响，17—20 日，南沙群岛、西沙群岛、中沙群岛出现 8～10 级阵风，局地 11～13 级。海南岛沿海、广东沿海、福建南部沿海出现 7～9 级阵风。三沙市共有 5 个岛礁出现 50 毫米以上降水，超过 100 毫米的有 3 个，最大为美济礁 177.8 毫米。海南岛东半部地区普降大到暴雨，局地出现大暴雨，文昌等 9 个市（县）雨量超过 50 毫米，局地超过 100 毫米。台风降雨利于缓解华南地区的气象干旱、增加空气湿度和降低森林火险气象等级，库塘蓄水增加。

12 月，2 次全国性寒潮过程影响我国大部地区，发生时间分别为 12 月 16—19 日和 12 月 23—26 日。寒潮过程造成大范围强降温、雨雪和大风天气，影响范围广，极端性强。受寒潮过程影响，湖南、重庆、贵州等地遭受雪灾和低温冷冻灾害，云南遭受风雹灾害。

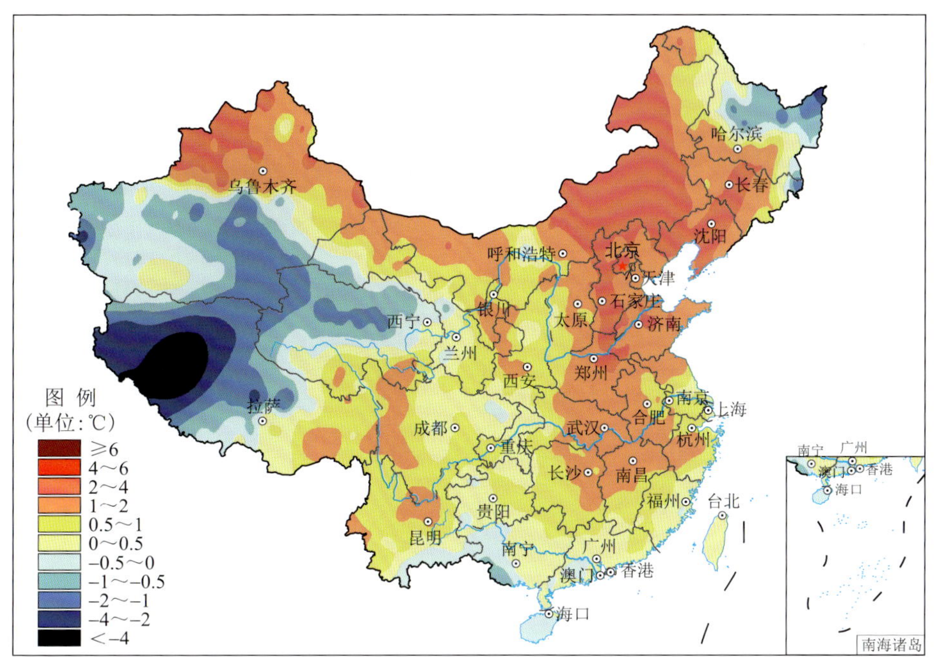

图 3.12.2　2021 年 12 月全国平均气温距平分布

Fig. 3.12.2　Distribution of mean temperature anomaly over China in December 2021 (unit: ℃)

第 4 章 分省气象灾害概述

4.1 北京市主要气象灾害概述

4.1.1 主要气候特点及重大气候事件

2021 年北京市平均气温为 12.1 ℃，比常年（11.5 ℃）略偏高（图 4.1.1）；春季平均气温较常年同期偏高，夏季、秋季和冬季（2020/2021 年）平均气温均接近常年同期，其中 2 月份平均气温为 1.6 ℃，位于历史同期第 3 位。年降水量为 929.3 毫米，较常年同期（546 毫米）偏多 7 成，处于 1961 年以来历史第 1 位（图 4.1.2）；降水显著偏多出现在夏、秋两季，分别较常年同期偏多 6.5 成和 1.7 倍，7 月和 9 月的降水量分别为 400.5 毫米和 165.4 毫米，均打破了历史同期极值，春、冬两季降水量略低于常年同期。

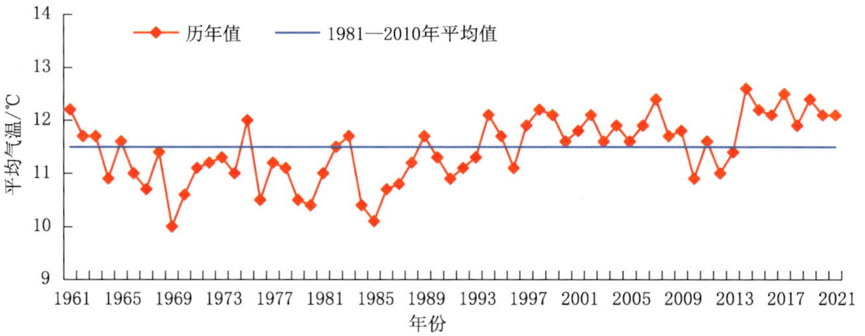

图 4.1.1 1961—2021 年北京市年平均气温变化

Fig. 4.1.1 Annual average temperature in Beijing during 1961—2021 (unit:℃)

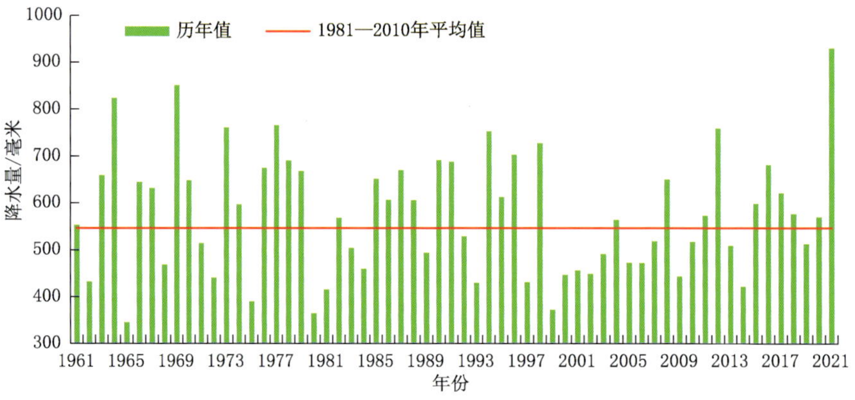

图 4.1.2 1961—2021 年北京市年降水量变化

Fig. 4.1.2 Annual precipitation in Beijing during 1961—2021 (unit:mm)

2021 年北京市出现了暴雨洪涝、大风冰雹等局地强对流天气，造成了一定经济损失和人员伤亡。2021 年北京因气象灾害受灾总人口为 10.5 万人，因灾死亡 2 人；农作物受灾面积 1.5 万公顷；直接经济损失达 13.0 亿元。总体来看，2021 年气象灾害属一般年景。

4.1.2 主要气象灾害及影响

1. 暴雨洪涝

北京全年暴雨洪涝灾害共造成 6.5 万人受灾，死亡 2 人；直接经济损失 11.7 亿元。7 月 26—27 日，北京东北部地区普降暴雨，密云区全区平均累计降雨量 86.1 毫米，累计降雨量 100 毫米以上站点 13 个，最大降水量 224.4 毫米（穆家峪）。此次降雨过程历时长、范围广，对生产生活和基础设施造成一定影响，密云区受灾人口 5619 人，安置转移人口 2452 人，房屋倒塌 33 间，农作物受灾面积 598.5 公顷，直接经济损失 3266.5 万元，基础设施损失 1.8 亿元；平谷区受灾人口 2711 人，农作物受灾面积 840.5 公顷，直接经济损失达 2008 万元。

2. 局地强对流

北京全年因风雹等强对流天气造成 4 万人受灾，直接经济损失 1.3 亿元。6 月 25 日傍晚，北京多个区出现大风冰雹强对流天气。延庆区最大冰雹直径为 4.5 厘米，受灾人口 2.5 万人，农作物受灾面积 7384.8 公顷，绝收面积 92 公顷，农业损失达 4898.7 万元；平谷区镇罗营、金海湖、马坊、刘店、南独乐河等乡镇受灾人口 5772 人，农作物受灾面积 2018.5 公顷，直接经济损失 5090.7 万元，其中粮食作物受灾面积 66.6 公顷，蔬菜作物受灾面积 0.2 公顷，果品受灾面积 1751.7 公顷、损失产量 7.5 万千克，设施损毁 3 栋；昌平区兴寿镇、崔村镇、南邵镇、小汤山镇、延寿镇等乡镇因冰雹天气造成农作物受灾面积 405.5 公顷，农业受损严重（图 4.1.3）。

图 4.1.3 2021 年 6 月 25 日北京昌平区茄株遭遇冰雹损坏（昌平区应急管理局提供）

Fig. 4.1.3 The eggplant was damaged by hail in Changping District, Beijing on June 25, 2021 (By Changping Emergency Management Bureau)

4.2 天津市主要气象灾害概述

4.2.1 主要气候特点及重大气候事件

2021 年，天津市年平均气温 13.4 ℃，较常年偏高 0.8 ℃（图 4.2.1）；年降水量 979.1 毫米，较常年偏多 8 成，为 1961 年以来最多（图 4.2.2）；年日照时数 2456.2 小时，较常年偏少 23 小时。各季平均气温均较常年偏高，偏高幅度 0.1～1 ℃；冬季、春季降水较常年偏少，夏季、秋季较常年显著偏多；除冬季日照时数较常年偏多外，其余各季均较常年偏少。

2021 年，天津主要出现了寒潮、大风、强对流、极端降水、沙尘暴、暴雪、雾和霾等灾害性天气气候事件。1 月出现历史同期最低气温，部分温室蔬菜受冻害；3 月遭遇近 10 年来最强沙尘过程；春季温高雨少风大，农田缺墒干旱；7 月台风“烟花”带来汛期最大降水，市内多处交通要道出现临时积水；秋季降水较常年异常偏多，连续阴雨寡照，影响秋收秋种，秋末罕见雨雪寒潮天气致灾严重。

总体上，2021 年气象灾害对天津市农业、交通、人体健康等诸多方面均造成不同程度的影响，全年气象条件对农业生产利弊参半。全年因各类气象灾害造成 4.5 万人次受灾，死亡 6 人；直接经济损失 5.4 亿元。

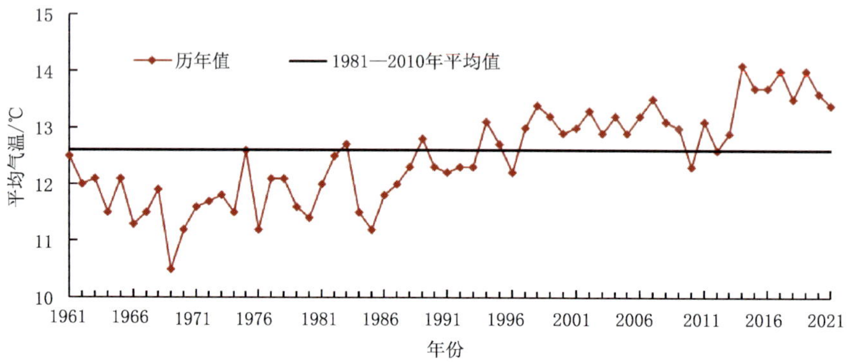

图 4.2.1　1961—2021 年天津市年平均气温变化

Fig. 4.2.1　Annual mean temperature in Tianjin during 1961—2021 (unit: ℃)

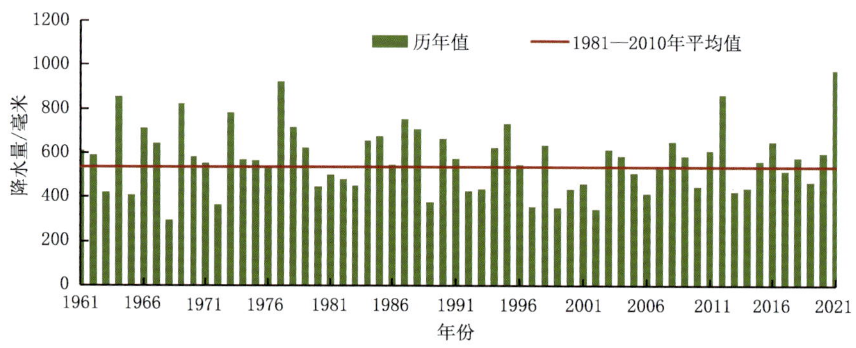

图 4.2.2　1961—2021 年天津市平均年降水量变化

Fig. 4.2.2　Annual precipitation in Tianjin during 1961—2021 (unit: mm)

4.2.2　主要气象灾害及影响

1. 低温冷冻害和雪灾

2021 年 11 月 6—7 日，天津市出现罕见的雨雪及寒潮降温天气。此次过程全市平均降水量 39.6 毫米，列 11 月上旬历史同期高值第 2 位，降雪量为 27.9 毫米，是 1951 年以来的最大降雪过程；各区降雪量 16.1～39.1 毫米，积雪深度 7～25 厘米，空间上呈东南多、西北少分布。此次雨雪过程也是 2021 年首次降雪，初雪日较常年同期偏早 11 天。全市平均气温下降 12.3～14.7 ℃，最低气温降至 −5.6～−1.8 ℃，达到寒潮标准，中心城区、滨海新区、西青区、东丽区、宁河区和静海区最低气温突破近 10 年历史同期极值。

此次雨雪寒潮过程雪量大且雪质偏湿、降温幅度大，给全市农业、渔业、工矿商贸、交通和公共服务等带来不利影响，共造成7100人受灾，2人因灾死亡；农作物受灾面积3230公顷，绝收面积20公顷，直接经济损失4.8亿元（图4.2.3）。

图4.2.3　2021年11月6—7日雨雪及寒潮降温天气造成滨海新区杨家泊镇渔业大棚倒塌（天津市气候中心提供）

Fig. 4.2.3　Collapse of fishery shed in Yangjiabo Town, Binhai New Area due to rain, snow and cold wave during November 6—7, 2021 (By Tianjin Climate Center)

2. 极端降水和暴雨洪涝

2021年，全市平均降水日数83天，为1961年以来第3高，暴雨及以上日数5天。2021年，暴雨洪涝共造成全市3.2万人受灾，1人死亡；农作物受灾面积2310公顷，绝收面积510公顷；直接经济损失5900万元。

6月13日，全市普降中到大雨、局部暴雨，最大降雨量127.1毫米（静海陈官屯），最大小时雨强45.2毫米（静海大邀堡）；7月11—13日，全市过程累计降水量达到暴雨到大暴雨量级，宁河最大日降水量118.8毫米，最大雨强47.5毫米/时（蓟州尤古庄）；7月末，受台风“烟花”影响，全市出现了入汛以来最大的一次降雨过程，全市平均降水量131.4毫米，全市所有区域自动气象站中，大暴雨238站（84.1%）、暴雨45站（15.9%），最大降水量达234.1毫米（蓟州安棋盘）。

3. 局地强对流

2021年强对流天气共造成全市5500多人受灾，3人因灾死亡；农作物受灾面积890公顷；直接经济损失400万元。

8月14—17日，受强对流云团影响，天津市蓟州区出现连续降雨过程，雨量分布不均，并伴有短时大风。全区平均降水量90.5毫米，最大值位于黄崖关181.7毫米。出头岭镇、马伸桥镇、西龙虎峪镇、东赵各庄镇、官庄镇、别山镇、洇溜镇、礼明庄镇、邦均镇、上仓镇10个镇的玉米、大豆、蔬菜等农作物受灾严重，马伸桥镇有120个蓝莓（草莓）大棚棚膜受损，棚内蓝莓（草莓）大面积死亡，出头岭镇有100个食用菌大棚棚膜受损，食用菌因水泡减产、绝收。

4. 沙尘暴

2021年3月13—18日我国出现近10年来最强沙尘暴天气过程。受上游沙尘输送影响，15日天津市出现沙尘暴天气，10时开始全市PM_{10}浓度快速上升，13时接近2000微克/米^3，并伴有8～9级阵风，能见度普遍降至1千米以下。

4.3 河北省主要气象灾害概述

4.3.1 主要气候特点及重大气候事件

2021 年河北省年平均气温 12.9 ℃，比常年平均值 11.8 ℃偏高 1.1 ℃(图 4.3.1)，为 1961 年以来第 3 暖年。冬季、春季和秋季气温偏高，夏季接近常年。年平均降水量 861.2 毫米，比常年(503.4 毫米)偏多 71.1%(图 4.3.2)，为 1961 年以来历史最多。春季降水偏少，冬季和夏季显著偏多，秋季异常偏多。

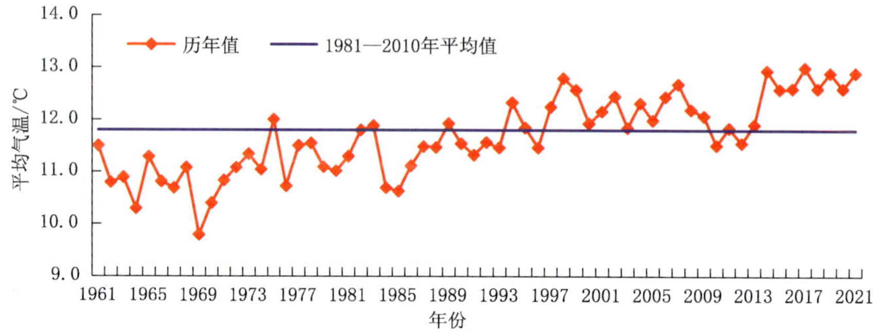

图 4.3.1 1961—2021 年河北省年平均气温变化

Fig. 4.3.1 Annual mean temperature in Hebei during 1961—2021 (unit:℃)

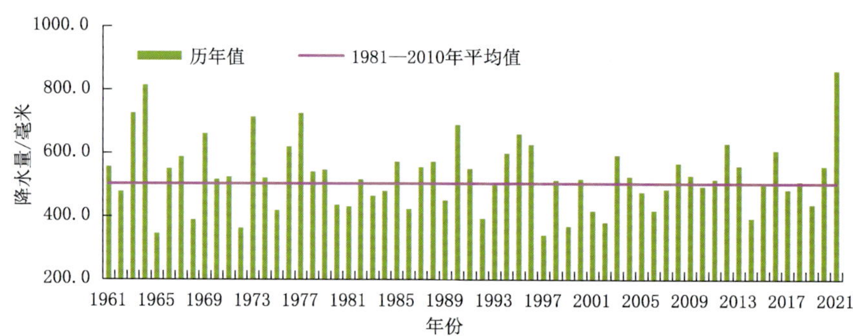

图 4.3.2 1961—2021 年河北省年降水量变化

Fig. 4.3.2 Annual precipitation in Hebei during 1961—2021 (unit:mm)

2021 年，河北省重大气候事件主要有两个：一是雨季开始时间偏早，结束时间偏晚，累计雨量大，暴雨日数多，年平均降水量(861.2 毫米)和年累计暴雨日数(512 站日)均居 1961 年以来第 1 位。二是秋季连阴雨过程多，雨量大，9 月上旬到 10 月上旬河北省出现 4 次连阴雨天气，期间全省平均降水量(266.8 毫米)位居 1961 年以来同期第 1 位。

2021 年，河北省主要遭受了暴雨、连阴雨、强对流天气、低温、暴雪、台风、干旱等灾害性天气，共造成 328.2 万人次受灾，死亡失踪 8 人；农作物受灾面积 38.9 万公顷，绝收面积 6.9 万公顷；直接经济损失 102.4 亿元。与近 20 年气象灾害造成的灾情指标平均值相比，2021 年除直接经济损失接近平均值外，其余指标均偏低。

4.3.2 主要气象灾害及影响

1. 暴雨洪涝

2021 年，河北省平均暴雨日数 3.6 天，比常年平均值 1.4 天偏多 1.6 倍，为 1961 年以来暴雨日数最多年。暴雨洪涝共造成233.6万人次受灾，5人死亡，紧急转移安置人口14.2万人；直接经济损失91.4亿元。2021年，河北受暴雨灾害影响最重，其中，7月17—19日和7月21—22日连续2次区域性暴雨天气过程造成的损失最重。

7月17—22日，河北全省平均降水量87.5毫米，降水量大值区主要集中在河北省中南部地区，保定、石家庄、邢台和邯郸的52个县（市、区）过程降水量在100毫米以上，18个县（市、区）在200毫米以上，邯郸市峰峰矿区最大（400.9毫米）。这两次区域性暴雨过程时间间隔短，过程雨量大，造成的影响也较大。据河北省应急管理厅统计，共造成邯郸、邢台、石家庄、张家口等地的37个县（市、区）102.7万人受灾，因公殉职2人，紧急转移安置12.5万人；农作物受灾面积7.1万公顷，绝收面积3.2万公顷；倒塌房屋617间，严重损坏房屋2597间，一般损坏房屋9492间；直接经济损失70.4亿元。

2. 秋季连阴雨

2021年秋季河北省连阴雨天气过程较多，9月上旬至10月上旬出现4次连阴雨天气过程。其中，10月3—6日的连阴雨天气影响范围广、过程雨量大，再加上9月降水异常偏多，降水累计效应使部分农作物和房屋受损严重。

10月2日夜间至6日夜间，河北省出现大范围连阴雨天气，全省平均过程降水量86.6毫米，比常年10月平均降水量偏多2.5倍。降水量大值区主要集中在中南部地区，大部分地区过程降水量在50毫米以上，部分地区在100毫米以上，最大过程降水量288.7毫米。受连阴雨天气影响，河北省大部分地区出现持续寡照天气，张家口南部、唐山、秦皇岛及以南的118个县（市、区）连续4天未出现日照。连阴雨天气过程使玉米、棉花等农作物遭受渍涝灾害，部分玉米因长时间阴雨天气而发霉（图4.3.3），部分房屋因长时间降雨而受损甚至倒塌。据河北省应急管理厅统计，此次连阴雨天气过程造成石家庄、邯郸、邢台、张家口、衡水市的30个县（市、区）34.1万人受灾，紧急转移安置1.3万人；农作物受灾面积3.6万公顷，绝收面积9000公顷；倒塌房屋255间，严重损坏房屋240间；一般损坏房屋2692间，直接经济损失4.7亿元。另外，9—10月的4次连阴雨过程使中南部大部分地区土壤含水量处于过饱和状态，给秋收秋播工作造成较大困难（图4.3.4）。

图4.3.3 2021年10月7日衡水市冀州区部分玉米发霉（河北省气象局提供）
Fig. 4.3.3 Some corn in Jizhou District, Hengshui City became moldy on October 7, 2021
(By Hebei Meteorological Service)

图 4.3.4 2021 年 10 月 7 日邯郸市田间积水严重，影响秋收秋播（河北省气象局提供）
Fig. 4.3.4 There is serious ponding in the field in Handan City, which affects the autumn harvest and sowing on October 7, 2021 (By Hebei Meteorological Service)

3. 局地强对流

2021 年河北省年平均冰雹日数 0.9 天，比常年平均值 0.6 天偏多 50%。5—9 月全省平均大风日数 5.5 天，比常年同期平均值 3.1 天偏多 77.4%。2021 年强对流天气共造成 80 万人次受灾，3 人死亡；农作物受灾面积 15.7 万公顷，绝收面积 1.5 万公顷；损坏房屋 7600 间；直接经济损失 9 亿元。单次直接经济损失在 2000 万元以上的强对流天气过程有 8 次，其中 6 月 23 日—7 月 3 日的强对流天气过程造成的损失相对较重。

6 月 23 日—7 月 3 日，河北省多局地强对流天气，有 44 个县（市、区）出现 8 级以上大风，27 个县（市、区）出现冰雹，最大冰雹直径 2.5 厘米。受强对流天气影响，张家口、承德、保定、廊坊、石家庄、沧州、衡水、邢台、邯郸等地蔬菜、玉米等农作物及部分房屋、车辆等受损，部分地区出现严重的城市内涝。据统计，共造成 23.8 万人次受灾；农作物受灾面积 6.1 万公顷，绝收面积 7000 公顷；直接经济损失 4.6 亿元。

4.4 山西省主要气象灾害概述

4.4.1 主要气候特点及重大气候事件

2021 年，山西省年平均气温 11.0 ℃，较常年（9.8 ℃）偏高 1.2 ℃，与 1999 年并列为 1961 年以来最高值（图 4.4.1）。山西省年平均降水量 721.9 毫米，较常年（468.3 毫米）偏多 54.2%，为 1961 年以来最多（图 4.4.2）。四季气温均偏高，冬季气温为近 10 年第 3 高；冬季和秋季降水明显偏多，秋季降水为 1961 年以来最多，冬季降水为近 30 年第 3 多。

2021 年，春季的大范围寒潮天气致使低温冻害发生；夏季降水时空分布不均，造成西北部阶段性干旱严重；夏秋季强降水及强对流天气较多，尤其 7 月东南部暴雨和 10 月初大范围连阴雨天气，全省多地遭受暴雨洪涝、地质灾害侵袭，影响严重，历史罕见。气象灾害共造成农作物受灾面积 116.3 万公顷，绝收面积 16.3 万公顷；受灾人口 768.5 万人，死亡失踪 56 人；直接经济损失 231 亿元。总的来看，2021 年山西省气象灾害属于偏重年份。

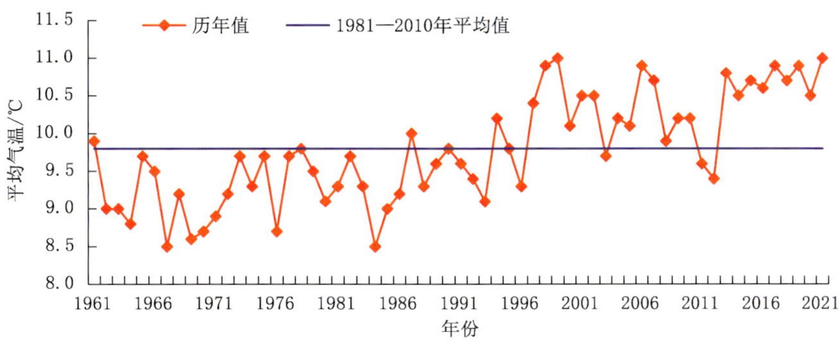

图 4.4.1　1961—2021 年山西省年平均气温变化

Fig. 4.4.1　Annual mean temperature in Shanxi during 1961—2020 (unit:℃)

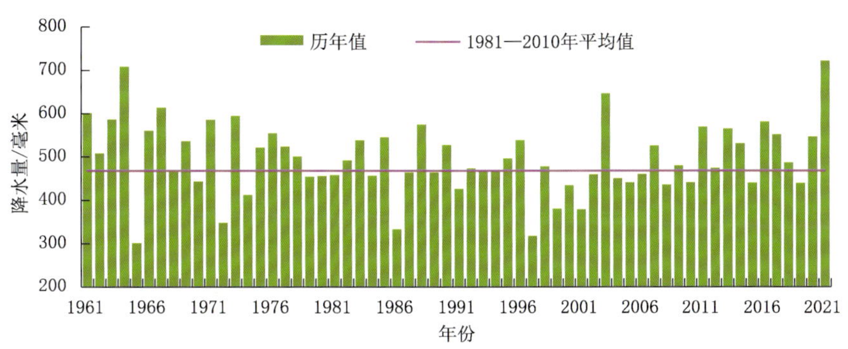

图 4.4.2　1961—2021 年山西省平均年降水量变化

Fig. 4.4.2　Annual precipitation in Shanxi during 1961—2020 (unit:mm)

4.4.2　主要气象灾害及影响

1. 暴雨洪涝

2021 年,暴雨天气集中在夏秋两季,夏季有 68 站次暴雨,秋季有 153 站次,为 1961 年以来历史同期最多。“7·11”“7·20”和 10 月 3—6 日的全省大范围极端连阴雨等天气过程强度大、历时长、降水累计效应强,造成多地出现暴雨洪涝以及滑坡、决堤等次生灾害,给社会经济和人民生命财产安全带来严重影响。年内,一日最大日降水量出现在 7 月 11 日晋城城区(198.1 毫米);10 月 5 日暴雨出现范围最大,达 36 县(市)。山西全年因暴雨洪涝造成 288.5 万人受灾,死亡失踪 55 人;倒塌房屋 4.9 万间,损坏房屋 14.6 万间;农作物受灾面积 33.1 万公顷,绝收面积 5 万公顷;直接经济损失 152.9 亿元。

10 月 3—6 日,晋城市阳城县因暴雨洪涝导致 9 个乡镇 5327 人受灾;倒塌房屋 237 间,损坏房屋 878 间;农作物受灾面积 76.3 公顷,绝收面积 31.3 公顷;死亡牲畜 273 头;损毁田间道路 32.9 千米,山体滑坡 1.5 万平方米,道路塌方损毁 3.8 千米、塌陷 2.1 万平方米,护坝倒塌 4160 立方米,损毁护坡河坝 5.2 千米、地下管网 4.1 千米,桥梁坍塌 4 座,公共服务设施和村镇企业设施损毁严重;直接经济损失 3967 万元(图 4.4.3)。

2. 干旱

2021 年夏季,山西省西北部等地出现阶段性干旱。年内全省因旱受灾 326.2 万人,需生活救助 62.8 万人,饮水困难 5500 多人;农作物受灾面积 62.7 万公顷,绝收面积 9.8 万公顷;直接经济损失 48.2 亿元。

7 月初至 8 月中旬,忻州市五寨县因持续高温少雨造成全县 10 个乡镇不同程度遭受干旱灾害,

图 4.4.3 2021 年 10 月山西省阳城县暴雨灾害造成乡村桥梁垮塌(阳城县气象局提供)
Fig. 4.4.3 Rural bridge collapsed due to rainstorm disaster in Yangcheng of Shanxi in October, 2021
(By Yangcheng Meteorological Service)

受灾人口 6.9 万人,因旱需救助人口 2.6 万人;农作物受灾面积 3.5 万公顷,成灾面积 3.5 万公顷;直接经济损失 2.6 亿元。

3. 局地强对流

2021 年,山西省共有 122 站次出现冰雹天气,1619 站次出现大风天气。局地强对流天气共造成 15.1 万公顷农作物受灾,绝收面积 1.1 万公顷;受灾人口 99.9 万人;倒塌房屋 800 间,损坏房屋 4800 间;直接经济损失 17.1 亿元。

7 月 5—6 日,受暴雨和冰雹天气影响,大同市天镇县、阳高县、灵丘县、新荣区和广灵县 9.0 万人受灾;玉米、高粱、马铃薯、蔬菜等作物不同程度受灾,受灾面积 1.9 万公顷,绝收面积 2266.9 公顷;1491 个农作物大棚不同程度损坏,死亡羊 100 只,损坏房屋 24 间,田间道路冲毁 40 千米,受损堤防 40 米;直接经济损失 2.7 亿元(图 4.4.4)。

图 4.4.4 2021 年 7 月 5 日山西省阳高县遭受风雹灾害(阳高县气象局提供)
Fig. 4.4.4 Wind and hail disaster occurred in Yanggao of Shanxi on July 5, 2021
(By Yanggao Meteorological Service)

4. 低温冷冻害和雪灾

2021 年，山西省因低温冷冻害和雪灾造成 53.9 万人受灾，死亡失踪 1 人；农作物受灾面积 5.5 万公顷，绝收面积 3240 公顷；倒塌房屋 100 余间，损坏 200 余间；直接经济损失 12.9 亿元。

11 月 5—7 日，受强冷空气影响，大同市广灵县出现暴雪、大风和强寒潮天气，造成加斗镇 3 座羊棚倒塌，压死羊 2 只，5 座蔬菜大棚倒塌，共计损失 10 万元；壶泉镇蔬菜大棚等倒塌损失较为严重，经济损失达 1611.5 万元，受灾 73 户。

4.5 内蒙古自治区主要气象灾害概述

4.5.1 主要气候特点及重大气候事件

2021 年，内蒙古全区平均气温为 6.3 ℃，较常年偏高 1.2 ℃，为 1961 年以来第 2 高(图 4.5.1)；春季全区平均气温明显偏高，冬季、夏季、秋季接近常年同期。全区平均降水量为 377.8 毫米，较常年偏多 18.8%，为 1961 年以来同期第 6 多(图 4.5.2)；四季降水量较常年均偏多，其中秋季最为偏多(60.4%)。

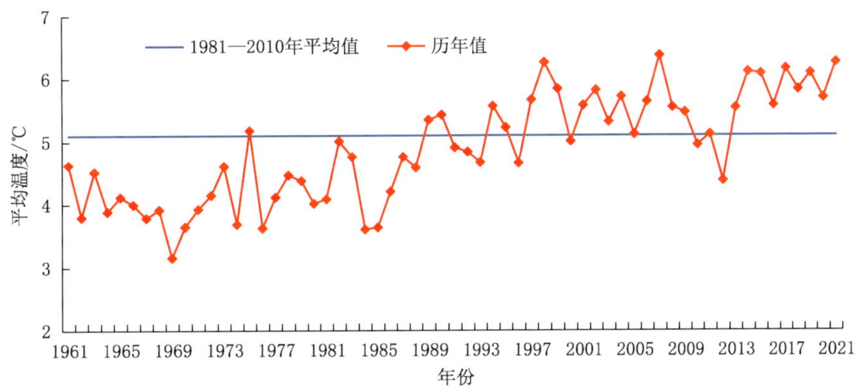

图 4.5.1 1961—2021 年内蒙古年平均气温变化

Fig. 4.5.1 Annual mean temperature in Inner Mongolia during 1961—2021 (unit:℃)

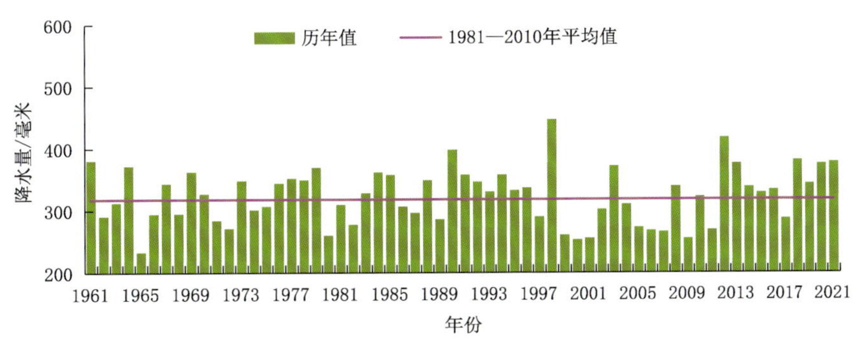

图 4.5.2 1961—2021 年内蒙古年降水量历年变化

Fig. 4.5.2 Annual precipitation in Inner Mongolia during 1961—2021 (unit:mm)

2021 年年初发生区域性降温过程，出现 28 站极端低温事件，赤峰市设施农业遭受低温冻害；春季大风、沙尘过程频发，影响范围广、强度强，大风和沙尘影响站数均为 1961 年以来历史同期最多，部分地区设施农业受损；汛期中东部降水偏多、极端性强，暴雨洪涝、冰雹灾害频发，造成农业受损和垮坝事件；2021 年度干旱整体偏轻，夏季部分地区出现阶段性干旱，7 月出现区域性高温过程，3 站日最高气温突破历史极值；秋末冬初出现强雨雪寒潮天气，通辽市科尔沁区和库伦旗过程降水量分别达 87.4 毫米和 87.1 毫米，库伦旗最大积雪深度达 68 厘米，东部雪灾较重。2021 年内蒙古气象灾害共造成 230.2 万人次受灾，22 人死亡或失踪；128.1 万公顷农作物受灾，绝收面积 8.3 万公顷；直接经济损失 75.6 亿元。

4.5.2 主要气象灾害及影响

1. 沙尘暴

2021 年内蒙古共出现 8 次影响范围较大的沙尘天气过程，1 月份出现 1 次，3 月和 4 月各出现 2 次，5 月出现 3 次。春季，大风和沙尘影响站数均为 1961 年以来历史同期最多，沙尘暴影响站数为 1961 年以来历史同期第 2 多。

3 月 14—15 日的大范围沙尘过程影响范围最大、强度最强，全区所有盟（市）均受影响，119 个国家级气象站中近 8 成出现沙尘天气，近 4 成出现沙尘暴天气，有 39 站为强沙尘暴天气，赤峰市岗子和巴彦淖尔市杭锦后旗达到特强沙尘暴等级。沙尘天气造成巴彦淖尔市乌拉特前旗、五原县、乌拉特中旗等地设施农业受损，直接经济损失超 2000 万元。

2. 干旱

2021 年内蒙古旱情整体偏轻，夏季部分地区出现阶段性干旱，巴彦淖尔市乌拉特后旗、杭锦旗、鄂托克旗、鄂托克前旗、察右中旗、巴林右旗及扎鲁特旗等旗（县）因旱成灾。初夏，东部地区出现干旱，盛夏，东部地区旱情缓解或解除，中西部地区旱情有所抬头并发展；夏末，西部大部及中部偏西地区持续干旱，巴彦淖尔市西南部、鄂尔多斯市西部等地为中到重旱。全年因旱受灾人口 56.8 万人，农作物受灾面积 33.6 万公顷，直接经济损失 13.3 亿元。

3. 暴雨洪涝

2021 年汛期内蒙古中东部各流域降水量明显偏多，极端性显著。额尔古纳河流域内蒙古段降水量 381 毫米，为 1961 年以来第 5 多，7 月 30—31 日牙克石、根河日降水量超极端阈值；海河流域内蒙古段降水量 364.8 毫米，为 1961 年以来第 9 多，8 月 15 日正蓝旗日降水量超极端阈值；嫩江流域内蒙古段降水量 546 毫米，为 1961 年以来第 2 多，7 月 18 日莫力达瓦旗超历史极值、阿荣旗超极端阈值。汛期巴彦淖尔市乌拉特前旗、呼伦贝尔市牙克石市和莫力达瓦旗、通辽市科尔沁左翼后旗等地暴雨洪涝灾害发生频次较高。全年暴雨洪涝受灾 86.8 万人，死亡失踪 14 人；农作物受灾面积 52 万公顷；直接经济损失 29 亿元。

7 月 17—20 日，呼伦贝尔市莫力达瓦旗遭受强降雨袭击，造成部分农作物受灾，城市基础设施不同程度损毁。境内永安水库（小 1 型）决口、新发水库（中型）垮坝，据统计，8 万多人受灾，直接经济损失达 9.1 亿元（图 4.5.3）。

4. 局地强对流

2021 年全区共有 34 个旗（县）出现冰雹灾害，出现冰雹灾害最多的为赤峰市宁城县，共出现 6 次，其次为敖汉旗和土左旗，均发生 4 次。全年总计出现 66 次冰雹灾害，其中夏季发生 56 次。

5. 低温冷冻害和雪灾

2021 年，内蒙古因低温冷冻害和雪灾共造成 15.4 万人受灾，直接经济损失 11.5 亿元。

1 月 2—7 日，受强冷空气影响，全区共出现 28 站（42 站日）极端低温事件，太仆寺旗 1 月 7 日最低气温超过历史极值，敖汉旗先后 4 天、呼和浩特市先后 3 天超过极端阈值。赤峰市林西县设施农业遭受低温冻害，造成蔬菜等大棚经济作物受灾，据统计，受灾 1949 人，直接经济损失 742.9 万元。

11 月 6—9 日，内蒙古自治区全区出现强寒潮过程，影响范围大、强度强，综合强度指数位居 11

图 4.5.3　2021 年 7 月 17—20 日莫力达瓦旗遭受暴雨洪涝灾害(莫力达瓦旗气象局提供)
Fig. 4.5.3　The flood disaster in Morin Dawa during July 17—20, 2021
(By Morin Dawa Meteorological Service)

月上旬历史同期第 5 高。伴随寒潮过程产生了大范围的雨雪天气,部分地区降水量大、积雪厚、极端性强。通辽市科尔沁区和库伦旗过程降水量分别达 87.4 毫米和 87.1 毫米;兴安盟、通辽市、赤峰市、锡林郭勒盟、乌兰察布市、呼和浩特市、包头市、鄂尔多斯市、阿拉善盟 9 个盟(市)共计 37 站出现极端降雪事件,其中 8 站日降雪量超历史极值,通辽市库伦旗和青龙山连续 2 日刷新历史纪录;通辽市库伦旗最大积雪深度达到 68 厘米。此次过程导致东部出现较重雪灾,受灾地区主要集中在通辽市、赤峰市、锡林郭勒盟和兴安盟等地,其中,通辽市受灾最重,受灾人口约 10.7 万人,死亡 1 人,另有房屋倒塌、棚舍受损,牲畜死亡,家庭财产损失等,直接经济损失约 10.3 亿元(图 4.5.4)。

图 4.5.4　2021 年 11 月通辽市遭受雪灾(通辽市气象局提供)
Fig. 4.5.4　The snow disaster in Tongliao City in November, 2021
(By Tongliao Meteorological Service)

4.6 辽宁省主要气象灾害概述

4.6.1 主要气候特点及重大气候事件

2021 年，辽宁省年平均气温为 9.6 ℃，比常年(8.8 ℃)偏高 0.8 ℃，为 2014 年以来连续第 8 个气温偏高年(图 4.6.1)；年降水量为 888 毫米，比常年(648.2 毫米)偏多 37%(图 4.6.2)；年日照时数为 2233 小时，比常年(2543 小时)偏少 310 小时。与常年同期相比，冬季、春季、夏季和秋季气温分别偏高 0.3 ℃、1.2 ℃、0.1 ℃和 0.7 ℃。冬季和夏季降水比常年同期偏多 1 成，春季降水接近常年，秋季降水比常年同期偏多 1.8 倍，为 1961 年以来历史同期最多。

2021 年，辽宁省主要气象灾害有热带气旋、暴雨洪涝、雪灾、风雹、干旱和低温冷冻，其中 9 次区域性暴雨过程、11 月 7—9 日特大暴雪过程、局地风雹造成的灾害损失较重。全年气象灾害共造成农作物受灾面积 24.9 万公顷，绝收面积 1.1 万公顷；受灾人口 172.3 万人，因灾死亡 3 人；直接经济损失 84.6 亿元。

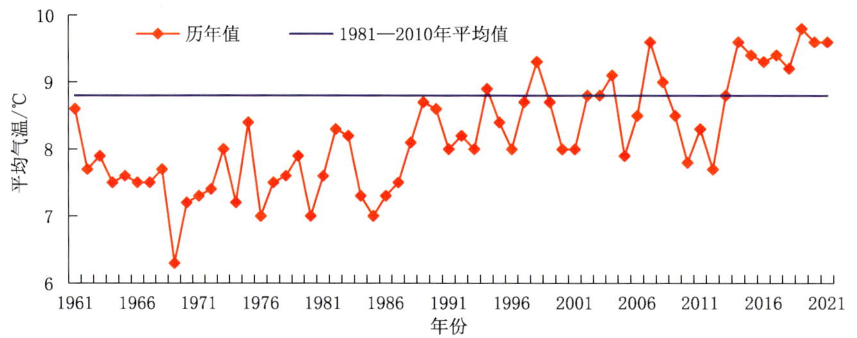

图 4.6.1　1961—2021 年辽宁省年平均气温变化

Fig. 4.6.1　Annual mean temperature in Liaoning during 1961—2021 (unit: ℃)

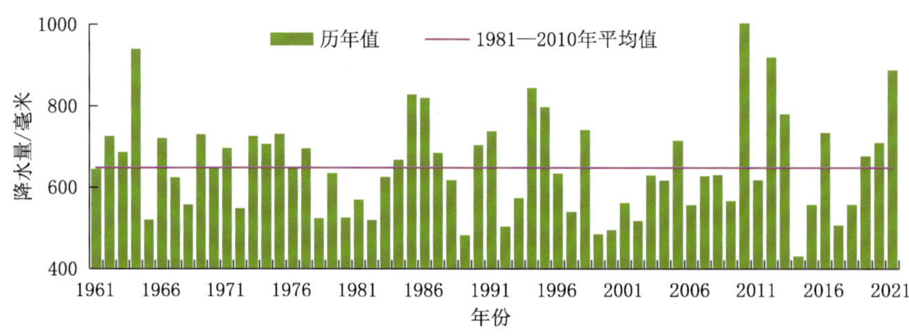

图 4.6.2　1961—2021 年辽宁省平均年降水量变化

Fig. 4.6.2　Annual precipitation in Liaoning during 1961—2021 (unit: mm)

4.6.2 主要气象灾害及影响

1. 暴雨洪涝

2021 年，辽宁省共出现 9 次区域性暴雨过程，比 2020 年多 1 次。年内最早区域性暴雨过程出现在 6 月 2—3 日，最晚出现在 10 月 3—4 日，其中“6·27”“9·20”和“10·03”为最强的 3 次区域性暴雨过程，过程最大降雨量分别达 291.3 毫米(北镇市)、341.5 毫米(兴城市徐大堡镇)和 263.0 毫米(桓仁满族自治县枫林谷景区)。暴雨洪涝共造成全省农作物受灾面积 5.3 万公顷，绝收面积

4580 公顷；受灾人口 39.4 万人；损坏房屋 2600 间；直接经济损失 12.4 亿元。

2. 雪灾

2021 年，辽宁省共出现大到暴雪 5 次，比 2020 年多 2 次。主要发生在 2 月中旬至 3 月中旬和 11 月，集中在东部、北部和中部地区。雪灾共造成全省农作物受灾面积 9600 公顷，绝收面积 589 公顷；受灾人口 15.2 万人，因灾死亡 3 人，紧急避险转移 457 人，紧急转移安置 948 人；因灾死亡大牲畜 4097 头（只）；倒塌房屋 15 间，损坏房屋 85 间；直接经济损失 45 亿元。

11 月 7—9 日，辽宁省出现历史罕见特大暴雪，全省 62 个国家级地面气象观测站平均降水量 41.1 毫米，39 个站出现特大暴雪，最大降雪量、最大积雪深度均出现在鞍山站，分别为 80.3 毫米、53 厘米。沈阳、鞍山、营口、辽阳和辽西地区降雪量、雪深均超过 2007 年"3·04"暴雪过程，突破 1951 年有完整气象记录以来历史极值（图 4.6.3）。

图 4.6.3　特大暴雪过后，11 月 9 日辽宁省营口市开展大规模除雪工作（营口市气象局提供）

Fig. 4.6.3　After a heavy snowstorm, a large-scale snow removing has promoted at Yingkou, Liaoning Province on November 9, 2021 (By Yingkou Meteorological Service)

3. 风雹

2021 年，辽宁省共发生大风灾害 11 次和冰雹灾害 11 次，比 2020 年分别偏多 5 次和 7 次。大风灾害主要出现在大连、营口、阜新、铁岭、朝阳和葫芦岛地区；冰雹灾害主要出现在大连、抚顺、锦州、营口、铁岭、朝阳和葫芦岛地区。风雹灾害造成受灾人口 111.7 万人，紧急避险转移 1.5 万人；农作物受灾面积 17.8 万公顷，绝收面积 5760 公顷；损坏房屋 1600 间；直接经济损失 26.6 亿元。

9 月 19—20 日，大连金普新区 4 个观测站出现 10 级及以上大风，最大瞬时风力 11 级（28.9 米/秒，大孤山街道大窑湾临港工业区）。

9 月 30 日至 10 月 1 日，大连市和葫芦岛市出现冰雹，最大冰雹直径 7～8 厘米，同一地点持续降雹时间最长达 18 分钟（图 4.6.4）。

4. 干旱

2021 年 7 月初至 8 月初，受高温、晴热、少雨天气影响，辽宁省中北部地区出现伏旱并发展加剧，玉米叶片明显打绺甚至枯黄。

铁岭市的开原市和西丰县的 21 个乡镇发生干旱灾害，造成农作物受灾面积 8112 公顷，成灾面积 5662 公顷，绝收面积 217 公顷；受灾人口 4.8 万人；直接经济损失 6224 万元。

图 4.6.4　2021 年 10 月 1 日辽宁省大连市出现特大冰雹天气（大连市气象局提供）
Fig. 4.6.4　A heavy hail weather has occurred at Dalian, Liaoning Province on October 1, 2021 (By Dalian Meteorological Service)

4.7　吉林省主要气象灾害概述

4.7.1　主要气候特点及重大气候事件

2021 年吉林省年平均气温 6.4 ℃，比常年高 1.0 ℃（图 4.7.1），居 1961 年以来高温的第 4 位。年平均降水量 676.7 毫米，比常年多 11%（图 4.7.2），居 1961 年以来多雨的第 21 位。春季气温明显偏高，降水偏少。夏季气温略高，降水略多。7 月 11 日—8 月 1 日气温持续偏高，较常年同期高 3.6 ℃，突破历史高温纪录。降水呈现“多—少—多”的变化特征，7 月 10—29 日降水明显偏少，较常年同期少 71.6%，居历史少雨第 2 位。秋季气温略偏高，降水明显偏多。9 月 15—29 日气温明显偏高，突破历史同期纪录；而 10 月 16—22 日气温明显偏低，较常年同期偏低 4.0 ℃，居历史低温第 3 位。全省平均降水量较常年偏多 5 成。冬季气温与常年持平，降水明显偏少。冬季降水较常年同期偏少 6 成，为近 10 年少雨雪第 1 位。

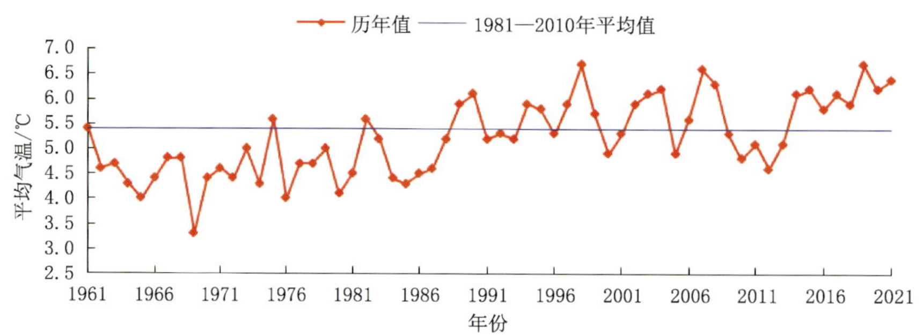

图 4.7.1　1961—2021 年吉林省年平均气温变化
Fig. 4.7.1　Annual mean temperature in Jilin during 1961—2021 (unit: ℃)

2021 年吉林省主要气象灾害为暴雨洪涝、低温冷冻、雷雨大风、冰雹、干旱等。受灾害影响，吉林省受灾人口为 75.7 万人，农作物受灾 24.5 万公顷，直接经济损失为 13.8 亿元。

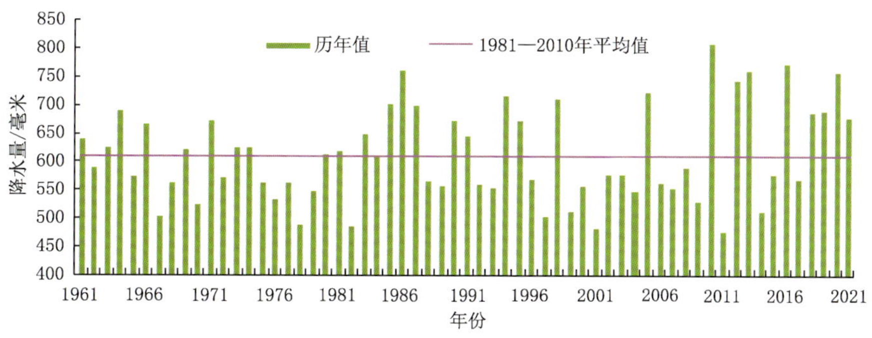

图 4.7.2　1961—2021 年吉林省年平均降水量变化

Fig. 4.7.2　Annual precipitation in Jilin during 1961—2021 (unit:mm)

4.7.2　主要气象灾害及影响

1. 暴雨洪涝

2021 年吉林省因暴雨洪涝灾害直接经济损失达 4.4 亿元，占 2021 年总自然灾害损失的 31%；受灾人口共计 34.8 万人，紧急避险转移人口 500 人；农作物受灾面积 13.5 万公顷，绝收面积 4350 万公顷。入汛以来暴雨天气过程较常年略多，但暴雨强度偏弱。2021 年暴雨影响范围最大的一次为 8 月 21—25 日，全省 13 个县(市)出现暴雨，24 小时降水最大为 99.6 毫米，出现在洮南。灾害造成白城、长春、延边地区多县(市)受灾，受灾总人数达 8.3 万人，直接经济损失 6000 万元，农作物受灾面积 2 万公顷，损坏房屋 13 间，道路损毁 5.6 千米，桥梁受损 9 座(图 4.7.3)。

图 4.7.3　2021 年 8 月 25 日农安县暴雨洪涝灾害(吉林省气象局提供)

Fig. 4.7.3　Heavy rain and flood disaster in Nong'an of Jilin on August 25,2021 (By Jilin Meteorological Service)

2. 低温雨雪冻害

全年因低温冷冻害和雪灾共造成 2.4 万人受灾，直接经济损失 5.5 亿元。

受高空冷涡和地面低压强烈发展影响，11 月 6—11 日，吉林省出现了入秋以来首场强雨雪、寒潮、大风天气，全省平均雨雪量达 28.9 毫米，西部乾安、双辽等 7 个县(市)出现特大暴雪，乾安过程降雪量达 82.2 毫米，突破全省历史极值，洮南、前郭、榆树和双辽等 18 县(市)日降雪量突破当地历史记录。延边出现大雨，中部雨雪转换，11 县(市)出现冻雨。西部出现偏北大风，延边东部出现偏东大风。6 日开始气温较前期明显下降，尤其是最高气温普遍下降 8～18 ℃，部分地方降幅 20 ℃以上。影响范围之广、持续时间之长、雨雪量之大、降水相态之复杂历史罕见。灾害造成白城、松原、长春等地区多县(市)受灾，受灾总人数 4800 余人，直接经济损失 6363.2 万元，农业经济损失

3961.9 万元，损坏大棚 4182 座，19 户企业受灾，猪舍 12 座严重损坏，鸡舍 9 座倒塌，牛舍 10 栋、羊圈 4 栋严重损坏，农机具库房、农村合作社、垃圾中转站、化肥经销处等 25 座严重损坏，粮仓坍塌 1 座，加油站 1 座棚顶严重损坏（图 4.7.4）。

图 4.7.4　2021 年 11 月 6 日农安县遭暴雪袭击（吉林省气象局提供）
Fig. 4.7.4　Snowstorm in Nong'an of Jilin on November 6, 2021 (By Jilin Meteorological Service)

3. 强对流天气

年内因大风冰雹等强对流天气共造成 30 万人受灾，农作物受灾面积 6.6 万公顷，直接经济损失 2.4 亿元。

夏季吉林省强对流天气多发，共出现 129 站日冰雹，72 站日大风，极大风速最大值达 27.7 米/秒（10 级），8 月 3 日出现在辉南。受风雹灾害性天气影响范围最大的一次为 9 月 6—9 日，受东北冷涡影响，吉林中西部出现多雷雨天气，中部部分地区出现冰雹。全省最大日降雨量 84.4 毫米，出现在东辽赵家水库；最大 1 小时降雨量 41 毫米，出现在九台常家村。共计 53 站出现雷暴大风，26 站出现短时强降水。强对流天气导致全省 18.9 万人受灾，直接经济损失 1.2 亿元，农作物受灾面积 3.2 万公顷，玉米、水稻等农作物出现倒伏（图 4.7.5）。

图 4.7.5　2021 年 9 月 6—9 日冷涡带来雷暴大风天气，导致柳河县街道树木折断、玉米倒伏（吉林省气象局提供）
Fig. 4.7.5　Gale disaster in Liuhe of Jilin during September 6—9, 2021 (By Jilin Meteorological Service)

4.8 黑龙江省主要气象灾害概述

4.8.1 主要气候特点及重大气候事件

2021 年，黑龙江省年平均气温为 4.2 ℃，比常年高 1.2 ℃（图 4.8.1）；平均年降水量为 608.5 毫米，比常年偏多 15%（图 4.8.2）。冬季平均气温比常年低 0.4 ℃，春季、夏季、秋季平均气温分别比常年高 1.5 ℃、0.9 ℃、1.4 ℃，为 1961 年以来历史同期第 6、第 5、第 4 高；冬季、春季、夏季、秋季降水量分别比常年多 24%、24%、4%、44%。

2021 年黑龙江省主要气象灾害有暴雨洪涝、局地强对流、高温热浪、低温冷冻害和雪灾等。全年因气象灾害共造成 101.4 万人受灾，死亡 2 人；农作物受灾面积 83.2 万公顷，绝收面积 17.7 万公顷；直接经济损失 57.2 亿元。总体来看，2021 年属气象灾害较轻年份。

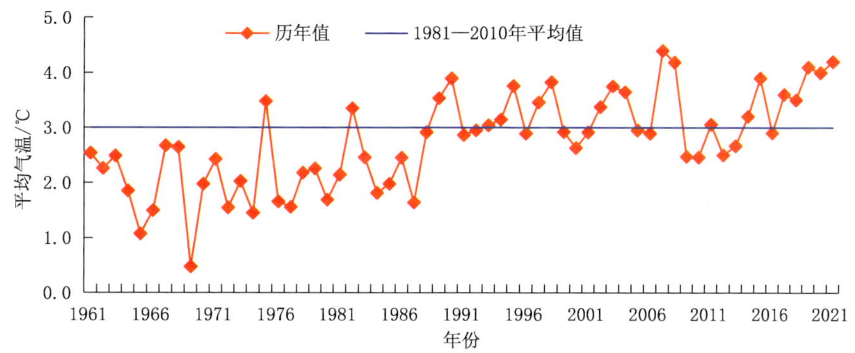

图 4.8.1 1961—2021 年黑龙江省年平均气温变化

Fig. 4.8.1 Annual mean temperature in Heilongjiang during 1961—2021 (unit:℃)

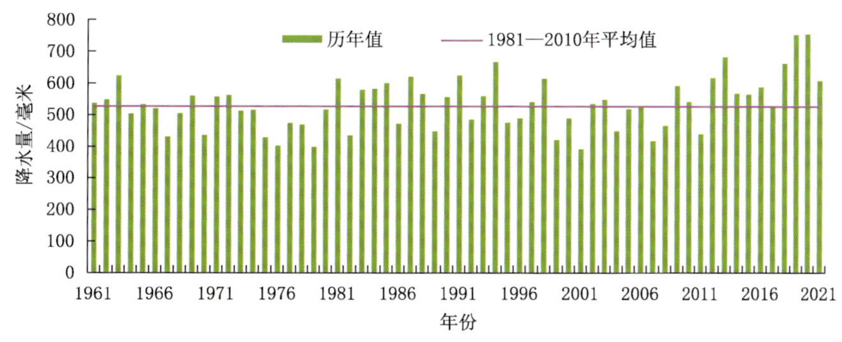

图 4.8.2 1961—2021 年黑龙江省年降水量历年变化

Fig. 4.8.2 Annual precipitation in Heilongjiang during 1961—2021 (unit:mm)

4.8.2 主要气象灾害及影响

1. 暴雨洪涝

2021 年，黑龙江省暴雨洪涝灾害频发，共有 13 个市（地）123 个县（市、区）发生洪涝灾害，共造成受灾人口 49.9 万人；农作物受灾面积 40.8 万公顷，绝收面积 14.5 万公顷；直接经济损失 43.4 亿元。

6 月降水频繁，降水过程主要集中在上中旬，68 个市（县）的降水日数达 10 天以上，漠河、伊春、哈尔滨、牡丹江等地的 27 个市(县)达 15 天以上，木兰 6 月降水日数达 22 天。6 月 15 日，塔河降水量为 64.4 毫米，为 1961 年以来单日降水第 2 多，新林降水量为 77.8 毫米，为 1961 年以来历史单日第 3 多，均突破 6 月单日降水量极值。

受减弱变性的台风“烟花”影响，7 月 31 日—8 月 3 日，呼玛、杜尔伯特、讷河、乌伊岭、嘉荫等 14 个观测站出现暴雨，平均日降水量为 65.1 毫米，过程极端最大日降水量为 111.6 毫米。

2. 局地强对流

2021 年黑龙江省 11 个市(地)68 个县(市、区)发生局地强对流天气，主要集中在 6 月上旬和 8 月下旬。强对流天气共造成受灾人口 23.2 万人，死亡 2 人；损坏房屋 1700 间；农作物受灾面积 10.2 万公顷，绝收面积 4640 公顷；直接经济损失 3.3 亿元(图 4.8.3)。

8 月 23 日，强对流天气导致肇州、安达、木兰、哈尔滨等地遭受风雹灾害，其中木兰最大瞬时风力达到 10 级，局地冰雹直径在 5～20 毫米之间。据统计，受灾人口 6710 人，农作物受灾面积 4364 公顷，成灾面积 511.4 公顷，并造成大量农作物倒伏和农户房顶受损。

图 4.8.3　2021 年 6 月 1 日，齐齐哈尔市克山县遭受冰雹破坏后的农田(克山县气象局提供)

Fig. 4.8.3　Farmland damaged by hail in Keshan County, Qiqihar City on June 1, 2021 (By Keshan Meteorological Service)

3. 高温热浪

7 月 11—30 日黑龙江省出现持续高温，全省平均最高气温 30.7 ℃，比常年高 3.6 ℃，为历史同期第 1 高。7 月 12—23 日，27—29 日，全省平均日最高气温均超过 30 ℃，牡丹江市区连续 19 天日最高气温超过 30 ℃，佳木斯市区连续 18 天日最高气温超过 30 ℃，哈尔滨市区连续 13 天日最高气温超过 30 ℃，伊春市区连续 12 天日最高气温超过 30 ℃。哈尔滨、佳木斯、鸡西、牡丹江等地的 22 个市(县)平均最高气温均位列 1961 年以来历史同期第 1 位。

4. 低温冷冻害和雪灾

2021 年受低温冷冻害和雪灾影响，共有 10 个市(地)37 个县(市、区)发生雪灾，共造成 2815 人受灾，农作物受灾面积 764 公顷，直接经济损失 6100 万元。

11 月 7—11 日，全省出现大范围雨雪天气，全省平均降水量为 21.9 毫米，哈尔滨、绥芬河、汤原等 8 个观测站累计降水量超过 40 毫米。32 个台站累计降水量突破建站以来历史极值，哈尔滨、绥芬河、汤原、海伦、佳木斯等 26 个观测站突破了 1961 年以来 11 月上旬降水量的历史极值。逊克、伊春、安达最大积雪深度超过 30 厘米。8 日哈尔滨、佳木斯局部出现冻雨天气，导致大树形成冰挂，哈尔滨城区多处路段树木折断，行人被砸伤，车辆受损严重；供电、通信线路积冰造成故障，96.9万用户停电；受路面结冰影响，33条省内高速公路封闭，哈尔滨机场临时关闭。

4.9 上海市主要气象灾害概述

4.9.1 主要气候特点及重大气候事件

2021年上海市年平均气温为17.9 ℃，比常年偏高1.6 ℃，创年平均气温最高纪录(图4.9.1)；中心城区气温最高，年平均气温18.6 ℃，比常年偏高1.7 ℃，郊区在16.9～18.3 ℃之间，各站气温比常年偏高1.1～2.0 ℃；冬季和秋季气温显著偏高，春季气温异常偏高，夏季气温略高。2021年全市年降水量1518.9毫米，较常年偏多28.5%(图4.9.2)，各站年降水量在1283.6(崇明)～1885.4(浦东)毫米之间，偏多13.7～52.6%；冬季降水显著偏少，春季降水略多，夏秋季降水显著偏多。

2021年上海市主要气象灾害有暴雨、台风、雷雨大风、雷电、寒潮大风和低温冷冻害。全年因气象灾害造成73.4万人受灾，紧急转移人口51.6万；农作物受灾面积约2.5万公顷，绝收面积2500公顷；直接经济损失9.2亿元 。总体评价，2021年属气象灾害偏重年份。

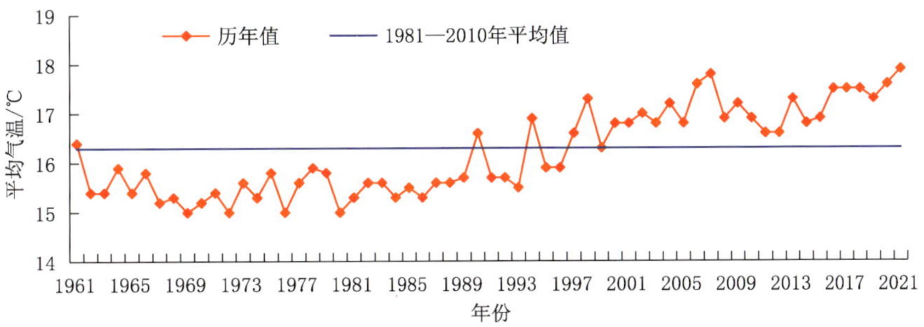

图4.9.1 1961—2021年上海市年平均气温变化

Fig. 4.9.1 Annual mean temperature in Shanghai during 1961—2021 (unit:℃)

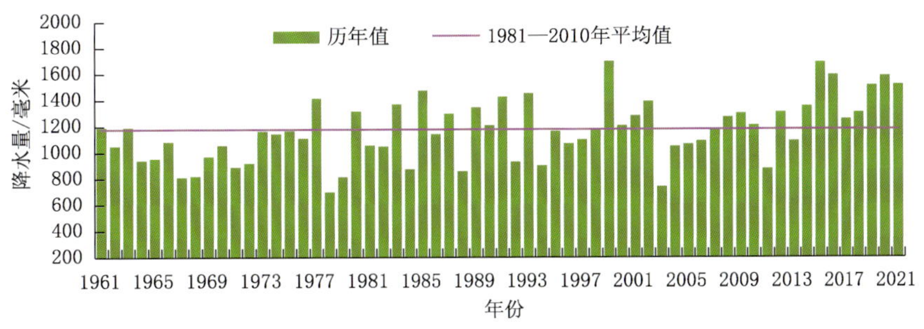

图4.9.2 1961—2021年上海市年降水量历年变化

Fig. 4.9.2 Annual precipitation in Shanghai during 1961—20201 (unit:mm)

4.9.2 主要气象灾害及影响

1. 暴雨洪涝

2021年上海市平均暴雨日数(11站平均)为5天，比常年多2天。暴雨集中在汛期，主要以局地性强降水为主。暴雨累计造成530余处房屋进水，220余个小区积水，610余条道路积水，470余辆车辆抛锚进水，3处农田积水。

2. 台风

2021 年 7—9 月有 2 个热带气旋相继影响上海并造成灾害，分别为 7 月 22—28 日 2106 号台风“烟花”，9 月 12—16 日 2114 号台风“灿都”。

台风“烟花”造成 40.1 万人受灾，紧急转移人口 27 万；农作物受灾面积 1.6 万公顷，绝收面积 2200 公顷；直接经济损失 7.8 亿元。台风带来的暴雨共造成 1900 多处积水；大风倒伏树木 2.6 万多株，3000 多辆车被砸坏，1900 多条道路交通受阻。7 月 25 日上海两大机场取消航班，停运客运班车、部分列车和市内交通(图 4.9.3)。

台风“灿都”造成 33.1 万人受灾，紧急转移人口 24.6 万，农作物受灾面积 8700 公顷，直接经济损失 1.2 亿元。暴雨造成 50 多处积水；大风倒伏树木 4400 多株，210 多辆车被砸坏，120 多条道路交通受阻。主要影响期间，航班、列车和市内交通取消或停运。

图 4.9.3　2021 年 7 月 22—28 日台风“烟花”造成上海金山马路积水(左)和奉贤果园积水(右)
(上海市金山和奉贤气象局提供)

Fig. 4.9.3　The road water in Jinshan (left) and the orchard water in Fengxian (right) of Shanghai caused by Typhoon InFa on July 22—28, 2021 (By Jinshan and Fengxian Meteorological Services)

3. 局地强对流

2021 年上海市汛期发生雷雨大风致灾 28 起，全市受灾人口 200 人，经济损失 500 万元。大风吹倒各种杂物砸坏了 480 余辆车，影响 270 多条车道的交通，砸断了 12 根电线，造成 12 处停电。大风还吹倒吹坏树、棚、电线、信号灯等 410 余个。5 月 14 日上海部分地区出现冰雹，冰雹至少砸坏了 14 辆车。

2021 年上海市汛期发生雷击致灾事件 19 起。雷电击倒各种杂物砸坏 7 辆车，影响 3 条道路交通；造成 24 处着火和 12 处停电。雷电还击断 8 根电线，打坏信号灯、砖瓦、高压线等共 17 个。

4. 寒潮大风

2021 年受冷空气影响，上海共出现 17 次寒潮大风。大风吹倒各种杂物砸坏 150 余辆车，影响 50 多条车道的交通；大风还吹倒吹坏树、晾衣杆、电线、信号灯等 130 余个。

5. 低温冷冻害

2021 年 1 月 1—3 日、1 月 7—9 日和 12 月 24—27 日，上海遭遇 3 次寒潮影响，持续出现低温。全市受灾人口 1300 人，农作物受灾面积 470 公顷，经济损失 1800 万元。低温至少造成 55 处水管冻裂，道路结冰至少引起 11 起事故，影响 20 条车道的交通。

4.10 江苏省主要气象灾害概述

4.10.1 主要气候特点及重大气候事件

2021 年，江苏省年平均气温 16.8 ℃，较常年偏高 1.5 ℃(图 4.10.1)，创历史新高，冬季、春季气温显著偏高，夏季正常略高，秋季异常偏高，12 月偏高；全省平均降水量 1238.8 毫米，较常年偏多 2.1 成(图 4.10.2)，为 1961 年以来第 6 多雨年(仅少于 2016 年 1528.5 毫米、1991 年 1449.8 毫米、2015 年 1340.5 毫米、2020 年 1296.2 毫米、2003 年 1250.4 毫米)，夏季、秋季降水偏多，春季持平，冬季和 12 月偏少。

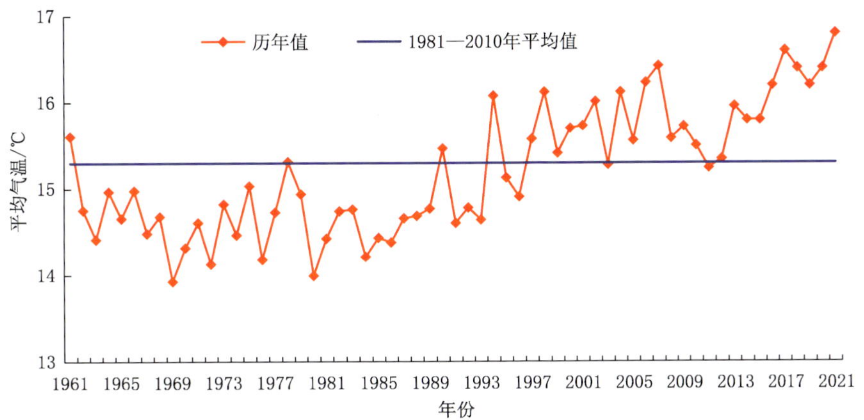

图 4.10.1 1961—2021 年江苏省年平均气温变化

Fig. 4.10.1 Annual mean temperature in Jiangsu during 1961—2021 (unit: ℃)

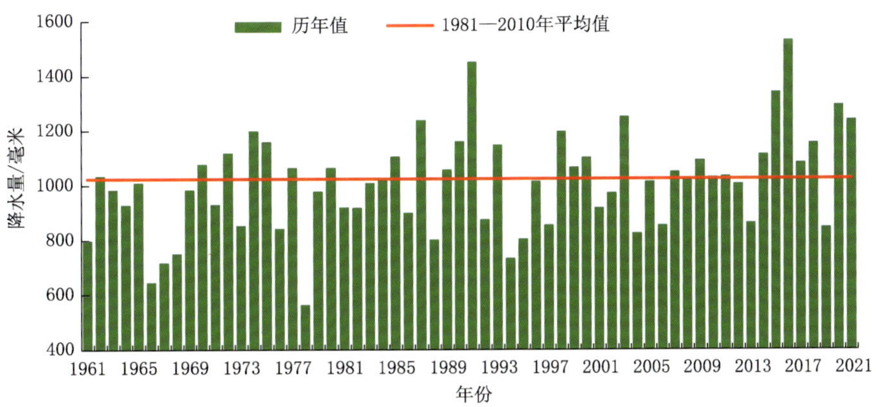

图 4.10.2 1961—2021 年江苏省年降水量变化

Fig. 4.10.2 Annual precipitation in Jiangsu during 1961—2021 (unit: mm)

2021 年江苏省主要气象灾害有强对流、台风、暴雨洪涝、低温雨雪、干旱等。全省共有 65 万人次不同程度受灾，因灾受伤 492 人，死亡 32 人；农作物受灾面积约 8.8 万公顷，绝收面积 2300 公顷；直接经济损失约 8.9 亿元，其中农业经济损失约 6.1 亿元。从灾情分析来看，因强对流、台风、暴雨洪涝等造成的人民生命财产、农业经济损失和直接经济损失严重。2021 年江苏省主要农作物、旅游、水资源、水环境及交通等行业气候条件较为有利，特色农业种植、油菜质量和海盐生产等气候年景较差。

4.10.2 主要气象灾害及影响

1. 局地强对流

2021 年江苏省因强对流天气（大风、冰雹、雷电）共造成 7 万人受灾，受伤 490 人，死亡 32 人，转移安置 3300 人；房屋损坏 1.4 万间，倒塌 400 间；农田受灾面积约 2.4 万公顷，绝收面积 970 公顷；直接经济损失约 3.5 亿元。

受东北冷涡影响，4 月 29 日和 30 日沿江及以北大部分地区遭受大风、冰雹等强对流天气袭击。30 日全省 13 个市的 630 个乡镇（街道）日极大风力达到 8 级（17.2 米/秒）以上，153 个乡镇（街道）日极大风力达到 10 级（24.5 米/秒）以上，前三位分别是南通通州湾 15 级（47.9 米/秒）、南通通州三余镇 14 级（45.4 米/秒）、南通海门包场镇东灶港 12 级（39 米/秒）。徐州、宿迁、连云港、淮安、盐城、扬州、泰州、南通和常州 9 个市的 23 个乡镇（街道）出现冰雹，最大冰雹直径 3～5 厘米。4 月 30 日，南通市海门区自北向南出现雷暴大风天气，全区普遍有 9～11 级大风，出现树木倒伏，屋顶太阳能、彩钢板被吹倒，大棚损坏，部分车辆受损，电力线路中断等灾情，受灾人口 3299 人，因灾死亡 1 人，紧急转移安置 3050 人，农作物大棚受损面积约 666.7 公顷，房屋受损 104 间，直接经济损失 1.4 亿元。

5 月 14—16 日，江淮之间南部及沿江和苏南地区出现中到大雨，部分地区暴雨到大暴雨，并伴有强雷电、短时强降水、雷暴大风、小冰雹等强对流天气。14 日靖江极大风速达 19.1 米/秒，苏州太湖小雷山 31.9 米/秒；15 日全省有 7 个基本站极大风速达 17.2 米/秒以上，极大值 23.5 米/秒（浦口），如东太阳沙 34.2 米/秒；16 日启东极大风速达 20.2 米/秒，连云港达山岛 25.9 米/秒。另外，14 日下午，丹阳延陵行宫村、丹阳练湖、苏州吴中区西山出现直径 2 厘米以下冰雹；14 日 19 时前后苏州吴江盛泽镇出现龙卷（图 4.10.3）。16 日早晨苏州市部分地区出现短时强降水和雷雨大风。龙卷灾害共造成 4 人死亡，19 人轻伤，130 人轻微伤；电力设施和多处房屋受损，受损农户 84 户，受损面积 1500 平方米，受损企业 17 户，受损面积 1.3 万平方米。

图 4.10.3　2021 年 5 月 14 日苏州吴江盛泽镇出现龙卷灾害（江苏省气象局提供）
Fig. 4.10.3　Tornado disaster appeared in Shengze Town of Suzhou City on May 14,2021
(By Jiangsu Meteorological Service)

2. 台风

受台风影响，江苏省 57.7 万人受灾，转移安置受灾群众 1.2 万人；农作物受灾面积 6.2 万公顷，绝收面积 1300 多公顷；损坏房屋 4700 间；直接经济损失 5.3 亿元，其中农业损失 1.6 亿元。

台风“烟花”自 7 月 24 日起自南向北影响江苏省，26 日出现全省性降水，雨量逐渐增大，27 日由吴江进入江苏后，一直沿江苏西南边缘缓慢前进，28 日进入安徽后，仍给江苏省中西部带来狂风暴雨。截至 29 日 20 时，全省降水 73.9 毫米（西连岛）～467.4 毫米（江都），共出现 65 个暴雨站日、36 个大暴雨站日及 4 个特大暴雨站日，日最大降水量 322.3 毫米（泗阳）。强降水主要集中在 27 日夜间至 28 日，降水中心区主要位于江苏省中西部地区，从加密站资料来看，过程最大降水量为 569.2 毫米，出现在江都真武镇，极大风速为 29.3 米/秒（如东县阳光岛）。“烟花”对江苏省的影响主要集中在后半程，尤其是 7 月 28 日，造成泗阳、楚州、高邮及江都 4 站出现超 250 毫米的特大暴雨，全省基本站中共有 6 站日最大降水量创历史极值，新沂等 4 站位列历史第 2 位，邳州历史第 3 位。“烟花”在江苏停留时间长达 37 小时，为有记录以来在江苏停留时间最长的台风。“烟花”共造成江苏 54.6 万人受灾；农作物受灾面积 6.2 万公顷，绝收面积 1300 公顷；直接经济损失 5.3 亿元。

4.11 浙江省主要气象灾害概述

4.11.1 主要气候特点及重大气候事件

2021 年浙江省年平均气温异常偏高，年降水量偏多，年日照时数偏少。全省年平均气温 18.7 ℃，比常年偏高 1.5 ℃（图 4.11.1），破历史最高纪录，共有 57 站（占统计站点总数 86%）年平均气温破历史同期最高纪录；全省年平均降水量 1810.2 毫米，比常年同期偏多 2 成（图 4.11.2），慈溪、宁海、石浦、绍兴、诸暨、嵊州等 6 站降水量破历史同期最多纪录；全省年平均日照时数 1644.2 小时，比常年偏少 115.1 小时，平湖站年日照时数破历史同期最多纪录，温州站年日照时数破历史同期最少纪录。

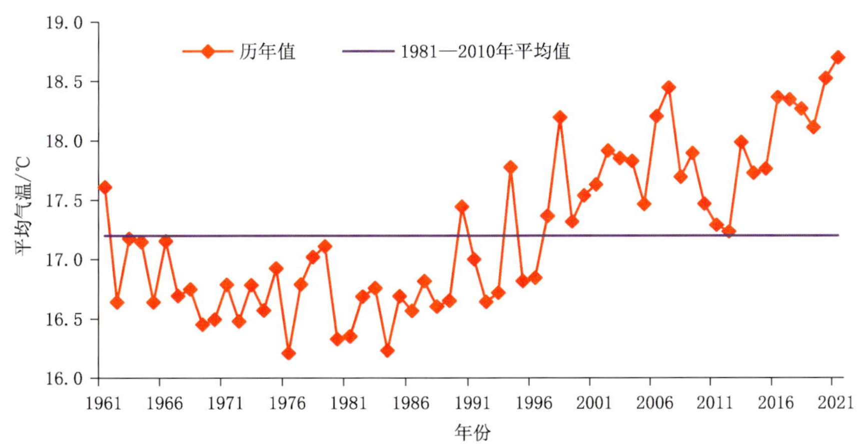

图 4.11.1 1961—2021 年浙江省年平均气温变化

Fig. 4.11.1 Annual mean temperature in Zhejiang during 1961—2021 (unit:℃)

2021 年浙江省天气气候复杂多变，极端天气气候事件频发。全省因灾死亡 9 人，农作物受灾面积 14.9 万公顷，直接经济损失 124.6 亿元，约占全省总 GDP 的 0.2%，损失数额和比重为近 3 年来最少。总体来看，2021 年全省气候年景正常略偏好，宁波、绍兴因台风、强对流和干旱等引起的灾害损失较为严重，年景偏差；舟山年景正常略偏差。

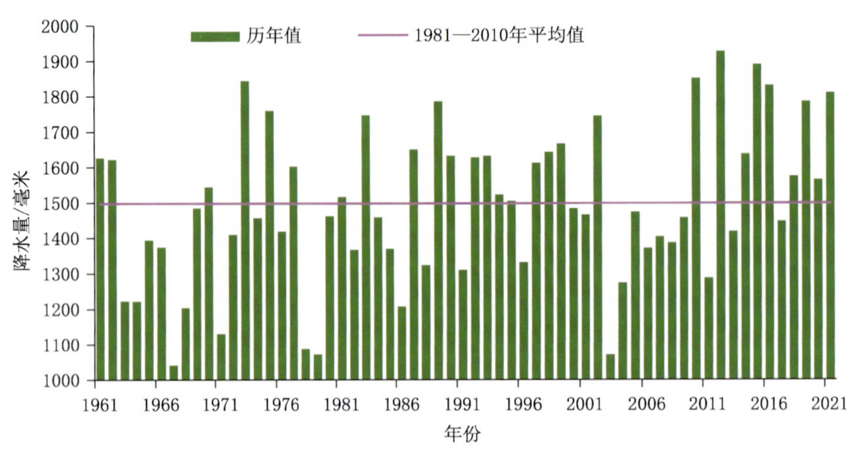

图 4.11.2　1961—2021 年浙江省平均年降水量历年变化

Fig. 4.11.2　Annual precipitation in Zhejiang during 1961—2021 (unit:mm)

4.11.2　主要气象灾害及影响

1. 干旱

年初干旱影响严重,沿海多地水库干涸(图 4.11.3)。2020 年秋冬季以来发生的干旱一直持续到 2021 年年初,1 月 1 日至 2 月 7 日全省降水量偏少 8 成,北仑、奉化、龙游、诸暨、上虞、新昌、天台等 11 县(市,区)降水破历史同期最少纪录。全省约 80%的陆域面积遭受干旱影响,东南沿海水库缺水严重,宁波皎口水库水位破历史最低纪录。干旱造成宁波、台州和温州等多地供水紧张并相继出台限供措施。持续干旱导致全省 1—2 月森林火点数量增多。年内因干旱造成 1.6 万公顷农作物受灾,直接经济损失 1.6 亿元。

2. 暴雨洪涝

2021 年浙江省梅雨量总体接近常年,但梅雨降水量空间分布不均,开化、诸暨、富阳、嵊泗等地梅雨量较常年同期偏多 5 成以上;嘉善、永康、义乌、浦江等地偏少 4 成以上。梅雨期降雨主要出现在 6 月 10—14 日、18—21 日和 6 月 26 日至 7 月 4 日三个阶段。诸暨 6 月 9 日和 12 日夜里分别出现短时强降水。诸暨国家站 12 日 21—22 时小时降水量(62.7 毫米)、21—24 时 3 小时降水量(95.5 毫米)均破本站历史小时和滑动 3 小时降水量纪录。全年因暴雨洪涝灾害造成 1.3 万公顷农作物受灾,直接经济损失 13 亿元。

3. 台风

2021 年受热带气旋影响,浙江受灾人口 274.8 万人,农作物受灾面积 11.4 万公顷,直接经济损失 109.6 亿元。2106 号台风"烟花"于 7 月 25 日在舟山普陀区登陆,26 日在嘉兴平湖沿海再次登陆,为有气象记录以来首个两次登陆浙江的台风,也是新中国成立以来首个登陆嘉兴的台风。"烟花"移速缓慢,影响浙江省长达一周之久;累计降水量大,余姚大岚镇丁家畈自动气象站 7 月 20—28 日累计降水量达 1048.2 毫米,破浙江省历史登陆台风单站记录。虽然"烟花"风雨综合影响强度强,但得益于各级部门防御应对措施得当,除浙北部分县(市)出现较严重的洪涝灾害外,全省总体灾害损失偏轻。

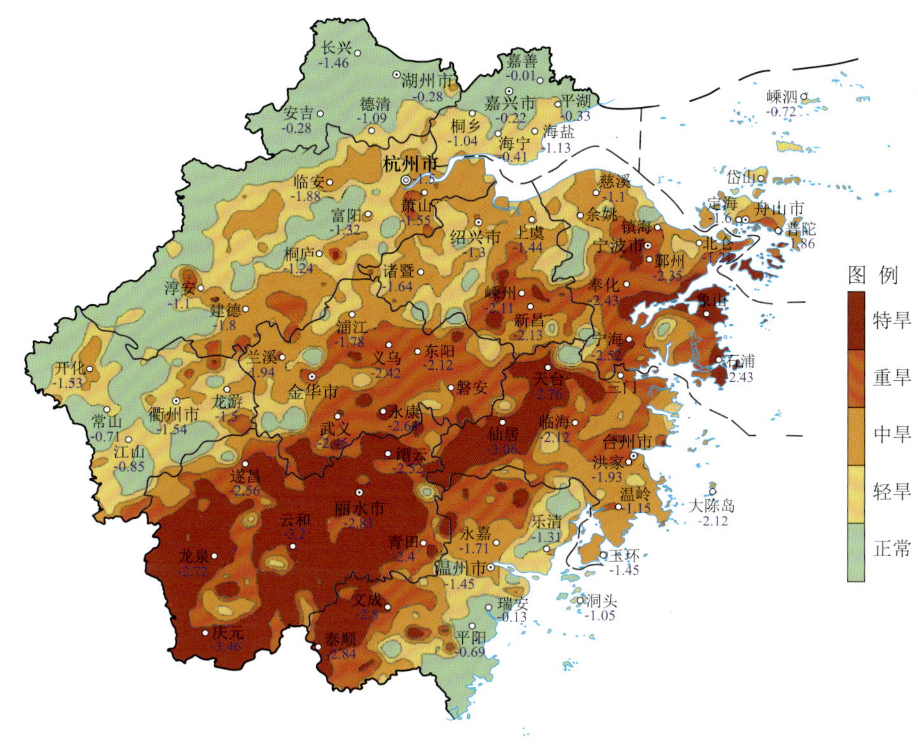

图 4.11.3　2021 年 2 月 7 日全省干旱综合指数等级分布

Fig. 4.11.3　Distribution of drought index in Zhejiang on February 7, 2021

4.12 安徽省主要气象灾害概述

4.12.1 主要气候特点及重大气候事件

2021 年，安徽省年平均气温 17.2 ℃，较常年显著偏高 1.3 ℃，为 1961 年以来最高(图 4.12.1)。与常年相比，四季气温均偏高，冬季、秋季分别为 1961 年以来第 2 高和第 3 高。全省平均年降水量 1240 毫米，接近常年(图 4.12.2)。冬、秋季降水偏少，夏季偏多，春季接近常年。淮河以南 6 月 10 日入梅，7 月 11 日出梅，入梅偏早，出梅接近常年，梅雨强度接近常年。

2021 年安徽省年平均气温创历史新高，国庆节期间 8 成以上市(县)出现高温，多地创高温终日最晚纪录；盛夏多雨寡照，高温日数近 22 年来最少；台风“烟花”影响安徽省 6 天，影响时间近 46 年来最长；年初年末出现大范围寒潮；春夏季强对流时有发生，局地受灾。2021 年影响安徽省的气象灾害主要有台风、暴雨洪涝和风雹，总体来看，未出现大范围持续性旱涝灾害，气候年景“较好”。全年因气象灾害造成农作物受灾面积 29.6 万公顷，绝收面积 3.3 万公顷；受灾人口 265.9 万人，死亡 5 人；直接经济损失 31.7 亿元。

4.12.2 主要气象灾害及影响

1. 台风

7 月下旬，2106 号强台风“烟花”登陆北上，途经安徽时在淮南市回旋，持续影响安徽长达 6 天，造成宣城、亳州、滁州、阜阳、蚌埠、淮北、宿州、六安、池州 9 市 31 县(市、区)共计 133.5 万人次受灾，

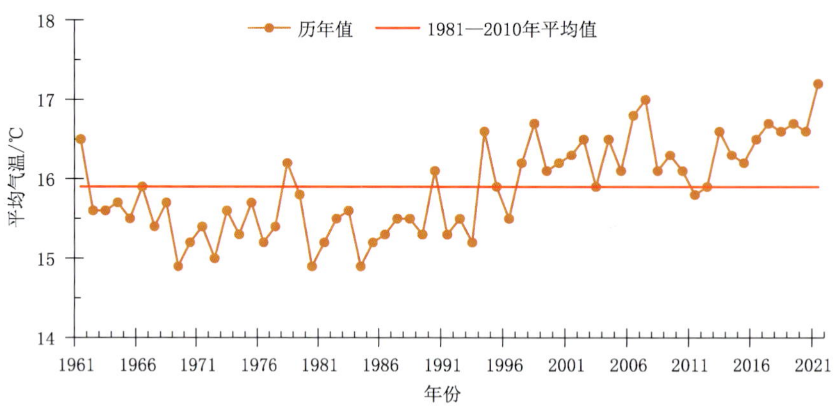

图 4.12.1　1961—2021 年安徽省年平均气温变化

Fig. 4.12.1　Annual mean temperature in Anhui during 1961—2021 (unit:℃)

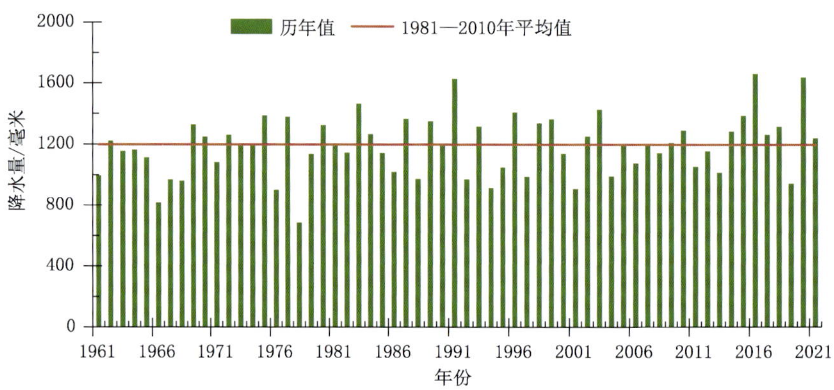

图 4.12.2　1961—2021 年安徽省平均年降水量历年变化

Fig. 4.12.2　Annual precipitation in Anhui during 1961—2021 (unit:mm)

农作物受灾面积 15.1 万公顷,直接经济损失 13.5 亿元。

"烟花"给安徽省带来明显风雨影响。期间,全省大部最大阵风风力 6～8 级,淮北、大别山区、沿江西部及皖南山区局部 9 级,黄山光明顶(27.7 米/秒)和青阳天台(25.7 米/秒)达 10 级。累计雨量全省大部超过 25 毫米,江南大部、江淮东部、大别山区及淮北大部超过 100 毫米,宣城、黄山和滁州局部地区超过 500 毫米。27 日降水强度大、范围广,沿淮东部及淮河以南部分地区出现暴雨及以上量级降水,最大降雨量为青阳黄石村 319.7 毫米。

2. 暴雨洪涝

2021 年,暴雨洪涝共造成安徽省 82.9 万人次受灾,2 人死亡;农作物受灾面积 9.8 万公顷;直接经济损失 12.6 亿元。

致灾暴雨过程主要出现在主汛期。6 月 30 日至 7 月 10 日全省由南至北出现持续降水,累计雨量全省普遍超过 100 毫米,局地超过 250 毫米,最大累计雨量为怀宁 412.9 毫米。多地出现强降雨,黄山、绩溪、合肥、天长、阜南、太和等 18 个县(市)出现大暴雨,其中合肥 8 日雨量 188.6 毫米,为 7 月日雨量本站历史第 2 大,仅小于 2020 年 7 月 18 日的 197.4 毫米。全省有 449 个站最大小时雨量超过 40 毫米,3 个站超过 80 毫米,最大为广德青峰岭 88 毫米。逐日来看,7 月 2 日降水强度最大、暴雨范围最广,该日大别山区及沿江江南有 634 站暴雨,238 站大暴雨,最大降雨量为黄山玉屏楼 220.8 毫米。

3. 强对流天气

2021年春、夏季安徽省多雷阵雨、风雹等强对流天气，尤其是5月和7月。强对流事件共造成12市29县(市)49.5万人次受灾，2人因风雹、1人因雷击死亡；农作物受灾面积4.7万公顷；直接经济损失5.6亿元。

5月10日下午，全省大部出现雷阵雨，江淮南部和沿江江南部分地区出现8级以上阵风，最大阵风为安庆大观区海口镇35.2米/秒(12级)，强风刮落安庆振风塔塔刹，安庆、黄山、池州、马鞍山、芜湖5市受灾。7月15—17日，合肥、淮南、淮北、蚌埠、六安、滁州、宿州、亳州8市发生短时强降水、雷暴和风雹等强对流天气，多地阵风达到10级或10级以上，宿松站极大风速33.6米/秒(12级)破该站历史极值。大风导致蔬菜大棚倒塌、房屋受损、树木被吹断、电力中断。宿州市泗县泗城镇景观带亭子倒塌致2人死亡(图4.12.3)。

年内全省共发生4起雷灾事故。7月16日滁州市定远县炉桥镇大单村因雷击造成1人身亡。

图4.12.3 2021年7月15日，大风致宿州市泗县泗城镇石梁河景观带亭子倒塌(安徽省气象灾害防御技术中心提供)

Fig. 4.12.3 Strong winds caused the collapse of a pavilion at the Shiliang River landscape area in Sicheng Town, Si County, Suzhou City on July 15, 2021 (By Anhui Meteorological Disaster Prevention Technical Centre)

4.13 福建省主要气象灾害概述

4.13.1 主要气候特点及重大气候事件

2021年福建省年平均气温20.8 ℃，较常年偏高1.3 ℃，为1961年以来最高(图4.13.1)；各季气温皆偏高，春季为历史同期第2高；极端最高气温40.5 ℃(7月27日，福州)，极端最低气温−8.7 ℃(1月9日，光泽)。年降水量1440.9毫米，较常年偏少13%(图4.13.2)；降水季节差异大，冬季、春季降水偏少，秋季降水偏多，其中春季为历史同期第3少；极端最大日降水量233.8毫米(8月6日，平潭)。

2021年，福建省少冷寒、多暖热。气象干旱阶段性发展，冬、春季旱情较重，汛期雨涝强度中等，台风影响较轻，综合气候年景中等。年内气象灾害以暴雨洪涝和气象干旱为主，此外还出现了台风、低温冰冻、风雹和雷电等灾害，损失主要集中在南平、宁德和漳州地区。据统计，全年主要气象

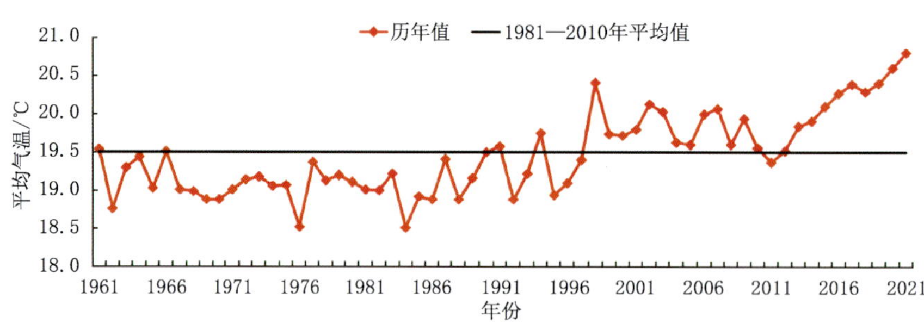

图 4.13.1 1961—2021 年福建省年平均气温变化

Fig. 4.13.1 Annual mean temperature in Fujian during 1961—2021 (unit:℃)

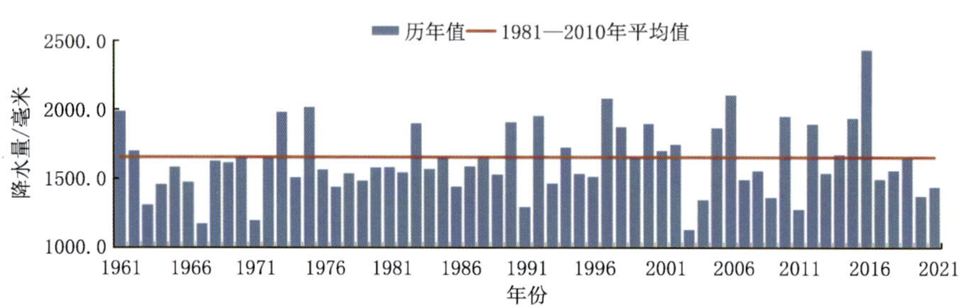

图 4.13.2 1961—2021 年福建省平均年降水量变化

Fig. 4.13.2 Annual precipitation in Fujian during 1961—2021 (unit:mm)

灾害共造成福建省 44.5 万人受灾，直接经济损失 32.9 亿元，与近 10 年相比明显偏轻。

4.13.2 主要气象灾害及影响

1. 暴雨洪涝

2021 年福建省出现 19 场暴雨过程，以 7 月 29 日至 8 月 7 日过程为最强(其中，8 月 4—7 日为台风“卢碧”影响)，6 月 28—30 日过程次之。6 月 28—30 日福建西北部出现暴雨至特大暴雨。全省共 56 个县(市、区)283 个乡镇累计雨量超过 50 毫米，17 个县(市、区)87 个乡镇累计雨量超过 100 毫米。暴雨洪涝灾害全年共导致 22.3 万人受灾，农作物受灾面积 2.3 万公顷，直接经济损失 28.5 亿元，其中南平、宁德和三明受灾较重。

2. 热带气旋

2021 年福建省共有 5 个台风登陆或受其影响，少于常年。1 个登陆台风为 9 号台风“卢碧”；4 个影响台风分别为第 6 号台风“烟花”、第 7 号台风“查帕卡”、第 14 号台风“灿都”和第 18 号台风“圆规”。2021 年台风对福建省的影响总体较轻，强热带风暴“卢碧”登陆东山导致中南部沿海出现强风暴雨(图 4.13.3)。4 个影响台风造成的风雨影响以大风为主，影响较轻。台风灾害导致全省 7.3 万人受灾，紧急转移 9000 多人；农作物受灾面积 7100 公顷；直接经济损失 1.3 亿元，其中宁德和平潭综合实验区受灾较重。

3. 强对流

2021 年福建省出现 24 次强对流天气。5 月 7—13 日出现大范围、长时间的雷雨大风、冰雹和短时强降水等强对流天气，全省 8 个地市出现冰雹，冰雹直径普遍为 5～15 毫米，最大冰雹直径达 30 毫米(华安、长泰)。强对流灾害全年共导致 8200 多人受灾，因灾死亡 2 人；农作物受灾面积 1860 公顷；直接经济损失 6100 万元。

4. 冷空气

2021 年福建省主要有 12 次冷空气过程，其中 11 月 8—10 日、12 月 1—3 日和 12 月 18—20 日过程达到全省性寒潮标准。1 月 7—10 日的冷空气过程致灾较重，15 个县(市)达到单站寒潮标准，导致 13 万人受灾，农作物受灾面积 1.4 万公顷，直接经济损失为 2.4 亿元。

5. 高温热浪

2021 年福建省出现 11 次高温过程，9 月出现 5 次高温过程，为历史同期最多，但 8 月无高温过程，为 1998 年以来首例。以 7 月 25—29 日过程为最强，该过程全省共有 43 个县(市)日最高气温≥37 ℃，福州、永泰和仙游≥40 ℃，以福州 40.5 ℃为最高。

图 4.13.3　台风“卢碧”导致 8 月 4 日福清市山体滑坡(左)和 8 月 6 日安溪县路基塌方(右)
(福清市气象局、安溪县气象局提供)

Fig. 4.13.3　Typhoon Lupit caused a landslide in Fuqing on August 4 (left) and a subgrade collapse in Anxi on August 6 (right)
(By Fuqing and Anxi Meteorological Services)

4.14　江西省主要气象灾害概述

4.14.1　主要气候特点及重大气候事件

2021 年全省平均气温 19.4 ℃，较常年偏高 1.4 ℃，创 1961 年有完整气象记录以来新高(图 4.14.1)，有 65 个县(市、区)创历史新高；平均年降水量 1534 毫米(图 4.14.2)，较常年偏少 0.8 成，

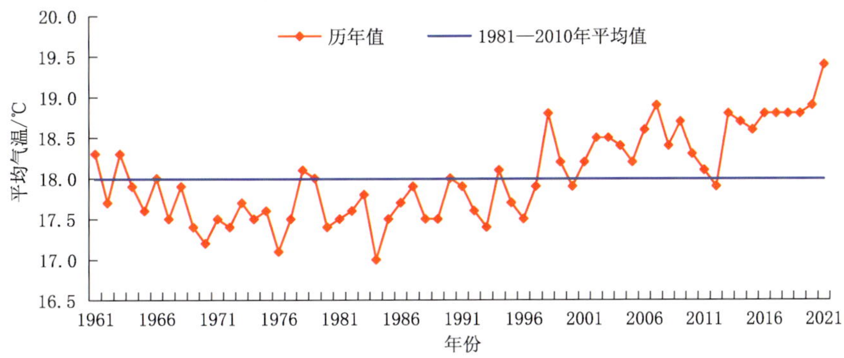

图 4.14.1　1961—2021 年江西省年平均气温历年变化

Fig. 4.14.1　Annual mean temperature in Jiangxi during 1961—2021 (unit: ℃)

会昌县年降水量创历史新低。年内，气温偏高且波动起伏大，2 月和 9 月平均气温创当月新高；高温日数创新高，中南部高温日数异常多，高温天气范围广、持续时间长且结束晚；年初出现极端低温，多地气温创新低。降水偏少且时空分布不均；除春季外，其他季节降水均偏少，5 月降水创同期新高；5 月中下旬和 6 月下旬至 7 月初两次出现降水集中期，赣东北局部洪涝灾害重；冬春（1—4 月）和伏秋（7—10 月）降水偏少，出现阶段性的气象干旱，中南部旱情重。春季全省强对流天气频发，风雹影响重。

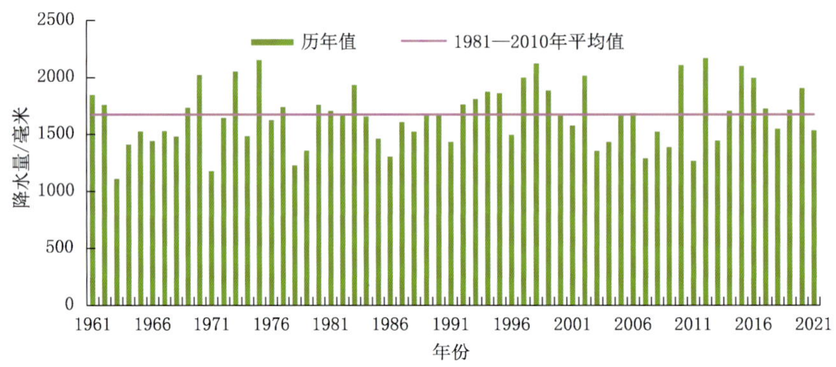

图 4.14.2　1961—2021 年江西省平均年降水量变化

Fig. 4.14.2　Annual precipitation in Jiangxi during 1961—2021 (unit: mm)

年内，全省主要气象灾害有暴雨洪涝、干旱、局地强对流、低温冻害、寒潮等，主汛期没有出现流域性洪涝灾害。年内洪涝灾害经济损失最大，占全年气象灾害总损失的 52%；其次是干旱，占总灾损的 24%。全年因气象灾害或由气象灾害引发的次生灾害导致全省 573.4 万人（次）受灾，因灾死亡 9 人；农作物受灾面积 42.1 万公顷，绝收面积 2.7 万公顷；直接经济损失 46.1 亿元。2021 年江西省气候灾害年景评估为正常。

4.14.2　主要气象灾害及影响

1. 暴雨洪涝

2021 年，洪涝灾害共造成全省 248.4 万人受灾；农作物受灾面积 17.4 万公顷，绝收面积 9540 公顷；直接经济损失 24.1 亿元。

年内致灾的暴雨过程主要出现在 5 月中下旬、6 月初、6 月底至 7 月初。其中，6 月 27 日至 7 月 2 日赣北赣中遭遇连续暴雨袭击并出现年内第 2 个降水集中期，此次强降水过程具有短时雨强大、强降水落区重叠度高和累计雨量大等特点。6 月 27 日至 7 月 2 日全省平均降水量 130.0 毫米，临川等地有 6 个测站 1 小时雨量超过 100 毫米；有 2 个测站 3 小时雨量超过 200 毫米。此次过程中，上饶（259.2 毫米）和广信区（242.8 毫米）的极端日雨量还创历年新高。强降雨导致赣东北出现较为严重的汛情、灾情和城乡内涝，卫星遥感监测到 6 月 28 日信江流域水体面积为近 5 年最大（图 4.14.3）。据统计，此次过程导致南昌、九江等 10 个市 53 个县（市、区）104.1 万人受灾，直接经济损失 9.9 亿元。

2. 干旱

2021 年，全省出现了阶段性的气象干旱，主要干旱时段出现在 1—4 月和 7—10 月。赣南全年降水偏少最多，出现了明显的冬春连旱，以及汛期结束后又出现了伏秋连旱。赣中以及赣北北部和西部也出现了阶段性的气象干旱。全省大部分地区年降水量偏少，旱情反复导致部分江河水位持续走低，个别河流站点出现有记录以来新低水位。据统计，全年因旱 217.3 万人受灾；农作物受灾面积 16.4 万公顷，绝收面积 9880 公顷；直接经济损失 11.3 亿元。

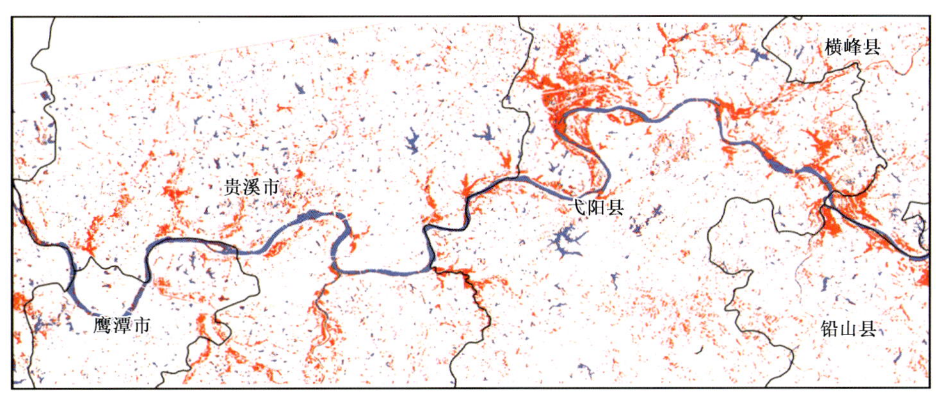

图 4.14.3　6 月 28 日信江沿线新增水体(红色)卫星遥感监测图(蓝色为 6 月 16 日水体)
(江西生态气象中心提供)

Fig. 4. 14. 3　Satellite remote sensing monitoring map of the new water body (red areas) of Xinjiang basin on June 28 (the blue areas are water body on June 16) (By Jiangxi Ecological Meteorology Center)

3. 局地强对流

2021 年因风雹灾害造成全省 85.8 万人受灾,9 人死亡,1.1 万人紧急转移安置;2.8 万余间房屋不同程度损坏;农作物受灾面积 5.5 万公顷,绝收面积 2960 公顷;直接经济损失 7.5 亿元。

4. 低温雨雪冰冻

年内主要出现 4 次低温雨雪冰冻过程,分别出现在 1 月上、中旬和 12 月中、下旬。据统计,年内因低温雨雪冰冻灾害导致全省 21.9 万人受灾;农作物受灾面积 2.9 万公顷,绝收面积 5060 公顷;直接经济损失 3.2 亿元。

4.15　山东省主要气象灾害概述

4.15.1　主要气候特点及重大气候事件

2021 年,山东省年平均气温 14.5 ℃,较常年偏高 1.1 ℃,为 1961 年以来历史次高(图 4.15.1);年平均降水量 988.2 毫米,较常年偏多 53.2%(图 4.15.2),为 1961 年以来历史次多。四季气温均偏高,2 月、12 月分别为历史同期最高;四季降水均偏多,9 月为历史同期次多。1 月遭遇极端低温,2 月异常偏暖;冰雹天气出现早结束晚,多地遭受龙卷袭击;夏秋季暴雨多发,“烟花”台风带来大暴雨;汛期结束晚,出现罕见秋汛;9—10 月阴雨寡照,日照时数历史同期最少;11 月初出现罕见暴雪,积雪深度破纪录。2021 年主要气象灾害有风雹、洪涝、台风、雪灾、低温冷冻等,共造成山东省受灾人口 109.9 万人,因灾死亡 9 人;农作物受灾面积 10.9 万公顷,绝收面积 3160 公顷;直接经济损失 23.1 亿元。总体来看,山东省 2021 年气象灾情较轻,其中风雹灾害损失较重。

4.15.2　主要气象灾害及影响

1. 局地强对流

2021 年 4—10 月出现 18 次风雹天气过程。山东 14 个市的 60 个县(市、区)不同程度受灾,受灾人口 47.1 万人;因灾死亡 8 人;农作物受灾面积 5.7 万公顷,成灾面积 3.2 万公顷,绝收面积 2000 公顷;倒塌房屋 1042 间,严重损坏房屋 1.6 万间;直接经济损失 20.6 亿元。

7 月 11—12 日,鲁西北、鲁中西部地区出现暴雨并伴有 8～10 级雷暴大风,局部 11 级以上,聊城、东营 2 市出现龙卷。灾害造成聊城、东营、济南、滨州 4 市部分居民房屋和企业厂房不同程度受损,部

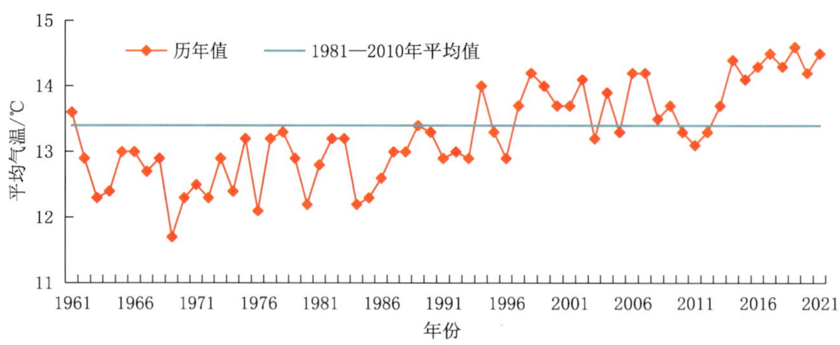

图 4.15.1　1961—2021 年山东省年平均气温变化

Fig. 4.15.1　Annual mean temperature in Shandong during 1961—2021 (unit:℃)

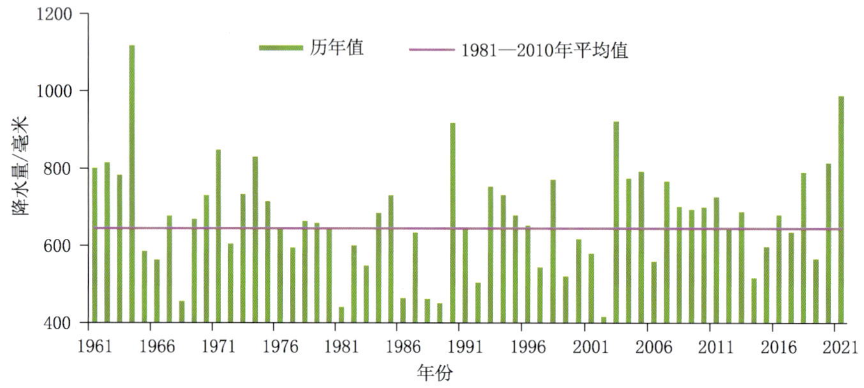

图 4.15.2　1961—2021 年山东省平均年降水量变化

Fig. 4.15.2　Annual precipitation in Shandong during 1961—2021 (unit:mm)

分企业被淹,生产设备、原材料受损,葡萄等高经济价值作物种植大棚倒塌,电力设施受损,树木倾倒。高唐县一国有林场苗木被大面积折断。据核定,共造成 12.6 万人受灾;农作物受灾面积 1.7 万公顷,绝收面积 409 公顷;倒塌房屋 942 间,严重损坏房屋 1270 间;直接经济损失 7.9 亿元(图 4.15.3)。

图 4.15.3　2021 年 7 月 11 日聊城莘县体育馆遭受龙卷袭击(山东省气候中心提供)

Fig. 4.15.3　Attacked stadium by tornado at Shen County, Liaocheng City on July 11, 2021 (By Shandong Climate Center)

2. 暴雨洪涝

夏秋季发生6次暴雨洪涝灾害，涉及济宁、泰安、日照、聊城、菏泽5个市22个县(市区)，受灾人口37.3万人；农作物受灾面积2.8万公顷，绝收面积186公顷；直接经济损失1.3亿元。暴雨灾害主要发生在9月，其中9月3—6日，暴雨造成菏泽、济宁2市农田、大棚积水，玉米、棉花等受灾(图4.15.4)，受灾人口5.6万人，农作物受灾面积4495公顷，直接经济损失6621.8万元。

图4.15.4　2021年9月6日菏泽牡丹区暴雨造成蔬菜大棚积水(菏泽市气象局提供)
Fig. 4.15.4　Waterlogging in vegetable greenhouse of Mudan District in Heze City on September 6, 2021
(By Heze Meteorological Service)

3. 台风

受2021年第6号台风“烟花”影响，鲁西北、鲁中北部、鲁南和山东半岛南部沿海地区出现阵风7～9级大风，渤海和黄海中部8～10级。7月27—30日，台风造成枣庄、泰安、临沂、菏泽4市部分地区玉米倒伏、棉花受淹，部分房屋进水。全省受灾人口24.8万人，紧急转移5000余人；农作物受灾面积2.3万公顷，绝收面积954公顷；直接经济损失6976.3万元。交通运输和旅游受到影响，70多趟旅客列车停运，山东航空取消297个航班。

图4.15.5　2021年2月25日聊城东阿县果树被积雪压断(东阿县气象局提供)
Fig. 4.15.5　Fruit trees crushed by heavy snow at Dong'e on February 25, 2021
(By Dong'e Meteorological Service)

4. 雪灾和低温冷冻害

2月底和11月初发生2次雪灾(图4.15.5)，部分果蔬和苗木、花卉大棚不同程度受损，草莓、西瓜、甜瓜等经济作物受冻，梨树、苹果树等果树和月季、雪松、黄杨等幼苗受损，部分企业厂房和仓库倒损，全年共造成全省6800多人受灾，农作物受灾面积600多公顷，直接经济损失近5000万元。其中2月24—25日，菏泽、济宁、泰安、聊城4市11个县(市、区)和开发区的25个乡镇(街道)共5400多人受灾，农作物受灾面积500公顷，直接经济损失2620万元。

4.16 河南省主要气象灾害概述

4.16.1 主要气候特点及重大气候事件

2021年，河南省气温较常年明显偏高，降水量异常偏多。全省年平均气温15.9 ℃，较常年偏高1.3 ℃，为1961年以来最高值(图4.16.1)；四季气温均偏高。全省平均年降水量1133.3毫米，较常年偏多54%，为1961年以来最多(图4.16.2)；春季降水正常，冬、夏、秋三季偏多。

年内，全省强降水频发，7月中下旬北中部地区遭受历史罕见特大暴雨，发生严重洪涝灾害，加上秋汛严重，夏玉米减产甚至绝收；4月和8月出现连阴雨天气，影响小麦抽穗开花和夏玉米成熟；春、夏季强对流天气多发；冬季全省出现5次大范围寒潮天气和1次强降雪过程，部分地区遭受低温冷冻害和雪灾。2021年，河南省因气象灾害造成的受灾人口为2449万人，死亡失踪422人；农作物受灾面积158.8万公顷，绝收面积32.8万公顷；直接经济损失为1322.5亿元，其中以暴雨洪涝灾害最为严重。总体来看，2021年全省气候年景较差，气象灾害影响为严重年份。

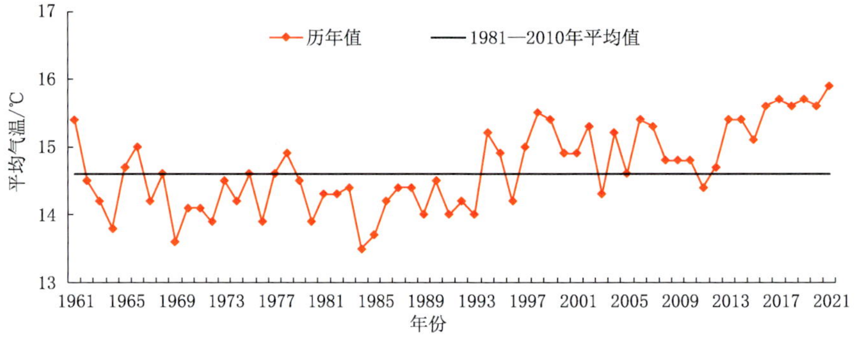

图4.16.1 1961—2021年河南省年平均气温变化

Fig. 4.16.1 Annual mean temperature in Henan during 1961—2021 (unit:℃)

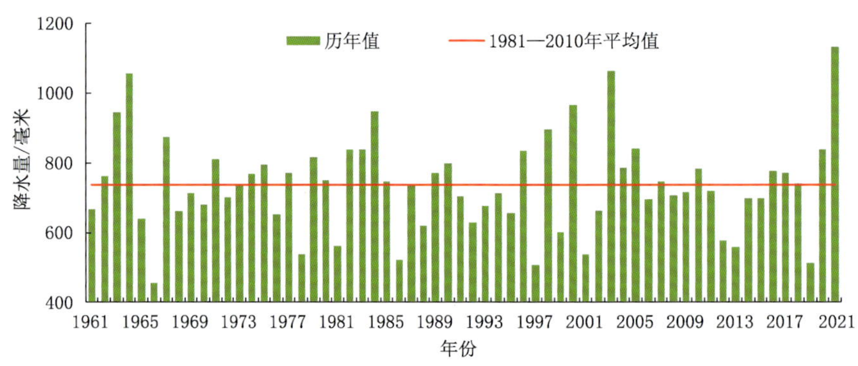

图4.16.2 1961—2021年河南省年降水量变化

Fig. 4.16.2 Annual precipitation in Henan during 1961—2021 (unit:mm)

4.16.2 主要气象灾害及影响

1. 暴雨洪涝

2021年河南省强降水主要集中在4月下旬至9月下旬，7月中下旬出现历史罕见极端暴雨，导致北中部发生严重洪涝灾害；加上9月暴雨多发，农作物受灾严重。全省因暴雨洪涝造成2033.3万人次受灾,404 人死亡失踪;农作物受灾面积 126.9 万公顷,绝收面积 31.5 万公顷;倒塌房屋 4.5 万间,损坏房屋 80.5 万间;直接经济损失 1300.6 亿元。与常年相比,暴雨洪涝灾害为严重年份。

7 月 17—23 日,河南省北中部地区出现历史罕见的特大暴雨,最强降雨时段为 19 日下午至 21 日凌晨,强降水中心主要位于郑州、鹤壁、新乡、安阳等地(图 4.16.3—图 4.16.4)。中北部大部地区累计降水量超过 500 毫米,其中郑州国家级气象站过程降水量最大达 820.5 毫米,郑州站最大小时降水量高达 201.9 毫米(7 月 20 日 16—17 时)。此次强降水过程造成河南省 150 个县(市、区)1478.6 万人受灾,398 人死亡失踪;直接经济损失 1200.6 亿元。

图 4.16.3　2021 年 7 月 17—23 日郑州市街道(左)和观测站(右)遭受暴雨洪涝灾害(河南省气象局提供)
Fig. 4.16.3　Streets (left) and observation stations (right) in Zhengzhou suffered from rainstorm flood disaster during July 17—23, 2021 (By Henan Meteorological Service)

图 4.16.4　2021 年 7 月 17—23 日鹤壁市的观测站点被淹(鹤壁市气象局提供)
Fig. 4.16.4　Observation stations were flooded during July 17—23, 2021 in Hebi (By Hebi Meteorological Service)

2. 局地强对流

年内风雹灾害主要出现在 4 月下旬至 7 月下旬,全省受灾人数 384 万人次,因灾死亡失踪 18 人;农作物受灾面积 30.1 万公顷,绝收面积 1.2 万公顷;损坏房屋 600 间;直接经济损失 18.7 亿元。与常年相比,风雹灾害属偏轻年份。

5 月 14—16 日,焦作、商丘等 10 个地市出现短时强降水、大风、冰雹等强对流天气,造成 65 个县(市、区)734 个乡镇小麦大面积倒伏(图 4.16.5),道路、房屋等基础设施受损。

图 4.16.5　2021 年 5 月 14—16 日商丘市(左)、温县(右)小麦大面积倒伏
(商丘市、温县气象局提供)
Fig. 4.16.5　Falling down of wheat in Shangqiu City (left) and Wen County (right) of Henan Province during May 14—16, 2021 (By Shangqiu and Wen County Meteorological Service)

3. 低温冷冻害和雪灾

年内低温冷冻害和雪灾主要出现在 2 月下旬和 3 月下旬，全省受灾人数 9.1 万人次，农作物受灾面积 5700 公顷，绝收面积 580 公顷，直接经济损失 2.9 亿元，与常年相比为偏轻年份。

2 月 24—25 日，河南省北部和中西部地区出现暴雪，部分地区大暴雪。全省平均降水量 20.1 毫米，最大降雪量出现在辉县 32.9 毫米，豫北大部积雪深度 10～20 厘米。此次雨雪天气共造成 8 市 38 县(市、区)214 个乡镇 3.3 万人受灾，因暴雪引发交通事故 6 起，部分乡镇蔬菜大棚倒塌(图 4.16.6)。3 月 5—8 日，河南省出现大范围寒潮、大风天气，各地降温 5.8～12.5 ℃。洛阳栾川山区出现霜冻现象，核桃等经济作物和各类中药材受灾严重。

图 4.16.6　2021 年 2 月 24—25 日强降雪造成武陟县(左图)和孟州市(右图)部分蔬菜大棚倒塌
(武陟县、孟州市气象局提供)
Fig. 4.16.6　Heavy snowfall caused some vegetable greenhouses to collapse in Wuzhi County (left) and Mengzhou City (right) of Henan Province during February 24—27, 2021
(By Wuzhi and Mengzhou Meteorological Services)

4.17 湖北省主要气象灾害概述

4.17.1 主要气候特点及重大气候事件

2021 年湖北省平均气温 17.4 ℃，较常年显著偏高 1 ℃，为 1961 年以来第 1 高(图 4.17.1)。冬季为强暖冬，春季、夏季、秋季气温略偏高。年均降水量 1212 毫米，接近常年同期(图 4.17.2)，冬季、秋季偏少，春季、夏季偏多。入梅偏晚，出梅提前，梅雨强度偏弱。

年内主要气象灾害有春季强对流及连阴雨，汛期强降水引发的洪涝、山洪、滑坡等次生灾害，秋冬雾/霾等。据统计，2021 年气象灾害共造成 654 万人受灾，46 人死亡；农作物受灾面积 50.6 万公顷，绝收面积 6 万公顷；直接经济损失 99.9 亿元。2021 年总体评价为气象灾害偏轻年份。

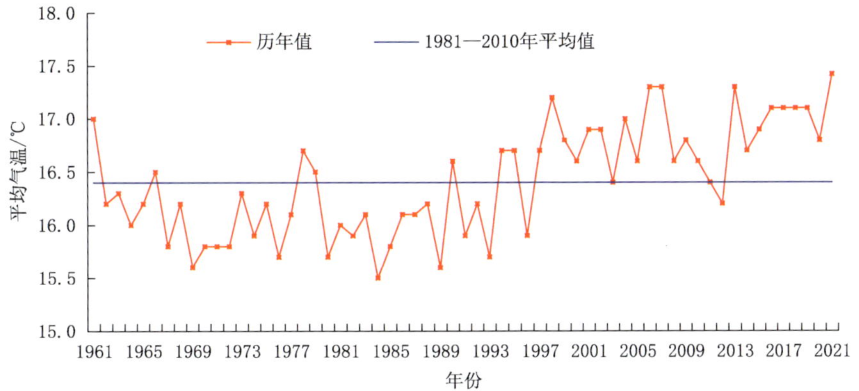

图 4.17.1 1961—2021 年湖北省年平均气温变化

Fig. 4.17.1 Annual mean temperature in Hubei during 1961—2021 (unit:℃)

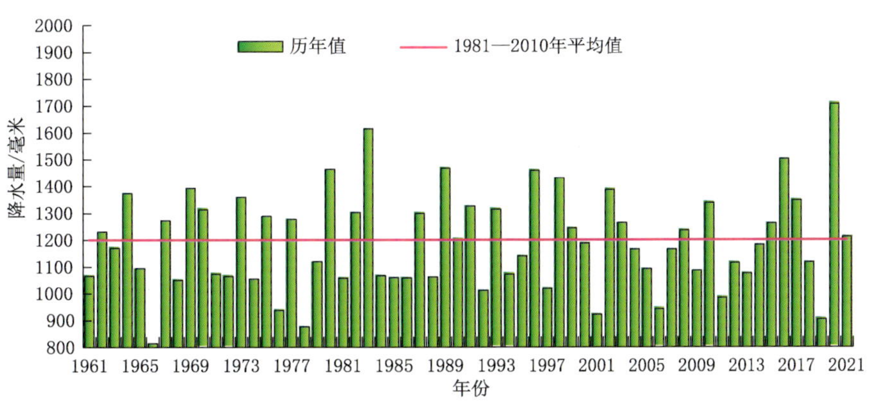

图 4.17.2 1961—2021 年湖北省平均年降水量变化

Fig. 4.17.2 Annual precipitation in Hubei during 1961—2021 (unit:mm)

4.17.2 主要气象灾害及影响

1. 暴雨洪涝

2021 年湖北省共出现 14 次区域性强降水过程。全年因暴雨洪涝造成农作物受灾面积 37.2 万公顷，绝收面积 5.5 万公顷；倒塌房屋 3100 间，损坏房屋 3.1 万间；因灾死亡失踪 34 人；直接经济损失 80.9 亿元。

梅雨期过程面弱点强，盛夏过程强，8 月 9—13 日为 2021 年强度最强、范围最广、持续时间最长、影响最为严重的降水过程，达特强等级。12 日宜城(312.9 毫米)、南漳(218.2 毫米)日降水突破历史极值，随州柳林出现 518.5 毫米日雨量，连续 5 个小时雨强均超过 50 毫米/时，其中 05 时和 06 时连续 2 个小时雨强超 100 毫米/时，导致山洪暴发(图 4.17.3)。

图 4.17.3　2021 年 8 月 12 日柳林山洪导致商铺损失惨重(湖北省气象局提供)

Fig. 4.17.3　Liulin flood caused heavy losses to shops on August 12, 2021 (By Hubei Meteorological Service)

汉江流域发生超长严重秋汛。8 月 21 日汉江流域秋雨开始，较常年偏早 19 天，10 月 16 日汛期结束，秋汛长达 57 天。期间汉江流域共出现 9 次较强降水过程，降水量显著偏多，排历史同期第 2 位，其中上游排第 1 位，十堰市排第 4 位。受上游来水明显偏多影响，丹江口水库出现 3 次洪水洪峰超 20000 米^3/秒，水位突破历史最高水位，发生了 2011 年以来同期最大洪水，汉江中下游干流发生 2 次超警洪水过程，十堰部分乡镇以及中下游大量洲滩被淹。

2. 强对流

2021 年湖北省共出现 8 次大范围大风、冰雹及雷电等强对流天气过程。5 月 10 日和 14 日，江汉平原及以东地区出现大范围大风，武汉市分别出现 1 级弱龙卷和 3 级强龙卷，极大风力分别达 14 级和 17 级以上；黄陂 26.2 米/秒、嘉鱼 24.1 米/秒、阳新 27.7 米/秒、武穴 27.5 米/秒等 4 站极大风速位居历史第 1 位。全年因风、雹等强对流天气造成农作物受灾面积 13.3 万公顷，绝收面积 4380 公顷；倒塌房屋 1600 间，损坏房屋 3.3 万间；因灾死亡失踪 12 人；直接经济损失 18.9 亿元(图 4.17.4)。

3. 春季阴雨寡照

2 月下旬至 5 月中旬，湖北省共出现 6 段连阴雨过程，雨日多达 46 天，排历史同期第 8 位(第 1 位为 2002 年的 51 天)；日照时数 270 小时，为历史同期最少；平均相对湿度 80%，较常年同期偏高 5%。5 月 10—19 日大部出现中度连阴雨，鄂东北、鄂西南部分地区重度连阴雨。持续阴雨造成多地田间湿渍害严重，农作物病害流行。

图 4.17.4　2021 年 5 月 14 日武汉蔡甸千子山循环经济产业园遭受龙卷袭击(湖北省气象局提供)
Fig. 4.17.4　Qianzishan Circular Economy Industrial Park in Caidian, Wuhan was hit by tornado on May 14, 2021 (By Hubei Meteorological Service)

4.18　湖南省主要气象灾害概述

4.18.1　主要气候特点及重大气候事件

2021 年湖南省年平均气温 18.7 ℃,较常年偏高 1.3 ℃(图 4.18.1);年平均降水量 1420.2 毫米,较常年偏多 1.2%(图 4.18.2)。四季气温均偏高,秋季偏高 1.5 ℃、夏季偏高 1.1 ℃,分居 1961 年以来第 1 高位和第 2 高位;降水量冬季、夏季偏少,春季、秋季偏多。年内,湖南省年平均气温创百年历史新高;全年高温日数为历史之最;春季阴雨日数多,持续时间长;4 月“倒春寒”范围广,影响大;“五月低温”持续半月之久;主汛期雨水集中,强降雨过程多、强度强;湘南阶段性干旱明显;12 月下旬低温雨雪冰冻来袭,湘中以北普降暴雪。2021 年各类气象灾害共造成湖南省 14 个市(州) 651.9 万人受灾,因灾死亡 3 人;农作物受灾面积 43.6 万公顷;直接经济损失 82.3 亿元。2021 年气候年景等级为Ⅲ级(一般),干旱年景评定为Ⅳ级(大范围较严重干旱),洪涝年景评定为Ⅲ级(大范围一般洪涝或部分地区较严重洪涝)。

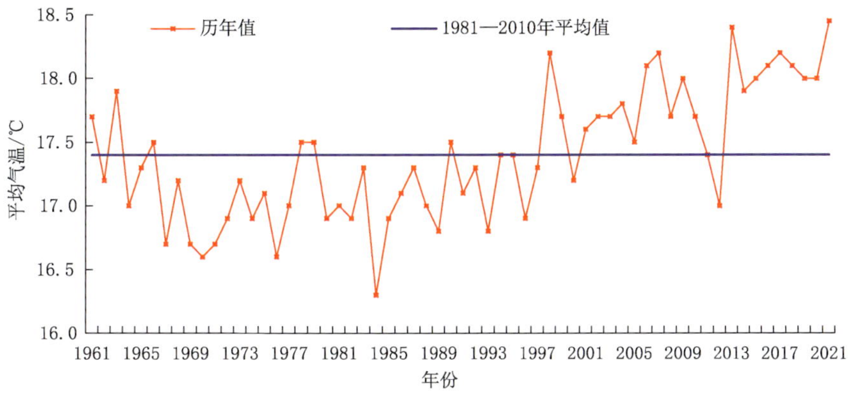

图 4.18.1　1961—2021 年湖南省年平均气温变化
Fig. 4.18.1　Annual mean temperature in Hunan during 1961—2021 (unit: ℃)

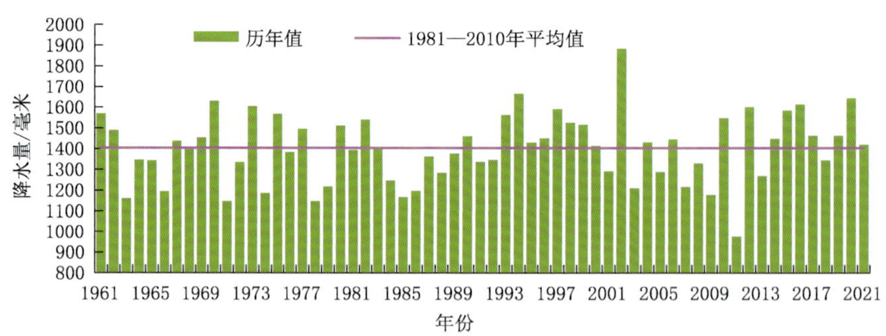

图 4.18.2 1961—2021 年湖南省平均年降水量变化

Fig. 4.18.2 Annual precipitation in Hunan during 1961—2021 (unit:mm)

4.18.2 主要气象灾害及影响

1. 干旱

2021 年湖南发生多段干旱。年初湖南南部发生干旱，夏秋季持续高温少雨导致邵阳、永州等地发生阶段性干旱。全年干旱共造成全省 191.3 万人受灾，因旱需生活救助人口 28.4 万人，因旱饮水困难人口 14 万人；农作物受灾面积 15.8 万公顷，绝收面积 1.9 万公顷；直接经济损失 9.9 亿元。

2. 暴雨洪涝

2021 年湖南省暴雨频发，21 天暴雨笼罩面积超过 1 万平方千米，12 天超过 2 万平方千米。全年暴雨洪涝灾害共造成湖南全省 455.7 万余人受灾，因灾死亡 3 人，紧急转移安置人口 15.4 万人；农作物受灾面积 27.2 万公顷，绝收面积 3.7 万公顷；直接经济损失 71.2 亿元(图 4.18.3)。

图 4.18.3 2021 年 5 月 16 日双峰县强降水造成农田被淹(双峰县气象局提供)

Fig. 4.18.3 Farmland flooded by strong rainfall in Shuangfeng County, Hunan on May 16, 2021 (By Shuangfeng Meteorological Service)

3. 局地强对流

2021 年 5 月强对流天气发生频繁，造成部分地区农作物及房屋和农业设施受损。湖南省风雹灾害共造成 4.9 万人受灾；农作物受灾面积 5877 公顷，绝收面积 359 公顷；损坏房屋 2900 余间；直接经济损失 1.2 亿元。

4.19 广东省主要气象灾害概述

4.19.1 主要气候特点及重大气候事件

2021年，广东省平均气温23.0℃，较常年偏高1.1℃，创1951年有气象记录以来最高纪录（图4.19.1）；平均高温日数42.9天，较常年偏多25.4天，创历史新高。年平均降水量1358毫米，较常年偏少24%，为历史第5少（图4.19.2）。“龙舟水”偏少，但降水极端性强，5月31日惠州龙门龙华镇3小时降水量400.9毫米破广东历史极值。初台偏晚，有2个台风登陆广东，较常年偏少1.7个，有4个台风影响广东，台风影响程度总体偏轻。温高雨少致阶段性气象干旱严重。年初、年尾受寒潮影响降温显著。广东灰霾日数继续维持较低水平。据统计，2021年广东各类气象灾害共造成100.1万人受灾，2人死亡；农作物受灾面积7.6万公顷，绝收面积1.4万公顷；直接经济损失24.1亿元。2021年属偏差气候年景。

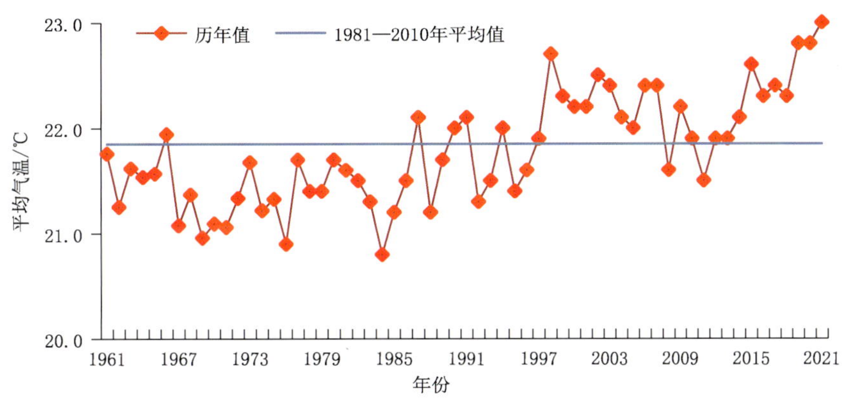

图4.19.1 1961—2021年广东省年平均气温变化

Fig. 4.19.1 Annual mean temperature in Guangdong during 1961—2021 (unit: ℃)

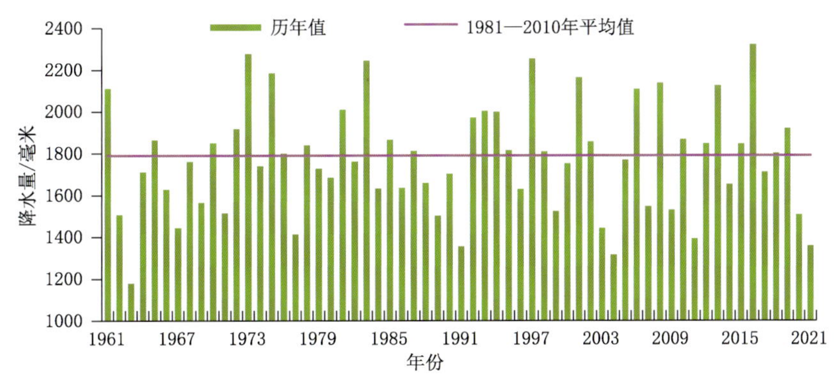

图4.19.2 1961—2021年广东省年降水量变化

Fig. 4.19.2 Annual precipitation in Guangdong during 1961—2021 (unit: mm)

4.19.2 主要气象灾害及影响

1. 暴雨洪涝

2021年，广东暴雨少，但降水极端性强，洪涝灾害轻。共出现暴雨457站日，比常年偏少28.9%。全年暴雨洪涝共造成7.9万人受灾，1人死亡；农作物受灾面积8930公顷，绝收面积740

公顷;直接经济损失 8.3 亿元。

2021 年共出现 19 次强降水天气过程。5 月 20 日,韶关北部、清远北部县(市)出现了暴雨到大暴雨。据统计,韶关和清远共有 78 个乡镇 5.0 万人受灾,1 人死亡;农作物受灾面积 6064.2 公顷,绝收面积 646.7 公顷;直接经济损失 7.5 亿元。5 月 31 日至 6 月 2 日,广东大部出现暴雨到大暴雨,惠州龙门龙华镇 3 小时雨量 400.9 毫米,破广东省 3 小时雨量历史极值。据统计,共有 74 个乡镇 2.6 万人受灾,农作物受灾面积 1459.8 公顷,直接经济损失 5716.7 万元。

2. 热带气旋

2021 年共有 2 个台风("查帕卡"和"卢碧")登陆广东,较常年登陆数偏少 1.7 个。有 4 个台风("小熊""狮子山""圆规"和"雷伊")影响广东。年内台风导致广东 14.0 万人受灾;农作物受灾面积 8900 公顷,绝收面积 3100 公顷;直接经济损失 2.1 亿元。

第 7 号台风"查帕卡"于 7 月 20 日在阳江沿海登陆,登陆时中心附近最大风力 12 级(33 米/秒),中心最低气压 978 百帕。受其影响,7 月 18—22 日,广东沿海县(市)出现暴雨,部分地区大暴雨,局地特大暴雨。据统计,"查帕卡"造成阳江和江门 64 个乡镇 5 万人受灾,农作物受灾面积 3622.7 公顷,直接经济损失 1.6 亿元。

受第 17 号台风"狮子山"、第 18 号台风"圆规"和冷空气影响,10 月 7—15 日,广东出现持续性暴雨到大暴雨,局地特大暴雨。据统计,"狮子山"造成广东 1.3 万人受灾,农作物受灾面积 500 公顷,直接经济损失 2000 万元。"圆规"造成广东 7.7 万人受灾;农作物受灾面积 4800 公顷,绝收面积 2100 公顷;直接经济损失共 3000 万元。

3. 低温冷冻害

2021 年影响广东的冷空气总体偏弱,但 1 月低温造成严重经济损失。1 月 16—18 日,受中等偏强冷空气影响,云浮、惠州、揭阳市遭受低温冷冻灾害,部分农作物和经济作物(马铃薯、菠萝)产业片区灾害损失严重。据统计,云浮、惠州和揭阳市共有 7 县(区)93 个乡镇 10.4 万人受灾;农作物受灾面积 2.6 万公顷,绝收面积 8840 公顷;直接经济损失 10.4 亿元。

4. 局地强对流

2021 年,广东共发生雷雨大风、冰雹等 18 次强对流天气过程。5 月 7—9 日,韶关市和梅州市出现短时强降雨、雷雨时伴有 8～10 级短时大风和冰雹。据统计,本次过程共造成 5 县(市)15 个乡镇 7284 人受灾,农作物受灾面积 1740.2 公顷,直接经济损失 6659.2 万元。5 月 31 日的雷击造成陆河县河口镇 1 人死亡。

5. 干旱

2021 年广东平均气温创历史新高,平均降水量为 2005 年以来最少,其中 1—9 月降水量较常年同期偏少 34%,仅次于 1963 年,为历史同期第 2 少。长期温高雨少,加上江河来水少、水库蓄水少,导致广东出现了持续时间长、影响范围广的阶段性气象干旱,粤东、粤北旱情严重。据统计,2021 年惠州市、汕尾市、潮州市、云浮市等 4 市 19 个县(市、区)146 个乡镇遭受干旱灾害,受灾人口 67.1 万人,因旱饮水困难人口 6.4 万人;农作物受灾面积 3.1 万公顷,绝收面积 1230 公顷;直接经济损失 2.7 亿元。

4.20 广西壮族自治区主要气象灾害概述

4.20.1 主要气候特点及重大气候事件

2021 年广西年平均气温 21.6 ℃,比常年偏高 0.9 ℃,为 1951 年以来最高(图 4.20.1);冬季、春季、夏季气温偏高 0.8～1 ℃，夏季为 1951 年以来最热季节；秋季气温接近常年同期。广西平均年降水量 1335.3 毫米，较常年偏少 13.3%，为近 10 年最少(图 4.20.2)；冬季夏季降水量分别偏少 40%和 29.3%，均为近 10 年同期最少；秋季降水量偏多 34.3%，春季降水量接近常年同期；全年共出现 9 次区域性暴雨过程，比常年偏少，强对流过程与暴雨重叠；全年有 6 个台风和 1 个热带低压影响广西，个数偏多，初台偏早，终台历史最晚；共出现 8 次大范围高温天气过程，高温日数历史最多，四季均出现阶段性气象干旱，冬旱和秋旱灾损较重；春播期低温阴雨总日数偏少，寒露风开始偏早，总日数偏多，出现 2 次寒潮过程。年内雨水少、干旱频发，低温冷害、暴雨和台风影响较常年偏轻，总体而言，属一般气候年景。

全年因气象灾害共造成农作物受灾面积 15.2 万公顷，绝收面积 1.1 万公顷；受灾人口 260.3 万人，死亡 3 人；直接经济损失 22.6 亿元。

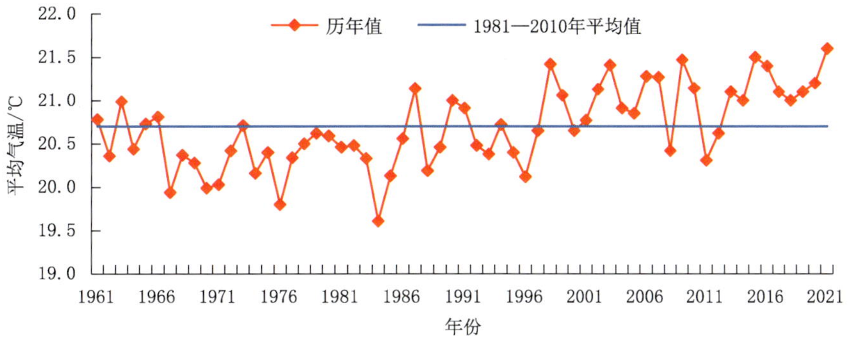

图 4.20.1 1961—2021 年广西年平均气温变化

Fig. 4.20.1 Annual mean temperature in Guangxi during 1961—2021 (unit:℃)

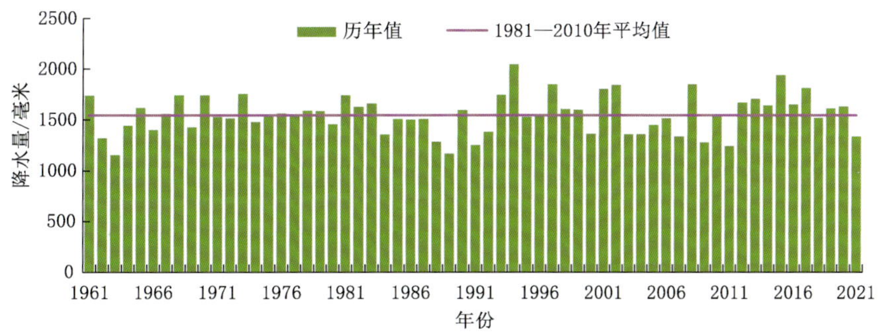

图 4.20.2 1961—2021 年广西年降水量变化

Fig. 4.20.2 Annual precipitation in Guangxi during 1961—2021 (unit:mm)

4.20.2 主要气象灾害及影响

1. 暴雨洪涝

2021 年广西平均暴雨日数 4 天，为近 10 年最少。暴雨主要集中在 5—8 月，期间暴雨总日数占全年 74%。

6 月 28 日至 7 月 3 日，受高空槽、切变线和西南急流共同影响，广西出现年内持续时间最长、范围最广、强度最强、灾损最重的暴雨天气过程。累计雨量 300 毫米以上的有 5 市 15 县(市、区)，最大为桂林市兴安县华江乡 871.5 毫米。资源县 7 月 2 日降水量 270.6 毫米，打破当地建站以来日降水量纪录。本次暴雨过程造成柳州、桂林、河池等 7 市 39 县(市、区)出现洪涝灾害，26.2 万人受灾，农作物受灾面积 7627 公顷，直接经济损失 8 亿元(图 4.20.3)。

全年暴雨洪涝共造成农作物受灾面积 3.0 万公顷，绝收面积 3050 公顷；91 万人受灾；直接经济损失 14.1 亿元，占广西全年气象灾害总损失的 62.4%。

图 4.20.3　2021 年 6 月 29 日广西都安县村庄被淹（都安县气象局提供）
Fig. 4.20.3　The village in Du'an County was flooded during the rainstorm on June 29, 2021 (By Du'an Meteorological Service)

2. 干旱

2021 年广西四季均出现阶段性气象干旱，冬旱和秋旱灾损较重。8 月至 10 月初，广西平均气温比常年同期偏高 1.6 ℃，为 1951 年来同期最高。桂林、柳州、贺州等 8 市部分地区降水量比常年同期偏少 4 成以上。高温少雨导致部分地区出现严重气象干旱，桂林、柳州、梧州等 9 市 26 县（市、区）共 64.9 万人受灾，2.6 万人饮水困难；农作物受灾 6.4 万公顷；直接经济损失 2.9 亿元（图 4.20.4）。

全年干旱灾害共造成 134.3 万人受灾，饮水困难人口 15.5 万人；农作物受灾面积 9.7 万公顷，绝收面积 5590 公顷；直接经济损失 6 亿元。

图 4.20.4　2021 年 10 月 7 日广西柳城农田干裂（柳城县气象局提供）
Fig. 4.20.4　The parched farmland in Liucheng County on October 7, 2021 (By Liucheng Meteorological Service)

3. 局地强对流

2021 年广西出现 5 次强对流天气过程。5 月 7—9 日，桂北出现暴雨并伴有雷暴大风、冰雹等强对流天气。百色、河池 2 市 13 县（市、区）遭受风雹灾害，受灾人口 2.9 万人，农作物受灾面积 2456 公顷，直接经济损失 4992.5 万元。

全年风雹灾害造成 5.6 万人受灾，死亡 3 人；农作物受灾面积 3610 公顷；直接经济损失 8100

万元。

4. 热带气旋

2021 年有 6 个台风(2104 号台风“小熊”、2107 号台风“查帕卡”、2109 号台风“卢碧”、2117 号台风“狮子山”、2118 号台风“圆规”、2122 号台风“雷伊”)和 1 个热带低压影响广西，台风个数偏多，影响偏轻。末台“雷伊”12 月 20 日影响广西，较常年偏晚 81 天，为 1951 年以来最晚。

全年热带气旋灾害共造成 20.7 万人受灾，农作物受灾面积 1.8 万公顷，直接经济损失 1 亿元。

5. 低温冷冻害和雪灾

2021 年，全年出现区域性冷空气过程 12 次，其中 2 次过程达寒潮级；低温阴雨日数较常年偏少、结束期偏早；大部地区寒露风开始期较常年偏早，寒露风日数比常年偏多。

全年低温冷冻害共造成 8.7 万人受灾，农作物受灾面积 3630 公顷，直接经济损失 6100 万元。

4.21 海南省主要气象灾害概述

4.21.1 主要气候特点及重大气候事件

2021 年，海南省年平均气温 25.1 ℃，较常年偏高 0.6 ℃(图 4.21.1)，与 2010 年并列居于历史第 4 位高值。与常年相比，冬季偏低 0.5 ℃，春季、夏季和秋季分别偏高 1.4 ℃、0.8 ℃和 0.4 ℃。全省平均年降水量 1784.2 毫米，较常年略偏少(图 4.21.2)。与常年相比，冬季、春季、夏季分别偏少 27.2%、33.7%和 24.2%，秋季偏多 33.4%。全省平均年日照时数为 1990.7 小时，较常年偏少

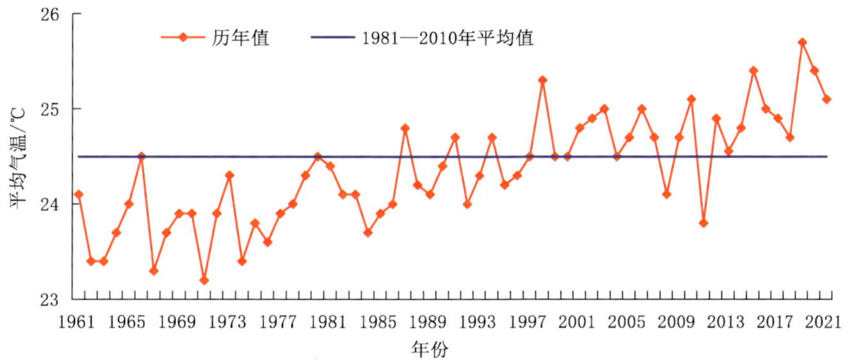

图 4.21.1 1961—2021 年海南省年平均气温变化

Fig. 4.21.1 Annual mean temperature in Hainan during 1961—2021 (unit:℃)

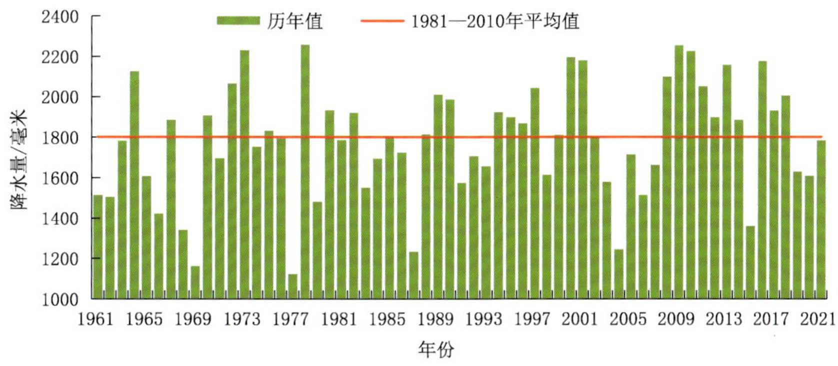

图 4.21.2 1961—2021 年海南省平均年降水量变化

Fig. 4.21.2 Annual mean precipitation in Hainan during 1961—2021 (unit:mm)

82.0 小时。年内海南共出现 8 次区域性暴雨过程，较常年偏少 2 次，综合强度接近常年；全年共 10 个热带气旋影响海南省，个数和强度接近常年，但年末出现个别超强台风影响；全省年平均高温日数 42 天，较常年偏多 22 天，与 2019 年并列历史第 3 位。年内还发生干旱、高温、低温阴雨、大雾、雷击和强对流天气等气象灾害。

2021 年全年全省因气象灾害造成 36.8 万人次受灾，3 人死亡；农作物受灾面积 3.2 万公顷，绝收面积 2990 公顷；直接经济损失 10 亿元。综合评价 2021 年气候年景属正常年景。

4.21.2 主要气象灾害及影响

1. 热带气旋

2021 年，共有 10 个热带气旋影响海南省，其中 4 个登陆。影响个数接近常年，登陆个数较常年偏多 2 个，热带气旋影响强度总体接近常年，但年末出现个别超强台风影响。第一个影响海南的热带气旋出现在 6 月中旬，较常年偏晚 4 旬，最后一个影响海南的热带气旋出现在 12 月中旬，较常年偏晚 2 旬。全年热带气旋灾害造成 34.6 万人次受灾，3 人死亡，紧急转移人数 7.7 万人次；农作物受灾面积 3.0 万公顷，绝收面积 2800 公顷；直接经济损失 9.4 亿元(图 4.21.3)。

图 4.21.3 2021 年 10 月 13 日受台风“圆规”影响海口市受灾情况(海口市气象局提供)
Fig. 4.21.3 Disaster situation in Haikou affected by typhoon Kompasu on October 13, 2021 (By Haikou Meteorological Service)

2. 暴雨洪涝

2021 年，海南区域性暴雨过程共有 8 次，较常年偏少 2 次，综合强度接近常年。全年因暴雨洪涝及次生灾害造成 1.5 万人次受灾，紧急转移人数 800 人次；农作物受灾面积 1010 公顷，绝收面积 190 公顷；直接经济损失 5900 万元。暴雨洪涝灾害属正常年份。

10 月 15—18 日，受热带扰动和冷空气共同影响，海南省出现一次中度区域性暴雨过程。海南岛东部、中部和南部地区出现强降雨天气，全省有 11 个市(县)出现暴雨天气，日最大降水量达 187.9 毫米(琼中，18 日)。

3. 局地强对流

2021 年，海南省共出现 5 次强对流天气过程，其中有 2 次造成直接经济损失。8 月 9 日 16—18 时，受季风槽影响，海口市三江镇出现雷雨大风天气，最大阵风 22.2 米/秒(16 时 44 分)。此次雷雨大风造成镇政府及卫生院新民街部分树木断裂倒塌以及数杆电线杆损坏，断裂树枝砸损车辆 5 辆，经济损失约 90 万元。9 月 10 日 11 时 42 分左右，受“康森”外围环流影响，万宁市和乐镇西坡村委会 11 小组邦溪村遭受龙卷袭击，造成 7 间瓦房和少量电线、路灯、太阳能板灯、鸭棚受损，直接经济损失约 4.8 万元。

4. 干旱

2021 年 5—9 月海南省气象干旱大致经历了 2 次从发展到缓解的反复过程，以 5 月底至 6 月上旬和 7 月上旬前期气象干旱较为严重。5 月至 6 月上旬各地气象干旱发展迅速，6 月 6 日全省有 18 个市（县）出现不同程度气象干旱，有 6 个市（县）达重旱；6 月中旬前期气象干旱短暂缓解，之后继续发展，7 月 4 日全省有 16 个市（县）出现气象干旱，3 个市（县）达重旱。全年因干旱灾害造成 7500 人次受灾，农作物受灾面积 610 公顷，直接经济损失 100 万元。

4.22 重庆市主要气象灾害概述

4.22.1 主要气候特点及重大气候事件

2021 年，重庆市年平均气温 17.7 ℃，接近常年（图 4.22.1）；年降水量 1308.7 毫米，较常年偏多 16%（图 4.22.2）。年内，强降水和区域性暴雨次数多、强度强；华西秋雨偏早偏强、持续时间长；区域高温频次高；强降温、低温和霜冻偏多偏重；气象干旱和连阴雨偏轻偏弱。冬季平均气温 8.2 ℃，较常年偏高 0.3 ℃；降水量 69.4 毫米，接近常年（63.9 毫米）。春季平均气温 17.4 ℃，与常年持平；降水量 309.1 毫米，接近常年（294.1 毫米）。夏季平均气温 26.2 ℃，较常年偏低 0.3 ℃；降水量 614.1 毫米，较常年偏多 21%。秋季平均气温 18.1 ℃，接近常年（18.2 ℃）；降水量 314.9 毫米，较常年偏多 22%。

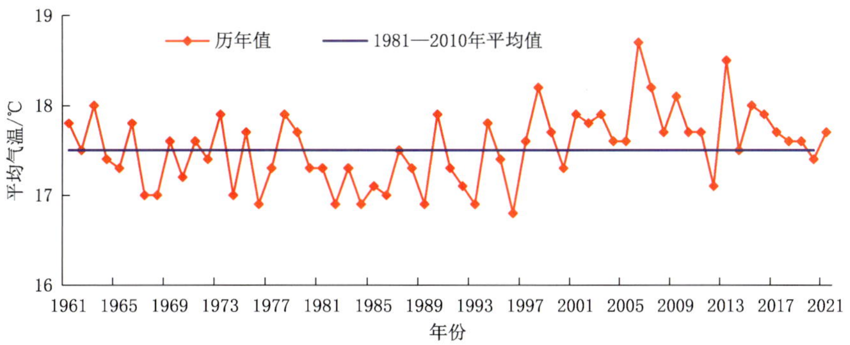

图 4.22.1 1961—2021 年重庆市年平均气温变化

Fig. 4.22.1 Annual mean temperature in Chongqing during 1961—2021 (unit: ℃)

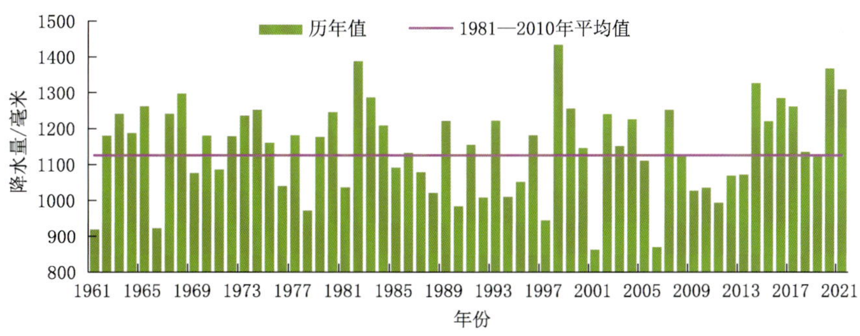

图 4.22.2 1961—2021 年重庆市平均年降水量变化

Fig. 4.22.2 Annual precipitation in Chongqing during 1961—2021 (unit: mm)

2021 年重庆市气象灾害有暴雨洪涝、大风冰雹、干旱、低温冻害和雪灾。气象灾害主要集中在 5—9 月，暴雨洪涝最为突出，总体灾情属于较轻程度。全年气象灾害造成 139.7 万人次受灾，死亡 5 人；农作物受灾面积 5.9 万公顷，绝收面积 1.3 万公顷；直接经济损失近 29.5 亿元。

4.22.2 主要气象灾害及影响

1. 暴雨洪涝

2021 年，重庆市先后出现 13 次暴雨天气过程，较常年偏多 3 次，34 个区（县）出现暴雨 150 站次，较常年偏多 45%；15 个区（县）出现大暴雨 22 站次，较常年偏多近 1 倍。过程首尾相接，且持续时间长，其中“8.25”暴雨过程持续 126 小时，为 2008 年以来持续时间最长的暴雨天气过程。暴雨洪涝灾害（不包括地质灾害）损失占全年气象灾害的 9 成以上，共造成 124.6 万人次受灾，死亡 5 人；农作物受灾面积 5.3 万公顷，绝收面积 1.2 万公顷；损坏房屋 2.7 万间，倒塌房屋 4800 间；直接经济损失 28.1 亿元。

8 月 25 日凌晨至 29 日夜间，重庆市出现了年内最强的一次暴雨天气过程，强度等级为特重，暴雨影响全市 34 个区（县），为 2008 年以来范围最广的暴雨过程。过程累计雨量 189 个雨量站超过 250 毫米，最大雨量达 474.1 毫米（巫溪建楼村），过程最大小时降雨量 56.8 毫米。此次过程导致全市 25 个区（县）遭受洪涝、地质灾害，造成近 9 万人受灾，因灾死亡 1 人，直接经济损失超过 4 亿元（图 4.22.3）。

图 4.22.3　2021 年 8 月 26 日云阳县暴雨造成公路边坡垮塌（云阳县气象局提供）

Fig. 4.22.3　Road damaged by rainstorm in Yunyang County on August 26, 2021 (By Yunyang Meteorological Service)

2. 局地强对流

2021 年重庆市强对流天气过程较频繁，但大风冰雹灾害较轻，主要出现在 5—8 月。全市出现 6 起大风冰雹灾害，共造成 6.8 万人次受灾，农作物受灾面积 2500 公顷，房屋损坏 1.7 万间，直接经济损失 1.1 亿元（图 4.22.4）。

图 4.22.4　2021 年 5 月 15 日酉阳县遭受冰雹灾害（酉阳县气象局提供）

Fig. 4.22.4　Hail disaster in Youyang County on May 15, 2020 (By Youyang Meteorological Service)

4.23 四川省主要气象灾害概述

4.23.1 主要气候特点及重大气候事件

2021 年，四川省平均气温 15.6 ℃，较常年偏高 0.7 ℃，位列历史第 5 高(图 4.23.1)；全省平均降水量 1070.5 毫米，较常年偏多 12%，位列历史第 6 多(图 4.23.2)。年内，春季、夏季平均气温较常年同期偏高，分别位列历史同期第 8 和第 10 高位，冬季(2020/2021 年)略偏低，秋季与常年同期持平。秋季降水量较常年同期明显偏多，位列历史同期第 5 多位，夏季和冬季偏多，春季偏少。

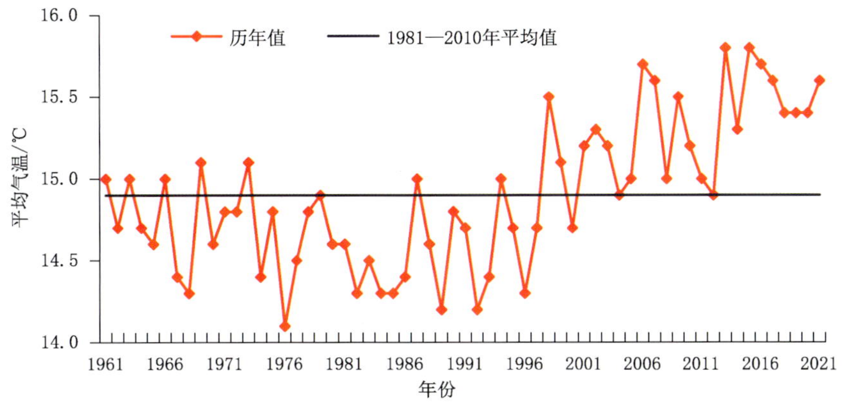

图 4.23.1 1961—2021 年四川省年平均气温变化

Fig. 4.23.1 Annual mean temperature in Sichuan during 1961—2021 (unit:℃)

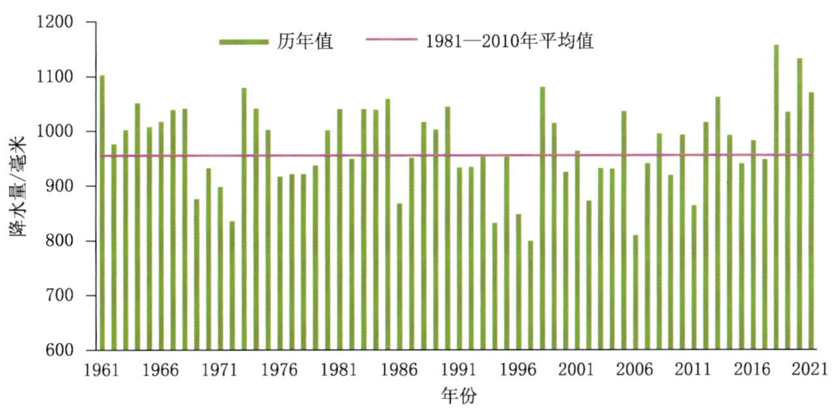

图 4.23.2 1961—2021 年四川省年降水量变化

Fig. 4.23.2 Annual precipitation in Sichuan during 1961—2021 (unit:mm)

2021 年，四川省高温日数较常年偏多，四川盆地大部出现极端高温天气；全省暴雨天气频发，分布范围广，强降水过程多，属暴雨偏多年份，共出现 5 次区域性暴雨天气过程；年内，全省秋季降水日数多，秋雨开始期较常年偏早，秋雨结束期偏晚，秋雨期长度偏长，2021 年为四川秋雨最强年份；2021 年四川省总体为中旱年份，年内春旱和夏旱范围广，局地旱情偏重，伏旱不明显；全省大风冰雹造成损失局地较重。

2021 年，气象灾害共造成四川省 694.7 万人次不同程度受灾，死亡失踪 22 人；农作物受灾面积 26.6 万公顷，绝收面积 4.2 万公顷；直接经济损失 223.2 亿元。总体而言，2021 年四川省气候为略偏差年景。

4.23.2 主要气象灾害及影响

1. 暴雨洪涝

2021 年，四川省共有 140 站发生暴雨，53 站发生大暴雨，1 站发生特大暴雨。全省共计 523 站次发生暴雨，大暴雨 79 站次，特大暴雨 1 站次。绵竹 9 月 12—14 日的暴雨过程雨量达 366.2 毫米，为年内全省暴雨过程最大雨量。年内先后出现 5 场区域性暴雨天气过程（7 月 9—11 日、7 月 14—16 日、8 月 21—23 日、9 月 3—5 日和 9 月 13—16 日）。暴雨洪涝灾害共造成四川省 665.1 万人受灾，17 人因灾死亡失踪，紧急转移安置 50.6 万人；农作物受灾面积 24.4 万公顷，绝收面积 3.9 万公顷；倒塌房屋 8700 间，损坏房屋 9.2 万间；直接经济损失 217.3 亿元。

7 月 14—16 日，广元市苍溪县出现一次连续性强降水天气过程，最大降水量白驿李子 244.8 毫米，直接经济损失达 1 亿元（图 4.23.3）。

图 4.23.3　2021 年 7 月 14—16 日广元市苍溪县出现暴雨洪涝（广元市气象局提供）
Fig. 4.23.3　Rainstorm and flood occurred in Cangxi County, Guangyuan City on July 14—16, 2021 (By Guangyuan Meteorological Service)

2. 干旱

2021 年四川省总体为中旱年份，年内春旱和夏旱范围广，局地旱情偏重，伏旱不明显。旱灾共造成四川省 2300 人受灾，农作物受灾面积 510 公顷，直接经济损失 300 万元。四川省夏旱相比其他季节更严重，全省共有 128 站发生了夏旱，其中轻旱 49 站、中旱 33 站、重旱 32 站、特旱 14 站。中旱以上区域主要分布在四川盆地西北、四川盆地西南、四川盆地南部及攀西地区。

3. 局地强对流

2021 年，四川省大风和冰雹发生较为频繁，造成部分地区较大灾情损失，为近年来偏重年份。局地强对流共造成四川省 28.2 万人受灾，5 人因灾死亡失踪，紧急转移安置 2400 人；农作物受灾面积 2.1 万公顷，绝收面积 2560 公顷；倒塌房屋 100 间，损坏房屋 1.7 万间；直接经济损失 5.7 亿元。

11 月 6—7 日，受北方冷空气影响，广元市出现较强大风天气，普遍有 6～8 级偏北风，阵风 9～10 级。农作物受灾面积 326.9 公顷，成灾面积 214.2 公顷，绝收面积 80.3 公顷；一般损坏房屋 1230 间；直接经济损失 4413.5 万元。

4. 低温冷冻害和雪灾

2021 年，四川省低温冷冻害和雪灾灾情较常年偏轻。低温冷冻害和雪灾共造成四川省 1.1 万人受灾；农作物受灾面积 1020 公顷，绝收面积 240 公顷；直接经济损失 2500 万元。

4.24 贵州省主要气象灾害概述

4.24.1 主要气候特点及重大气候事件

2021 年，贵州省年平均气温 16.4 ℃，较常年偏高 0.8 ℃，与 2013 年、2015 年、2016 年同为 1961 年以来第 1 高值(图 4.24.1)；年降水总量 1216.3 毫米，较常年略多 3.0%(图 4.24.2)，降水资源总量为 21179.2 亿立方米，较常年偏多 118.1 亿立方米；年日照时数 1264.3 小时，较常年平均值略偏多 6.8%。气候年景总体为差。

2021 年，贵州遭受了低温雨雪冰冻、暴雨洪涝、大风冰雹、高温干旱等气象灾害。全年区域性暴雨过程偏多，达 16 次；年内出现 3 次大范围低温雨雪冰冻天气过程；极端高、低温事件偏多，共有 24 站次日最高气温达到极端高温事件标准，21 站次日最低气温达到极端低温事件标准。气象灾害给全省经济社会发展和人民生活生产造成不利影响，部分地区受灾严重，全省气象灾害年景为较重年景。

2021 年，气象灾害共造成贵州省 242.6 万人(次)不同程度受灾，因灾死亡 1 人；农作物受灾面积 14.4 万公顷，绝收面积 2.4 万公顷；直接经济损失 29.7 亿元。

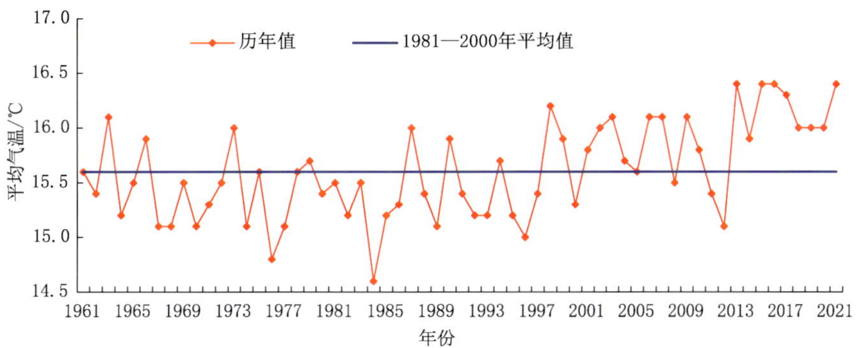

图 4.24.1 1961—2021 年贵州省年平均气温变化

Fig. 4.24.1 Annual mean temperature in Guizhou during 1961—2021 (unit:℃)

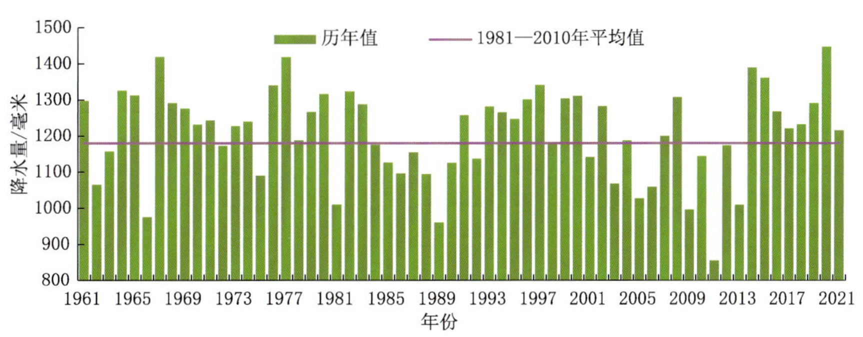

图 4.24.2 1961—2021 年贵州省年降水量变化

Fig. 4.24.2 Annual precipitation in Guizhou during 1961—2021 (unit:mm)

4.24.2 主要气象灾害及影响

1. 暴雨洪涝

2021 年，贵州共出现 16 次区域性暴雨过程，其中主汛期(5—9 月)为 14 次；秋汛明显，出现 3 次区域性暴雨过程。全年累计出现暴雨 263 站次，较常年偏少 20 站次；6 月 9—10 日过程最重，暴雨以上 32 站次，大暴雨以上 5 站次，区域平均暴雨量 75.4 毫米，区域单站最大降水量为普安 145.4 毫米。2021 年全省因暴雨洪涝造成 132.4 万人不同程度受灾，因灾死亡 1 人、紧急转移安置人口 9500 人；农作物受灾 8.1 万公顷，绝收面积 1.3 万公顷；倒塌房屋 300 间，损坏房屋 2.9 万间；直接经济损失 19.9 亿元(图 4.24.3)。

图 4.24.3　2021 年 6 月 27 日铜仁市松桃县暴雨洪涝灾害(松桃县气象局提供)
Fig. 4.24.3　The disaster by rainstorm induced floods in Songtao County, Tongren City on June 27, 2021 (By Songtao Meteorological Service)

2. 低温雨雪冰冻

2021 年，贵州出现 3 次区域性雪凝天气过程。1 月 6—11 日，全省出现降雪天气 150 站次，最低气温降至 0 ℃以下 328 站次，其中 1 月 8 日达 78 县(市、区)；极端日最低气温为－8.4 ℃(威宁)。1 月 16—18 日，全省出现降雪天气 87 站次，104 站次最低气温降至 0 ℃以下，其中 1 月 18 日达 70 县(市、区)；极端日最低气温为－6.0 ℃(威宁)。12 月 26—29 日，全省出现降雪天气 156 站次，221 站次最低气温降至 0 ℃以下，其中 12 月 27 日达 74 县(市、区)；极端日最低气温为－6.3 ℃(万山)。2021 年全省因低温雨雪冰冻造成 3700 人不同程度受灾，农作物受灾面积 170 公顷，直接经济损失 2100 万元。

3. 局地强对流

2021 年，贵州风雹天气总体偏轻，但 5 月份偏重。全年有 42 个县(市、区)出现冰雹 53 站次，较常年偏少 24.3 站次。51 个县(市、区)出现大风 162 站次，较常年偏多 22 站次。2021 年全省因风雹灾害造成 89.2 万人不同程度受灾，紧急转移安置人口 3300 人；农作物受灾 5.6 万公顷，绝收面积 1.1 万公顷；倒塌房屋 100 间，损坏房屋 5.5 万间；直接经济损失 9.2 亿元(图 4.24.4)。

4. 干旱

2021 年，贵州部分市州持续发生了阶段性干旱和高温天气。夏季全省平均气温为 24.5 ℃，比历年同期偏高 0.8 ℃，为 1961 年以来同期第 3 高值，出现高温 946 站次。7 月 26 日至 8 月 9 日出现持续时间最长、影响范围最广的高温天气，平均最高气温为 33.1 ℃，为 1961 年以来同期最高，42 个县(市、区)出现 35 ℃以上高温天气，剑河、凯里、锦屏、从江等 4 个县最高气温突破有气象记录以来的历史极值。2021 年全省因干旱灾害造成 20.7 万人不同程度受灾，因旱需生活救助人口 3200 人，因旱饮水困难需救助人口 2700 人；农作物受灾 6580 公顷、绝收面积 270 公顷；直接经济损失 3300 万元。

图 4.24.4　2021 年 5 月 8 日黔西南州普安县冰雹灾害(普安县气象局提供)

Fig. 4.24.4　The disaster by Hail in Pu'an County on May 8, 2021 (By Pu'an Meteorological Service)

4.25　云南省主要气象灾害概述

4.25.1　主要气候特点及重大气候事件

2021 年云南省大部地区降水偏少、气温偏高、日照偏多。年平均气温较常年偏高 0.9 ℃,并列历史第 2 高,为 2009 年以来连续 13 年偏高(图 4.25.1)。春季并列历史同期最高,夏季为历史同期第 3 高。春末夏初 35 ℃及以上高温站次数为常年同期的 2.1 倍,区域性高温过程并列历史同期第 3 多。年降水量较常年偏少 11.8%(图 4.25.2),春季特少,冬季和秋季偏少,夏季正常。年平均日照时数 2061.7 小时,较常年偏多 2%,四个季节与常年同期相比均属正常。

年内主要气象灾害为冬季低温冻害、雪灾,冬春季森林火灾,春夏季干旱、冰雹大风和雷电灾害,汛期局地洪涝。

2021 年气象灾害共造成 762.6 万人受灾,死亡 9 人;农作物受灾面积 51.6 万公顷,绝收面积 4.3 万公顷;直接经济损失 59.1 亿元。与近 5 年(2016—2020 年)均值相比,2021 年全省各项灾情指标均有减少,特别是因灾死亡人口是近 20 年来最少的年份。气候属于中等年景。

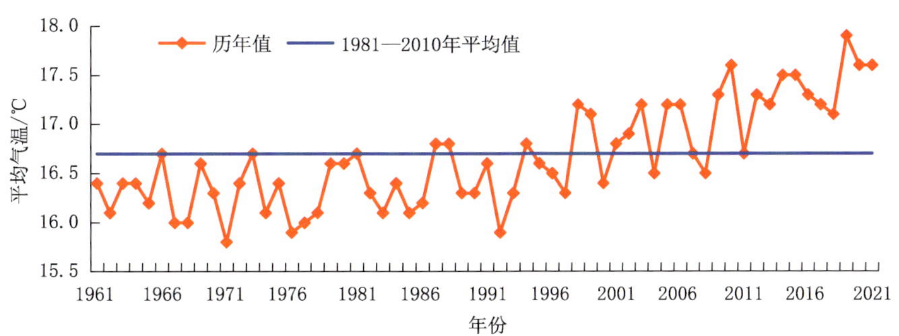

图 4.25.1　1961—2021 年云南省年平均气温变化

Fig. 4.25.1　Annual mean temperature in Yunnan during 1961—2021 (unit:℃)

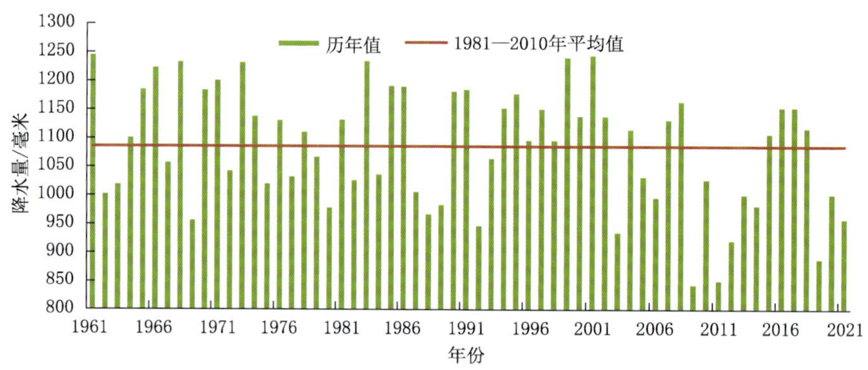

图 4.25.2 1961—2021 年云南省平均年降水量变化
Fig. 4.25.2 Annual precipitation amounts in Yunnan during 1961—2021 (unit:mm)

4.25.2 主要气象灾害及影响

1. 干旱

2021 年云南中西部地区春季至初夏旱情严重。2020 年 11 月汛期结束后云南旱情快速发展，进入 2021 年 2 月上旬有逾 8 成站点达到中度以上气象干旱。4 月 4 日全省气象干旱达到最重，旱情为近 5 年同期最重，雨季开始前旱情严重区域主要在滇西及滇西北等地。6 月 6 日雨季开始，干旱逐步解除。

干旱灾害共造成 418.2 万人次受灾，94.7 万人饮水困难；49.1 万头大牲畜饮水困难；农作物受灾面积 32.5 万公顷，绝收面积 1.4 万公顷；直接经济损失 22.1 亿元。

2. 森林火灾

1 月初迪庆发生森林火灾，3 月中旬至 5 月上旬，迪庆、丽江、大理、昆明、楚雄、玉溪等州市森林火灾频发。据云南省森林草原防灭火指挥部办公室统计，共处置卫星热点 711 个，发生森林火灾 46 起。

3. 暴雨洪涝

汛期短时强降水偏多，局地洪涝突出。5—10 月全省出现短时强降水 11462 站次，与近 5 年同期相比偏多 10%。昭通、玉溪、普洱等州(市)因洪涝灾害有人员死亡，7—9 月昭通、玉溪、红河、普洱、德宏等州市洪涝灾害灾情重。6—8 月昆明站出现 5 个暴雨日，最大日降水量 96.8 毫米(8 月 10 日)，造成昆明市城市内涝。6 月 29 日 5 时至 30 日 08 时，镇雄县强降雨造成洪涝灾害，直接经济损失 1 亿元。

洪涝灾害共造成云南省 142.7 万人受灾，3 人死亡，紧急转移 2000 人；房屋受损 8100 间，倒塌房屋 200 间；农作物受灾面积 8.8 万公顷，绝收面积 1.3 万公顷；直接经济损失 21.2 亿元。

4. 局地强对流

春夏季大风、冰雹、雷电灾害频繁发生。5—8 月中旬县级测站出现大风 216 站次，与近 5 年同期相比偏多 13.6%。冰雹、大风灾害主要出现在 3—9 月，12 月下旬普洱、大理出现冰雹灾害。4—5 月曲靖、文山、红河、德宏等州市冰雹、大风成灾重，6—9 月昭通、曲靖、文山、红河、玉溪、楚雄、丽江等州市的房屋、农作物等受损重。4 月 28 日文山市出现冰雹、大风灾害，最大冰雹直径 20 毫米，持续时间 15 分钟，致使街道瞬间成为“冰河”。4 月 30 日至 5 月 2 日曲靖市 3 县(区)发生大风、冰雹灾害，造成农作物受灾 8310 公顷，直接经济损失 1.3 亿元(图 4.25.3)。

2021 年局地强对流灾害共造成云南省 100.1 万人受灾，6 人死亡；房屋受损 6400 间；农作物受灾面积 6.9 万公顷，绝收面积 1.2 万公顷；直接经济损失 10.9 亿元。

图 4.25.3　2021 年 4 月 28 日文山市冰雹灾害（文山市气象局提供）
Fig. 4.25.3　Hails happened in Wenshan City on April 28, 2021 (By Wenshan Meteorological Service)

5. 低温冻害、雪灾

冬季发生低温冻害和雪灾，造成滇中及以东以南、滇西边缘等地农经作物受灾。1 月 7—8 日受强冷空气影响，滇中及以东以南地区有 50 个县（市、区）达到云南省寒潮天气标准，昭通市、曲靖市的 9 县（区）降雪、2 县（区）降冻雨。1 月 10—11 日滇中及以东最低气温下降至－6～0 ℃之间，最低达－7.1 ℃（镇雄），是入冬以来的最低气温。昭通、曲靖、昆明等 10 州市出现小雪或雨夹雪。全省有 79 个县（市、区）达到寒潮天气标准。

低温冻害和雪灾造成全省 101.1 万人受灾；农作物受灾面积 3.3 万公顷，绝收面积 3350 公顷；直接经济损失 4.9 亿元。

4.26 西藏自治区主要气象灾害概述

4.26.1 主要气候特点及重大气候事件

2021 年，西藏年平均气温 5.8 ℃，较常年偏高 1.1 ℃（图 4.26.1）。四季气温偏高，冬季平均气温较常年同期偏高 2 ℃，年内多站气温突破历史极值，波密、察隅等 18 站次日最高气温超历史同期极大值；尼木、普兰日最低气温创历史同期极小值；拉萨等 19 站次月平均气温超历史同期极大值；南木林、江孜、左贡、林芝等 16 站年平均气温超历史极大值或持平。全区年平均降水量为 472.1 毫米，较常年值略偏多（图 4.26.2）。冬季降水略偏少，其他三季正常，年内极端降水事件较为频繁，嘉

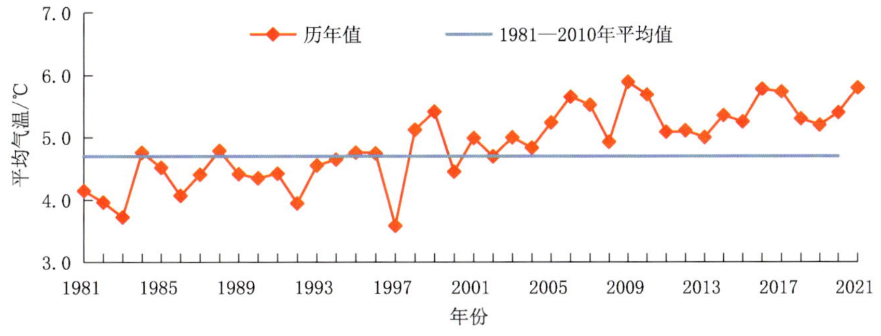

图 4.26.1　1981—2021 年西藏自治区年平均气温变化
Fig. 4.26.1　Annual mean temperature variation in Xizang during 1981—2021 (unit: ℃)

黎等 9 站次日降水量超历史同期极大值；泽当等 6 站次月降水量超历史同期极大值，班戈年总降水量超历史极大值，察隅年总降水量超历史极小值。

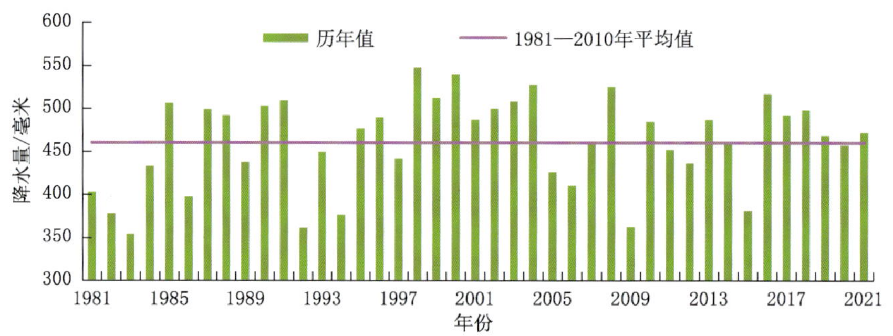

图 4.26.2　1981—2021 年西藏自治区年降水量变化

Fig. 4.26.2　Annual precipitation variation in Xizang during 1981—2021 (unit: mm)

2021 年西藏因气象灾害造成 12.6 万人受灾，因灾死亡失踪 8 人；农作物受灾面积 6498.3 公顷；直接经济损失 3.2 亿元。总体评价，气象灾害属于一般年景。

4.26.2　主要气象灾害及影响

1. 雪灾及低温冷冻

2021 年雪灾造成 7 个地(市)23 县(区)约 1 万多人受灾，因灾死亡失踪 5 人；农作物受灾面积 639 公顷；受损房屋 137 户 189 间；直接经济损失 1000 万元。低温冷冻发生 3 起，灾害造成昌都市左贡县、阿里地区改则县、日喀则市定日县 4600 多人受灾，因灾死亡大牲畜 388 头，农作物受灾面积 11 公顷，直接经济损失 400 多万元。

2. 洪涝

2021 年洪涝灾害造成全区 7 地(市)52 县(区)5.1 万人受灾，紧急转移安置 533 人；农作物受灾面积 1510 公顷；受损房屋 1600 多间；直接经济损失 2.7 亿元(图 4.26.3)。

图 4.26.3　2021 年 7 月 30 日，贡嘎县强降水造成道路受损(贡嘎县气象局提供)

Fig. 4.26.3　Roads damaged by forced precipitation in Gonggar County, Xizang July 30, 2021 (By Gonggar Meteorological Service)

3. 风雹

2021 年风雹灾害造成拉萨、昌都、山南、日喀则、那曲、阿里 6 地(市)共 41 个县(区)5.6 万人受灾，死亡 3 人；农作物受灾面积 4200 公顷；受损房屋 1033 户 1607 间；直接经济损失 4000 万元。

4. 干旱

2021 年干旱灾害造成昌都市左贡县，山南市扎囊县、浪卡子县 3633 人受灾，农作物受灾面积 131.9 公顷，直接经济损失 31.9 万元。

4.27 陕西省主要气象灾害概述

4.27.1 主要气候特点及重大天气气候事件

2021 年陕西年平均气温 12.9 ℃，较 2020 年偏高 0.3 ℃，较常年偏高 0.8 ℃，属偏高年份（图 4.27.1）。2020/2021 年冬季全省平均气温 1.2 ℃，是 1961 年以来同期第 6 高，为暖冬年份。全省平均年降水量 965 毫米，较 2020 年增加 270.9 毫米，与常年相比偏多 51.1%，为 1961 年以来降水最多年份（图 4.27.2）。秋季全省平均降水量 433.8 毫米，为 1961 年以来历史同期最多值。

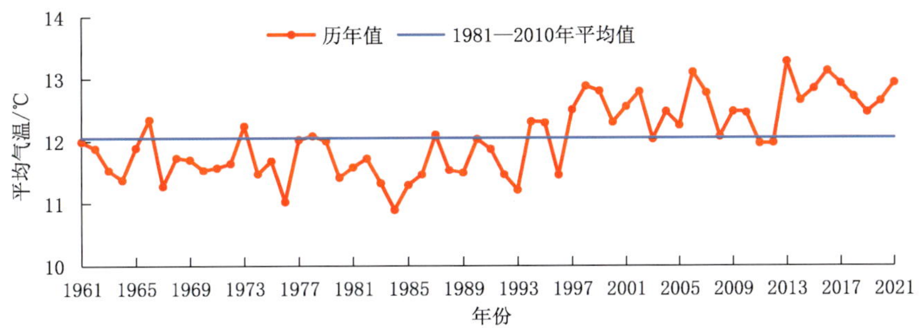

图 4.27.1 1961—2021 年陕西省年平均气温变化

Fig. 4.27.1 Annual mean temperature in Shaanxi during 1961—2021 (unit: ℃)

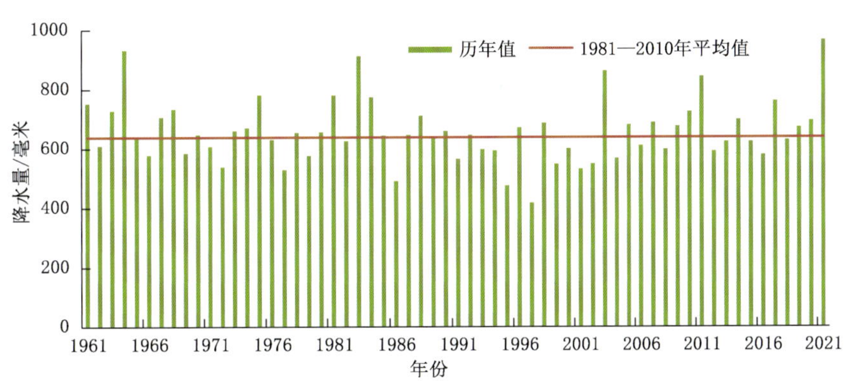

图 4.27.2 1961—2021 年陕西省年降水量变化

Fig. 4.27.2 Annual precipitation in Shaanxi during 1961—2021 (unit: mm)

2021 年暴雨日数、站次均刷新历史纪录。秋雨异常偏强，秋雨量为历史之最。10 月 3—6 日强区域性暴雨过程强度为 10 月历史最强。11 月 6—7 日的寒潮过程是仅次于 1987 年 11 月的第 2 强寒潮。此外，陕北夏季降雨极端偏少，出现夏旱；春季沙尘站次为近 8 年最多。

2021 年陕西发生夏季极端强降水及秋季强秋淋等灾害，各类自然灾害造成陕西省共计 832.7 万人次受灾，因灾死亡失踪 32 人；农作物受灾面积 97.3 万公顷，绝收面积 19.3 万公顷；直接经济损失 312.4 亿元。气象灾害属差年景。

4.27.2 主要气象灾害及影响

1. 暴雨洪涝

2021年陕西遭遇近60年最强降水，为1961年以来历史第1位，共出现15次区域性暴雨过程，暴雨日数、站次均刷新历史纪录。2021年暴雨洪涝造成全省470.3万人受灾，死亡失踪32人；农作物受灾面积26.8万公顷，绝收面积4.7万公顷；倒塌房屋2.3万间，损坏房屋14.9万间；直接经济损失237.1亿元。

10月2—7日，陕西省出现大范围强降水天气。受持续降雨影响，全省26.6万人受灾，紧急避险转移和紧急转移安置5.3万人；农作物受灾面积1.5万公顷，绝收面积403公顷；7458间房屋不同程度损坏或倒塌；直接经济损失9亿元。

2. 风雹灾害

2021年风雹灾害造成全省142.9万人受灾；农作物受灾面积18.8万公顷，绝收面积2.2万公顷；倒塌房屋100间，损坏房屋300间；直接经济损失40.8亿元。

5月2日出现首场大范围强对流天气，全省28站出现7级以上大风天气，关中中西部地区降雹。6—7月风雹天气多发，先后发生了12场大范围风雹天气，其中7月12—13日，榆林、延安、铜川、咸阳、宝鸡、商洛多地出现冰雹，28站出现7级以上大风天气，黄陵极大风速达到28.7米/秒(11级)。末次强对流出现在10月1日，陕北吴起、子长、安塞等地出现冰雹，最大冰雹直径接近1厘米，并伴有6～7级短时大风。

3. 干旱

6月下旬—8月下旬陕北降水量423.6毫米，为1961年以来同期降水量最少年份。榆林有8个县(区)降水量破历史极小值，延安有2县(区)降水量破历史极小值，靖边县连续50多天未出现有效降水。降水偏少导致陕北大部夏季出现重度以上气象干旱，秋粮作物遭受影响。全省199.2万人受灾；农作物受灾面积49.2万公顷，绝收面积11.8万公顷；直接经济损失32.5亿元。

4. 低温冷冻害和雪灾

2021年，低温冷冻灾害和雪灾致全省20.3万人受灾；农作物受灾面积2.5万公顷，绝收面积6360公顷；直接经济损失2.1亿元。

2021年12月10—12日，陕西省出现一次大范围雨雪冰冻天气过程。由于西安境内210国道长安段降雪，致使210国道路面积雪结冰，不具备通行条件，西安交警长安大队秦岭中队沣峪口公安检查站对210国道实施临时交通管制。

4.28 甘肃省主要气象灾害概述

4.28.1 主要气候特点及重大气候事件

2021年，甘肃省年平均气温9.2 ℃，比常年偏高1 ℃(图4.28.1)。冬季气温偏高1 ℃，为近4年次高；春季气温偏高1.1 ℃；夏季气温偏高1.0 ℃，文县、环县、秦安、礼县、西和和安定6县(区)日最高气温突破历史极值；秋季气温偏高0.1 ℃，为近3年最低。年平均降水量433.2毫米，比常年偏多7.8%(图4.28.2)。冬季降水偏多6.5%，但为近5年最少；春季降水偏多13.3%；夏季降水偏少29.4%，为近6年最少；秋季降水较常年同期偏多80%，为1976年以来最多。

暴雨日数和范围较常年略偏多，但为近6年最少；年内8县(市、区)出现极端日降水事件，接近常年同期。冰雹偏少，但出现范围为近4年最大。夏季河东地区中旱以上平均干旱日数为34.9天，较常年同期偏多，为近12年最多。连阴雨持续时间长，累计雨量大。大风日数近5年最多，沙尘暴近8年最多，对多地交通运输、生产生活等造成较大影响。高温范围广、持续时间长，多地最高气温破历史极值。寒潮、强降温次数多，范围广。

2021年因气象灾害共造成386.3万人(次)受灾，死亡1人；农作物受灾面积54.3万公顷，绝收面积8.9万公顷；直接经济损失66.5亿元。总体评估，2021年属气候条件一般年景。

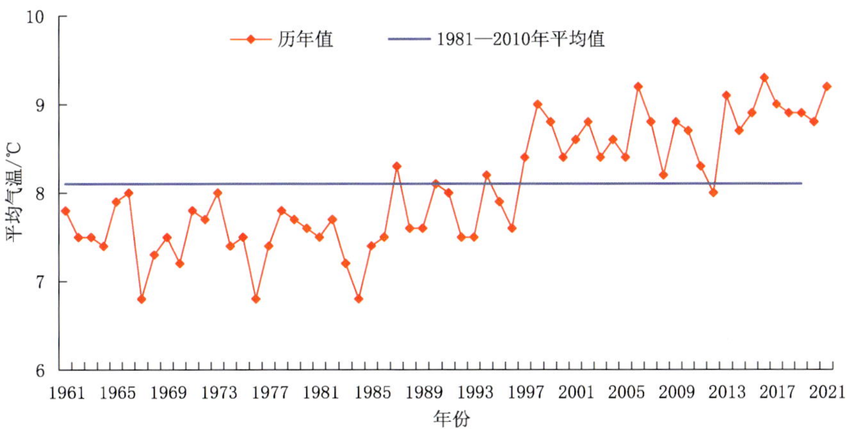

图4.28.1　1961—2021年甘肃省年平均气温变化

Fig. 4.28.1　Annual mean temperature variation in Gansu during 1961—2021 (unit:℃)

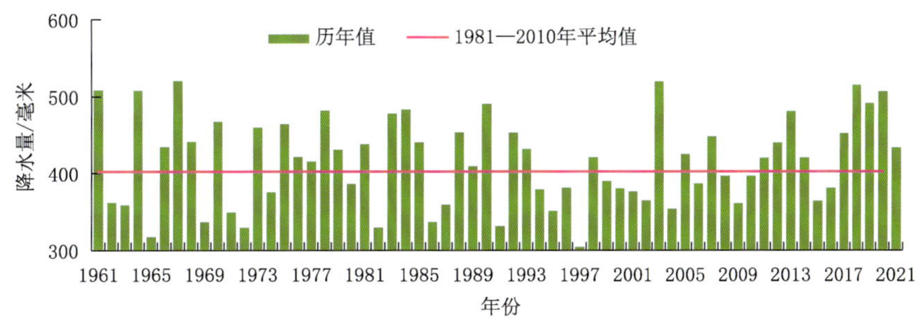

图4.28.2　1961—2021年甘肃省年降水量变化

Fig. 4.28.2　Annual precipitation variation in Gansu Province during 1961—2021 (unit:mm)

4.28.2　主要气象灾害及影响

1. 干旱

2021年因干旱造成214.2万人(次)受灾，农作物受灾面积41万公顷，直接经济损失28.1亿元。

5月21日至8月5日，庆阳市高温少雨，各地降水量仅46.5～176.6毫米，较常年同期偏少24%～73%。环县为1957年有气象记录以来同期最少的年份，华池站为1965年有气象记录以来同期最少的年份。在降水持续偏少的同时，各地出现异常高温天气，环县≥32℃高温日数多达34天，最高气温达到39.4℃，突破该站历史极值；庆城≥32℃高温日数达26天，宁县≥32℃高温日数达17天。出现了多年不遇的严重伏旱(图4.28.3)，对农业生产构成较大威胁，同时由于秋播农田收墒不足，对下一年夏粮生产十分不利。

2. 暴雨洪涝

2021年因暴雨洪涝灾害造成80.5万人(次)受灾，死亡1人，转移安置7000人；农作物受灾面积4万公顷，绝收面积3570公顷；损坏房屋4万间，倒塌房屋7600间；直接经济损失27.7亿元。

10月2日20时—6日08时，陇南市出现大范围、长时间持续降水，部分地方出现暴雨，文县东

图 4.28.3　2021 年 5 月 21 日—8 月 5 日庆阳市高温干旱(庆阳市气象局提供)
Fig. 4.28.3　Qingyang City experienced heat wave and drought during 21 May—5 August 2021
(By Qingyang Meteorological Service)

南部、康县南部局地出现大暴雨天气(图 4.28.4)。26 个观测点累计降水量超过 200 毫米,超过 100 毫米的有 275 个。最大累计降水量出现在文县碧口(285.7 毫米)。受持续大范围降雨影响,引发洪涝和滑坡灾害。截止 10 月 9 日,武都区多个乡镇受灾,部分道路中断。洪涝灾害造成陇南市 4 个县 47 个乡镇 382 个村 6422 户 2.5 万人受灾;农作物受灾面积 430.9 公顷,成灾面积 335.8 公顷,绝收面积 115.8 公顷,直接经济损失 1.1 亿元。

图 4.28.4　2021 年 10 月 2—6 日陇南市洪涝和滑坡灾害(陇南市气象局提供)
Fig. 4.28.4　Flood and landslide disaster in Longnan City during October 2—6 in 2021
(By Longnan Meteorological Service)

3. 局地强对流

2021 年因大风、冰雹等强对流天气共造成 84.6 万人(次)受灾;农作物受灾面积 8.6 万公顷,绝收 4620 公顷;损坏房屋 5000 多间;直接经济损失 9 亿元。

5 月 2 日,甘肃省天水、平凉、陇南、白银、定西等市的 11 个县(区)出现强对流(雷雨)天气,局地出现短时强降水,并伴有雷暴、冰雹、阵性大风等,最大冰雹直径 3 厘米,出现在天水市秦安县(图 4.28.5)。致使小麦、玉米等粮食作物和苹果、花椒等经济林果遭受严重损害,共造成 25.7 万人受灾；农作物受灾面积 3.5 万公顷，成灾面积 1 万公顷，绝收面积 834.4 公顷；直接经济损失 2.9 亿元。

图 4.28.5　2021 年 5 月 2 日天水市秦安县大风冰雹天气（天水市气象局提供）
Fig. 4.28.5　Strong wind and hail attacked Qin'an County, Tianshui City on May 2, 2021 (By Tianshui Meteorological Service)

4. 低温冷冻害和雪灾

2021 年因低温冷冻害（霜冻）造成 7.1 万人（次）受灾；农作物受灾面积 6800 公顷，绝收面积 400 公顷；直接经济损失 1.7 亿元。

11 月 5—8 日，甘肃省张掖、白银、酒泉、临夏等市（州）局部地区出现寒潮、雪灾和低温冻害。致使 9125 人受灾；部分农作物不同程度受损，农作物受灾面积 934.5 公顷，成灾面积 369.1 公顷，绝收面积 142.1 公顷；直接经济损失约 2035.1 万元，其中农业损失 2035.1 万元。

4.29　青海省主要气象灾害概述

4.29.1　主要气候特点及重大气候事件

2021 年青海省年平均气温 3.3 ℃，较常年偏高 0.9 ℃（图 4.29.1），各季平均气温除冬季偏低 0.4 ℃外，其他各季均偏高，夏季偏高幅度最大，偏高 1.2 ℃。平均年降水量 398.8 毫米，较常年偏多 8.2%（图 4.29.2），各季降水量除夏季偏少外，其余各季均偏多，秋季偏多幅度较大，较常年偏多 28.9%。

2021 年青海省发生的气象灾害有干旱、暴雨洪涝、风雹、低温冷冻害和雪灾等。年内气象灾害共造成 11 人死亡，38 万人受灾；农作物受灾面积 4.5 万公顷，绝收面积 700 公顷；直接经济损失 4.6 亿元。其中，暴雨洪涝、风雹及雷电灾害损失最为严重。

4.29.2　主要气象灾害及影响

1. 暴雨洪涝

暴雨洪涝主要出现在 6—9 月，共发生 40 起，3.7 万人受灾，死亡失踪 4 人；农作物受灾面积 3590 公顷；直接经济损失 2.2 亿元。与 2020 年相比发生次数偏少，但经济损失为近 3 年最大（2019

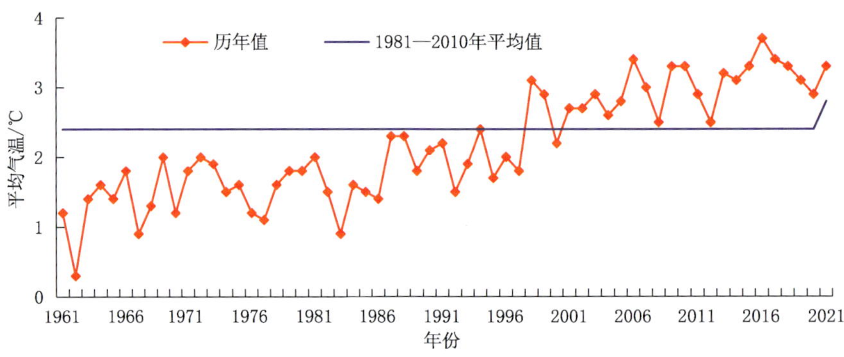

图 4.29.1 1961—2021 年青海省年平均气温变化

Fig. 4.29.1 Annual mean temperature variation in Qinghai during 1961—2021 (unit:℃)

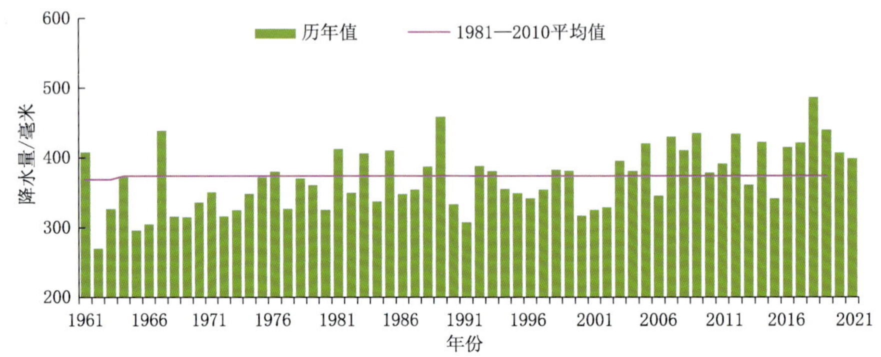

图 4.29.2 1961—2021 年青海省年降水量历年变化

Fig. 4.29.2 Annual precipitation variation in Qinghai during 1961—2021 (unit:mm)

年 1.8 亿元、2020 年 8570 万元)。6 月 15 日夜间至 16 日白天,兴海县出现中到大雨天气过程,温泉乡赛什塘村降水量 16.5 毫米,最大降水中心在中铁乡(28.2 毫米)。8 月 17—18 日兴海县再次出现强降水过程,造成该县部分乡镇路段及房屋受损(图 4.29.3)。

图 4.29.3 2021 年 8 月 18 日兴海县暴雨灾害造成房屋遭受损失(兴海县气象局提供)

Fig. 4.29.3 The building damaged by rainstorm disaster in Xinghai County on August 18, 2021 (By Xinghai Meteorological Service)

2. 强对流

2021 年风雹等强对流天气共造成 26.4 万人受灾,6 人死亡;农业受灾面积 3.2 万公顷;直接经济损失 1.7 亿元。

冰雹灾害主要出现在 6—9 月，年内共发生 27 起，与 2020 年相比发生次数明显偏少，主要发生在东部农业区。8 月 23 日，互助县出现冰雹天气，最大冰雹直径 8 毫米。冰雹导致 10 个乡镇 57 个村 1.3 万户 5.7 万人受灾，农作物受灾面积 6887.6 公顷，直接经济损失 1971 万元。雷电灾害多出现在青南牧区的虫草采挖季和初秋时节，年内共发生 9 起。6 月 17 日，杂多县出现雷暴天气。结多乡巴麻村一社 9 名牧民在来玛山采挖虫草时遭雷击，2 人死亡。

3. 雪灾

2021 年共发生 7 起雪灾，造成 1 人死亡。3 月 31 日—4 月 3 日，共和县部分乡镇出现连续降雪天气，塘格木镇累计降雪量 23.9 毫米，最大积雪深度 5 厘米。降雪造成共和县塘格木镇华塘村 1 户村民家中 1 间老旧土木结构杂物间屋顶承重过重发生坍塌，造成 1 人死亡，4 人轻伤。

4.30 宁夏回族自治区主要气象灾害概述

4.30.1 主要气候特点及重大气候事件

2021 年宁夏总体属于一般年景。年平均气温 9.9 ℃，较常年偏高 1.4 ℃，为 1961 年以来最暖的一年(图 4.30.1)；年降水量 268.9 毫米，与常年持平(图 4.30.2)；年日照时数 2595 小时，较常年偏少 239 小时。年内极端天气气候事件多发，2020/2021 年冬季冷暖两重天，“极寒”向“极暖”快速转变；春季大风沙尘多，3 月 15 日出现了 2002 年以来强度最强、范围最大的强沙尘暴天气过程；春季降水明显偏多、强度强，3 月 31 日出现区域性大雨过程，引黄灌区大部日降水量破 3 月日降水量极值；夏季降水量创同期新低，气象干旱严重；夏季高温过程持续时间长、强度强、范围大；秋季降水量明显偏多，出现 3 次强降水过程，9 月出现异常“暖湿”型气候；12 月下旬出现强降温过程，最低气

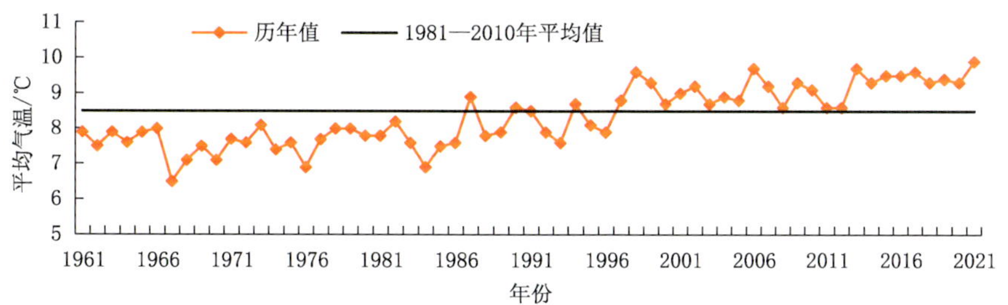

图 4.30.1 1961—2021 年宁夏年平均气温变化

Fig. 4.30.1 Distribution of annual average temperature in Ningxia during 1961—2021 (unit:℃)

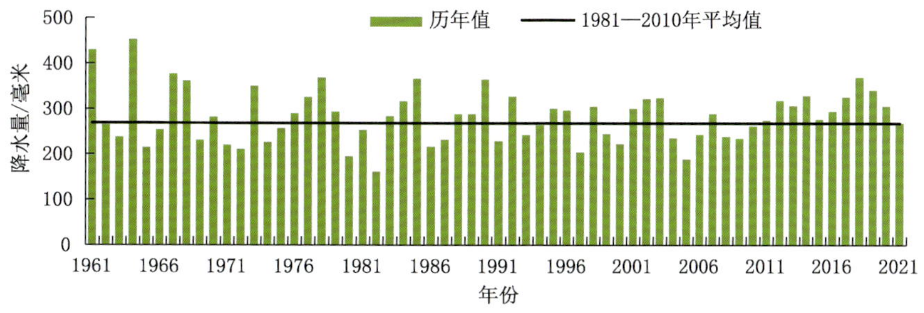

图 4.30.2 1961—2021 年宁夏年平均降水量变化

Fig. 4.30.2 Distribution of annual average precipitation in Ningxia during 1961—2021 (unit:mm)

温持续偏低。年内干旱、风雹、暴雨洪涝、霜冻等气象灾害共造成 132 万人受灾；农作物受灾面积 37.6 万公顷，绝收面积 7.7 万公顷；直接经济损失 13.7 亿元。其中，干旱造成直接经济损失 11.4 亿元，占年度总直接经济损失的 83%。

4.30.2 主要气象灾害及影响

1. 干旱

2021 年，干旱共造成 114 万人受灾，因旱需生活救助 2.1 万人；农作物受灾面积 35.2 万公顷，绝收面积 7.4 万公顷；直接经济损失 11.4 亿元。宁夏中南部干旱较重(图 4.30.3)，其中西吉县 1 月 1 日至 8 月 13 日累计降水量 158.6 毫米，较常年偏少 35.4%，出现干旱，造成 19 个乡镇 289 个行政村 5.9 万户 25.5 万人受灾，农作物受灾面积 5.9 万公顷，绝收面积 8000 公顷，农业经济损失 2.1 亿元。

图 4.30.3 2021 年夏季宁夏中南部地区干旱灾害(宁夏气象科学技术研究所提供)
Fig. 4.30.3 Drought disaster in central and southern Ningxia in summer 2021
(By Ningxia Institute of Meteorological Science and Technology)

2. 低温冷冻害和雪灾

年内共遭受低温冷冻 5 次，造成 3.5 万人受灾；农作物受灾面积 3510 公顷，绝收面积 670 公顷；直接经济损失约 4700 万元。4 月 17 日清晨，灵武市出现霜冻(图 4.30.4)，最低气温出现在大泉林场－3.4 ℃。白芨滩林场马鞍山管理站杏子、李子基本绝产；北沙窝林场苹果、李子等受冻，减产 70%以上；仁存渡护岸林场苹果、梨受冻。其造成 220.5 公顷果树受冻，受灾人口 352 户 973 人，经济损失 427.3 万元。

图 4.30.4 2021 年 4 月 17 日灵武市霜冻灾害(灵武市气象局提供)
Fig. 4.30.4 Frost Disaster in Lingwu City, Ningxia on April 17, 2021 (By Lingwu Meteorological Service)

3. 暴雨洪涝

年内共出现6次暴雨洪涝灾害，造成3.2万人受灾；损坏房屋300余间；农作物受灾面积5800公顷，绝收面积90公顷；直接经济损失7200万元。8月18日08时至19日08时，泾源县出现大到暴雨天气，造成泾河源镇马家村、余家村、龙潭村11户农户院内进水，冲毁涵洞桥5座，冲毁河堤1400米，水库受损3座，经济损失约920万元。

4. 局地强对流(大风、冰雹)

年内共发生风雹灾害28次，造成11.3万人受灾；农作物受灾面积1.5万公顷，绝收面积2200公顷；倒塌及损坏房屋1200间；直接经济损失约1.1亿元。7月8日，彭阳县城阳乡韩寨、杨坪、杨塬、北塬、沟圈村，孟塬乡虎山庄、草滩村共7个行政村，先后遭遇冰雹、暴雨袭击，降雹最长持续时间约20分钟，最大冰雹直径3.0厘米，最大地面积雹厚度3.0厘米。造成7个行政村1299户4821人受灾；农作物受灾面积1195.2公顷，成灾面积752.1公顷；220户660间房屋受损；直接经济损失1610.5万元。

5. 沙尘暴

年内共发生沙尘暴灾害14次，直接经济损失2.4万元。3月14日夜间至17日，宁夏中北部出现2002年以来强度最强、范围最大的沙尘暴天气过程，部分地区出现了强沙尘暴，能见度普遍低于500米，沙湖能见度最低为166米。青铜峡市贺兰山风电场极大风速20.3米/秒，青铜峡市叶盛镇8个温棚棚膜受损，利通区金积镇大庙桥村房屋受损、温棚棚膜被撕裂。

4.31 新疆维吾尔自治区主要气象灾害概述

4.31.1 主要气候特点及重大气候事件

2021年新疆气温总体偏高、降水偏少。全疆平均气温8.9 ℃，较常年偏高0.7 ℃，比2020年偏高0.1 ℃(图4.31.1)；北疆、天山山区、南疆分别偏高0.9 ℃、0.8 ℃、0.4 ℃，全疆2—9月和12月气温偏高或略偏高，其中2月偏高4.1 ℃，为历史最暖2月。全疆平均降水量162.2毫米，较常年偏少5%，比2020年偏多16%(图4.31.2)；北疆、天山山区分别偏少9%、8%，南疆偏多13%，尤其是南疆盆地西南部、哈密市等地降水偏多8成以上；全疆降水仅冬季略偏多，其他季节均偏少。年内阶段性冷空气活跃，寒潮、低温天气多，冰雹和霜冻灾害多发重发；南疆极端暴雨早发频发；7月天山北坡一度出现重旱。2021年度新疆农牧业气象年景为平年。

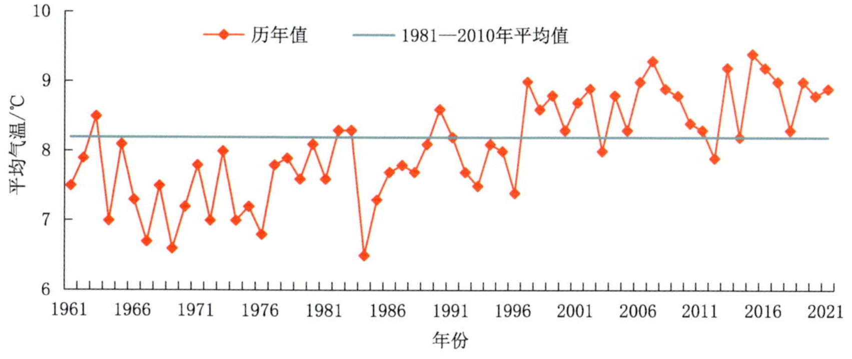

图4.31.1 1961—2021新疆年平均气温历年变化

Fig. 4.31.1 Annual temperature in Xinjiang during 1961—2021 (unit:℃)

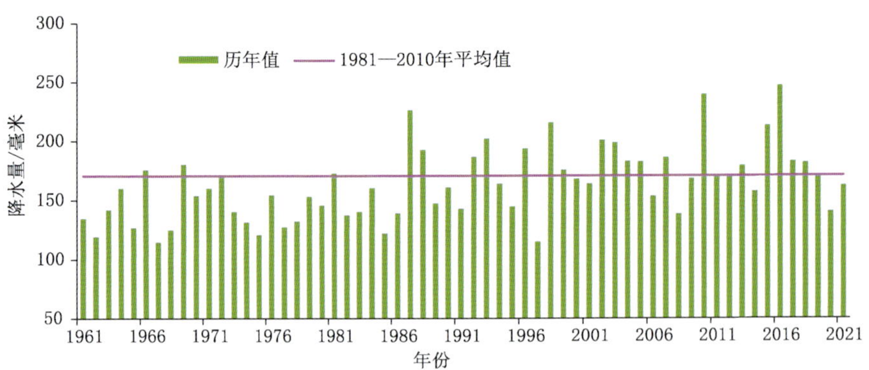

图 4.31.2　1961—2021 新疆年平均降水量历年变化

Fig. 4.31.2　Annual precipitation in Xinjiang during 1961—2021 (unit:mm)

4.31.2　主要气象灾害及影响

2021 年各类气象灾害直接经济损失 51.5 亿元，与近 20 年相比总体呈中度偏轻发生，重于 2020 年。风雹灾害损失最大(29.3 亿元)，约占全年气象灾害总损失的 57%；低温冻害和雪灾约占 39.9%；暴雨洪涝约占 2.5%；其他灾害约占 0.1%。上述气象灾害对新疆生态植被、农牧业、交通运输、人民生命及财产安全等造成不利影响。

1. 冰雹

全疆 7 地州(市)48 县次出现冰雹灾害，农作物受灾严重。阿克苏地区发生次数最多，达到 28 县次，直接经济损失最大，农作物受灾最严重，其次是巴州，出现 6 县次。7 月 14 日傍晚，轮台县受对流天气影响，发生冰雹天气过程，造成草湖乡棉花、甜瓜、玉米等农作物受灾，受灾面积 641.5 公顷。8 月 16 日，阿瓦提县普遍出现大风、强降雨、冰雹等天气过程(图 4.31.3)，造成 6 个乡(镇)63 个村(社区)农作物不同程度受灾，受灾面积 1.8 万公顷。

图 4.31.3　2021 年 8 月 16 日阿瓦提县强冰雹致香梨受灾(阿瓦提气象局提供)

Fig. 4.31.3　Hail disaster occurred in Awat on August 16, 2021 (By Awat Meteorological Service)

2. 大风

2021 年新疆大风灾害呈中度发生，灾害主要集中在 4—6 月。年内全疆 8 地州(市)58 县次出现大风灾害，造成直接经济损失近 7.7 亿元。春季全疆 40 县次遭遇大风灾害，农作物受灾面积约 20.9 万公顷，受灾人数约 7.8 万人，直接经济损失约 6.6 亿元。其中 5 月 11 日，阿克苏地区 6 县

(市)遭遇大风天气(图 4.31.4),农业受灾面积约 14 万公顷,受灾人口 2.7 万人,直接经济损失约 4.8 亿元。

图 4.31.4　2021 年 5 月 11—14 日库车大风灾害(库车市气象局提供)

Fig. 4.31.4　Strong wind disaster occurred in Kuqa, on May 11—14 , 2021 (By Kuqa Meteorological Service)

3. 暴雨洪涝

2021 年新疆局地暴雨洪涝灾害偏轻发生,主要发生在春夏季。全疆 11 地州(市)30 县次出现暴雨洪涝灾害,暴雨洪涝造成直接经济损失 1.3 亿元,农作物受灾面积 2.0 万公顷。6 月 15 日 08 时至 16 日 16 时洛浦县出现大暴雨天气,并伴有短时强降水、大风、冰雹等强对流天气,受灾人数近 11 万人。

4. 低温冻害

2021 年低温冻害呈偏重发生。春季、秋季发生多次大范围寒潮天气,特别是在作物生长关键期遭遇 2 次严重低温冻害,致使作物受灾严重。年内全疆低温冻害造成直接经济损失近 20.5 亿元。4 月 21—25 日强寒潮致北疆多地遭遇低温冻害,寒潮天气致伊犁州、石河子、吐鲁番市出现霜冻和持续低温灾害,对农作物播种出苗及幼苗生长、林果开花授粉、设施农业和畜牧业生产不利。4 月,和田地区多个县(市)日最低气温达−3 ℃以下,出现不同程度的霜冻天气,由于正值核桃开花、授粉、坐果关键期,此次霜冻危害花、叶片,甚至造成枝条受冻,给当地林果生长带来严重危害。

第 5 章　全球重大气象灾害概述

5.1　基本情况

2021 年是历史少见的“双峰型”拉尼娜年，上一次全球拉尼娜事件发生于 2020 年 8 月，于 2021 年 4 月结束，之后在 2021 年 11 月再次形成，并持续至 2022 年。拉尼娜现象对天气和气候的影响通常与厄尔尼诺现象相反，具有暂时的全球降温效应，通常在拉尼娜事件发生的第二年最强。尽管全球气温因为 2020—2022 年的拉尼娜事件暂时下降，但根据世界气象组织的统计，2021 年仍然是有记录以来最热的 7 个年份之一，2021 年，全球平均气温较工业化前（1850—1900 年）偏高 1.11 ℃（±0.13 ℃），是 2015 年以来连续第 7 年较工业化前偏高 1 ℃。由于大气中温室气体吸收的热量达到创纪录水平，全球变暖和其他长期气候变化趋势预计将持续。

2021 年全球海洋持续升温，成为有现代海洋观测记录以来最暖的一年。同时，地中海、北大西洋、南大洋、北太平洋海区温度均创历史新高。地球系统中超过 90％的多余热量储存在海洋中，且相比常用的海面温度等指标，海洋热容量受自然波动的影响小，因而成为判断全球是否变暖的最佳指标之一。最新数据表明，2021 年全球海洋上层 2000 米热容量再创历史新高，其中北大西洋、北太平洋和地中海热容量均为历史新高。与 2020 年相比，2021 年全球海洋上层 2000 米增加的热容量相当于约 500 倍的 2020 年中国全年发电量。有研究表明，人类的影响已经使大气、海洋和陆地变暖，而且人类的影响极有可能是自 20 世纪 70 年代以来观测到的海洋热容量增加的主要驱动力，此外工业和生物气溶胶、土地利用等对海洋变暖也有一定的影响。由于海洋热膨胀和陆地冰川融水等作用，全球海平面在 2013—2021 年期间平均每年上升 4.5 毫米，是 1993—2002 年海平面上升速率的 2 倍。同时，地中海、北大西洋、南大洋、北太平洋海区温度均创历史新高。

2021 年 3 月 21 日，北极海冰面积达全年最大值（1480 万平方千米），2021 年 3 月北极海冰面积是 1979 年有记录以来的第 9 低值或第 10 低值；7 月上半月北极海冰面积创历史新低；9 月 16 日北极海冰全年最小（472 万平方千米），大于近些年，但仍远低于常年值，其中东格陵兰海的海冰面积创下了历史新低。南极海冰面积略低于常年值，2 月 19 日出现了年度最小值（260 万平方千米），为有记录以来第 15 低值；最大值出现在 8 月 30 日（1880 万平方千米），是除了 2016 年外第二次南极海冰面积最大值出现在 8 月。

2021 年全球多地发生重大天气气候事件，包括全球多地遭受严重暴雨洪涝灾害，美洲和亚洲等地发生严重干旱，北大西洋和北印度洋热带气旋异常活跃，欧洲和北美等地遭受高温热浪和山火，北美、欧洲和亚洲等地遭受寒流和暴风雪侵袭，强对流天气在世界各地频发等。

5.2 全球重大气象灾害分述

5.2.1 暴雨洪涝

在亚洲地区，7月17—24日，中国河南多地出现破纪录的极端强降水事件，台风“烟花”西北侧的偏南气流为这次极端强降水提供了充沛的水汽。河南有39个县(市)累计降水量达常年年降水量的一半，郑州、辉县、淇县等10个县(市)超过常年的年降水量。累计降水量超过250毫米的覆盖面积占河南的32.8%。小时最大降水量(郑州，201.9毫米)创下中国大陆小时气象观测降水量新纪录；郑州等19个县(市)日降水量突破历史极值；32个县(市)连续3天降水量突破历史极值。据有关部门统计，此次灾害共造成河南省150个县(市、区)1478.6万人受灾，直接经济损失达1200.6亿元。

在欧洲地区，7月上中旬，欧洲中西部陆续发生暴雨洪涝灾害。7月12—13日英格兰南部部分地区发生极端强降水事件并引发洪水，其中英国伦敦部分地区90分钟降水量接近80毫米，特别是24小时降水量达47.8毫米，超过了当地常年7月总降水量，打破了1983年以来的历史纪录。强降水在伦敦和多塞特郡引发了洪水，造成部分地区大量车辆被淹、交通瘫痪、公司企业停工、学校停课。7月14—15日德国发生极端强降水，部分地区日降水量达100～150毫米，超过当地常年7月总降水量，最大日降水量为维珀菲尔特的162.4毫米。比利时、卢森堡、荷兰、瑞士和法国东北部部分地区也受到了这次极端强降水的影响。在瑞士，比尔湖、图恩湖和卢塞恩湖的最高水位达到5级洪水警报；布里恩茨湖、巴塞尔附近的莱茵河和苏黎世湖的最高水位也达到了4级洪水警报。据德国慕尼黑再保险公司统计，此次欧洲强暴雨洪涝灾害共造成超过220人死亡以及540亿美元的经济损失，其中德国的损失最大(400亿美元)。8月10日，土耳其黑海沿岸发生暴雨洪涝灾害，卡斯塔莫努省的博兹库尔特24小时降水量为399.9毫米，几个城镇遭受严重破坏，据报道有77人死亡。10月4日，意大利西北部利古里亚沿海地区出现了极端强降水，蒙特诺特6小时降水量为496.0毫米，罗西廖内12小时降水量为740.6毫米。

在大洋洲地区，3月18—24日，澳大利亚东部沿海地带连降暴雨，新南威尔士州遭遇50年一遇的洪灾，尤其是悉尼北部的黑斯廷斯河、卡鲁阿河和曼宁河，部分河流因2017—2019年干旱而严重枯竭的蓄水量被大幅恢复。此次洪灾造成近2万人被疏散，部分道路以及数以百计的房屋遭损毁，多条交通要道封闭，不少中小学校被迫停课，至少造成了21亿美元的经济损失。5月29—31日，新西兰南岛中部坎特伯雷地区遭受极端特大暴雨侵袭，并引发百年一遇洪灾，多个气象站的日降水量超过250毫米，部分地区停电、路桥被毁，数百人紧急撤离家园。

在美洲地区，2021年上半年，南美洲北部部分地区，特别是亚马孙河流域北部降水量持续异常偏多，导致该地区发生了持续性的强暴雨洪涝灾害，6月20日巴西马瑙斯的里奥内格罗河观测到了有记录以来的最高水位(30.02米)。据报道，巴西北部洪水泛滥最为严重，圭亚那、哥伦比亚和委内瑞拉也受到了影响。

在非洲地区，尽管萨赫勒雨季的降水量接近常年同期且较近几年偏少，但仍有一些地区发生了洪水灾害，特别是尼日尔、苏丹、南苏丹以及马里。另外，非洲中部的坦噶尼喀湖5月水位比常年同期偏高3米多，造成湖岸的部分布隆迪居民流离失所。

5.2.2 干旱

2020—2021年，北美洲西部大部分地区经历了较重的干旱，从2020年1月至2021年8月的20个月是美国西南部有记录以来最干燥的20个月。受干旱影响，2021年加拿大小麦和油菜产量预计比 2020 年减产 30%～40%；美国科罗拉多河米德湖的水位 7 月下降到 47 米，这是水库完全投入使用有记录以来的最低水位。严重干旱连续第 2 年影响了南美洲大部分亚热带地区，其中巴西中部和南部、巴拉圭、乌拉圭和阿根廷北部大部分地区的降水量都远低于常年。9—10 月，南美洲中东部拉普拉塔流域（包含巴拉那河、巴拉圭河及乌拉圭河三大河流）极端干旱达到顶峰，低水位降低了水力发电量，扰乱了河流运输。10 月阿根廷的潘帕斯草原也饱受干旱困扰，巴拉圭河因严重干旱水位下降甚至见底。受干旱影响，作为“世界粮仓”的巴西玉米产量下降近 10%，大豆和咖啡等作物减产致价格持续上涨，波及全球多国农产品进口贸易。

2021 年严重干旱影响了西南亚的大部分地区。在 2020—2021 年的冷季，包括伊朗、阿富汗、巴基斯坦、土耳其东南部和土库曼斯坦在内的大部分地区的降水量都远低于常年值。巴基斯坦经历了有记录以来第 3 个最干燥的 2 月。在 1 月和 2 月的大部分时间里，伊朗的高山积雪面积还不到常年的一半，这导致依赖融雪的河流流量减少，灌溉用水减少。

在非洲地区，马达加斯加南部经历了一场持续了至少 2 年的严重干旱。从 2020 年 7 月至 2021 年 6 月的 12 个月里，该地区降水量较常年偏少 50%左右，持续干旱给当地约 114 万人带来了严重的粮食安全问题。

5.2.3 热带气旋

2021 年全球热带气旋数量接近历史平均水平。北大西洋热带气旋较为活跃，截至 10 月 11 日，有 20 个命名的风暴，大约是历史同期的 2 倍。北印度洋热带气旋也非常活跃，但北太平洋西部和北太平洋东部的热带气旋数量接近或低于历史平均水平。另外，南半球太平洋和印度洋的热带气旋个数也略低于平均水平。

在北大西洋，四级飓风“艾达”于 8 月 29 日在美国路易斯安那州富尔雄港附近登陆，登陆时中心附近最大风速达 67 米/秒（相当于 17 级以上的超强台风），这是有记录以来登陆该州的最强飓风。“艾达”登陆后一路北上影响多个州，造成纽约最大小时降水量达到创纪录的 80 毫米，部分地区 24 小时降水量超过 200 毫米。“艾达”在其发展成热带气旋之前，已给委内瑞拉带来了大洪水。“艾达”致墨西哥湾附近几乎所有的石油生产设施关闭；美国路易斯安那州近百万户家庭和企业断电，新奥尔良市全城断电，全美至少 80 人死亡，经济损失约为 638 亿美元。年内，另一个影响较大的是飓风“格蕾丝”。“格蕾丝”先是于 8 月 16 日给海地、多米尼加、牙买加、特立尼达和多巴哥带来了洪水，之后其发展成三级飓风并于 8 月 21 日登陆墨西哥东部海岸，其带来的强暴雨侵袭了墨西哥韦拉克鲁斯州，造成至少 8 人死亡。

5 月中下旬，阿拉伯海气旋风暴“陶克塔伊”和印度洋孟加拉湾气旋风暴“亚斯”相继登陆印度。“陶克塔伊”最大风力为 14 级（45 米/秒，相当于强台风级），“亚斯”最大风力为 12 级（33 米/秒，相当于台风级）。“陶克塔伊”造成孟买圣克鲁斯西气象站 5 月 18 日降水量达 230 毫米，这是孟买 5 月最大日降水量；印度西部城镇帕尔加尔的日降水量高达 298 毫米。两个风暴累计造成印度至少 87 人死亡、数百人失踪，百万人撤离家园，超 30 万所房屋被摧毁，大量基础设施受损。9 月下旬，热带气旋“古拉布”从孟加拉湾穿越印度东海岸；残余体系在阿拉伯海加强，之后横穿印度，并更名为“沙欣”。10 月 3 日，热带气旋“沙欣”在阿曼北部海岸马斯喀特西北部登陆，这是自 1890 年以来首次在该地区登陆的热带气旋。受“古拉布”和“沙欣”影响，印度、巴基斯坦、阿曼和伊朗共有 39 人死亡。

在南半球，影响最大的热带气旋是“塞洛亚”。“塞洛亚”形成于印度尼西亚南部，之后向东南方向移动至西澳大利亚。“塞洛亚”在 4 月 2—5 日给东帝汶以及印度尼西亚东南部带来强降水并引发洪水和泥石流，之后于 11 日在澳大利亚西部海岸的卡尔巴里附近登陆，是自 1956 年以来在西澳大利亚南部登陆的最强热带气旋，共造成印度尼西亚、东帝汶和澳大利亚 272 人死亡。另外，1 月下旬热带气旋“埃洛伊丝”侵袭了非洲东南部，给莫桑比克、南非、津巴布韦、埃斯瓦蒂尼和马达加斯加带来了较大损失和人员伤亡。在南太平洋，热带气旋“安娜”和“尼兰”侵袭斐济和新喀里多尼亚，引发多地洪涝灾害。

在北太平洋地区，2021 年热带气旋的直接影响较近年偏小。7 月台风“灿都”和“烟花”给中国上海及周边地区带来了强降水，并引起了近海航运的中断。台风“烟花”西北侧气旋性暖湿气流西进北上，携带大量水汽向西北方向输送至中国内陆，在一定程度上助力了中国河南省极端强降水的发生。9 月台风“电母”在越南登陆，之后西移至泰国，在泰国引发洪水，致 7 人死亡。

5.2.4 高温热浪和山火

2021 年夏季，欧洲的平均温度比 1991—2020 年期间要高出 1 ℃，以 0.1 ℃ 的微弱优势超过 2010 年和 2018 年，成为欧洲史上最热的夏天。欧洲各地高温纪录也在 2021 年夏季屡屡被打破，7 月 20 日，吉兹雷(49.1 ℃)创下土耳其全国纪录，第比利斯(40.6 ℃)创下格鲁吉亚有记录以来高温纪录。意大利西西里岛 8 月 11 日观测到了 48.8 ℃高温。8 月 14 日，蒙托罗(47.4 ℃)创下了西班牙的全国纪录，马德里的 42.7 ℃也是有记录以来最热的一天。高温热浪导致欧洲多地山林大火蔓延，损失惨重，尤其是在地中海东部和中部，土耳其是受影响最严重的国家之一，此外还有希腊、意大利、西班牙、葡萄牙、阿尔巴尼亚、北马其顿。

6—7 月，异常的高温热浪多次影响北美西部。6 月 20 日至 7 月 29 日，加拿大仅不列颠哥伦比亚省就报告了 569 例与热相关的死亡病例，加拿大多个长期观测站的最高气温都比原高温纪录高出4～6 ℃，不列颠哥伦比亚省中南部的利顿 6 月 29 日最高气温达 49.6 ℃，打破了加拿大全国的高温纪录。美国西南部也多次出现了高温热浪，加利福尼亚州死亡谷在 7 月 9 日最高气温达到 54.4 ℃，追平了 2020 年观测到的 20 世纪 30 年代以来世界最高气温纪录，是美国大陆有记录以来最热的夏天。持续的高温热浪造成北美西部多地发生山火，其中加利福尼亚州北部的迪克西大火始于 7 月 13 日，截至 10 月 7 日已燃烧了约 39 万公顷，这是加利福尼亚州有记录以来最大的一次火灾。

5.2.5 寒流和暴雪

2 月 12—17 日，冬季风暴“乌里”袭击了北美大部，加拿大南部、美国大部以及墨西哥北部遭遇强寒流和极端暴风雪，多地最低气温突破历史极值，美国得克萨斯州最低气温下降至－22 ℃，为 1895 年以来罕见。2 月 16 日，俄克拉何马城和达拉斯沃斯堡机场最低气温(分别为－24.4 ℃和－18.3 ℃)均打破了 1903 年的低温纪录(分别为－15.6 ℃和－11.1 ℃)。墨西哥北部最低气温低至－18 ℃，至少 10 余人因低温死亡。冬季风暴引起的降雪叠加前期积雪，使得美国有 73%的土地被白雪覆盖。加拿大的温莎市降雪量达 200 毫米，皮尔逊国际机场降雪量为 120 毫米，渥太华降雪量为 180 毫米。此次灾害影响重大，美国共有 172 人丧生，超过 550 万家庭断电停电，为美国近代史上最大的停电事件之一。据慕尼黑再保险公司统计，冬季风暴“乌里”给美国造成了 301 亿美元的经济损失。

1 月，亚洲多地遭受寒流和暴雪侵袭，其中俄罗斯经历了 2009 年以来最寒冷的冬天。6—8 日，中国北方遭受强寒潮侵袭，多地观测到的最低气温突破建站以来的历史极值，北京大部地区最低气温为－24～－18 ℃，南郊观象台最低气温达－19.6 ℃，为 1966 年以来的最低气温。7—11 日，日本北部及西部连降大雪，多地日降雪量创下纪录，强降雪导致超过 4.5 万户停电，10 人死亡，近 300 人受伤。

在欧洲地区，1 月 7—10 日，一场严重的暴风雪袭击了西班牙的许多地区，多地发生极端低温和大雪天气，托莱多(－13.4 ℃)和特鲁埃尔(－21 ℃)等地观测到了有记录以来的最低温度，西班牙多地的陆地和空中运输都受到了严重干扰。2 月的第二周，荷兰经历了 2010 年以来最严重的暴风雪，受此次暴风雪的影响，德国、波兰和英国多地也经历了降温和大雪天气。12 日，布雷马尔最低气温至−23 ℃，这是英国自1995年以来的最低气温。另外，欧洲东南部的雅典在15日遭遇了2009年以来最大的降雪。

7月下旬，正值冬季的南非受南极极端寒流的影响，19个地区出现了零下气温并伴有降雪，多地的最低气温陆续被刷新。23日，首都约翰内斯堡最低气温为−7 ℃，打破了1995年7月的最低气温纪录（−6.3 ℃）；金伯利的最低气温则低至−9.9 ℃，大多数南非城市的气温都打破了近20年来的最低气温纪录。

5.2.6 强对流天气

美国是世界上龙卷最为频发的国家，2021年1—4月美国共发生了959次龙卷，略低于常年同期。其中一次EF4级（最高风速达267～322千米/小时）龙卷于3月25日袭击了美国东南部，亚拉巴马州和佐治亚州西部的灾情最为严重，共造成6人死亡和16亿美元的经济损失。4月27—28日，得克萨斯州和俄克拉何马州发生了风雹灾害，共造成24亿美元的损失。12月10—11日，69次龙卷侵袭了美国的10个州，共造成90人死亡、52亿美元的经济损失，是美国历史上最为严重的龙卷灾害之一。

6月下半月，捷克、斯洛伐克、瑞士和德国多地发生强雷暴和龙卷。24日，一次F4级超强龙卷袭击了捷克摩拉维亚南部的几个村庄，造成重大损失和6人死亡，这是捷克有记录以来最强的龙卷。据报道，6月强雷暴和龙卷给捷克造成了约7亿美元的经济损失。

在亚洲地区，5月14日，中国江苏苏州与浙江嘉兴交界附近、湖北武汉市蔡甸区在2小时内先后出现强龙卷天气，最大风力都达17级以上，并造成重大人员伤亡。6月1日傍晚，中国黑龙江省尚志市和阿城区出现龙卷（最大风力分别达17级以上和15级以上）；6月25日下午内蒙古锡林郭勒盟太仆寺旗出现强龙卷；7月20日河南开封通许出现龙卷；21日河北保定清苑部分地区出现极端风雹天气，东闾乡遭受龙卷。

2021年全球重大灾害性天气气候事件示意图
Global major meteorological and climate events in 2021

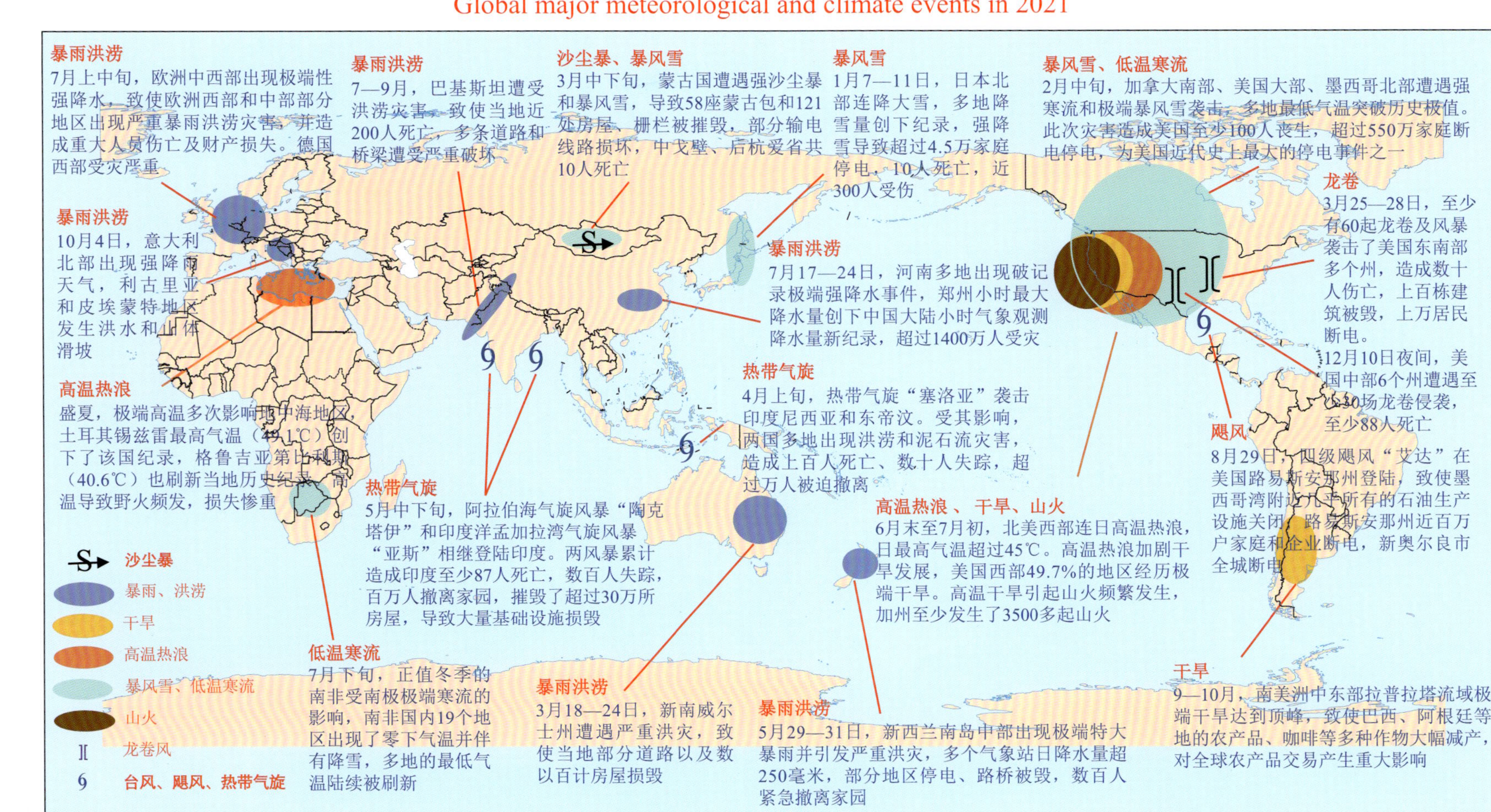

第 6 章　防灾减灾重大气象服务事例

2021 年，我国入汛时间偏晚，华南降雨量偏少，北方降雨量偏多，河南省出现历史罕见的极端强降雨事件；台风生成和登陆数均偏少，强度总体偏弱，台风“烟花”在陆地长时间滞留，影响范围广；寒潮过程次数偏多，11 月上旬出现强寒潮天气，多地出现极端低温；沙尘天气首发时间早、强度强、影响范围广，出现近 10 年来最强沙尘天气过程；强对流天气频发，雷暴大风天气显著多于常年。面对各类极端天气气候事件，中国气象局深入贯彻落实党中央、国务院决策部署，坚持“人民至上、生命至上”，竭尽全力做好天气监测预报预警服务。

6.1　河南省极端强降雨事件

7 月 17—22 日，河南省出现历史罕见的极端强降雨事件，呈现出降雨极端性突出、累计雨量大、短时降雨极强、持续时间长、影响严重等特点。河南全省 1/6 气象站点日降雨量突破历史极值，鹤壁局地累计降雨量高达 1122.6 毫米，郑州气象观测站最大小时降雨量（201.9 毫米）突破中国大陆小时降雨量历史极值。本次强降雨过程持续长达 6 天，河南中北部连续 4 天出现大暴雨，郑州和新乡连续 2 天出现特大暴雨。极端强降雨造成河南中北部出现洪涝，水利工程受损，城市运行、交通等受到严重影响。

6.1.1　及时发布预警并启动应急响应

针对河南此次强降雨过程，中国气象局 7 月 16 日 19 时启动重大气象灾害（暴雨）Ⅲ级应急响应；21 日 08 时将暴雨应急响应提升为Ⅱ级；中央气象台 17—23 日期间共发布暴雨黄色预警 12 期、橙色预警 5 期。河南省气象局 16 日 10 时启动暴雨Ⅳ级应急响应，16 日 20 时升级为Ⅲ级，20 日 06 时升级为Ⅱ级，21 日 02 时 58 分再度升级为Ⅰ级。期间，河南省气象部门发布雷电、暴雨、大风等预警信息 2153 条，暴雨红色预警信息 280 条；郑州自 19 日 19 时 13 分发布暴雨橙色预警信号，21 时 59 分起升级为暴雨红色预警信号，共发布 17 条暴雨红色、橙色预警信号。河南省预警短信接收总人次达 2.25 亿人次，向 2.25 万名应急责任人发送预警 73 万条。

6.1.2　加强信息报送与部门联动

中国气象局 16 日向中办、国办和相关部委报送《重大气象专报》指出，“河南等地有大暴雨局地特大暴雨，致灾风险高”，随后滚动报送 18 期决策气象服务材料。河南省气象局 15 日报送的《重要天气报告》指出，“17—19 日我省北部和中东部有暴雨大暴雨，局部特大暴雨，需加强防范”，之后滚动发布《重要气象信息》《气象信息快报》等决策服务材料，开展联合会商，并联合水利厅、自然资源厅发布山洪、地质灾害气象风险预警预报，对省防汛办、省应急厅、省地质环境总站开展了叫应服务。

6.1.3　河南极端强降雨事件引发的思考

一是需增强对极端天气气候事件的认识和研究，加强气象灾害监测、预报、预警发布能力建设，把气象防灾减灾第一道防线筑牢筑实。二是切实重视和提高面向气象灾害预警信号的响应能力，落实和完善部门联动和应急响应机制，提高气象灾害防御的响应能力。三是加强城市治理力度，大力推进“海绵城市”建设，针对“海绵城市”建设中暴露出来的问题进一步加强改进，提高城市基础设施的防灾抗灾能力。四是加强气象灾害科普宣传，提高公众防灾减灾意识。

6.2 台风“烟花”气象服务

2021 年第 9 号台风“烟花”路径复杂，7 月 25 日、26 日两次在浙江省登陆，成为 1949 年以来首个在浙江省内两次登陆的台风。“烟花”登陆后北上，在陆地上滞留时间长达 96 小时，为 1949 年以来陆地滞留时间最长的台风，共影响了 14 个省(区、市)。“烟花”登陆后强度减弱，移动缓慢，浙江、上海、江苏、安徽、山东等地累计降雨量大。上述部分地区发生洪涝灾害，淮河流域和海河流域 29 条河流出现超警水位；部分地区航运或铁路交通受阻。

6.2.1 高度重视，及时启动气象灾害应急响应

针对台风“烟花”，中国气象局以及各相关省(市)气象部门高度重视，及时启动应急响应，提前部署各项服务工作。中国气象局启动重大气象灾害(台风)Ⅱ级应急响应和重大气象灾害(暴雨)Ⅱ级应急响应；浙江、上海、江苏、安徽、山东、河北、天津、辽宁、吉林、黑龙江等地及时启动相应台风或暴雨应急响应级别，其中，浙江启动重大气象灾害(台风)Ⅰ级应急响应，江苏启动重大气象灾害(台风)Ⅱ级应急响应。

6.2.2 通力协作，准确及时发布预报预警信息

针对台风“烟花”，中央气象台与相关省(市)气象部门密切合作，加强预报会商，做出了准确的预报，并及时发布预报预警信息。中央气象台共发布台风预警 20 期(橙色预警 9 期)，暴雨预警 29 期(橙色预警 6 期)。同时，中央气象台加强与自然资源部、水利部门会商，滚动提供山洪、地质灾害、中小河流洪水、渍涝风险预报或预警，共发布山洪灾害预警 3 期(红色预警 1 期)，地质灾害预警 3 期，渍涝预警 3 期，中小河流洪水预警 3 期(红色预警 1 期)。

6.2.3 决策服务和公众服务并驾齐驱

中央气象台强化对中办、国办及应急管理部等部委的决策气象服务信息报送，并加强报送频次，共发送相关决策气象服务材料 30 余期，其中《重大气象信息专报》5 期、《气象灾害预警服务快报》11 期；另外，每日参加应急管理部组织的视频会商，提供最新实况监测和预报预警等信息。中央气象台在决策服务中加强台风监测与风雨影响监测，滚动统计分析累计雨量、极值、平均降水量等实况信息。

台风“烟花”影响期间，中央气象台共发布相关内容微博 156 条，原创微信 7 篇，总阅读量达到 6293 万，微博转评赞互动数超 11 万。微信文章得到中央电视台《新闻直播间》《焦点访谈》等新闻媒体的广泛采用，有效传播了台风的相关信息，也很好地引导了媒体舆论。

6.3 11 月上旬强寒潮过程气象服务

2021 年 11 月 4—9 日，寒潮天气影响了我国大部地区，本次过程具有大风降温剧烈、雨雪范围广且强度大、北方多地积雪明显、东北部分地区雨雪相态转换复杂并出现冻雨等特点。全国大部地区最低气温的最大降温幅度达到 8～16 ℃，甘肃东部、陕西中北部、内蒙古中部、山西、山东中北部等地降幅超过 16 ℃，172 个国家级气象站日最低气温达到或突破 11 月上旬历史极值。内蒙古东部和东北部分地区日降雪量达到大暴雪、局地特大暴雪量级；全国有 151 个国家级气象站日降水量突

破 11 月历史极值。东北部分地区出现冻雨，哈尔滨出现了历史罕见的严重冻雨。此次寒潮对交通运输、设施农业、城市运行和人民生产生活等造成了较大影响。

6.3.1 及时启动应急响应和加密会商，强化预报预警信息发布

针对此次寒潮，中国气象局超前部署，于 11 月 3 日 18 时 30 分启动重大气象灾害（寒潮）Ⅲ级应急响应，加强监测预报预警和服务工作，并启动加密降雪观测。北京、天津、河北、内蒙古、辽宁等 21 个省（区、市）气象局启动了暴雪或寒潮应急响应。中央气象台加强与地方气象部门的会商，并于 6 日组织加密会商，对寒潮及大风降温、雨雪冰冻天气进行精细化分析预报。中央气象台共发布各类预警 38 期，包含寒潮预警 16 期、暴雪预警 11 期、海上大风黄色预警 11 期，6 日下午发布 2021 年首个暴雪橙色预警；相关各省、市、县共发布寒潮、暴雪、低温、冰冻、道路结冰、大风等预警信号 7380 条，其中红色预警信号 174 条、橙色预警信号 776 条。中央气象台于 11 月 2 日制作《重大气象信息专报》，指出寒潮将影响我国大部地区；之后滚动更新预报、实况和影响分析信息，共报送决策材料 20 期。

6.3.2 强化与各部门应急联动，为应对寒潮天气提供精细保障

中国气象局及时向各有关部门提供寒潮、强降雪预报预警信息，为重点部门提供专项服务、行业影响评估，并联合应急管理部等开展会商，提供针对性影响评估分析。各级气象部门也及时开展农业、煤电油气运、卫生、交通等方面的气象保障服务，为应对灾害性天气提供决策支撑。21 个省（区、市）气象局与能源监管部门建立常态化会商机制和应急联动机制，北京市气象局提前 12 天启动了能源保供气象服务。在气象部门的积极服务下，各相关部门迅速启动应急响应，全面做好寒潮、雨雪冰冻防范及应对工作。

6.3.3 强化新闻舆论宣传，提升公众防御意识

气象部门利用互联网和多媒体手段，联合社会媒体，聚焦“监测精密、预报精准、服务精细”，开展全方位宣传科普。中央气象台、中国气象报社、国家卫星中心、气象探测中心及新疆、陕西、内蒙古、河北、辽宁、上海、黑龙江等地气象部门联合人民日报、央视频、新浪微博、抖音、快手、黑龙江卫视、陕西卫视、河北新闻网等 16 家媒体平台，开展联动直播，观看量超过 1600 万次，同时开设微博话题、网站专题，进行滚动发布，阅读量达 12 亿次，登上热搜榜；以图文、视频、图解、数据等形式滚动开展天气解读、预警实况发布，广泛传播实况和科普信息，积极引导社会舆论，其中采访中央气象专家视频和多个预警信息被人民日报客户端推荐，首席预报员解读视频阅读量近 400 万次。

6.4 北方地区强沙尘暴天气气象服务

2021 年春季沙尘天气过程偏强，沙尘暴及以上强度的过程次数为 2013 年以来最多。3 月 13—18 日和 3 月 27 日至 4 月 1 日我国北方地区先后经历 2 次强沙尘暴天气过程，对交通运输、群众生活等造成较大影响。

6.4.1 省、市、县滚动发布预警信息

针对 3 月 13—18 日的沙尘天气过程，全国共发布大风、沙尘、沙尘暴预警 1169 条，其中国家级预警 3 条，省级 31 条，市级 169 条，县级 966 条；橙色预警 96 条，黄色预警 319 条，蓝色预警 754 条。中央气象台 14 日 18 时发布沙尘暴蓝色预警，15 日 06 时升级发布沙尘暴黄色预警。

针对 3 月 27 日至 4 月 1 日的沙尘天气过程，全国共发布大风、沙尘暴预警 1023 条，其中橙色预警 36 条，黄色预警 289 条，蓝色预警 698 条。中央气象台 3 月 26 日 20 时发布沙尘暴黄色预警。

6.4.2 预报服务能力稳步提升

中国气象局数值预报中心通过改进沙尘模式驱动场、延长沙尘预报时效，提高沙尘模式预报服务能力；近几年增加了沙尘柱总量、光学厚度和干湿沉降等要素产品，并增加沙尘垂直层次输出，为预报员预报浮尘、沙尘和沙尘通量等提供了有益的参考。预报员发挥技术优势，加强对中国、韩国等多家沙尘数值模式预报产品的分析应用，有效提升了沙尘预报的定量化水平，两次沙尘过程预报范围准确，强度接近实况。

6.4.3 强化国家级决策服务信息报送

针对此次沙尘天气过程，中国气象局强化决策服务信息报送，提前关注沙尘天气，并在沙尘影响期间滚动更新预报预警信息，及时报送决策服务材料，共制作决策材料 17 期，多期材料被中办或国办采用。其中，3 月 26 日制作的《重大气象信息专报》指出，北方将再次出现大范围沙尘天气过程，并与上次强沙尘暴过程进行对比。27 日针对 2021 年已出现的北京地区沙尘天气情况及趋势，制作决策服务材料并报送相关部门。

6.4.4 多渠道开展公众服务

通过央视直播、微博、微信等新媒体平台向公众和媒体权威发布沙尘过程预报、实况及预警信息，共撰写新闻稿件 16 篇、发布微信文章 5 篇、微博 90 条，向公众传递有关沙尘天气的权威解答、提出有针对性的建议。此外，与各地气象博主联动，开展气象科普和防灾减灾宣传，起到了较好的服务效果。中央气象台首席专家接受权威媒体采访 20 余次，及时准确地向公众解读沙尘天气。

6.5 其他重大气象服务事例

6.5.1 江苏“4·30”强对流天气气象服务

2021 年 4 月 30 日，江苏省沿江及以北大部分地区遭受大风、冰雹等强对流天气袭击，南通市受灾最重，部分地区风力达 13～15 级。此次强对流天气具有突发性强、极端性突出、多地伴有冰雹和致灾程度重等特点。针对此次强对流天气，中央气象台、江苏省气象台及南通市气象台均提前发布强对流天气预警信息。4 月 28—30 日，江苏省气象部门通过新媒体平台等多渠道发布强对流天气预报预警提醒信息，其中，江苏气象发布微博 146 条、头条信息 35 条、抖音短视频 9 条，累计阅读量 3400 万人次。

6.5.2 建党 100 周年专项气象服务保障

庆祝中国共产党成立 100 周年是党和国家政治生活中的大事，中国气象局对庆祝活动气象保障工作高度重视、细致部署，针对庆祝活动气象保障服务先后 8 次进行工作调度，来自中央气象台、北京市气象台及 13 家国家级单位和民航气象等部门的 47 名天气预报专家组成专班，先后进行 44 次会商。中国气象局统筹增加多种加密观测，特别是 6 月 3 日发射的风云四号 B 星，提供了 1 分钟、250 米分辨率的精密监测信息，为监测庆祝活动期间强对流天气发生发展提供了“现场直播”。中国气象局决策气象服务中心提前准备，提前谋划；各级气象部门充分运用科技创新和气象现代化新成果，为预报服务提供有力支撑。6 月 2 日至 7 月 1 日，中国气象局共制作完成《气象服务专报》42 期、《两办刊物信息》3 期、专题材料 1 期、服务演练专报 2 期。服务期间，密切关注天气形势变化，把握服务节奏，不断细化服务内容，稳步有序推进决策气象服务；强化与北京及活动举办地 6 省（市）气象部门的沟通，确保预报服务的及时性和一致性，保证在第一时间将预报结论及相关建议准确无误地传递给决策层，圆满完成了此次重大活动气象服务保障任务。

附　录

附录 A　气象灾害统计年表

表 A.1　2021 年气象灾害总受灾情况

Table A.1　Summary of total meteorological disasters in China in 2021

地区	农作物受灾情况		人口受灾情况		直接经济损失/亿元
	受灾面积/万公顷	绝收面积/万公顷	受灾人口/万人次	死亡失踪人口/人	
北　京	1.50	0.05	10.51	2	13.0
天　津	0.64	0.05	4.48	6	5.4
河　北	38.89	6.89	328.23	8	102.4
山　西	116.34	16.25	768.46	56	231.0
内蒙古	128.12	8.31	230.23	22	75.6
辽　宁	24.91	1.12	172.27	3	84.6
吉　林	24.52	1.15	75.69		13.8
黑龙江	83.15	17.68	101.39	2	57.2
上　海	2.49	0.25	73.35		9.2
江　苏	8.83	0.23	64.96	32	8.9
浙　江	14.93	1.21	322.91	9	124.6
安　徽	29.61	3.33	265.94	5	31.7
福　建	4.70	0.56	44.48	3	32.9
江　西	42.11	2.74	573.39	9	46.1
山　东	10.87	0.32	109.85	9	23.1
河　南	158.77	32.77	2448.96	422	1322.5
湖　北	50.63	5.97	654.03	46	99.9
湖　南	43.61	5.61	651.94	3	82.3
广　东	7.64	1.44	100.05	2	24.1
广　西	15.24	1.11	260.29	3	22.6
海　南	3.19	0.3	36.77	3	10.0
重　庆	5.94	1.31	139.65	5	29.5
四　川	26.62	4.21	694.65	22	223.2
贵　州	14.39	2.42	242.64	1	29.7
云　南	51.57	4.27	762.62	9	59.1
西　藏	0.65	0.09	12.58	8	3.2
陕　西	97.27	19.25	832.71	32	312.4
甘　肃	54.29	8.85	386.32	1	66.5
青　海	4.49	0.07	38.03	11	4.6
宁　夏	37.58	7.67	132.04		13.7
新疆(含兵团)	68.32	7.63	113.42	3	51.5
全国总计	1171.8	163.1	10652.8	737	3214.2

表 A. 2　2021 年干旱灾害情况统计

Table A. 2　Summary of drought disasters in China in 2021

地区	农作物受灾情况		人员受灾情况		直接经济损失/亿元
	受灾面积/万公顷	绝收面积/万公顷	受灾人口/万人	饮水困难人口/万人	
北　京					
天　津					
河　北			0.6	0.6	
山　西	62.65	9.81	326.2	0.6	48.2
内蒙古	33.55	0.97	56.8	0.9	13.3
辽　宁	0.81	0.02	4.8		0.6
吉　林	4.41	0.61	8.5		1.6
黑龙江	32.07	2.71	28.1		9.8
上　海					
江　苏					
浙　江	1.64	0.09	29.0	7.7	1.6
安　徽					
福　建	0.13	0.01	1.0	0.1	0.1
江　西	16.37	0.99	217.3	14.7	11.3
山　东					
河　南	1.27		22.7		0.3
湖　北					
湖　南	15.79	1.91	191.3	14.0	9.9
广　东	3.12	0.12	67.1	6.4	2.7
广　西	9.73	0.56	134.3	15.5	6.0
海　南	0.06		0.8		0.0
重　庆	0.32	0.04	5.6	0.5	0.2
四　川	0.05		0.2		0.0
贵　州	0.66	0.03	20.7	0.3	0.3
云　南	32.54	1.39	418.2	94.7	22.1
西　藏	0.01	0.00	0.4		
陕　西	49.21	11.76	199.2	2.9	32.5
甘　肃	41.00	7.99	214.2	0.0	28.1
青　海	0.91		7.2		0.7
宁　夏	35.20	7.37	114.0		11.4
新疆（含兵团）	1.13	0.04	0.9		0.4
全国总计	342.62	46.41	2068.9	158.9	200.9

表 A.3　2021 年暴雨洪涝灾害情况统计(不含地质灾害)

Table A.3　Summary of rainstorm induced flood disasters in China in 2021

地区	农作物受灾情况		人员受灾情况		房屋倒损情况		直接经济损失/亿元
	受灾面积/万公顷	绝收面积/万公顷	受灾人口/万人	死亡失踪人口/人	倒塌房屋/万间	损坏房屋/万间	
北　京	0.38	0.02	6.5	2		0.2	11.7
天　津	0.23	0.05	3.2	1			0.6
河　北	21.08	5.14	233.6	5	0.1	1.9	91.4
山　西	33.13	5.04	288.5	55	4.9	14.6	152.9
内蒙古	52.02	5.43	86.8	14	0.0	0.5	29.0
辽　宁	5.25	0.46	39.4		0.0	0.3	12.4
吉　林	13.50	0.44	34.8		0.0	0.1	4.4
黑龙江	40.81	14.50	49.9		0.0	1.6	43.4
上　海							
江　苏	0.23		0.2				0.1
浙　江	1.33	0.14	18.5	3	0.1	0.2	13.0
安　徽	9.84	0.76	82.9	2	0.0	0.3	12.6
福　建	2.31	0.36	22.3		0.0	0.2	28.5
江　西	17.38	0.95	248.4		0.0	0.4	24.1
山　东	2.76	0.02	37.3				1.3
河　南	126.85	31.52	2033.3	404	4.5	80.5	1300.6
湖　北	37.20	5.52	515.3	34	0.3	3.1	80.9
湖　南	27.24	3.67	455.7	3	0.6	5.1	71.2
广　东	0.89	0.07	7.9	1	0.0	0.1	8.3
广　西	3.00	0.31	91.0		0.1	0.5	14.1
海　南	0.10	0.02	1.5				0.6
重　庆	5.28	1.19	124.6	5	0.5	2.7	28.1
四　川	24.40	3.93	665.1	17	0.9	9.2	217.3
贵　州	8.12	1.27	132.4	1	0.0	2.9	19.9
云　南	8.82	1.34	142.7	3	0.0	0.8	21.2
西　藏	0.15	0.03	5.1		0.0	0.2	2.7
陕　西	26.82	4.66	470.3	32	2.3	14.9	237.1
甘　肃	4.02	0.36	80.5	1	0.8	4.0	27.7
青　海	0.36	0.02	3.7	4	0.0	0.2	2.2
宁　夏	0.58	0.01	3.2			0.0	0.7
新疆(含兵团)	1.96	0.01	16.5	3		0.2	1.3
全国总计	476.04	87.24	5901.0	590	15.2	144.6	2458.9

表 A.4 2021 年大风、冰雹及雷电灾害情况统计

Table A.4 Summary of gale, hail and lightning disasters in China in 2021

地区	农作物受灾情况		人员受灾情况		房屋倒损情况		直接经济损失/亿元
	受灾面积/万公顷	绝收面积/万公顷	受灾人口/万人次	死亡失踪人口/人	倒塌房屋/万间	损坏房屋/万间	
北　京	1.12	0.03	4.0				1.3
天　津	0.09		0.6	3			0.0
河　北	15.68	1.54	80.0	3		0.8	9.0
山　西	15.10	1.08	99.9		0.1	0.5	17.1
内蒙古	42.23	1.89	70.9	7	0.0	0.2	21.7
辽　宁	17.79	0.58	111.7			0.2	26.6
吉　林	6.58	0.11	30.0			0.1	2.4
黑龙江	10.20	0.46	23.2	2		0.2	3.3
上　海			0.0				0.1
江　苏	2.38	0.10	7.0	32	0.0	1.4	3.5
浙　江	0.00		0.1	6			0.0
安　徽	4.68	0.33	49.5	3		1.4	5.6
福　建	0.19	0.02	0.8	2		0.2	0.6
江　西	5.49	0.30	85.8	9	0.0	2.8	7.5
山　东	5.73	0.20	47.1	8	0.1	1.6	20.6
河　南	30.08	1.19	384.0	18	0.0	0.1	18.7
湖　北	13.32	0.44	136.6	12	0.2	3.3	18.9
湖　南	0.59	0.04	4.9			0.3	1.2
广　东	0.17	0.05	0.7	1		0.1	0.7
广　西	0.36	0.03	5.6	3	0.0	0.1	0.8
海　南							0.0
重　庆	0.25	0.03	6.8		0.0	1.7	1.1
四　川	2.07	0.26	28.2	5	0.0	1.7	5.7
贵　州	5.59	1.12	89.2		0.0	5.5	9.2
云　南	6.90	1.20	100.1	6		0.6	10.9
西　藏	0.42	0.05	5.6	3		0.2	0.4
陕　西	18.75	2.20	142.9		0.0	0.0	40.8
甘　肃	8.59	0.46	84.6		0.0	0.5	9.0
青　海	3.22	0.05	26.4	6		0.1	1.7
宁　夏	1.45	0.22	11.3			0.1	1.1
新疆(含兵团)	52.18	6.62	74.1			0.1	29.3
全国总计	271.19	20.57	1711.5	129	0.5	23.5	268.7

表 A.5 2021 年台风灾害情况统计

Table A.5 Summary of typhoon disasters in China in 2021

地区	农作物受灾情况		人口受灾情况			倒塌房屋/万间	直接经济损失/亿元
	受灾面积/万公顷	绝收面积/万公顷	受灾人口/万人次	死亡失踪人口/人	紧急转移安置人口/万人次		
北京							
天津							
河北	0.11	0.01	1.5				0.3
山西							
内蒙古	0.03		0.4				0.1
辽宁	0.09		1.1				0.1
吉林							
黑龙江							
上海	2.44	0.24	73.2		51.6		9.0
江苏	6.21	0.13	57.7		1.2		5.3
浙江	11.40	0.98	274.8		133.7	0.0	109.6
安徽	15.09	2.24	133.5		1.6	0.0	13.5
福建	0.71	0.02	7.3	1	0.9	0.0	1.3
江西							
山东	2.31	0.10	24.8		0.5		0.7
河南							
湖北							
湖南							
广东	0.89	0.31	14.0		0.6		2.1
广西	1.78	0.11	20.7				1.0
海南	3.03	0.28	34.6	3	7.7		9.4
重庆							
四川							
贵州							
云南	0.01	0.01	0.5				0.1
西藏							
陕西							
甘肃							
青海							
宁夏							
新疆(含兵团)							
全国总计	44.10	4.44	644.1	4	197.8	0.1	152.6

表 A.6　2021 年雪灾和低温冷冻灾害情况统计

Table A.6　Summary of low-temperature and frost disasters in China in 2021

地区	农作物受灾情况		人员受灾情况		房屋倒损情况		直接经济损失/亿元
	受灾面积/万公顷	绝收面积/万公顷	受灾人口/万人次	死亡人口/人	倒塌房屋/万间	损坏房屋/万间	
北　京							
天　津	0.32	0.00	0.7	2			4.8
河　北	2.02	0.20	12.6				1.8
山　西	5.45	0.32	53.9	1	0.0	0.0	12.9
内蒙古	0.29	0.02	15.4	1		0.2	11.5
辽　宁	0.96	0.06	15.2	3			45.0
吉　林	0.03	0.01	2.4		0.0		5.5
黑龙江	0.08	0.00	0.3				0.6
上　海	0.05	0.01	0.1				0.2
江　苏							
浙　江	0.57		0.6				0.4
安　徽							
福　建	1.37	0.15	13.0				2.4
江　西	2.88	0.51	21.9				3.2
山　东	0.07	0.00	0.7	1			0.5
河　南	0.57	0.06	9.1				2.9
湖　北	0.12	0.01	2.1				0.2
湖　南							
广　东	2.56	0.88	10.4				10.4
广　西	0.36	0.10	8.7				0.6
海　南							
重　庆	0.10	0.05	2.7				0.2
四　川	0.10	0.02	1.1				0.3
贵　州	0.02		0.4				0.2
云　南	3.30	0.34	101.1				4.9
西　藏	0.07	0.00	1.5	5		0.0	0.1
陕　西	2.48	0.64	20.3				2.1
甘　肃	0.68	0.04	7.1			0.0	1.7
青　海	0.01	0.00	0.7	1			0.1
宁　夏	0.35	0.07	3.5				0.5
新疆(含兵团)	13.05	0.97	22.0		0.0	0.1	20.5
全国总计	37.86	4.44	327.4	14	0.0	0.4	133.1

附录 B 主要气象灾害分布图

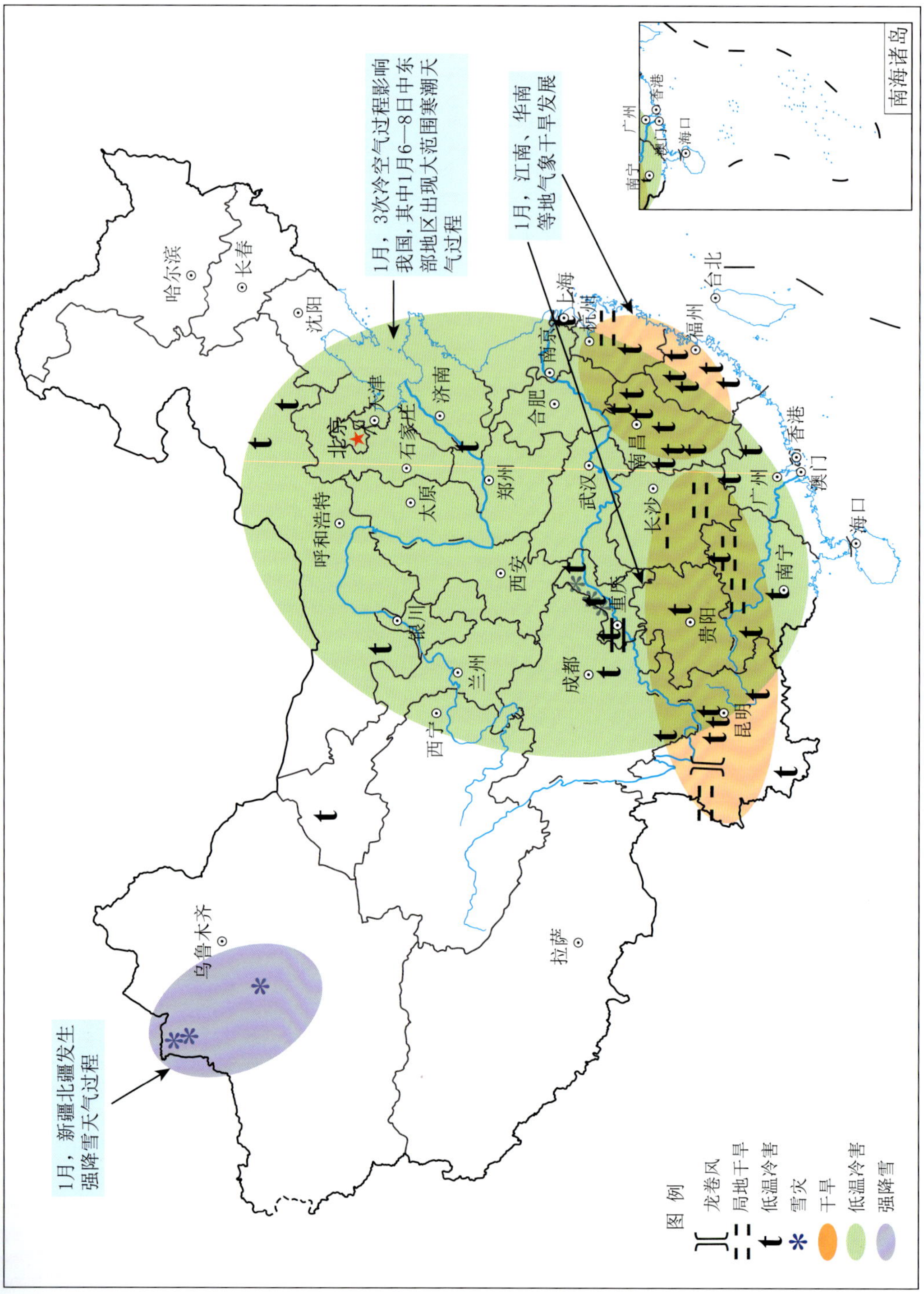

图 B.1 2021 年 1 月全国主要气象灾害分布

Fig. B.1 The distribution of major meteorological disasters over China in January 2021

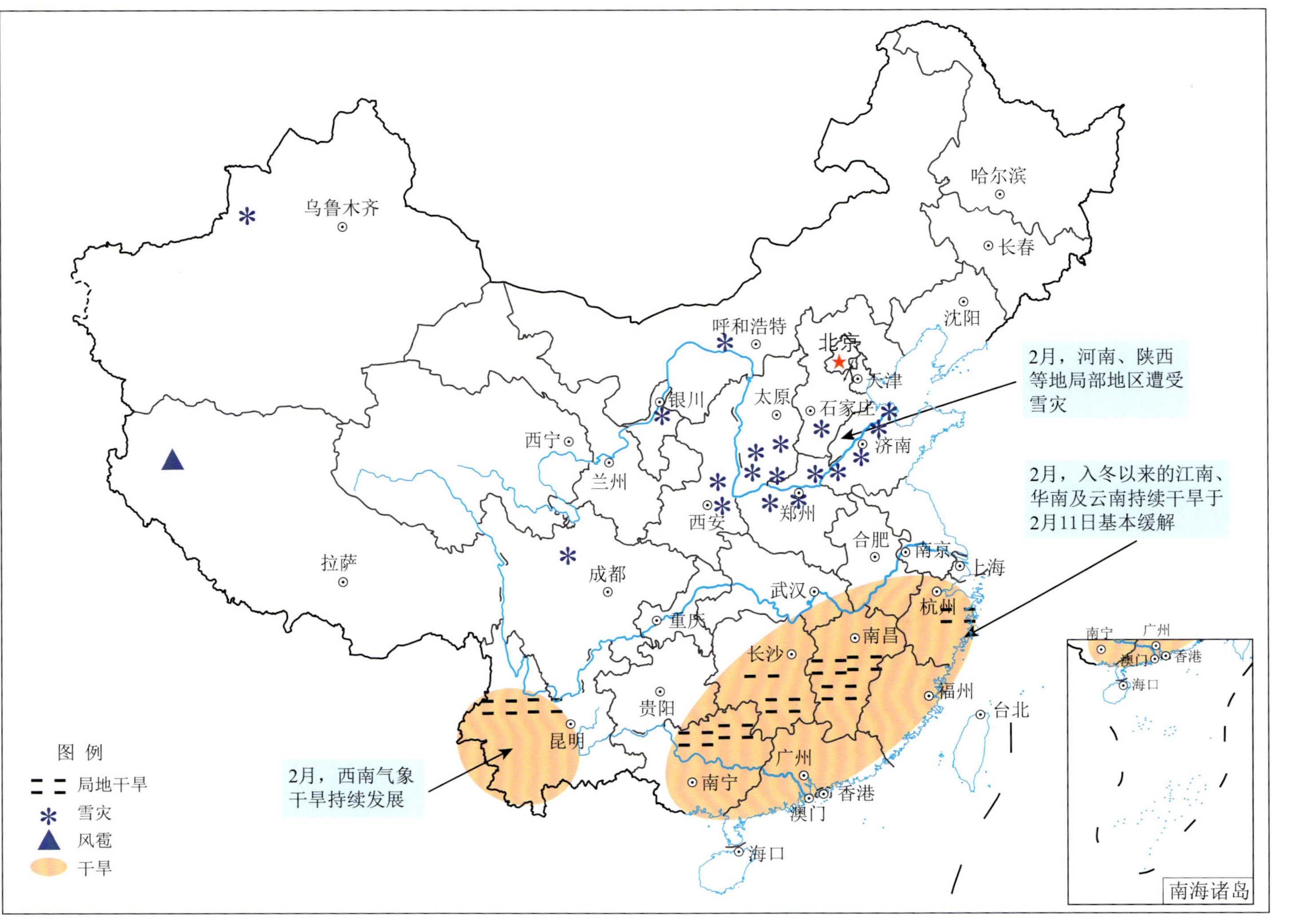

图 B.2　2021 年 2 月全国主要气象灾害分布

Fig. B.2　The distribution of major meteorological disasters over China in February 2021

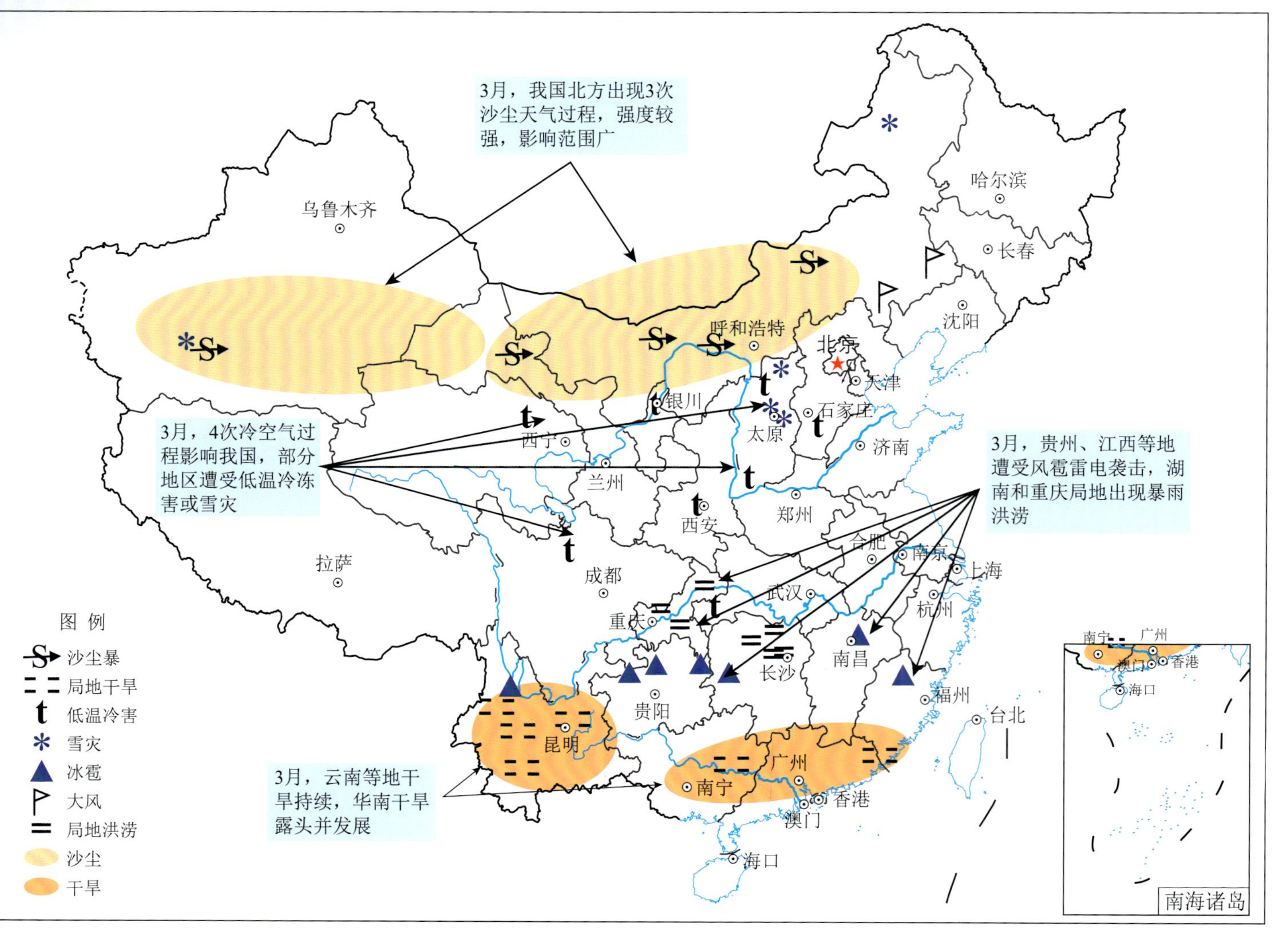

图 B. 3　2021 年 3 月全国主要气象灾害分布

Fig. B. 3　The distribution of major meteorological disasters over China in March 2021

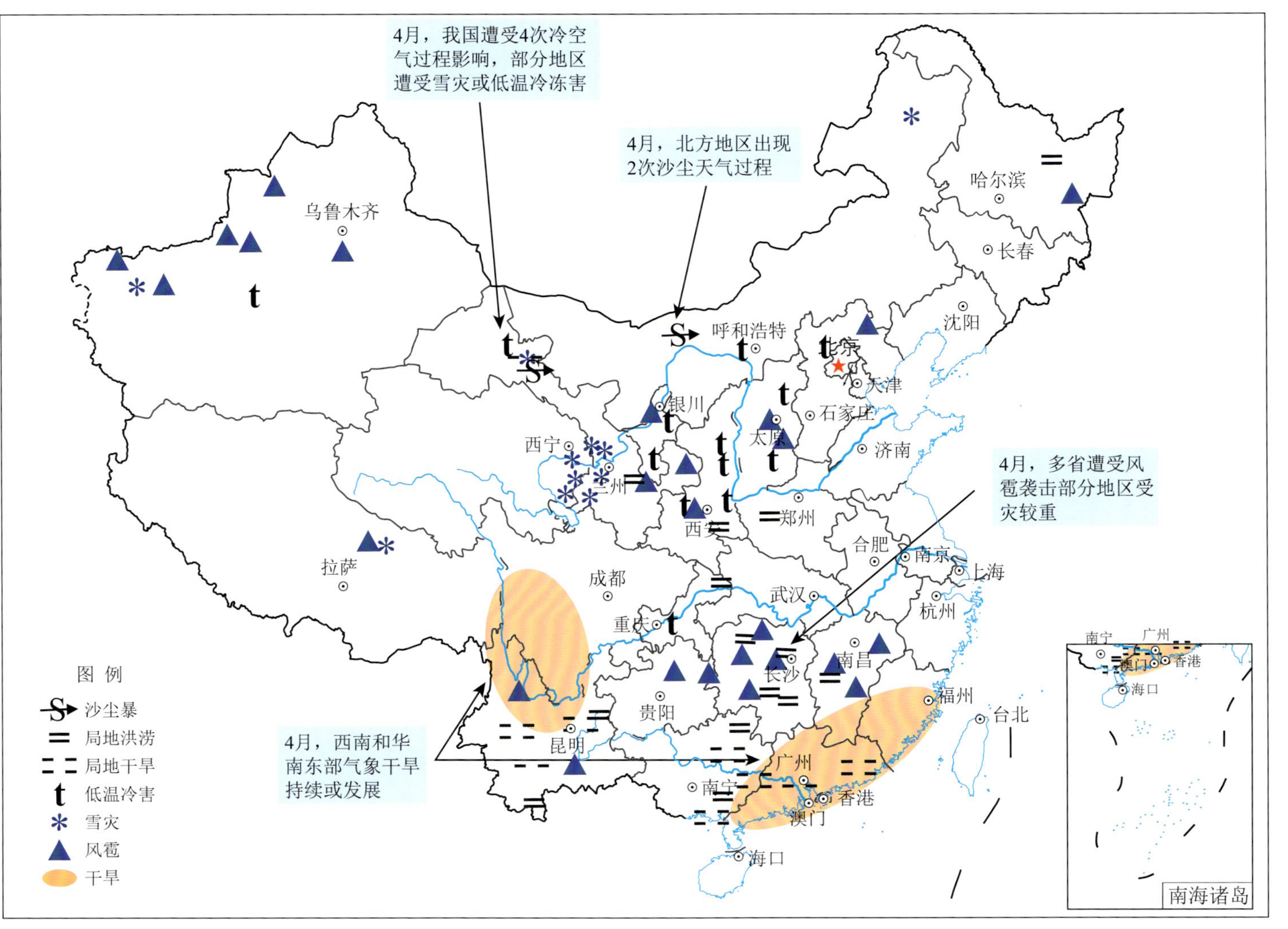

图 B. 4　2021 年 4 月全国主要气象灾害分布

Fig. B. 4　The distribution of major meteorological disasters over China in April 2021

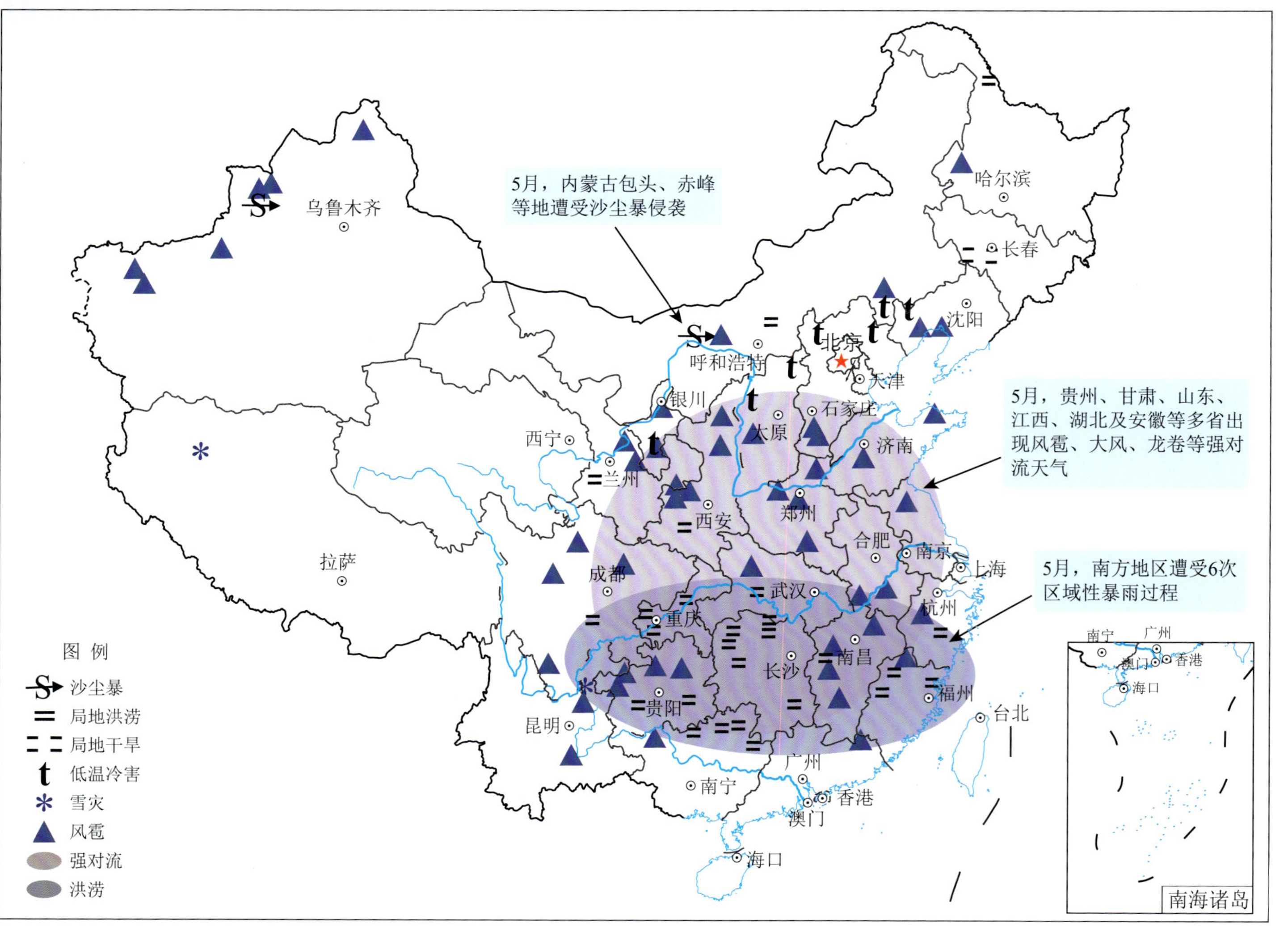

图 B.5　2021 年 5 月全国主要气象灾害分布

Fig. B.5　The distribution of major meteorological disasters over China in May 2021

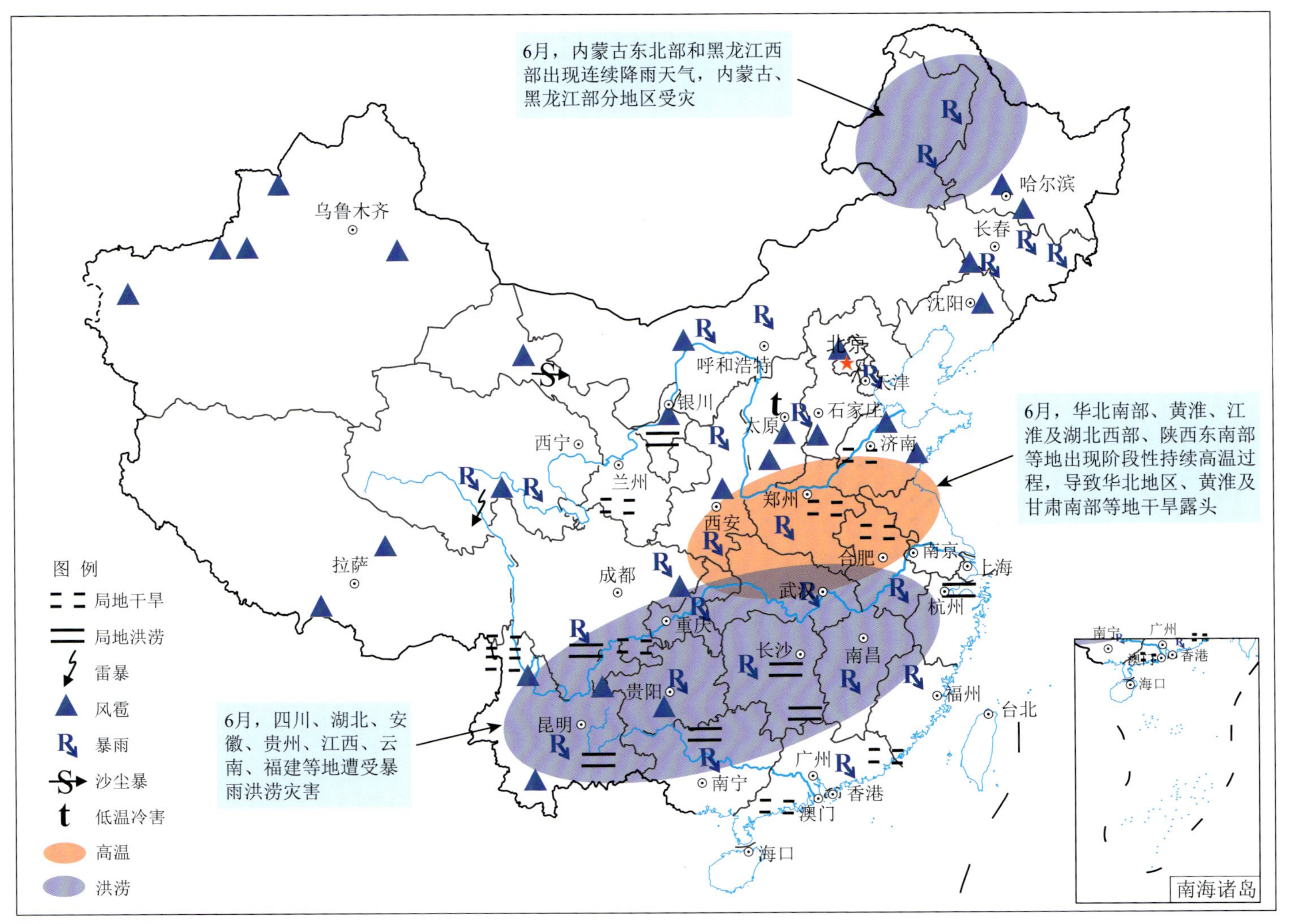

图 B.6 2021 年 6 月全国主要气象灾害分布

Fig. B.6 The distribution of major meteorological disasters over China in June 2021

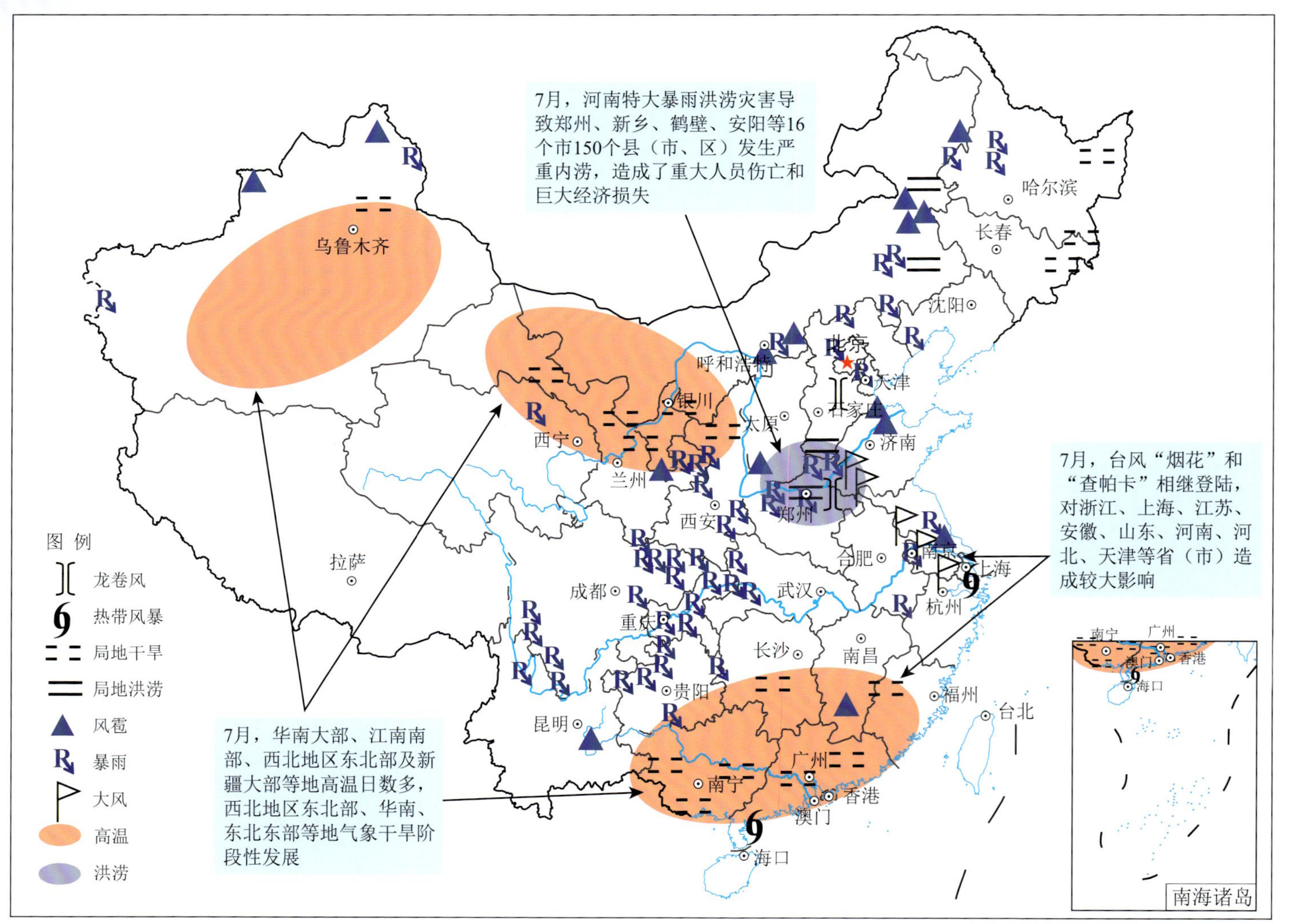

图 B.7 2021 年 7 月全国主要气象灾害分布

Fig. B.7 The distribution of major meteorological disasters over China in July 2021

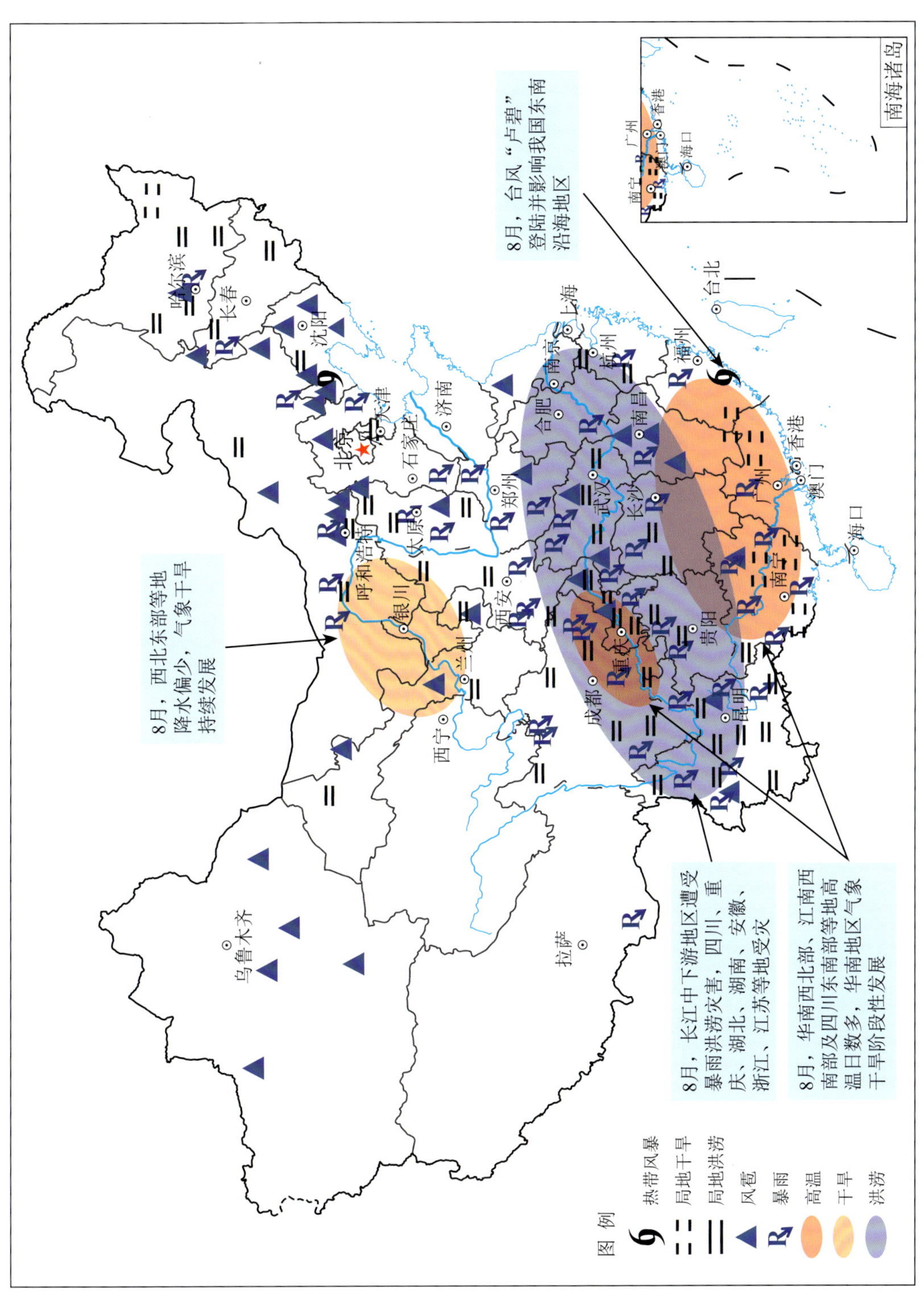

图 B.8 2021 年 8 月全国主要气象灾害分布

Fig. B.8 The distribution of major meteorological disasters over China in August 2021

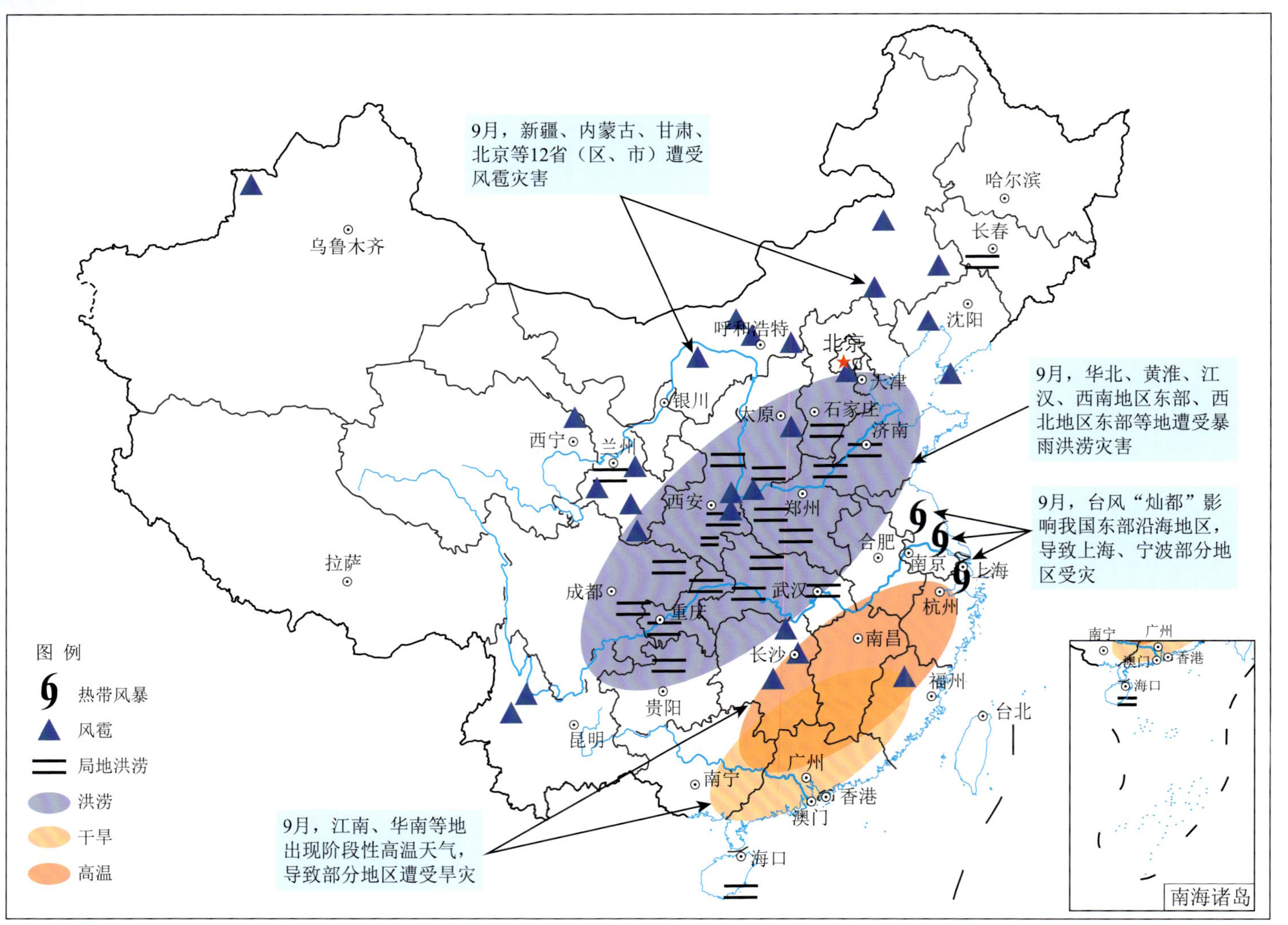

图 B.9　2021 年 9 月全国主要气象灾害分布

Fig. B.9　The distribution of major meteorological disasters over China in September 2021

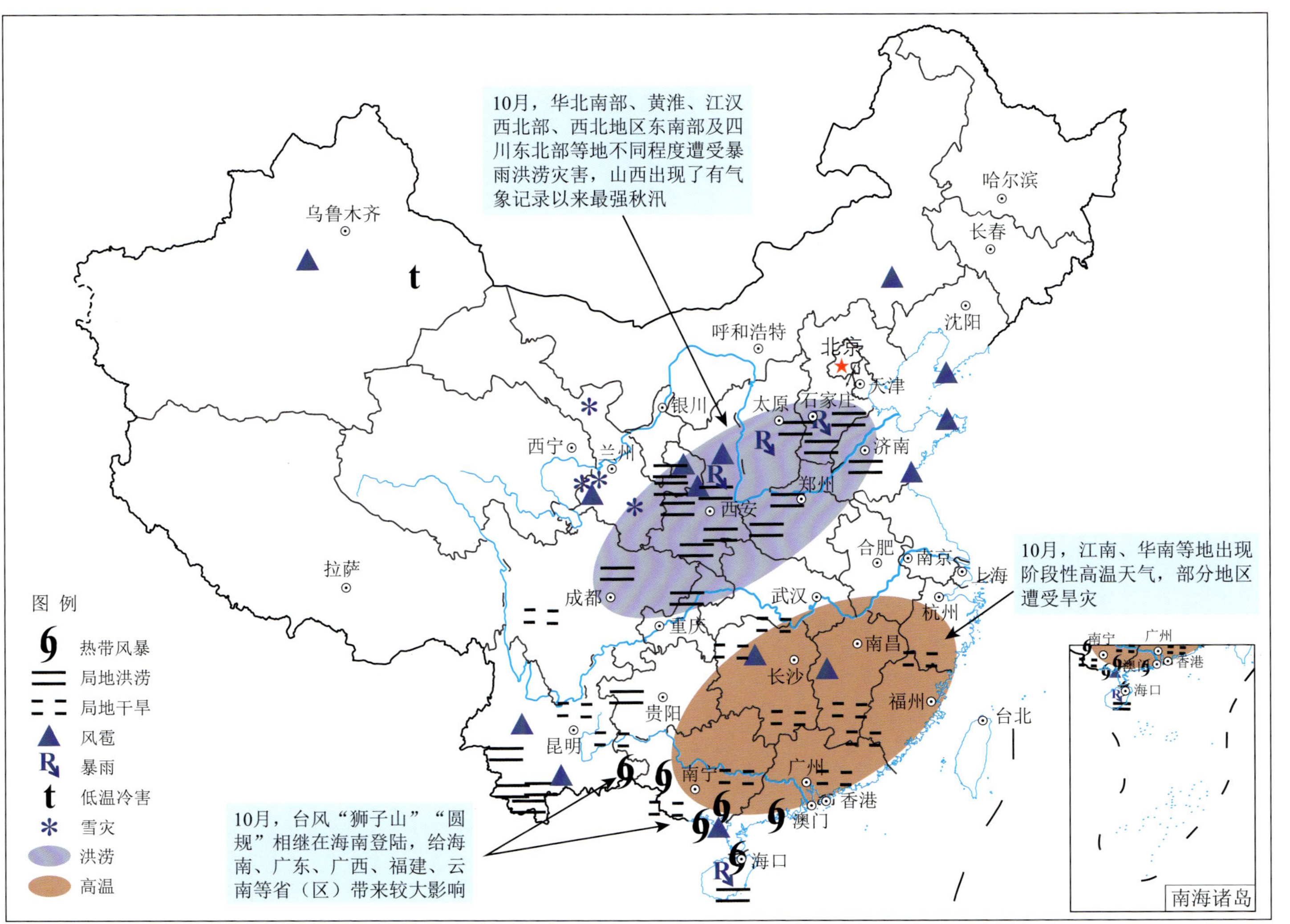

图 B.10　2021年10月全国主要气象灾害分布

Fig. B.10　The distribution of major meteorological disasters over China in October 2021

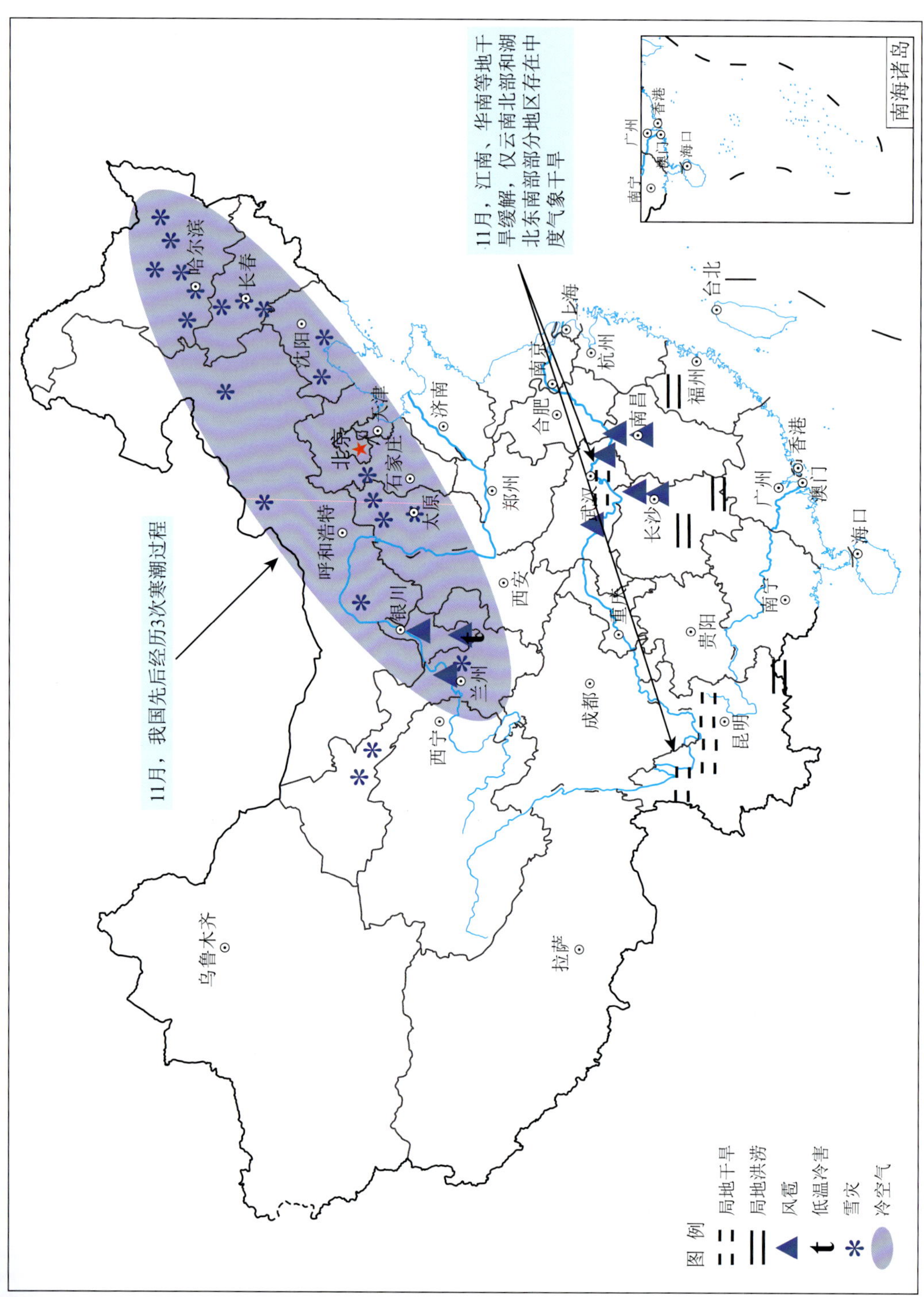

图 B.11　2021 年 11 月全国主要气象灾害分布

Fig. B.11　The distribution of major meteorological disasters over China in November 2021

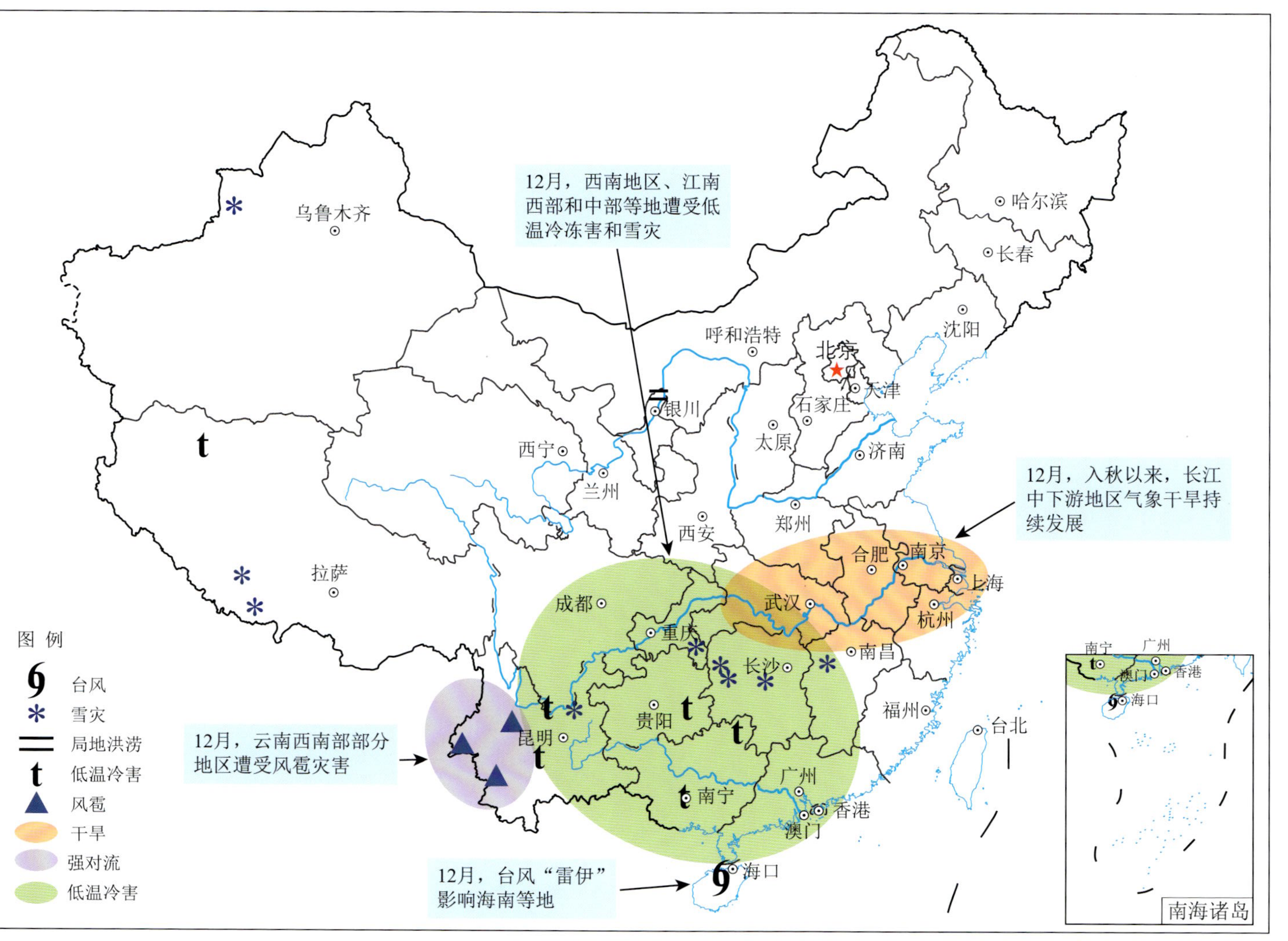

图 B.12　2021 年 12 月全国主要气象灾害分布

Fig. B.12　The distribution of major meteorological disasters over China in December 2021

附录 C 气温特征分布图

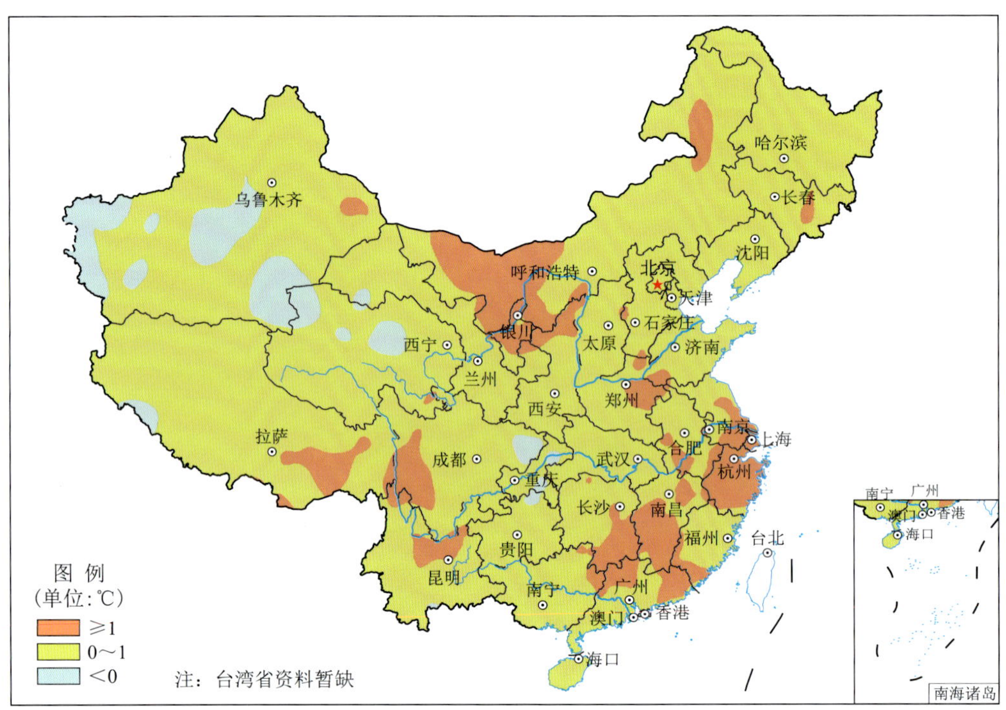

图 C.1 2021 年全国年平均气温距平分布

Fig. C. 1 Distribution of annual mean temperature anomalies over China in 2021 (unit:℃)

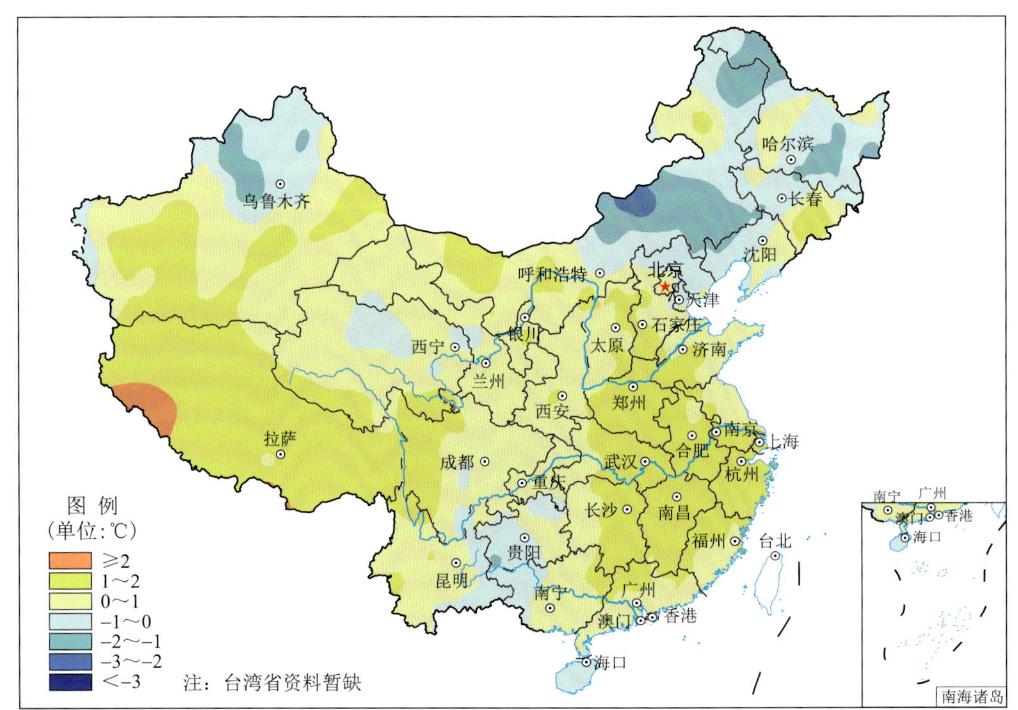

图 C.2 2021 年全国冬季平均气温距平分布

Fig. C. 2 Distribution of annual mean temperature anomalies over China in winter of 2021 (unit:℃)

图 C. 3 2021 年全国春季平均气温距平分布

Fig. C. 3 Distribution of annual mean temperature anomalies over China in spring of 2021 (unit:℃)

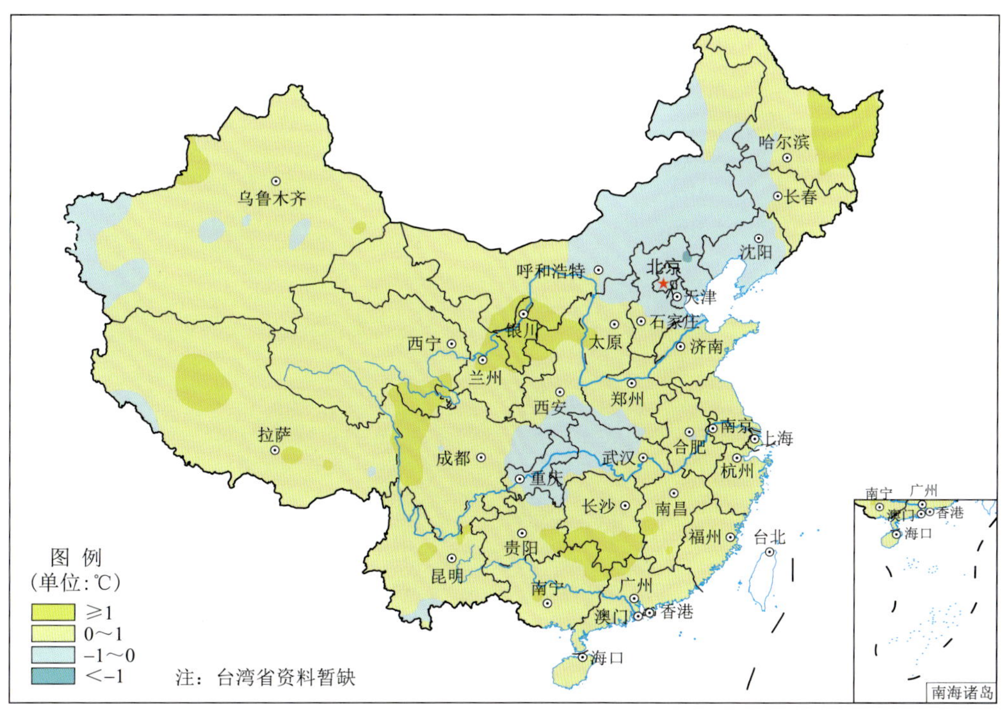

图 C. 4 2021 年全国夏季平均气温距平分布

Fig. C. 4 Distribution of annual mean temperature anomalies over China in summer of 2021 (unit:℃)

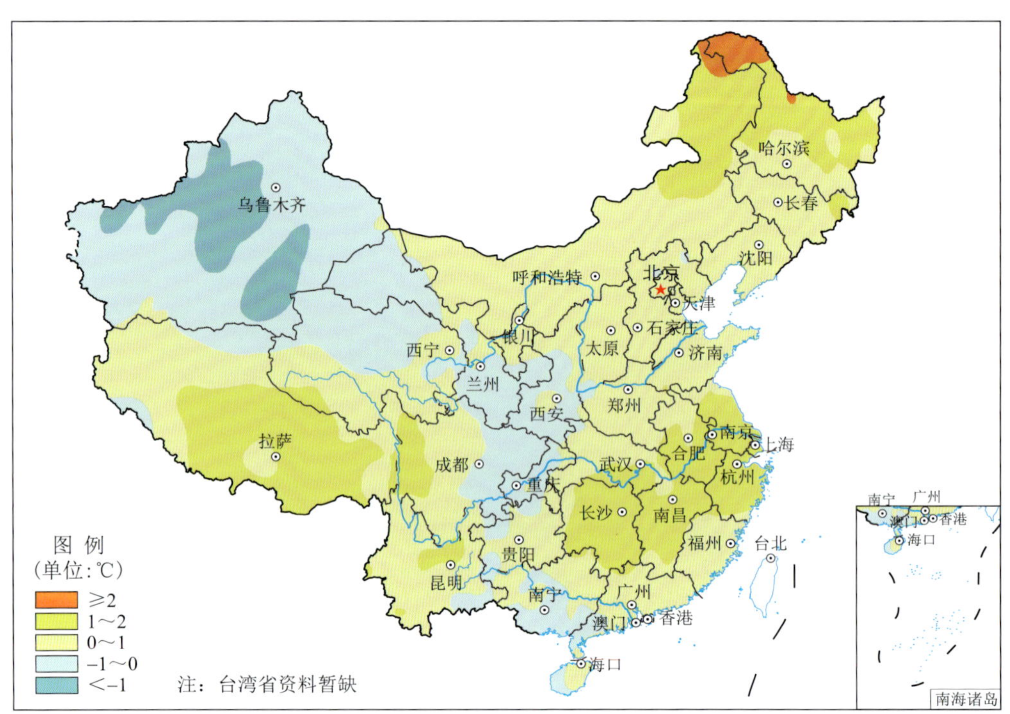

图 C.5　2021 年全国秋季平均气温距平分布

Fig. C.5　Distribution of annual mean temperature anomalies over China in autumn of 2021 (unit:℃)

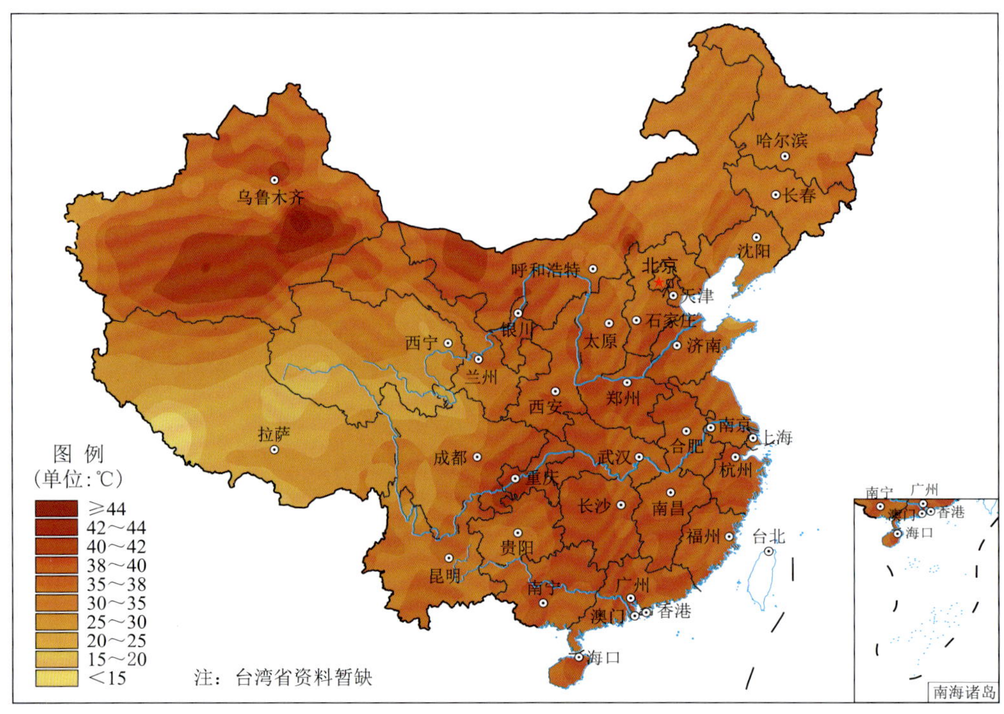

图 C.6　2021 年全国极端最高气温分布

Fig. C.6　Distribution of annual extreme maximum temperature over China in 2021 (unit:℃)

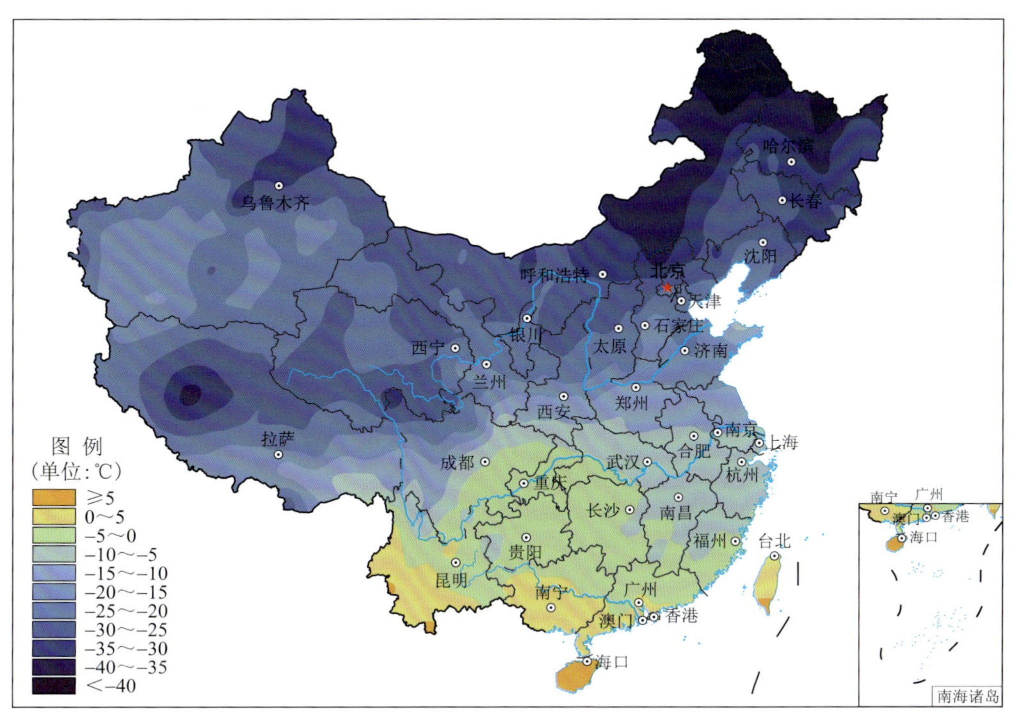

图 C.7　2021 年全国极端最低气温分布

Fig. C.7　Distribution of annual extreme minimum temperature over China in 2021 (unit:℃)

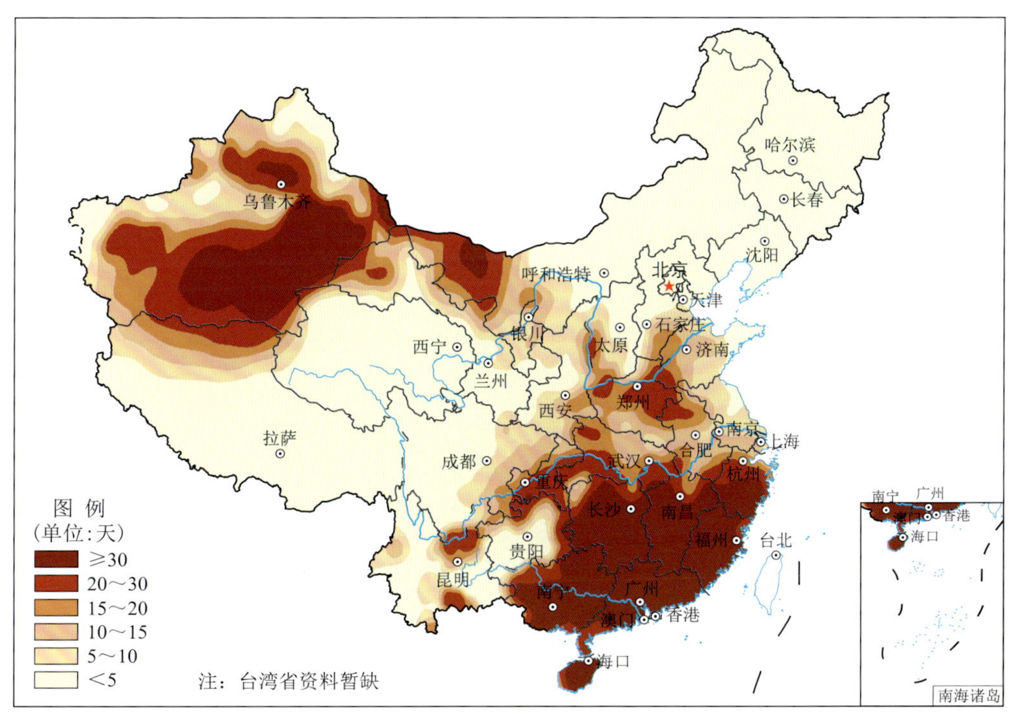

图 C.8　2021 年全国高温(日最高气温≥35℃)日数分布

Fig. C.8　Distribution of hot days (daily maximum temperature ≥35℃) over China in 2021 (unit:d)

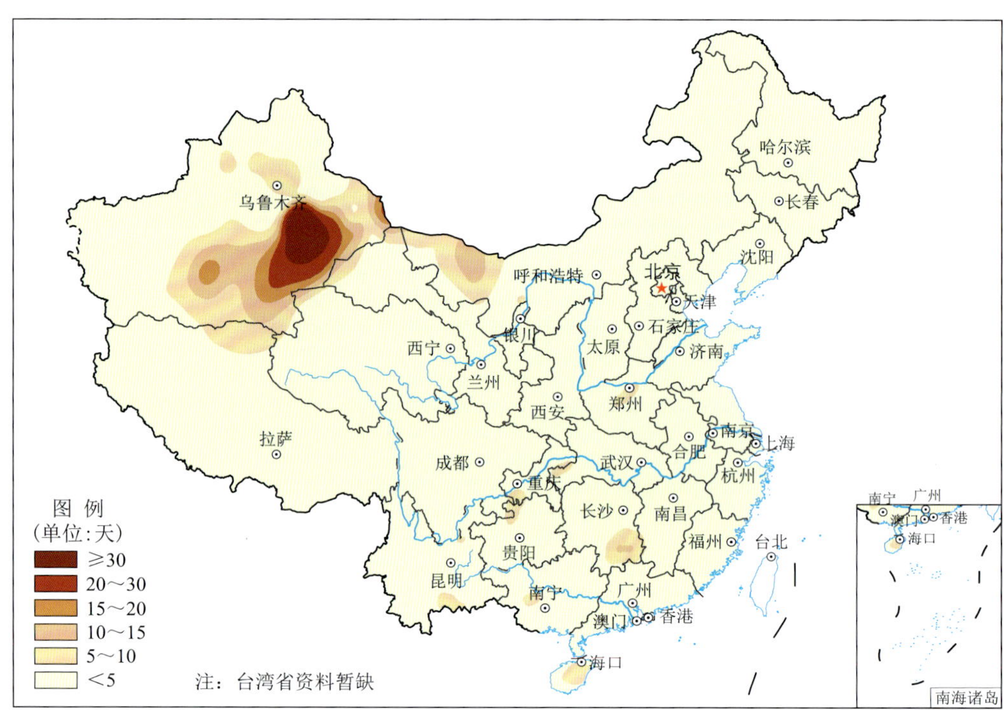

图 C.9 2021 年全国高温(日最高气温≥38℃)日数分布

Fig. C. 9 Distribution of hot days (daily maximum temperature ≥38℃) over China in 2021 (unit:d)

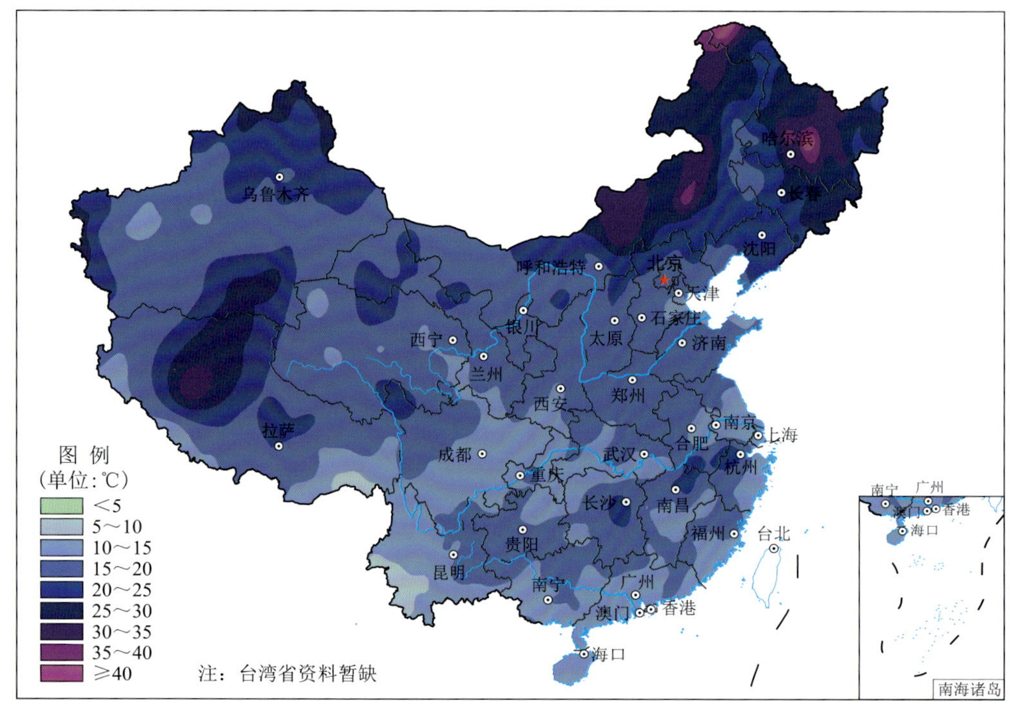

图 C.10 2021 年全国最大过程降温幅度分布

Fig. C. 10 Distribution of the maximum amplitude of temperature dropping over China in 2021 (unit:℃)

附录 D　降水特征分布图

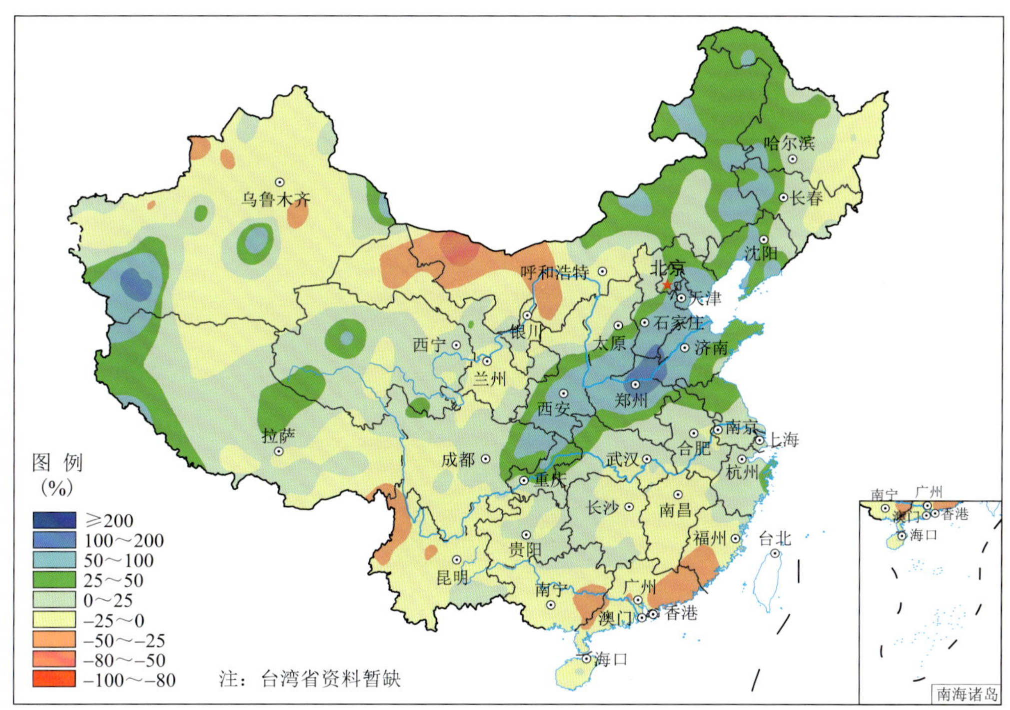

图 D.1　2021 年全国降水量距平百分率分布

Fig. D.1　Distribution of annual precipitation anomalies over China in 2021

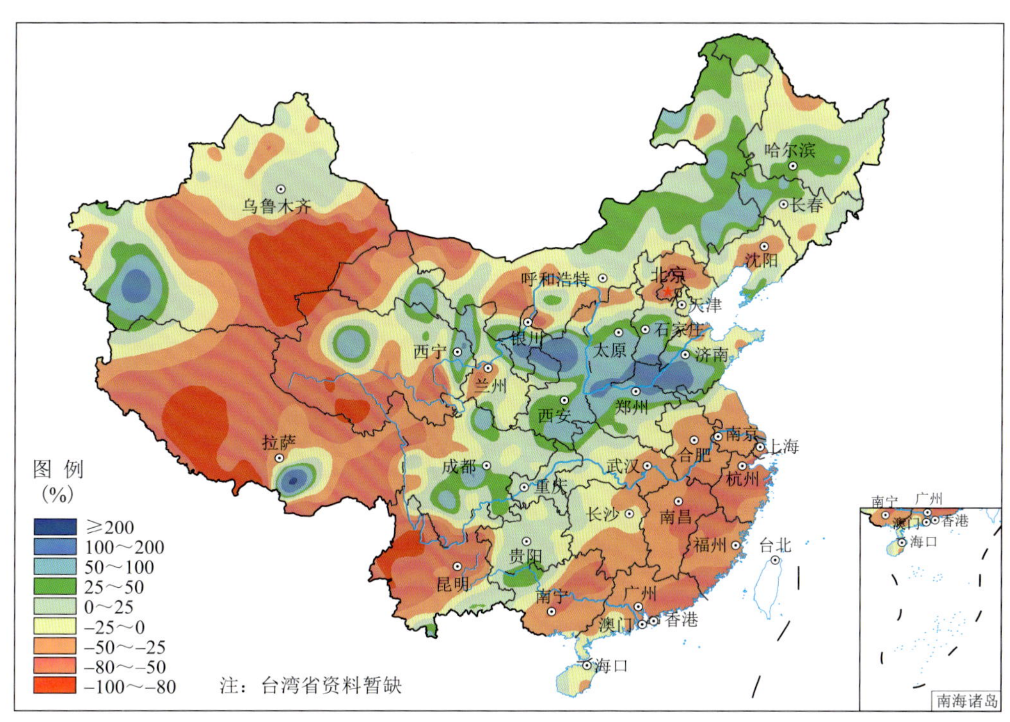

图 D.2　2021 年全国冬季降水量距平百分率分布

Fig. D.2　Distribution of precipitation anomalies over China in winter of 2021

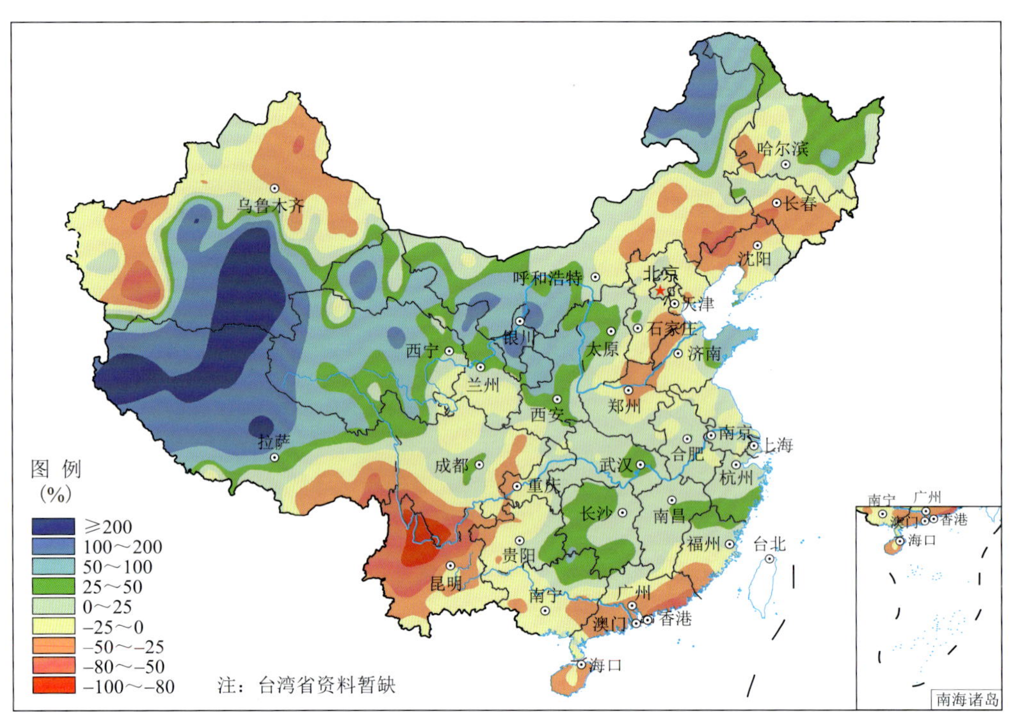

图 D.3　2021 年全国春季降水量距平百分率分布

Fig. D.3　Distribution of precipitation anomalies over China in spring of 2021

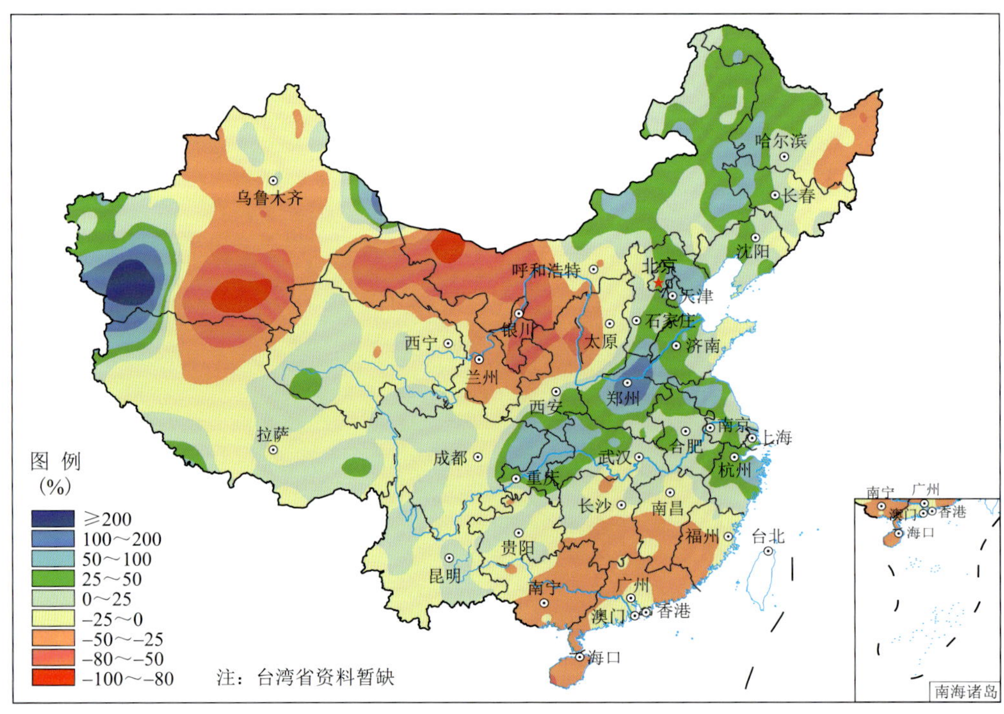

图 D.4　2021 年全国夏季降水量距平百分率分布

Fig. D.4　Distribution of precipitation anomalies over China in summer of 2021

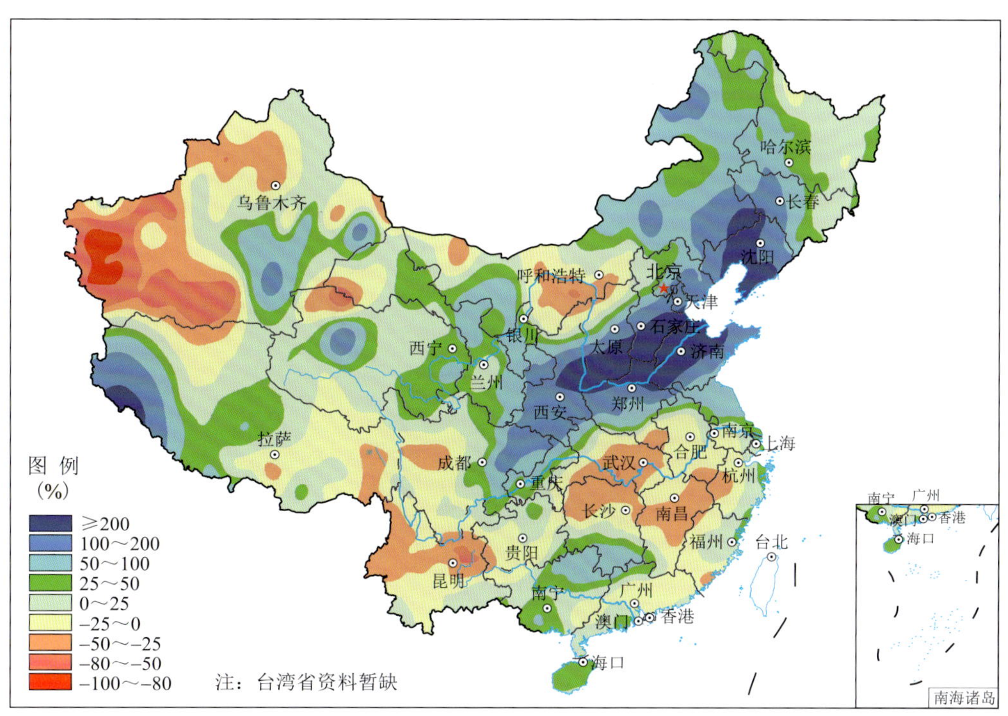

图 D.5　2021 年全国秋季降水量距平百分率分布

Fig. D.5　Distribution of precipitation anomalies over China in autumn of 2021

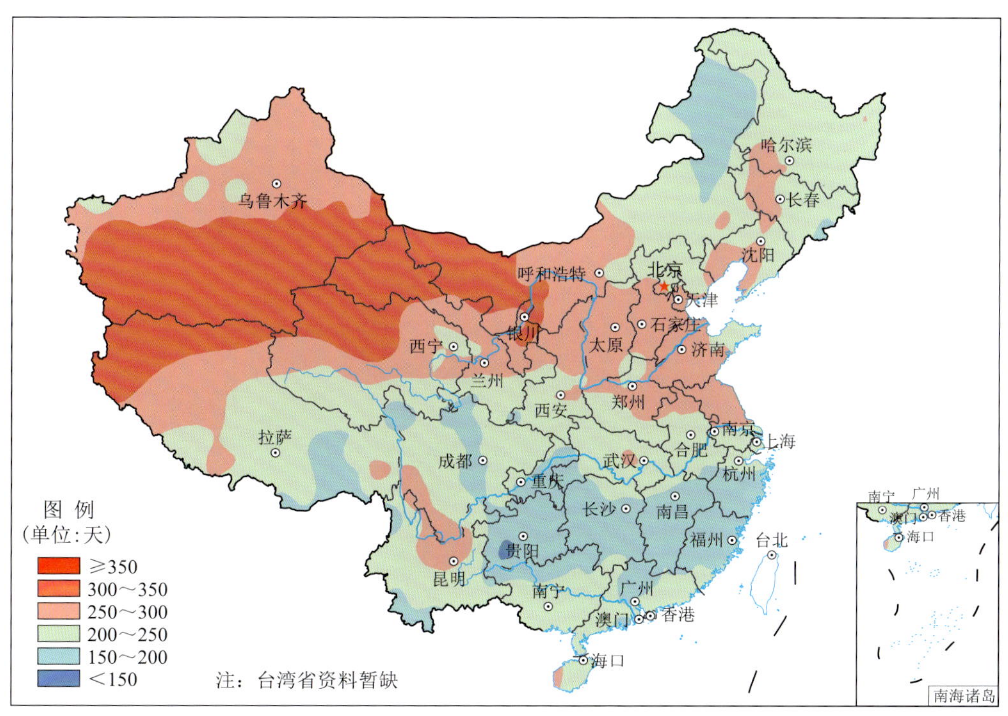

图 D.6　2021 年全国无降水日数分布

Fig. D.6　Distribution of non-precipitation days over China in 2021 (unit:d)

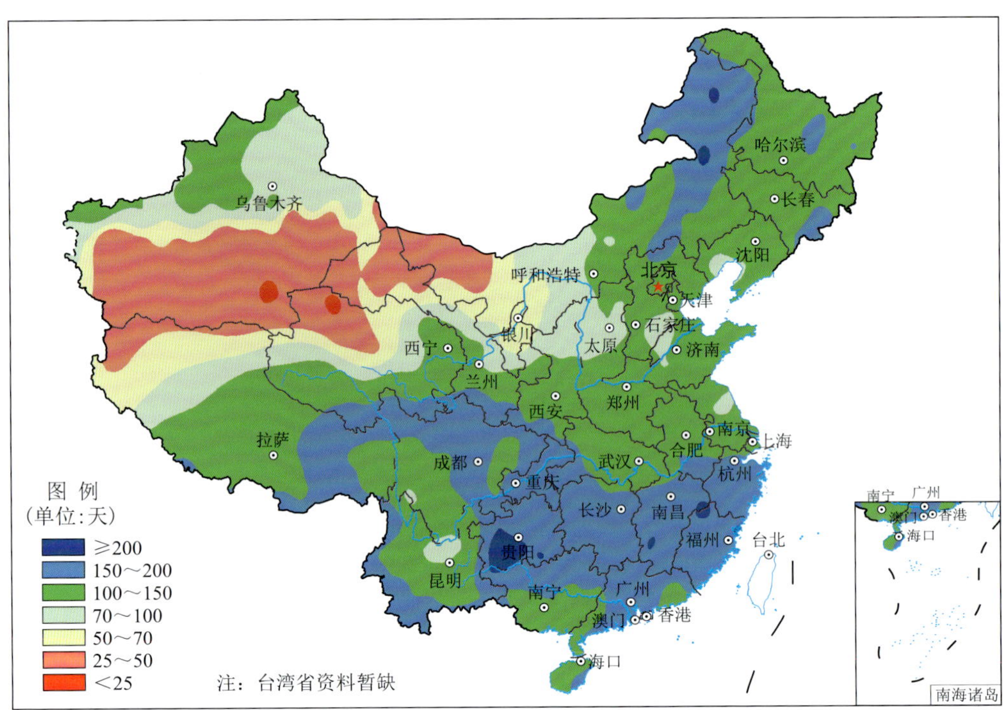

图 D.7　2021 年全国降水(日降水量≥0.1 毫米)日数分布

Fig. D.7　Distribution of the number of days with daily precipitation ≥0.1 mm over China in 2021 (unit:d)

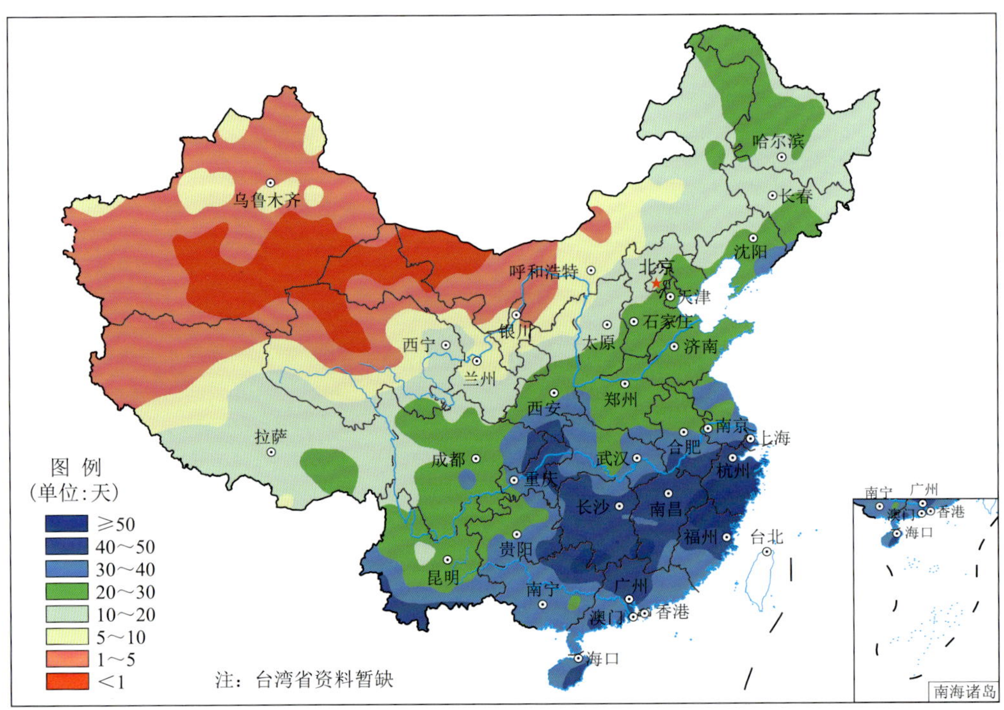

图 D.8　2021 年全国降水(日降水量≥10.0 毫米)日数分布

Fig. D.8　Distribution of the number of days with daily precipitation ≥10.0 mm over China in 2021 (unit:d)

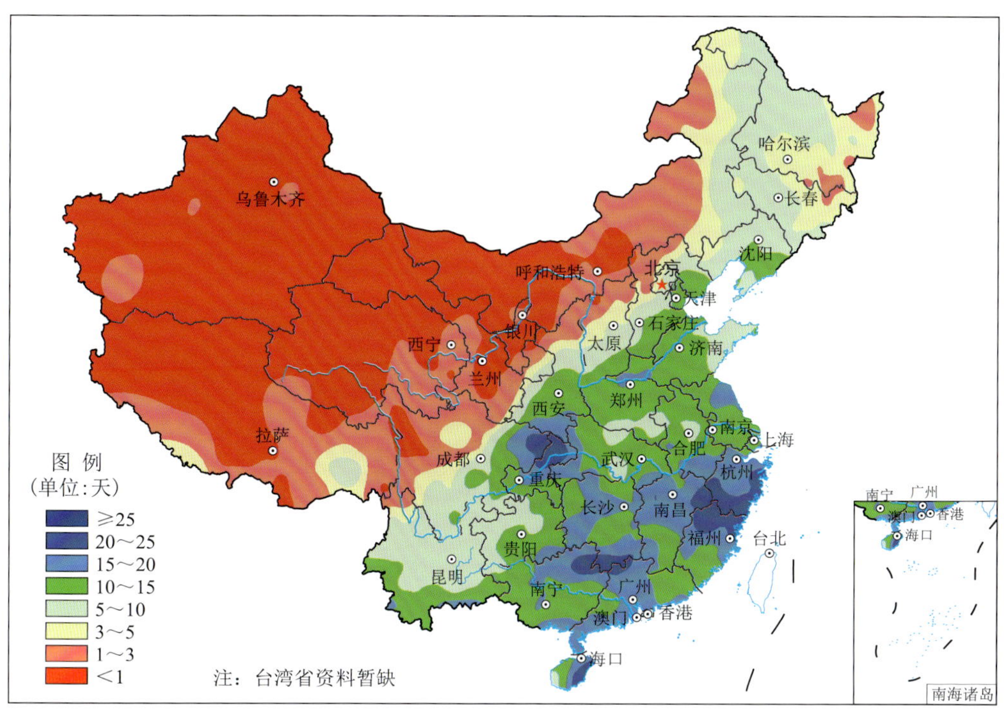

图 D.9　2021 年全国降水(日降水量≥25.0 毫米)日数分布

Fig. D.9　Distribution of the number of days with daily precipitation ≥25.0 mm over China in 2021 (unit:d)

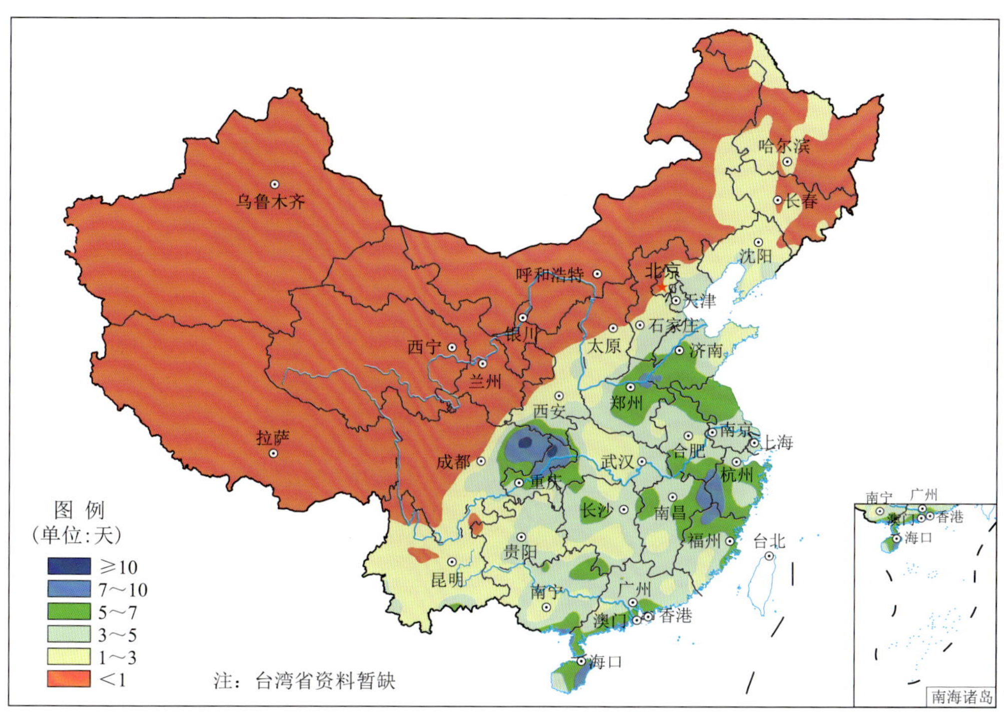

图 D.10　2021 年全国降水(日降水量≥50.0 毫米)日数分布

Fig. D.10　Distribution of the number of days with daily precipitation ≥50.0 mm over China in 2021 (unit:d)

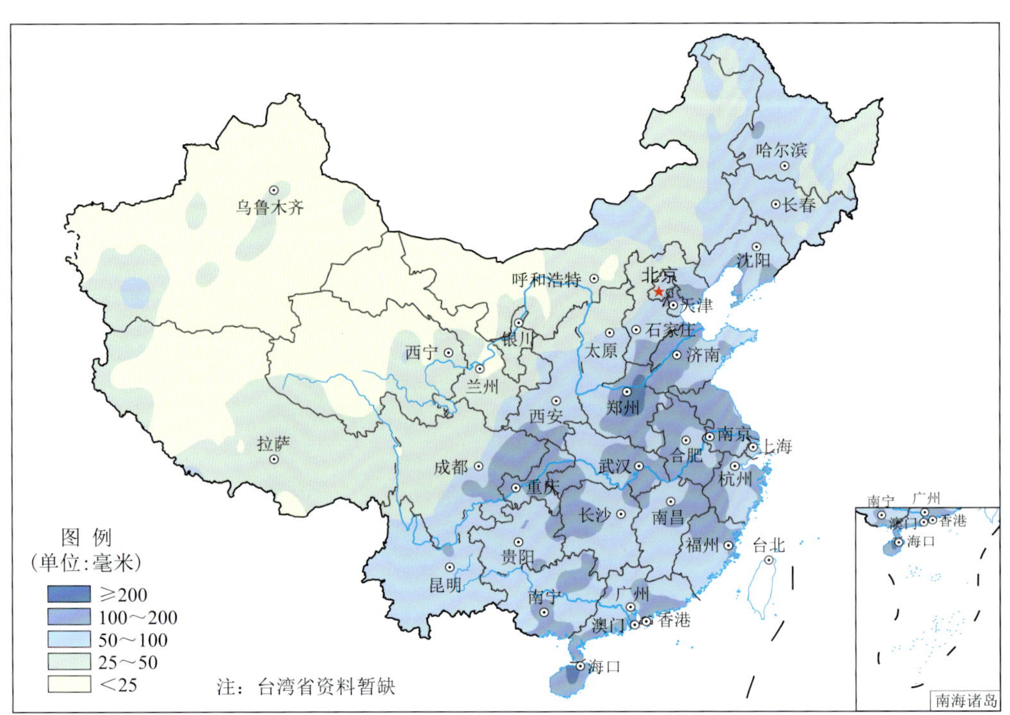

图 D. 11　2021 年全国日最大降水量分布

Fig. D. 11　Distribution of maximum daily precipitation amount over China in 2021 (unit: mm)

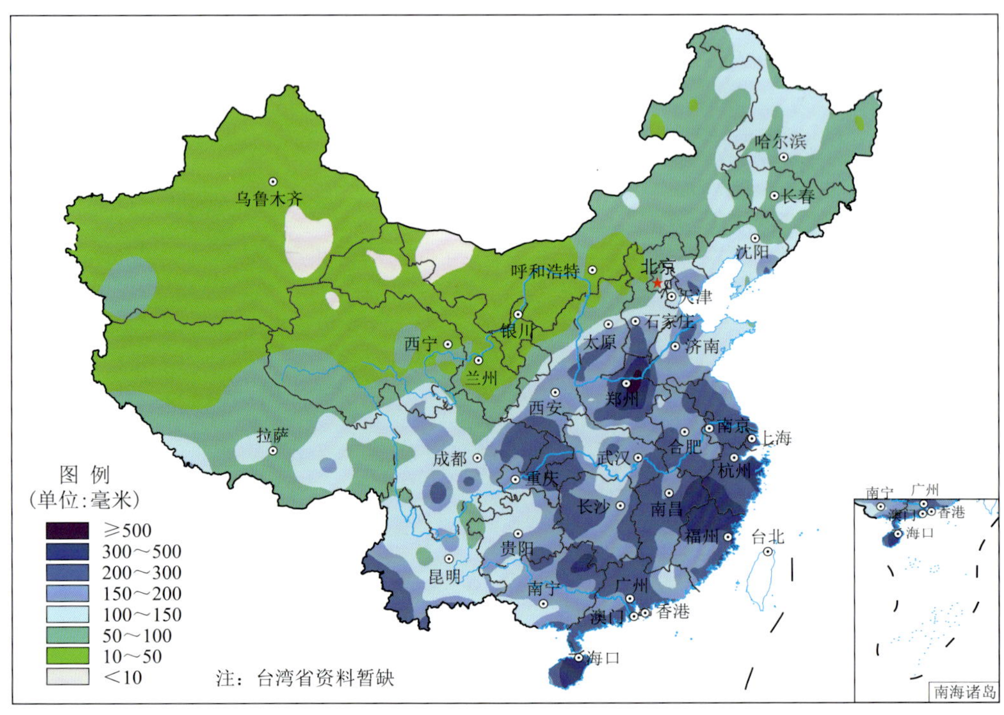

图 D. 12　2021 年全国最大连续降水量分布

Fig. D. 12　Distribution of maximum consecutive precipitation amount over China in 2021 (unit: mm)

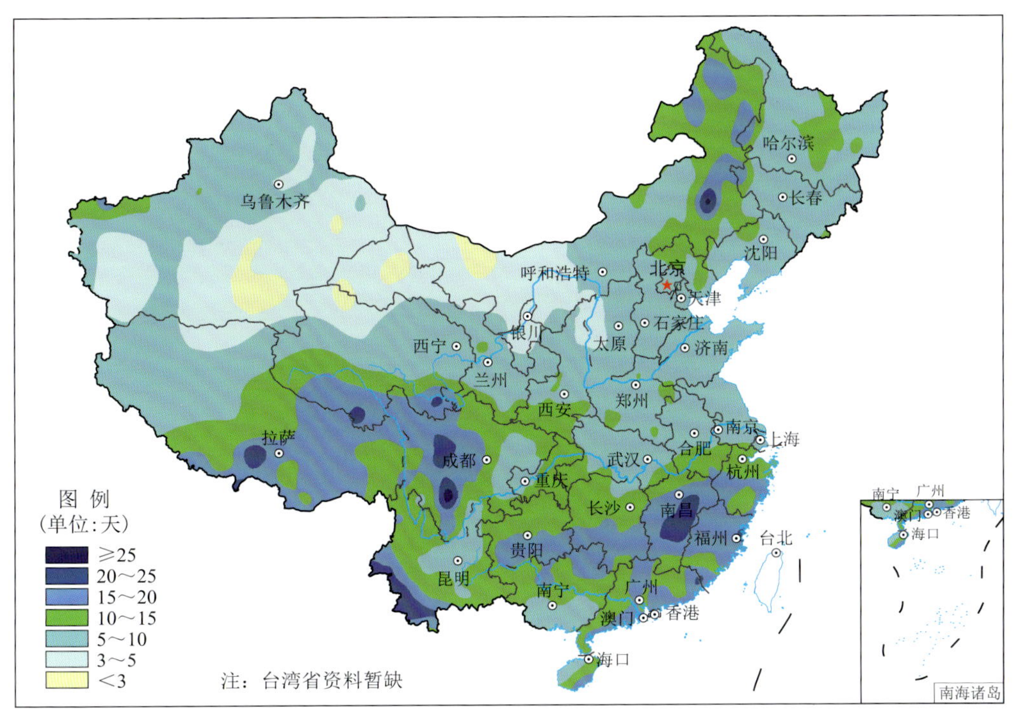

图 D.13　2021 年全国最长连续降水日数分布

Fig. D.13　Distribution of the maximum consecutive precipitation days over China in 2021 (unit:d)

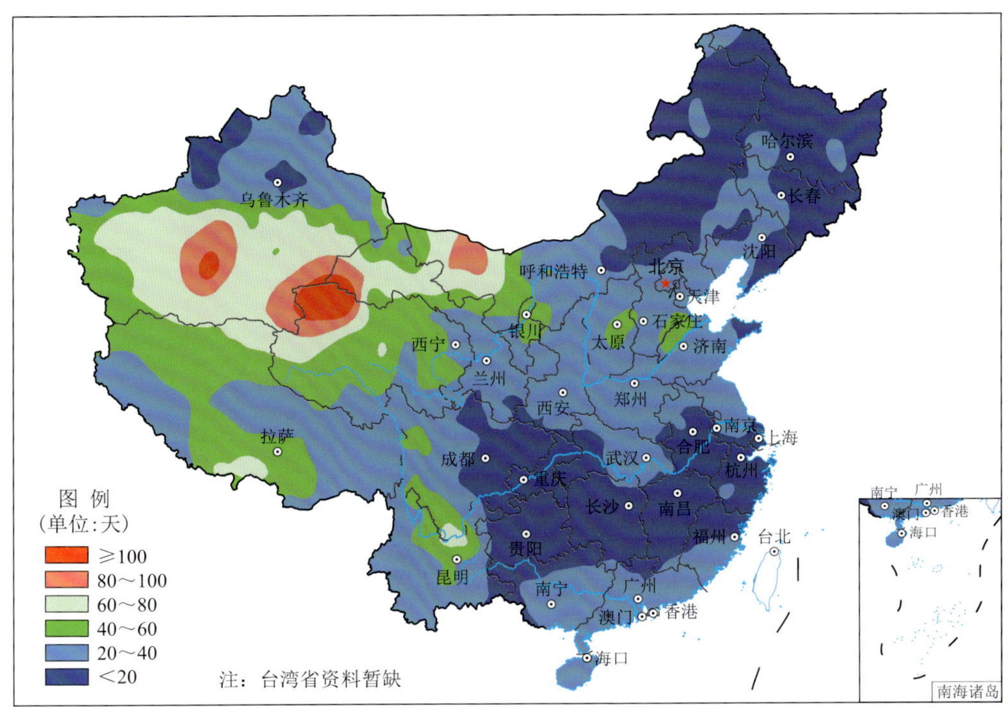

图 D.14　2021 年全国最长连续无降水日数分布

Fig. D.14　Distribution of the maximum consecutive non-precipitation days over China in 2021 (unit:d)

附录 E　天气现象特征分布图

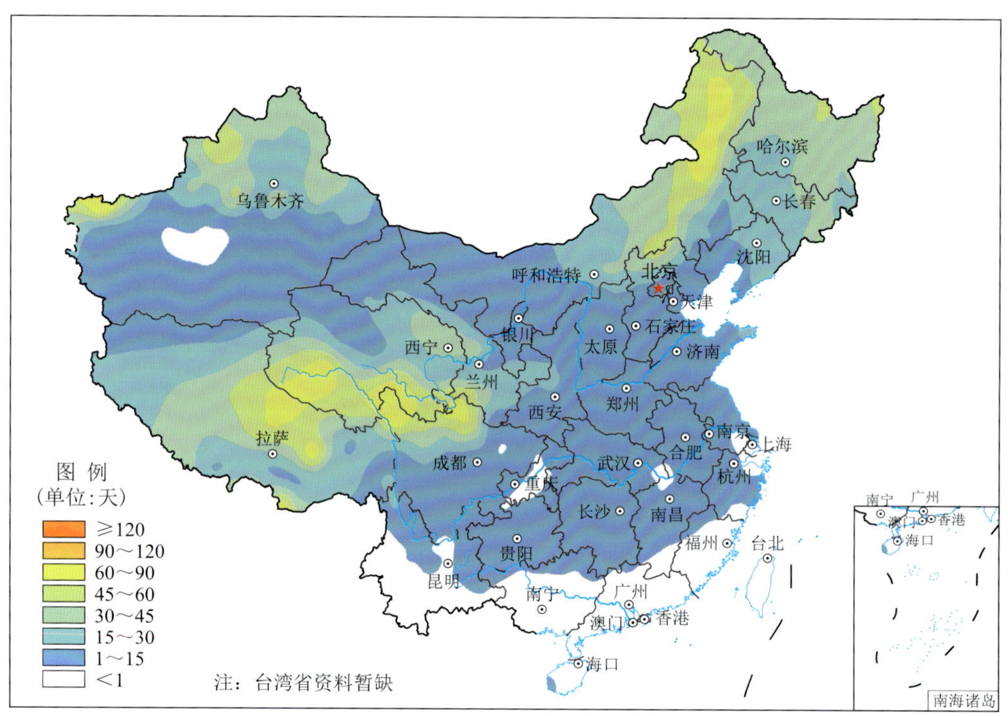

图 E.1　2021 年全国降雪日数分布

Fig. E.1　Distribution of snow days over China in 2021 (unit:d)

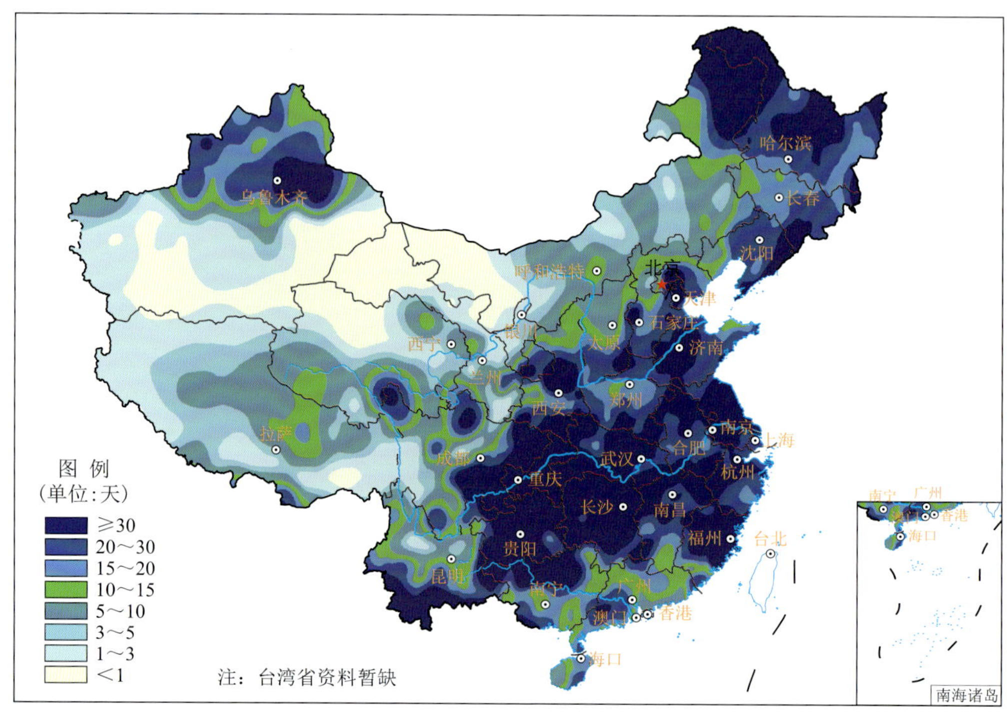

图 E.2　2021 年全国雾日数分布

Fig. E.2　Distribution of fog days over China in 2021 (unit:d)

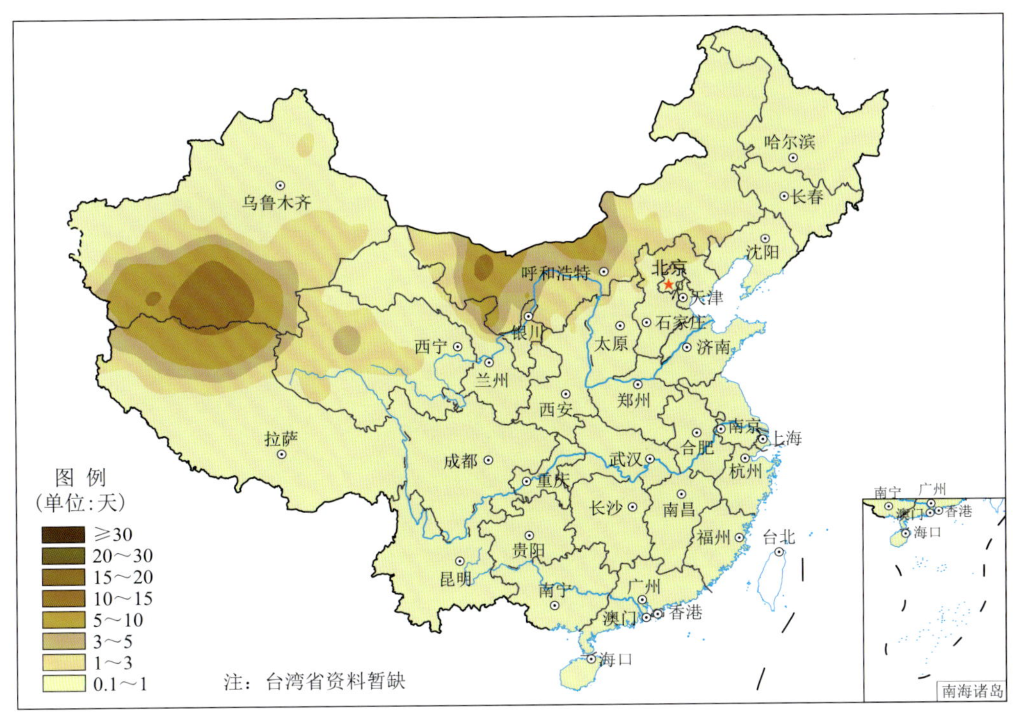

图 E.3　2021 年全国沙尘暴日数分布

Fig. E.3　Distribution of sand and dust storm days over China in 2021 (unit:d)

附录 F　2021 年香港、澳门、台湾气象灾害选编

香港

● 7 月 18—21 日，在台风“查帕卡”相关雨带的影响下，香港出现暴雨及狂风雷暴，各区 4 天累计降雨量普遍超过 200 毫米，其中西贡区超过 400 毫米。7 月 20 日 1 名男子在马鞍山遭洪水冲走致死。

● 9 月 16 日，香港局部地区出现大暴雨及雷暴、冰雹天气，日最大降雨量超过 100 毫米。1 人在清水湾遭雷击死亡。

● 10 月 7—9 日，受台风“狮子山”和东北季候风的共同影响，香港出现狂风、暴雨及雷暴天气。其中，10 月 8 日的雨势特别大，当日天文台录得的雨量达 329.7 毫米，是 10 月正常值(120.3 毫米)的 2 倍以上。受恶劣天气影响，10 月 7 日一艘双体帆船在蒲台岛附近海域被大浪掀翻，2 人堕海，其中 1 人溺毙。10 月 8 日，跑马地一座住宅大厦的外墙棚架倒塌，酿成 1 死 1 伤；倾盆大雨造成大坑道及维多利亚公园附近部分道路严重水浸；富裕小轮来往屯门、东涌、沙螺湾、大澳的渡轮服务停航。香港天文台 9 日清晨发出 8 号东南烈风或暴风信号，所有学校停课，多种公共服务及活动暂停。截至 10 日 04 时，香港特区政府 1823 电话中心和康乐及文化事务署分别收到 178 宗及 1 宗塌树报告。另外，渠务署确认 6 宗水浸个案，土木工程拓展署收到 3 宗山泥倾泻报告；民政事务总署共开放 21 个临时庇护中心，共有 140 人入住；医院管理局反映，共有 14 人(3 男 11 女)在风暴期间受伤。

● 10 月 12—13 日，受台风“圆规”外围环流影响，香港出现狂风暴雨。10 月 13 日部分地区降雨量超过 100 毫米，“圆规”引起的风暴潮造成海水高度较正常潮水高度高出约 1 米，由于又适逢天文大潮，两者的叠加效应导致包括大澳、城门河及鲤鱼门部分低洼地区出现水浸。受“圆规”影响，香港多项公共服务和活动暂停；所有学校停课；社会福利署下辖福利服务单位、幼儿中心、提供课余托管服务的中心、长者服务中心等停止开放；医院管理局下辖所有普通科夜间门诊暂停服务；多条渡轮航线陆续停航。据香港特区政府统计，截至 10 月 13 日 11 时共有 237 人入住 24 个临时庇护中心；共发生 35 宗塌树事件和 8 宗水浸个案；有 7 人(5 男 2 女)在风暴期间受伤，其中 1 名男子死亡。

澳门

● 10 月 9—10 日，受台风“狮子山”影响，澳门出现狂风暴雨。澳门半岛 24 小时降雨量达 311 毫米，打破自 1952 年以来 10 月最高的日雨量纪录；凼仔及路环气象站的日雨量也超过 280 毫米。连续的强降雨，造成多处“水浸街”，其中下环街、河边新街及比厘喇马忌士街等多处出现严重水浸，位于连胜巷的先锋庙被水淹至大门的一半，庙内水深过膝。持续暴雨冲刷山体，造成多宗山泥倾泻事故。受暴雨影响，珠澳横琴口岸出入境车道一度临时关闭。公共巴士服务、港珠澳大桥口岸穿梭巴士澳门往来香港服务暂停。此外，3 座跨海大桥及莲花大桥封闭，20 个位于低洼地区的公共停车场亦关闭。澳门国际机场共有 8 个航班延误。

● 10 月 12—13 日，受台风“圆规”相关环流影响，澳门公共巴士、轻轨停运，设于北安客运码头、综艺馆、镜湖医院、科大医院、工人体育场、横琴口岸的常规病毒核酸检测站服务暂停，横琴口岸暂停办理旅客出入境手续。此外，3 座跨海大桥及莲花大桥、23 个低洼地区的公共停车场一度关闭，内港一带因海水倒灌出现水浸。截至 10 月 13 日 17 时，澳门民防行动中心共接到树木倒塌、广告牌掉落等 9 宗事故报告。澳门民航局反映，澳门机场有 16 个航班取消和 4 个航班延误。

台湾

● 1 月上旬，受寒潮影响，台湾出现低温天气，8 日台北阳明山部分地区气温曾降至 0.1℃，中部及北部局部地区出现 10℃以下气温。持续低温引发多起猝死案例，据台湾媒体报道，北部的宜兰县 1 月 7—8 日共收治 4 名心血管疾病及呼吸道疾病患者，其中 2 人死亡；台北市 8 日上午接获 4 件内科

心脏骤停案件，其中 2 人死亡；基隆市 8 日晚至 9 日上午发生 3 件院外心脏骤停案件，死者均为男性。中部的彰化县 1 月 8 日新增 8 起猝死案例，死者最年轻者 45 岁，最年老者 91 岁。南部的高雄市 1 月 8 日亦出现 3 起疑因天冷猝死案件。

● 2 月 21 日，云林、嘉义出现浓雾天气，导致两县交界的云嘉大桥发生重大车祸，7 辆大型货车与 13 辆小客车追尾，酿成 2 死 8 伤的惨剧。

● 2021 年上半年，由于没有台风登陆，并且很少下雨，台湾遭遇 56 年来最严重的旱灾，全台各水库蓄水量纷纷创下新低，尤其台湾中部水情更加吃紧。5 月上旬台湾实时水情网站显示，永和山水库蓄水量仅为 4.6%，石门水库为 17.6%，翡翠水库、新山水库蓄水量也明显下降。另据华视新闻网报道，供应台中地区用水的德基水库，5 月中旬蓄水率只剩 2%，“水库底部变成峡谷”。日月潭水位下降 13 米，部分区域干涸龟裂、长出大片草皮，一些沉入潭底的建筑、遗迹重见天日。浊水溪因长期缺水，下游出现了百年不遇的断流景象，不少鱼虾翻肚搁浅在干涸的溪床上被晒成干。高温干旱造成中南部地区严重缺水，从 4 月开始，苗栗、台中及彰化等县（市）实施供 5 天停 2 天的限水措施，逾百万户用水受到影响。旱情严峻也影响水电供应，中部地区的德基水库因水位低，于 2 月已停止机组发电。干旱缺水对农业生产造成较大影响，一些县（市）的农田停灌，茶叶、水果等均不同程度减产。据台当局“农委会农粮署”5 月 18 日统计，全台农作物损失达 5.9 亿元新台币。屏东县和南投县损失较重，分别损失 2.7 亿元和 1.3 亿元。此外，高雄市损失 6556 万元，嘉义县损失 5197 万元，台中市损失 2546 万元，台南市损失 1743 万元。据《工商时报》报道，全台农作物受损面积共 1 万公顷，其中改良种芒果受损面积 1872 公顷。进入 6 月随着大雨暴雨天气增多，旱情逐步得到缓解。

● 6 月上中旬，台湾多地出现暴雨到大暴雨。6 月 4 日，台湾中北部出现暴雨到大暴雨，台北、云林、南投等局地特大暴雨（270～368 毫米）。6 月 8 日，嘉义县有的站点记录到 10 分钟 63 毫米、半小时 131 毫米的“浴霸”级暴雨。强降雨对民众生产生活造成不利影响。屏东县 6 月 22 日决定暂停疫苗接种，高雄市多个地区当天也暂停疫苗接种，并停班、停课；阿里山公路 23 日被泥石流阻断无法通行；荔枝、葡萄等水果品相、产量等受损，一些叶菜类蔬菜也减产严重，导致价格上涨。不过，持续降雨使得前期的旱情得到缓解。台当局“水利署”官网数据显示，截至 6 月 23 日，位于台南的南化水库蓄水量达 100%，云林县的湖山水库为 99.6%，南投县的日月潭水库达到 97.7%，其余各地水库蓄水量也均呈现上涨态势。

● 8 月上旬，受西南气流及台风“卢碧”等影响，台湾多地连日遭暴雨袭击，致使中南部发生洪涝灾害，农业遭受重创。据台湾气象部门统计，高雄御油山测站 7 月 31 日 13 时至 8 月 1 日 13 时累计降雨量达 501 毫米，为本年台湾地区第一次出现超大豪雨的强降雨事件。8 月 7 日，南投县、嘉义县、高雄市及屏东县局部出现超大豪雨，以屏东雾台单日降雨量最多，达 785.5 毫米；高雄市桃源区 24 小时降雨量达 628.5 毫米，居高雄市之冠，邻近的茂林区、六龟区也都突破 550 毫米。据台湾当局农业事务主管部门统计，截至 8 月 12 日中午暴雨造成木瓜、花生、龙眼、丝瓜、玉米等农作物受损面积约 6000 公顷，全台农业、畜产业及民间设施损失约 5 亿元新台币，其中以嘉义、南投、高雄、屏东、云林、台南、彰化等县（市）受灾最为严重。据台湾媒体报道，受灾农民苦不堪言，哀叹辛苦种植的作物“几乎都泡在水里”，损失惨重。农田受灾造成果蔬交易量减少，批发价飙涨。暴雨还造成多地山区道路阻断，一些乡村成为“孤岛”。高雄市桃源区明霸克露桥（造价 10 亿元新台币，启用还不到 5 年）被湍急洪流冲断，导致 3 个部落 500 多居民受困；南投县中寮乡多处农路坍塌，3 个村子对外主要联络道路中断；在岛内中部，中横公路多处发生落石、树倒，中横便道 7 日全天关闭；嘉义阿里山山区陆续有 60 多处道路土石塌方。当局灾害应变中心统计，此次暴雨灾情岛内共疏散 4400 多人，收容近 700 人，逾 9 万户家庭一度停电。

● 9 月 12 日，受台风“灿都”影响，台湾全岛笼罩在暴风圈中。台北、新北、基隆、宜兰、花莲、台东等多个县（市）宣布停班停课，景区、百货商场等场所停业1天，海陆空交通受到不同程度影响。据台灾害应变中心统计，截至9月12日9时，全台共发生130件灾情，疏散撤离2500多人，收容安置700多人，全岛2.6万户一度停电。台铁9月12日宣布，东部干线在18时前各级对号列车停驶，南回线在17时54分前全部停驶；公路方面，有8处路段封闭；海、空交通方面，截至12日10时共有11条航线、87船班停航，境内航空线路取消141架次，国际及两岸航线取消35架次。

● 10月12日，受台风“圆规”外围云带影响，全台多处受灾明显，频传市区淹水、山区塌方等灾情。宜兰、台中、花莲、新北等地出现超大豪雨或大豪雨。花莲因遭强风暴雨袭击，多处农损严重，县内种植香蕉面积最广的寿丰乡，香蕉几乎全数被强风吹倒，大面积泡在水中，当地农会辅导种植的60公顷蕉园近8成损毁，估计损失超过3100万元新台币。受台风影响，花莲县、连江县等地一度停班停课。据台湾教育主管部门统计，截至10月12日15时，全台36所学校因台风受灾，出现设施损毁、地下室淹水等灾情，灾损初估约272万元新台币。截至10月12日7时，全台公路预警性封路6处；当日海运方面110航次停航，仅5航次开航。新竹县、花莲县等地均出现民众因溪水暴涨受困。此外，金门出现10级左右强风，造成1100多户家庭停电。

● 10月16日，新北市双溪区虎豹潭（有“北台湾小九寨沟”的美称）因突降暴雨造成溪水上涨，导致在周边参加体验营活动的31人中有6人被洪水冲走，其中2名大人和2名儿童死亡，2名儿童失踪。

附录G　2021年国内外十大天气气候事件

国内十大天气气候事件

1. 北方降水偏多 居历史第二
2. “21·7”河南特大暴雨创大陆国家站小时气象观测纪录
3. 华南阶段性气象干旱造成严重影响
4. 台风“烟花”长时间陆上滞留破纪录
5. 12月超强台风影响南海历史罕见
6. 1月中东部2月北方出现极端冷暖转换
7. 入秋后频繁遭遇强寒潮天气
8. 龙卷多发 强对流天气致灾严重
9. 3月遭遇10年来最强沙尘天气
10. 风云气象卫星家族新增两名成员

国外十大天气气候事件

1. 夏秋欧洲遭遇极端强降水
2. 冬季风暴“乌里”袭击北美破低温极值
3. 南非极端寒流致多地最低气温创纪录
4. 美国冬季发生罕见强龙卷事件
5. 夏季北半球多地遭受高温“炙烤”
6. 南美洲极端干旱波及全球农产品贸易
7. 四级飓风“艾达”疾风暴雨影响重
8. 印度5月连遭两气旋风暴重创
9. 春季蒙古国遭遇强沙尘暴和暴风雪
10. IPCC第六次评估报告及《格拉斯哥气候公约》相继问世

说明：统计数据不包括香港特别行政区、澳门特别行政区、台湾省。

Summary

In 2021, the annual mean temperature over China was 10.53℃, which was 1℃ warmer than the normal (9.55℃), the warmest since 1961 (Fig. 1). The mean temperature in four seasons was all warmer than the normal, and the temperature in February and September is the warmest in the same period of history. In 2021, the annual precipitation over China was 672.1 mm, which was 6.7% more than the normal (629.9 mm) and 3.3% less than that in 2020 (694.8 mm)(Fig. 2). The precipitation amount was above the normal in spring, summer and autumn, while below the normal in winter.

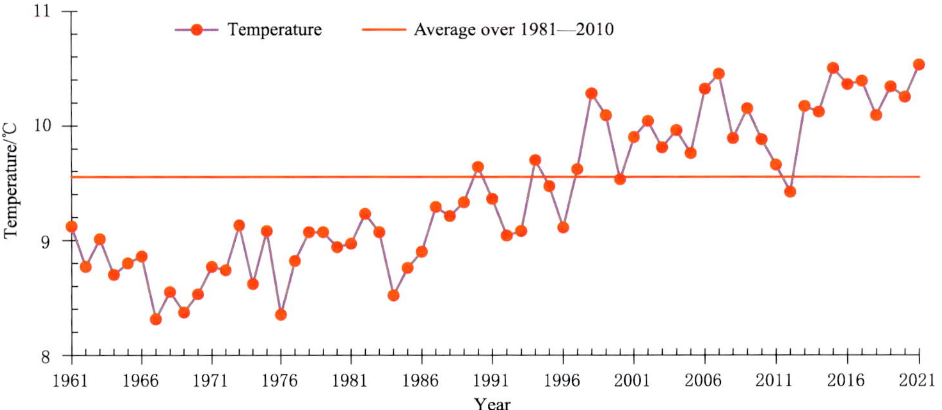

Fig. 1 Annual mean temperature over China during 1961—2021 (unit: ℃)

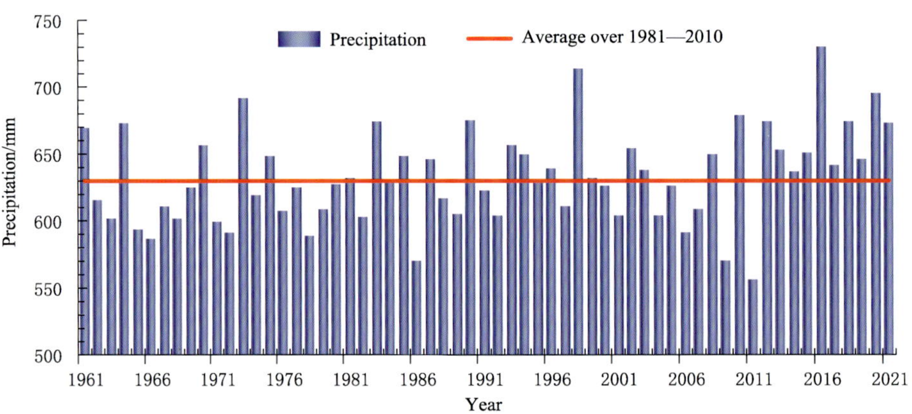

Fig. 2 Annual precipitation over China during 1961—2021 (unit: mm)

In 2021, the rainstorm and flooding disaster caused serious impacts. Drought, typhoons, strong convection weather processes, low-temperature freezing and snow disasters, and sandstorms brought light influence. During the flood season, the rainstorm processes were intense and extreme, and the economic loss and casualties were heavy. The high-temperature processes were frequent, and the end time was late. The regional and periodic drought is obvious, but the disaster loss is relatively light. The generation and landfall of typhoons were relatively small, and the disaster loss was relatively low. The strong convection weather processes were relatively concentrated in time and space, and the loss was relatively light. The low-temperature freezing and snow disasters damage are relatively light. The sandstorms in the north in spring were relatively small, and the impact was relatively light.

Statistics indicated that meteorological disasters in 2021 affected about 110 million people and caused 737 dead or missing. Meteorological disasters also influenced 1.17×10^7 hectares of farmlands with 1.63×10^6 hectares of farmlands without harvest. The direct economic loss (DEL) reached approximately 321.42 billion RMB (Fig. 3). In general, the DEL caused by meteorological disasters in 2021 was more than the average level for 1990—2020. The area of affected crops and the number of killed or missing people were both significantly lower than the average of the last decade.

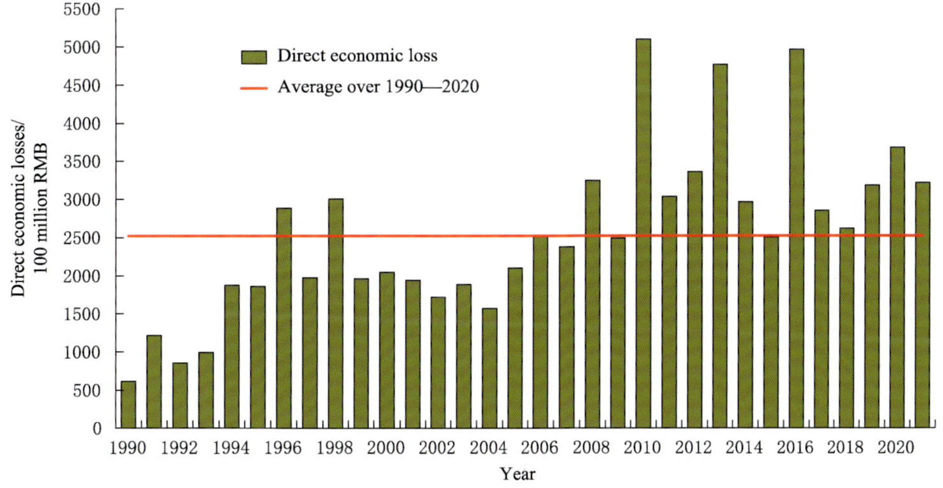

Fig. 3 Direct economic loss (DEL) caused by meteorological disasters in China during 1990—2021

Figure 4 displayed that the relative proportions of six loss indices of five major meteorological disasters in China in 2021. Among them, the rainstorm and flood had the highest proportion of the affected population, death toll, the affected area, farmland without harvest, collapsed house, and direct economic loss, which were 55.4%, 80.1%, 40.6%, 53.5%, 96.3% and 76.5% respectively. The drought had the second highest proportion of the affected population, affected area, farmland without harvest, which were 19.4%, 29.2% and 28.5%. Local strong convection had the second highest proportion of death toll, collapsed houses, and direct economic loss, which were 17.5%, 3.1% and 8.4%.

The affected area of farmland, affected population, and direct economic loss in 2021 were all less than that in 2020, while the death toll was more. Regarding five major meteorological disasters, there were less direct economic losses induced by drought, rainstorm and flood, tropical cyclones, local strong convection, low-temperature freezing and snow disaster in 2021 than in 2020

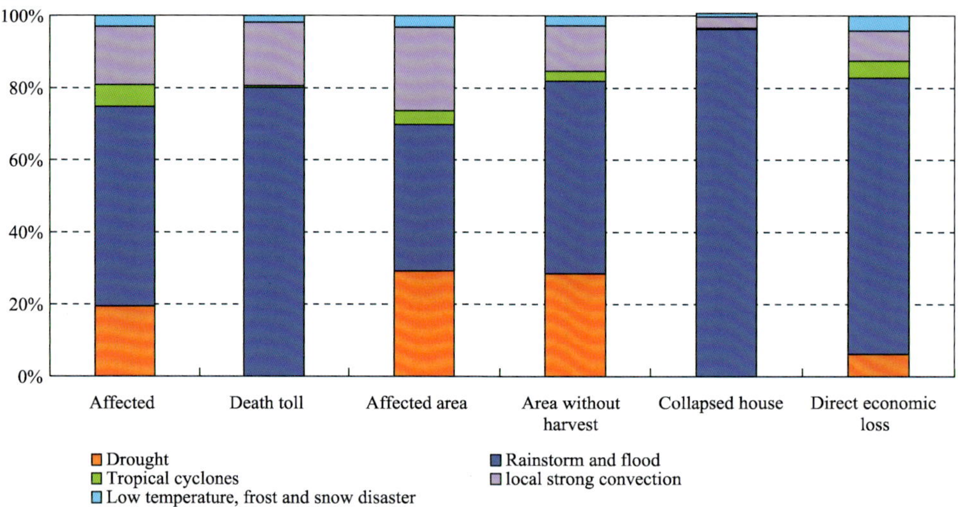

Fig. 4 Relative proportions of six loss indices for five major meteorological disasters over China in 2021

(left panel in Fig. 5). However, except for tropical cyclones, the death toll caused by the other four major meteorological disasters in 2021 were all less than that in 2020 (right panel in Fig. 5).

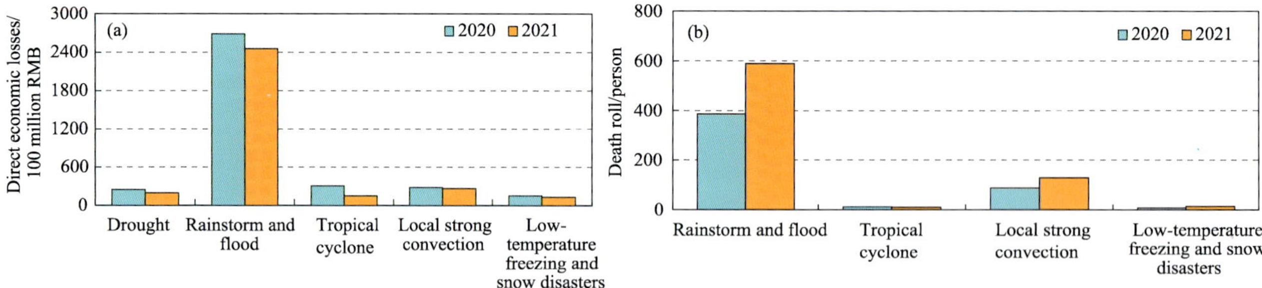

Fig. 5 Direct economic losses (a) and death toll (b) caused by five major meteorological disasters over China in 2020 and 2021

General Review of Main Meteorological Disasters in 2021

Drought In 2021, the affected area of farmland by droughts is about 3.43 million hectares, which was obviously less than the average of 1990—2020 and was the least since 1990 (Fig. 6). In this year, the effect of drought was relatively slight in general, while it showed obviously regional and periodic characteristics. Continuous droughts in autumn and winter occurred in Jiangnan and South China. Continuous droughts in winter and spring occurred in Yunnan. Continuous droughts in summer and autumn occurred in the eastern part of Northwest China and the western part of North China. Periodic droughts occurred frequently in South China.

Rainstorms and floods In 2021, there were 36 regional rainstorm processes over China. In the flood season, the rainstorm processes were intense and extreme, and the disasters in Henan were serious. It is rainy in the north in autumn, and the autumn flood in the Yellow River Basin was obvious. The area affected by rainstorms and floods across the country was 4.76 million hectares, 590 people were killed and missing, and the direct economic loss was 245.89 billion RMB. The affected areas and the death toll in 2021 were less, but direct economic losses were obviously more than those of average level in 1990—2020 (Fig. 7). In general, rainstorms and floods disaster were relatively heavy in 2021.

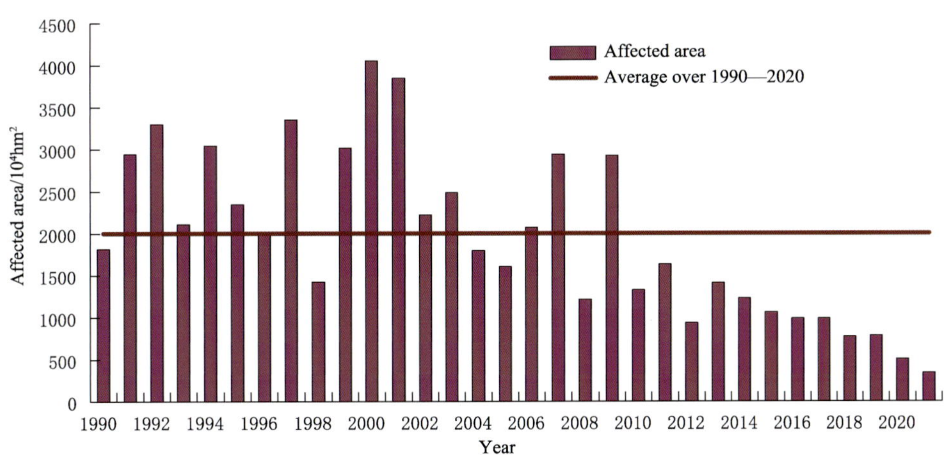

Fig. 6 Histogram of drought-affected areas over China during 1990—2021

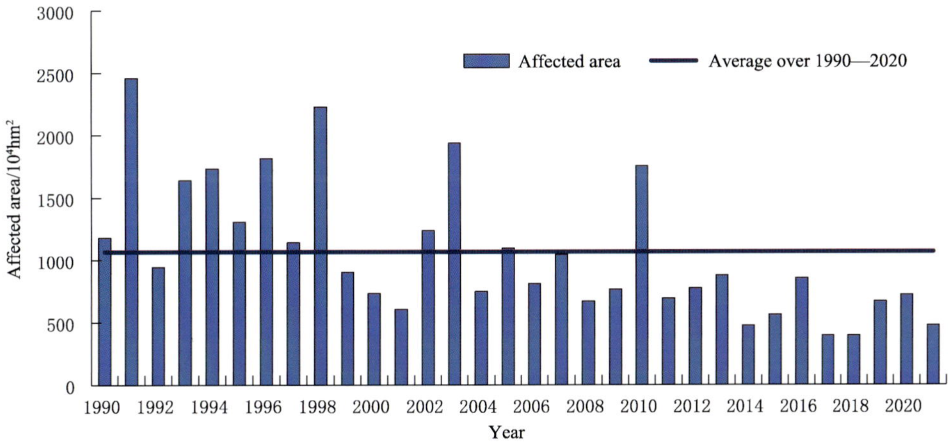

Fig. 7 Histogram of rainstorms and floods affected area over China during 1990—2021

Tropical cyclones (typhoons) In 2021, there were 22 tropical cyclones (the maximum sustained wind speed near the center exceeds 17.2 m/s) generated in the Northwest Pacific and South China Sea, which was 3.5 less than the normal (25.5). Six of them landed on the mainland, which was 1.2 less than the normal (7.2). In this year, the genesis number of tropical cyclones was less than normal. The start time and end time were later than normal. The number and proportion of landed tropical cyclones were both less than normal. Typhoon "In-Fa" landed in Zhejiang twice, moving slowly, staying on land for a long time, and accumulating heavy rainfall. Typhoons "Lionrock" and "Kompasu" landed within a week, and have a greater impact on Hainan, Guangdong, Hong Kong, and Macao. In mid-December, typhoon "Rai" hit the Nansha Islands head-on. In 2021, the typhoon affecting China caused a total of 4 deaths, the least since 1990; the direct economic loss was 15.26 billion RMB, the seventh least since 1990 (Fig. 8). In general, the tropical cyclone disaster was relatively light in 2021.

Local strong convections (gale, hail, tornado, lightning stroke, etc.) In 2021, gale and hail disasters affected crop areas of 2.71 million hectares, causing 129 dead or missing and a direct economic loss of 26.87 billion RMB. The affected area, direct economic loss, and death toll caused by

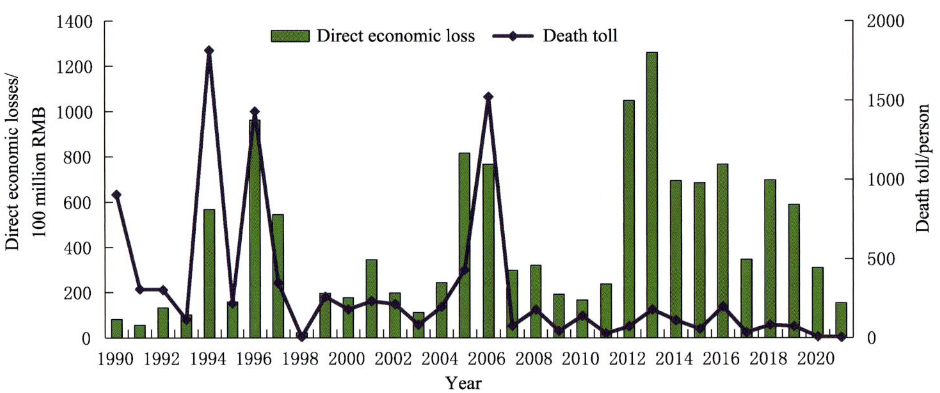

Fig. 8 Histogram of direct economic losses and death toll caused by tropical cyclones over China during 1990—2021

local strong convection were all less than the average level of the recent ten years. In general, the gale and hail disasters were relatively light in 2021.

Low-temperature freezing and snow disasters In 2021, the low-temperature freezing and snow disasters affected a crop area of 0.38 million hectares and caused a direct economic loss of 13.31 billion RMB. The low temperature, frost and snow disasters were relatively light. From January 6 to 8, a cold wave weather process occurred in the central and eastern regions of China, with a large drop in temperature and a wide range of influences. From November 4 to 9, a nationwide cold wave weather process occurred in China, and low-temperature freezing injuries and snow disasters occurred in many places. The comprehensive strength is the fourth highest in history.

Sand Storms There were 13 dust weather processes in 2021. In spring, there were 9 dust weather processes, which was less than the normal (10.8) for the same period since 2000. The first sandstorm event happened on January 10, 38 days earlier than 2000—2020 (February 17). In spring, the average number of dust days in northern China is 3.8 days, which is slightly more than the same period (3.5 days) in 2000—2020. The sandstorm process from March 13 to 18 was the strongest sandstorm process affecting China in the past 10 years. It lasted for a long time and affected a wide range, affecting 19 provinces. In general, the impact of sandstorms in 2021 was relatively light.